U0929147

生态园林城市规划

王 浩 王亚军 著

中国林业出版社

图书在版编目（CIP）数据

生态园林城市规划/王浩等著．—北京：中国林业出版社，2008.1（2009.1 重印）
ISBN 978-7-5038-5114-8

Ⅰ. 生… Ⅱ. 王… Ⅲ. 生态型－园林建设－城市规划－中国
Ⅳ. TU986.62 TU984.2

中国版本图书馆 CIP 数据核字（2007）第 167518 号

出版发行 中国林业出版社（100009 北京市西城区德内大街刘海胡同 7 号）
网 址 www.cfph.com.cn
E-mail：cfphz@public.bta.net.cn 电话：（010）66184477
经 销 新华书店北京发行所
印 刷 北京昌平百善印刷厂
版 次 2008 年 1 月第 1 版
印 次 2009 年 1 月第 2 次
开 本 787mm×1092mm 1/16
印 张 19.75
字 数 450 千字
印 数 2001~5000 册

定 价 48.00 元

目　录

绪　论

一、生态园林城市研究的时代背景

衡量一个国家或地区发达与否，最重要的指标之一是城市化程度和城市文明水平。可以说，城市是一个国家或地区发展不可缺少的主要动力源，城市化是任何国家和地区都不可回避的必然趋势。回顾我国20年来的发展历程，随着改革开放基本国策的全面实施，我国的经济、社会发展取得了令世人瞩目的巨大成就。就现代化进程中的城市化而言，20世纪末我国的城市化水平达到了31%。可以预见：随着我国现代化进程的推进，21世纪我国城市化进程将进入一个快速发展的阶段。由于我国城市化的背景大大不同于发达国家工业化初期的发展状况，我国的城市化历程将具有典型的“中国特色”，即：在经历了漫长的农业化过程而尚未开始真正意义上的工业化之前，便面对信息化时代的强劲冲击。

生态园林城市研究的时代诱因主要是生存环境恶化的刺激、城市特色危机的反思、传统文化回归的驱使。有感于我国城市发展中普遍存在的环境和生态的窘迫状况，从尊重自然、重视生态与城市和谐发展的角度，在前人研究成果的基础上，探索城市在空间扩展中如何科学地把握与自然的关系，寻求融合自然与生态的城市发展道路。在城市化加速进展的新时期，加强生态园林城市的研究就是要用来解决生态环境、城市特色等问题。为解决城市发展中面临的“城市病”问题，促进城市生态环境的建设，在城区与区域层次有创建“生态城市”、“花园城市”、“宜居城市”、“山水城市”、“园林城市”、“绿色城市”、“生态省”，在微观层次有“生态小区”、“绿色社区”、“生态住宅区”等。对生存环境质量的关注，已经成为全世界的焦点问题之一，但是从认识到行动，却经历了一个相当漫长的过程，世界各国都为此付出过高昂的代价。考虑到中国城市目前与真正的“生态城市”目标存在着很大的距离，直接从推动工作来实现这个目标的客观条件还不具备，国家建设部从城市绿化抓起，分步骤地向生态城市迈进。在总结开展创建园林城市活动的同时，为进一步推动园林城市发展，促进城市生态环境建设，建设部决定在创建国家园林城市的基础上，开展创建“生态园林城市”活动。这是中国坚持以人为本，强化“生态”理念，积极引导城市建设向“生态城市”目标发展的第二步。“生态园林城市”立足于解决城市问题，即使作为一种口号和目标，也会起到鼓舞和凝聚人心的作用；而且随着各种政策和措施的有效实施，“生态园林城市”建设的成果逐步显现，将对城市的政治稳定和社会进步产生极大的促进作用。

二、生态园林城市研究的意义与目的

1. 生态园林城市建设的理论支撑

中国城市目前的状况与真正的“生态城市”的目标存在很大的距离，何时能建成第一个“生态园林城市”现在还难以预料。首先，目前国内有园林城市、生态园林城市、生态城市等各种名称提法，各城市由于对这些城市称号的概念认识不清，内涵界定不明确，在创建过程中提法不一，目标混乱，给城市之间的评比造成困扰。其次，从生态园林城市建设的实践来说，目前仅有评估标准来指导城市建设，很多城市对“生态园林城市”的认识仍然停留在模糊的、表象的、感知的层次上，还没有形成明晰的、概念的认识。这使“生态园林城市”的建设实践陷入迷茫，甚至走入误区。因此，搞清楚什么是“生态园林城市”，以及怎样规划和建设生态园林城市是十分必要和迫切的。

同时，目前很多城市绿化变成了只讲景观意义而无生态意义的城市美化运动，城市建设人工性太强而自然性缺少，生态园林建设过程中出现“伪生态”问题。生态园林城市建设中区域意识薄弱，建设中要注重区域整体性原则，进行大尺度的生态区域建设，防止生态建设中的短期行为和急功近利行为等等，这些都需要系统的理论来支撑。

2. 形成“实践—理论—实践”的循环加速机制

从学科发展的理论意义来说：回顾历史，我国古代城市规划建设活动十分丰富，在实践方面成就卓著，但是却历来对理论的研究不够重视，既没有及时总结实践经验，形成科学的理论体系，也没有为我们留下一部理论专著。中国城市规划理论之所以从古代的世界领先地位，逐步变得落后于世界发达国家的水平，与我们一直缺乏自己的理论研究，没有形成“实践—理论—实践”的循环加速机制，去促进城市规划建设的发展有着很直接的关系。因此，在当前以及未来城市规划发展当中，应大力加强理论方面的研究，结合我国具体国情，进行理性的理论思考。

从城市建设的理论意义来说：加强生态园林城市规划理论研究，有助于城市生态园林和城市生态建设理论的体系化构建，从而形成科学的规划理论体系。改革开放以来，我国的城市建设迎来前所未有的繁荣，城市规划事业也得到全面的发展，同时也发展和探索了城市生态园林、园林城市及生态城市，对生态园林和园林城市规划与建设理论的归纳和总结，也是研究的实践基础。西方国家的城市更新实践和有关理论探索的实例也被适当地、有条件地选择和引用。由于社会制度的根本区别，这些国外的理论和实践的主要意义在于理论解释和技术经验。

3. 促进多目标规划体系完善

现行的规划体系是在总结历史的经验教训过程中发展完善而来的，对于指导城市的有序发展起到了巨大的作用。但是由于受到自然观与发展观的影响，这些自然因素充其量不过是城市发展规划的配角，城市的自然环境也仅是城市工程方法的一种结果，这正是与可持续发展相违背的根本原因。因此认为，必须改变以往单一目标的规划体系，在指导城市发展的规划体系中还需要更多的规划要素参与其中，只有这些多目标的规划体系参与到现行的规划系统之中，才能使得整体规划系统得到完善，更加充满生机与活力，这也是本文的目的之一。在全球可持续发展的背景之下，不论是城市规划、土地利用规划还是多元的城市规划都在向以环境为中心的方向转移。生态园林城市规划理论并非企图涵盖城市发展规划的所有内容，只是通过自然分析与自然生态化规划的方法来对现有的城市发展做出必要的补充，并进而引导城市走上与自然相和谐的、良性的发展轨道。

本书确定以现实问题为导向的研究策略，拓展生态园林城市内涵，丰富城市规划理论。针对城市建设过程中大量具体而现实的问题急于解答，如：生态园林城市如何定位、生态园林城市的特色、生态园林城市如何构建与评价等等问题。由于具体到每个城市，其所处的环境不同，所具备的条件不同，设计方法也应当各异，因此不可能给出详细的、具体的设计方法。但在基本的指导思想和战略性的规划原则及体系上，生态园林城市发展应当具有一致性和相通性。因此，只能从全局性、原则性和框架性的角度总结出生态园林城市的规划理论和实践方法。

未来研究中要深刻总结我国在生态园林建设、生态规划以及城市绿地系统体系建设中的经验与启示，进一步构建适合我国国情的生态园林城市，概括地讲应实现四个满足，第一是要满足未来城市化进程的需要；第二是要满足未来城市“生态化”发展与可持续发展的需要；第三是要满足未来城市文化生态环境建设的需要；第四是要满足未来“城市—建筑—园林”三位一体融贯化的人居环境科学的需要。笔者坚信，在可持续发展战略指导下，在生态文明兴盛的21世纪，生态园林城市的理想与现代科技紧密整合，定将放射出夺目的时代光彩。

第一章　生态园林城市内涵解析

第一节　生态园林城市提出的背景

“生态园林城市”这一崭新的概念和城市发展模式的提出并受到各界的广泛关注，决不是偶然的现象，也不是赶时髦的结果，它有着深刻的时代背景。生态园林城市概念的产生是城市生态理论发展的必然结果，生态园林城市作为一个正式的科学概念，是在园林城市的基础上发展而来的。应该说，人们对它的认识还是非常肤浅的，也必然存在许多争论。在讨论有关“生态园林城市”的问题时，有必要先明确概念，以作为进一步研究的基础和前提。

一、城市化进程的发展要求

1. 对城市化的不同理解

城市化（urbanization）这一名词由西班牙工程师瑟軗（A. Serda）于 1867 年首先提出，中文通常译为“城市化”、“城镇化”或“都市化”。事实上，由于世界各国对城市（或城镇）本身的定义各不相同，对于城市化一词至今没有形成通用的统计学上的统一口径。城市化这一概念至少包含了社会学、人口学、经济学、地理学以及城市规划上的含义，并形成不同的理解和侧重面。经济学家认为城市化是由于经济专业化的发展和技术的进步，人们离开农业经济向非农业活动转移并产生空间集聚的过程；城市地理学家则从人和土地两个要素相结合的“地域”出发，对城市化进行研究，认为多种经济用地和生活用地空间集聚的过程就是城市成长发展的过程，这一过程就是城市化；社会学家认为城市化是一个城市生活方式的发展过程，它不仅意味着人们不断吸引到城市中，并被纳入城市的生活组织中去，而且还意味着随城市发展而出现的城市生活方式的不断强化；人口学家认为城市生活方式的扩大是人口向城市集中的结果，因此，城市化就是人口向城市集中的过程；历史学家则认为城市化就是人类从区域文明向世界文明过渡中的社会经济现象。

从不同视角来看，比较有代表性的观点主要有三种：一是“人口城市化”观点，这种观点将城市化定义为农业人口转化为非农业人口的过程，如埃尔德里奇（H. Eidridge）认为“人口的集中过程就是城市化的全部含义”；克拉克（C. G. Clark）则将城市化视为“第一产业人口不断减少，第二、第三产业人口不断增加的过程”。二是“空间城市化”观点，认为城市化是一个农村地域转化为城市地域的过程，是指一定地域内的人口规模、产业结构、管理手段、服务设施、环境条件以及人们的生活水平和生活方式等要素由小到大、由粗到精、由分散到集中、由单一到复合的一种转换或重组的动态过程。三是“农村城市化”观点，这种观点强调乡村与城市的对立和差距，认为城市化就是变传统落后的乡村社会为现代先进的城市社会的自然历史过程。如沃思（L. Wirth）认为“城市化是指从农村生活方式向城市生活方式发生质变的过程”。上述对城市化的不同理解，不是相互抵触而是相互补充的关系。综合而言，城市化的内涵应包括两方面的含义：一是物化了的城市化，即物质上和形态上的城市化，具体表现在人口的集中、空间形态的改变和社会经济结构的变化。二是无形的城市化，即精神上的、意识上的城市化，生活方式的城市化，具体也可包括三个方面：城市生活方式的扩散；农村意识、行为方式转化为城市意识、行为方式的过程；城市市民脱离固有的乡土式生活态度、方式，采取城市生活态度、方式的过程。物化了的城市化是城市化的外在表现，体现为“量”的扩张，而无形的城市化才是城市化的内在实质，是一种“质”的提高。

通常将城市化过程理解为“人类生产和生活方式由乡村型向城市型转化的历史过程，表现为乡村人口向城市人口转化以及城市不断发展和完善的过程”。也可以更直截了当地表述为“农业人口及土地向非农业的城市转化的现象及过程”[1-2]。城市化过程在区域范围内表现为农业人口向城镇地区的快速集聚，城市用地范围扩展；在城市内部表现为城市基础设施及住宅来不及满足大量涌入市民的最低要求而导致环境恶化，并造成次生问题。正是由于工业化导致了人口向城市中的集中以及由于人口集中所造成的问题，才迫使人们必须寻找一种不同于以往的新型的技术和管理手段来解决此问题，这就是近代城市规划的起源。

2. 城市化的一般规律

城市化现象最早产生于英国，后来伴随着工业化的传播扩散到欧美大陆以及世界上其他地区。不同地区的城市化高峰时期和完成城市化所需要的时间是不相同的。城市化过程是一个涉及面广、动力机制复杂的过程，同时也并不是一个平滑稳定的过程，而表现出较强的阶段性。目前关于城市化发展阶段的判定方法主要有两种，一是美国地理学家诺瑟姆（Ray M. Northam 1979）在分析了一些国家和地区的城市化发展规律后，把整个城市化过程（城市人口在总人口中的比重变化过程）大致归纳成为一条被拉平的S型曲线，并把这一过程划分成3个阶段（图1-1），即城市化水平较低、发展速度较慢的初期阶段（城市化水平低于30%）—农村人口向城市快速聚集的加速阶段（30%～70%）—城市人口增长趋缓甚至停滞的后期阶段（高于70%）[3]。这一规律在欧美发达国家的城市化过程中均可以得到验证。二是高佩义（1992）提出的城市文明普及率与城市化率之间关系的研究结果（表1-1）。

表1-1 城市化发展阶段的划分标准

城市化发展阶段	城市化率	城市文明普及率	各阶段主要特点
城市化前期	10%以下	10%以下	城市人口增长缓慢、城市零星分布，在整个社会活动中不占据主导地位，功能较弱
城市化起步期	10%～30%	25%～35%	工业开始向城市集聚，人口开始流向城镇，以小城镇为主体
城市化加速期	30%～50%	35%～70%	城市数量、规模迅速扩张，城市经济以第二产业为主，出现了大都市
城市化稳定发展期	50%～70%	70%～90%	城市由数量扩张转向提高城市质量，城市经济以第三产业为主体，城市之间形成了有机的联系，都市圈逐步成型
基本实现城市化	70%以上	90%以上	城乡人口结构基本稳定，城乡经济社会协调发展，整个社会共享城市文明

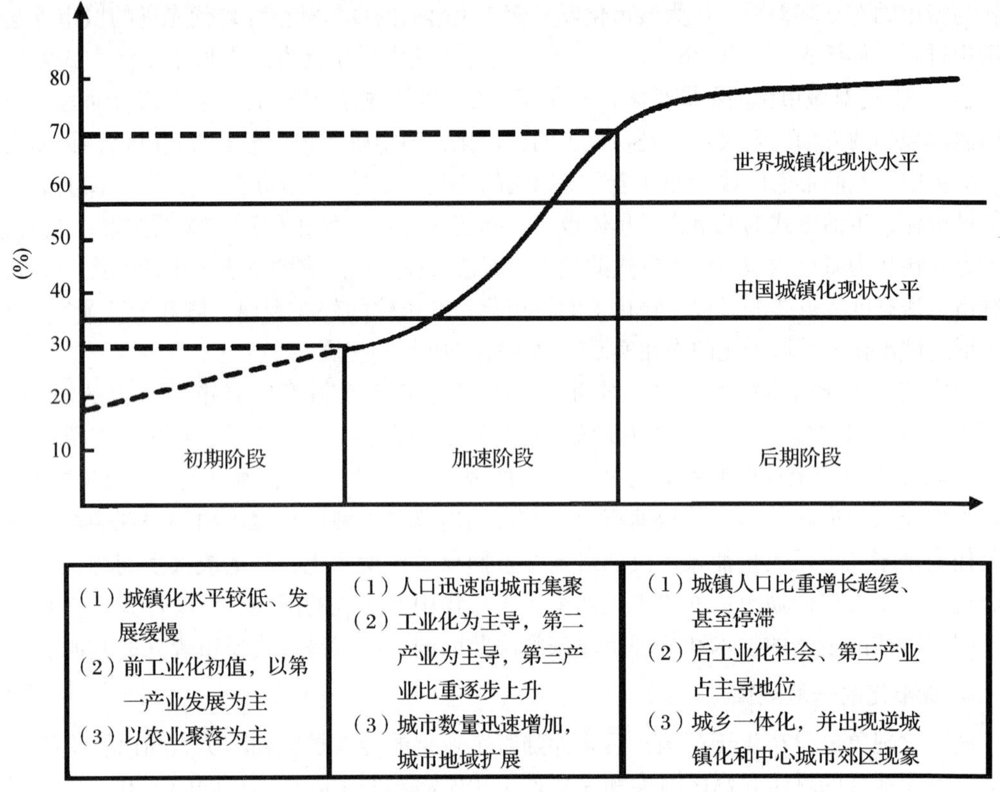

图 1-1　城市化过程“S”曲线及其特征

事实上，在工业化与城市化的实际发展过程中，两者并不是出现呈比例线性增长关系，也不一定表现为同步进行，有时甚至出现严重的背离现象，因而形成伴随着工业化的城市化、过度城市化、低度城市化和泛城市化（如中国香港，日本、新加坡等）几种不同的城市化类型。

3. 城市化带来的现代城市问题

城市化的进程体现了人类创造的又一次文明，人类的生产生活都达到前所未有的水平，但经济的过快发展导致了一系列的问题：

（1）现代城市问题（第二代城市问题）

随着城市化的进展，城市传统问题在得到缓解之后，又出现了与传统城市问题截然不同的现代城市问题，仍是我们今天不得不面临的状况。在这一过程中，一方面出现城市间发展不均衡的现象；另一方面，传统产业为主的工业城市由于产业发展上的结构性缺陷而趋于衰落。如果说在处于衰落状态的城市中，所出现的主要问题是失业、新的贫困、城市活力低下、生活环境恶化、地方财政出现困难以及随之产生的犯罪等社会问题的话，那么在人口急剧增长的城市中，已有设施以及设施增长的速度无法满足人口增长、人们生活水平的提高以及生活方式的改变所提出的要求，导致更具普遍意义的现代城市问题。主要表现为居住环境问题、交通问题、环境污染问题、城市灾害问题、城市舒适性问题、社会问题。

相对于传统城市问题，现代城市问题涉及面更广，更为复杂，因果关系也更为隐晦。首先，现代城市问题多半不再局限于城市的某个局部或集中显现在城市的某个阶层中（例如环境污染问题和交通拥挤问题）；其次，诸多城市问题交织在一起，并相互作用，增加了解决问题的难度，有时为解决某一问题所采取的单方面措施甚至会导致其他问题的加剧或新问题的产生（例如：为解决交通拥堵问题而修建的各种城市道路会加剧噪声、大气污染问题，并诱发新一轮交通需求的增长；为解决居住面积不足而进行的大规模住宅建设又会带来大量绿地被侵占等生态方面的问题等）。事实上，现代生活方式本身充满了各种矛盾，而这些矛盾又集中地体现在作为生活载体的城市中。就像我们无法用根本改变现代生活方式来解决诸如能源消耗、环境污染以及各种社会问题一样，对于各种城市问题也只能通过采取积极的措施加以解决。现代城市规划与建设实际上也就是各种矛盾与问题不断出现又不断得到缓解或部分解决的过程。也就是说，我们对待城市问题的态度，应该是解决问题而不是借此否定城市。

（2）忽视人性发展的工业文明

工业文明创造了巨大的物质财富，却忽视了人类自身的发展，造成严重的社会和心理问题。社会系统内部各因素非但无法整合，而且愈加紊乱。人类创造了城市，却失去了对城市的控制，在城市中逐渐丧失自我。

（3）文化危机

文化是城市的灵魂，但当工业文明以其不可阻挡之势改变着世界的面貌时，由不同的国家、民族和历史形成的文化特色和独特的文化遗产正在迅速消失，在全球的文明演进中，城市面貌和生活方式从没有像今天这样雷同和千篇一律。各民族独特的文化逐渐消亡引发的“文化危机”是人类发展的又一大问题。

（4）特色危机

随着城市化和经济全球化进程的加快，各国文化特征的逐渐消亡，现代的城市发展朝着一个方向发展，产生了相似性，缺少因地域、文化带来的本应该有的差异。这种“特色”正在全球一体化的进程中逐渐消亡。

4. 我国城市化进程中存在的问题

我国虽然在城市化初期就提出了要走“大中小城市和小城镇协调发展的道路”，但是由于传统的城市规划体系与高速城市化、市场化发展不适应，导致了污水处理设施赶不上污水量的增加、城市垃圾危及城市可持续发展、交通拥堵、城市传统风貌丧失和城乡结合部混乱不堪等城市问题[4]。如交通的问题主要表现为车辆增加速度加快、人均道路面积少、交通秩序混乱、城市道路布局不合理；城市风貌丧失主要表现为互相克隆现代建筑、旧城改造的错误方式导致文脉中断、未能充分利用自然资源导致地理特征丧失；城乡结合部混乱主要表现为违法建筑日益泛滥、大城市的辐射力被城乡结合部截流、城市被“城中村”和边缘杂乱的建筑所包围、城市环境卫生严重恶化。

由于历史的原因，我国的城市化过程有其独特的问题，但随着城市化进程的加快，带有普遍性的问题更多地暴露出来，形成了“中国式的城市危机”。相对于西方工业化国家，我国的城市化进程被压缩到了更短的时间内，各种城市问题（传统的和现代的问题）同时出现，导致我国的城市问题更为复杂。这就决定了解决这些问题所需要的知识、技术、管理组织方式以及解决这些问题的着眼点都必须是多元化的，而生态园林城市的提出，就是从以自然生态化和生态环境优化为核心的角度去把握与解决城市问题。

二、可持续发展的客观要求

20 世纪中叶以来，人们逐渐认识到，把经济、社会、环境割裂开来谋求发展，只能给地球和人类社会带来毁灭性的灾难。源于这种危机感，可持续发展思想逐步形成。

1980 年，国际自然保护同盟发表的《世界自然资源保护大纲》中，首次使用“可持续发展”（sustainable development）一词。1981 年该联盟又推出《保护地球》这一重要文献，对“可持续发展”概念作了阐述，认为可持续发展的目标是“改进人类的生活质量，同时不要超过支持发展的生态系统的负荷能力”。

1987 年，联合国环境与发展委员会在《我们共同的未来》报告中将“可持续发展”解释为“既满足当代人的需要，又不对后代人满足其需要的能力构成危害的发展”。可持续发展的目的，一是为了不断改善和提高人们的生活质量，二是更充分地满足当代和后代的需要，三是促进社会文明和进步。

1992 年，世界环境与发展大会通过的《环境与发展宣言》和《21 世纪议程》，将可持续发展列为全球的发展战略，可持续发展思想作为人类社会发展的战略选择，被世界各国普遍接受。

2002 年，可持续发展世界首脑会议通过了《执行计划》和《约翰内斯堡可持续发展承诺》，使可持续发展进一步在全世界得到落实。

可持续发展的内涵包括：①可持续发展的核心是发展。②可持续发展以合理利用自然资产为基础，同环境承载能力相协调，实现人和自然之间的和谐。③可持续发展的根本问题是实现生态经济社会总资源的合理分配，其中既包括不同代人之间在时间上的分配，又包括当代不同国家、地区、人群间的资源分配。④可持续发展的目标是建立相互协调的经济系统、社会系统和生态系统。⑤可持续发展战略的实施强调综合决策、制度创新和公众参与。

可持续发展始终紧密地围绕着两条主线：其一，努力把握人与自然之间关系的平衡，寻求人与自然关系的合理化，把人的发展与人类需求的不断满足同资源消耗、环境的退化、生态的胁迫等联系在一起。其二，努力实现人与人之间关系的和谐，通过舆论引导、观念更新、伦理进化、道德感召等人类意识的觉醒，更要通过政府规范、法制约束、社会有序、文化导向等人类活动的有效组织，去逐步达到人与人之间关系（包括代际之间关系）的调适与公正，要求人类以最高的智力水准与博爱的责任感，去规范自己的行为，创造一个和谐的世界。

随着世界城市化和城市现代化进程的加快，改善生态环境、保护和利用自然资源、创造优美舒适的人居环境、建设人类美好的绿色家园、实现城市可持续发展已成为当今世界发展的主流。高度重视生态园林绿化、全面改进人居环境、努力建设适宜居住城市、不断推进可持续发展战略是社会发展的客观需求和历史发展的必然选择。在可持续发展观的指导下，解决城市与自然生态矛盾的理论有很多，如“生态城市理论”（王如松，黄光宇）、城市景观生态理论（董雅文）、健康城市理论（世界卫生组织）以及园林城市、绿色城市、山水城市理论等。这些理论在协调城市与自然关系方面做了有益的尝试，也取得了一定的成果。我们认为，要想实现“可持续发展的城市”这样的目的，首要问题就是城市发展规划的可持续目标体系的设定，这是一个指导观念的问题。其次，在这种可持续的发展观点指导之下，在实践中逐步将城市的空间扩展、人口发展、经济发展和社会发展共同纳入到社会—经济—自然复合生态体系中。

三、城市生态环境建设的现实要求

1. 人与环境

“环境”一词的含义是指相对于某个中心事物（或称主体）而言的相对面。在生物学中，生物存在的周围空间被称为环境，因此环境也是作为动物的人类赖以生存和发展的空间。不同于其他生物，人类在进化过程中，逐步具备了大规模改造环境的能力，并实际作用于现实环境。但是，人类过分地改造环境，肆意破坏已有的生态系统，反过来也给自身生存环境带来了意想不到的后果。另一方面，迄今为止人类所掌握的知识和技术也绝非可以随心所欲地左右所有的自然环境。因此，事实上人与环境的关系仍是一个相互影响、相互依赖的互动关系，即人类既不应依靠改变自身消极地顺应环境，也不应不计后果的一味地改造环境。由此可以看出，人类是自然生态系统中的一部分。中国古代的“天人合一”、“顺应自然”的思想就是对人与环境相互关系的绝好诠释。

2. 城市与自然

作为人类改造自然环境的产物，城市环境具有明显的两面性。一方面由于城市环境的形成，人类的生存环境与生活质量有了大幅度的改善，这是城市环境积极的一面。但是另一方面，由于城市的人工环境以及其中高密度的人类活动使得各种城市问题产生、暴露与恶化，反而降低了人类生存的适宜程度，这又是城市环境消极的一面。

城市是人类通过对自然环境的大幅度改造而形成的人工环境。从绝对意义上来说，任何对自然环境的人工改造（包括城市建设）都是对自然环境的改变，或者说是对自然环境的破坏。城市的建设无法从根本上避免这种改变的发生，但可以尽量减少这种改变对整个生态系统平衡的影响程度。例如，如果城市建设中在非建筑遮蔽用地上大量采用混凝土等硬质铺装，就会从根本上改变城市下垫面的特性，进而影响到城市的气候、水文、动植物生存环境等生态系统的基本要素；而如果尽量采用乔木、灌木、草组合的绿化，透水性铺装材料，甚至对建筑物进行屋顶绿化和垂直立体绿化，那么所形成的人工环境就会更接近自然的状态。

维护生态系统的平衡仅仅是进行城市绿化和规划建设城市开敞空间系统的目的之一，另一个更为重要的目的仍来自于人类向往自然环境的本能。城市与自然这对原本矛盾的主体在现实中却不得不组织到一起，以满足人类享受城市生活与自然环境的双重欲望。生态园林城市规划与建设正是以实现这一目的为主要任务的。

3. 城市生态环境

按照人类生态学的观点，城市既是自然环境又是社会（包括经济）环境，以人群聚集和活动作为环境的主要特征和标志。与“环境”概念中所强调的主体与周围的存在不同，“生态”的概念则更侧重于生物与其生存环境之间的相互关系和相互作用。“生态”（eco）一词源自希腊文字“oikos”，原意为“居住地”、“遮蔽所”、“家庭”，与意为科学研究的logos组合，成为生态学（Ecology）。

城市生态环境可以简单地理解为我们所置身的城市空间存在，由城市自然生态环境与人工生态环境所组成（表1-2）。而前者又可以进一步分为由城市的地质、地貌、人气、水文、土地等所构成的城市物理环境和由动物、植物、微生物所构成的城市生物环境；城市的人工生态环境则主要指建筑物、道路、工程管线等各类城市设施、社会服务以及生产对象等（图 1-2）[5]。按照生态学的概念，与营养级结构为金字塔形的自然生态环境系统不同，城市生态环境系统的营养级结构是倒金字塔形的，系统不能自给自足，处于相对脆弱的状态。

表 1-2　城市生态环境的构成

城市生态环境	城市自然生态环境	物理环境	城市地质地貌（矿物、岩石、地表形态结构等）
			城市气候与大气（阳光、空气、温度、水分等）
			城市水文水资源（江、河、湖、海、沼泽等）
			城市土地（面积、区位、形态、组成物质等）
		生物环境	城市动物（人工饲养和保护的动物、昆虫等）
			城市植物（绿化植物、作物等）
			城市微生物（细菌、真菌等）
	城市人工生态环境	城市设施	建筑物（住宅、工厂、仓库、机关、学校等）
			交通设施（道路、桥涵、车站、码头、机场等）
			管线设施（供排水、通信、电、热、气管线等）
			环境设施（园林、绿化、污水处理厂、垃圾处理场等）
		社会服务	劳动力（人口、智力、健康、家庭等）
			科教（科技、文教、思想、道德等）
			政法（政策、法令、组织、管理等）
			其他（医疗、文体、旅游、娱乐、宗教等）
		生产对象	工业、农业、交通、商贸、建筑、金融、信息等）

资料来源：杨士弘等编著．城市生态环境学［M］．第二版．北京：科学出版社，2003.

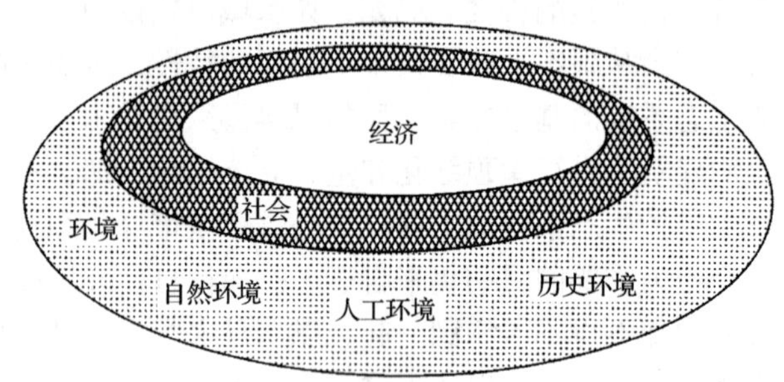

图 1-2　城市生态环境构成

从城市生态环境的构成与特征中可以看出：人类在城市生态环境的形成过程中占据了绝对的主导地位，但这并不意味着人类可以为所欲为，随意地改变甚至是破坏城市生态环境系统的平衡。一方面因为人类具有生物的属性，受到自然环境的制约；另一方面，每个人都是城市社会环境中的一员，必须受到社会规则的制约，任何违反客观规律的行为最终会受到来自自然与社会的报复和惩罚。无论是城市生态学还是城市生态环境学，究其本质均着眼于城市——这个人口、物质、能量高度集中并从中开展高强度活动的特殊地区，以及其对环境所产生的强烈影响。

4. 研究城市生态环境的现实意义

目前中国正处在城市化加速发展时期，需要妥善处理人口与资源、发展建设与生态环境的关系，其中很重要的问题是城市生态环境建设问题。从宏观角度看，人类所面临的生态环境威胁主要来自于 3 个方面：①由自然灾害引起的原生环境问题，如地震、海啸、台风、旱涝灾害等；②由人类活动造成的环境污染和对生态破坏所引起的危及人类及其他生物正常生存和发展的次生环境问题；③人口增长、经济发展、城市膨胀所带来的社会结构、生活质量等方面的社会环境问题。通常，这三者的总和被看作是广义的环境问题，而次生环境问题往往被看作是狭义的环境问题。这三方面的环境问题均不同程度地体现在城市生态环境系统中，尤其是次生环境问题与社会环境问题显得尤为突出。

由于城市中人口、物质、能量的高度集中和生产、生活活动的高度密集，使得环境问题在城市中集中地暴露出来。一方面，由于城市的聚集和活动的高密度，使得普遍存在的问题对人类生存的影响程度大大提高、更加显现化。另一方面，各种环境问题在城市中的交织与积累也会产生出新的环境问题。同时，城市的复杂性也使得解决城市问题的难度大大提高。现代社会中，城市生态环境问题主要体现在以下几个方面：①城市人口快速膨胀，城市用地无秩序蔓延，原有的生态系统平衡被打破，带来交通拥挤、居住生活环境恶化等问题；②城市的产业、交通以及市民生活向大气、水体等排放大量有毒有害气体、污水、固态废弃物，产生噪声，对城市生态环境造成严重的污染；③城市中的大量用水、燃烧石化燃料，消耗各种自然资源造成水资源、能源的短缺和浪费，反过来形成限制城市进一步发展的制约条件。

应该指出的是，城市生态环境并不是一个孤立的存在，它必须与外部生态系统进行高强度的物质、能量和信息的交换。因此，城市环境问题也不是孤立存在的，它受到整个地球生态系统的影响。研究城市生态环境的目的就是要掌握城市生态形成、变换、发展的规律，以可持续发展观有计划、按步骤、量力而行地进行城市的规划和建设。

5. 城市环境的两个侧面

通常城市环境实际上是指城市环境条件和城市环境状况两个侧面的总和。城市环境条件一般指城市中的空气、水、土壤的质量以及噪声、震动、地面下沉以及气味等环境质量指标。影响这些指标的因素随着城市的开发建设而产生，一般可以利用化学和物理的指标进行定量的检测。例如，城市空气中二氧化硫的浓度、降雨量、水体的 pH 值等，这些指标从客观上反映了城市环境是否适于人类及其他动植物的生存，并可以通过各种措施加以改善。

影响城市环境的另外一个侧面是城市环境状况，指城市中以及城市所在区域的山岳、河流、湖泊、农林牧地、地形、植被等自然景观以及建筑物、文化遗产等人工景观的存在状态。例如，同样的山体，有可能是植被茂盛，也可能是荒山秃岭，甚至由于人工采石而岩石裸露、斑驳。城市环境状况通过视觉、触觉、嗅觉等人体感官因素形成城市环境的综合印象，并影响到身处其中的市民的舒适程度。与城市环境条件不同，城市环境状况很难用不同的量化指标来评判其优劣。某一特定的可量化指标（例如城市的绿地率）与市民的感受之间往往不一定能准确地被度量（例如，市民的感受在很大程度上受到绿地分布状况以及可利用情况的影响）。

具体而言，生态园林城市规划与建设一方面要在保障城市各项功能正常运转的前提下，减少城市建设及其相关活动对自然环境的破坏，有意识地保护和恢复自然环境，作为市民享受自然的基础；另一方面，又要利用包括规划在内的各种人工手段努力创造出更为接近自然的城市环境，以缓解过度人工化的环境所产生的各种问题。生态园林城市的这种规划理念需要通过城市生态园林规划、城市绿地系统规划及开敞空间系统规划具体落实。城市绿地系统及开敞空间系统规划所关注的主要对象恰恰是这些难以量化的城市环境状况，并试图以综合的方法提高市民的舒适程度。

四、城市空间扩展的内在要求

1. 城市空间结构理论概述

从20世纪20年代产生的生态学派，到60、70年代的经济区位学派、社会行为学派，继70、80年代以来的政治经济学派，西方城市空间结构理论研究取得了丰硕的成果，在广度和深度上都有了明显的发展（表1-3）。具体表现为：研究的问题由城市土地利用的自然空间、经济空间扩展到了社会空间、政治空间；研究重点由描述静态的空间结构深化和细化到揭示空间结构的动态变化及其过程；对人在土地利用活动中作用的认识由简单化、机械化的生态人、经济人转变为具有价值观和能动性的社会人及具有政治结构属性的阶级人；对土地利用驱动力的认识从单一的经济因素扩展到经济的、社会的、制度的、技术的多因素综合；对土地利用演变的动力机制研究由表象的形态演化深入到隐藏在其背后的内在机制。上述各种理论是基于各自的研究领域及认知角度，其概念的侧重点自然迥异。但城市区域是一个复杂的、开放的巨系统，依据城市规划的“思考逻辑”（城市规划的基本出发点可以多样，而最终归结点是空间），我们更需要用综合整体、动态协调的思路来研究城市空间的问题。

表1-3　西方城市空间结构理论的研究进展

理论派系	生态学派	经济区位学派	社会行为学派	政治经济学派
研究问题	自然空间问题	经济空间问题	社会空间问题	政治空间问题
理论基础	人类生态学 古典经济学	新古典经济学	行为分析方法	政治经济学方法（结构主义分析、冲突分析等）
研究重点	土地利用的空间形态模式及其演变模式	土地利用的区位经济模式及其发展方式	土地利用者的行为模式及决策过程	权力的空间分布模式及土地开发过程中权力机构的动机和影响力
土地利用者	生态人	经济优化人	社会人	阶级人
辨认的驱动力	自然的驱动力	经济的驱动力	经济的、社会的驱动力	政治的、制度的、技术的驱动力
动力机制	自然竞争机制	市场机制	社会机制	权力机制
代表性理论模型	同心圆模式 扇形模式 多核心模式	单中心模式 外在性模式 动态模型	决策分析模式 互动理论	结构主义 冲突学派 管理学派

生态学派主要采用描述性的历史形态方法来概述城市土地利用的历史增长趋势，并归纳出空间分异规律，以同心圆理论、扇形理论和多核理论为代表。其理论均属于简单的圈层研究体系，主要停留在对城市土地利用空间结构的描述阶段，并不能解释清楚某种特定的土地利用模式及其增长趋势的形成原因，不能用来决定城市系统变化对土地利用模式的影响，也不能解答社会经济变量与空间利用方面相互联系的问题（图1-3）。

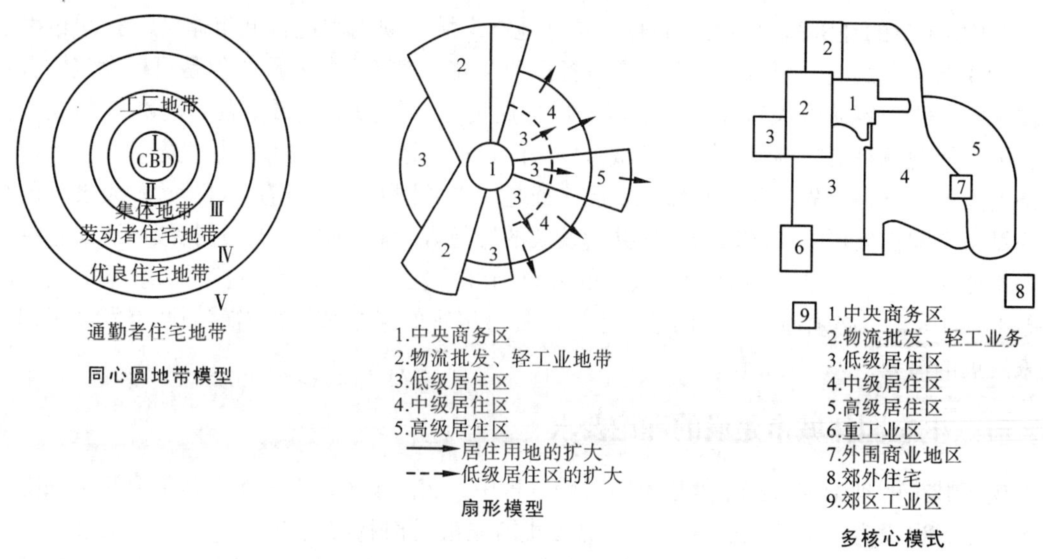

图 1-3　城市地域结构理论与模式[6]

2. 城市空间扩展机制分析

在城市发展，城市及城市功能区之间的竞争与协和中，空间的集聚与扩散是最为基本的矛盾力。在具体的实践中，可以深化、细化为以下几个方面来剖析城市空间扩展的内在机制：①城市空间扩展的内在动力表现为经济发展过程中城市产业集聚和产业结构演变；②城市空间扩展的基础条件是人文、自然地理环境（融合与约束）；③城市空间扩展的牵引动力是主要经济联系指向、主要交通线路；④城市空间扩展的控制阀主要是政策与规划引导（涉及到对当前规划制度的问题）；⑤居民的生活需求对城市空间扩展有着特殊的影响。

城市空间扩展就是城市为满足其人口、经济、自然和社会文化等发展的需要，不断扩大城市物质空间环境的过程。它通常体现为城市内部的空间置换和城市外部的空间蔓延，并以同心圆模式、扇形模式和多核心模式等发展模式，以及带状发展、面状发展、跃迁式发展等发展形式表现出来。但是，不论城市物质空间扩展的方式如何，与城市物质空间扩大相伴随的是城市土地自然环境的不断缩减与恶化，这似乎是当前城市发展的一种必然现象。一方面，城市的物质空间环境表现为从无到有、从小到大、从简单到复杂、从无序到有序的发展过程；另一方面，自然生态环境却表现为从有序到无序、从复杂到简单、从自然稳定到人为稳定、从自然演替到人为演替的发展历程（图 1-4）。在这一过程中，城市高度依赖于人工化的物质、能量与信息的输入和输出来维持与外界环境的和谐。

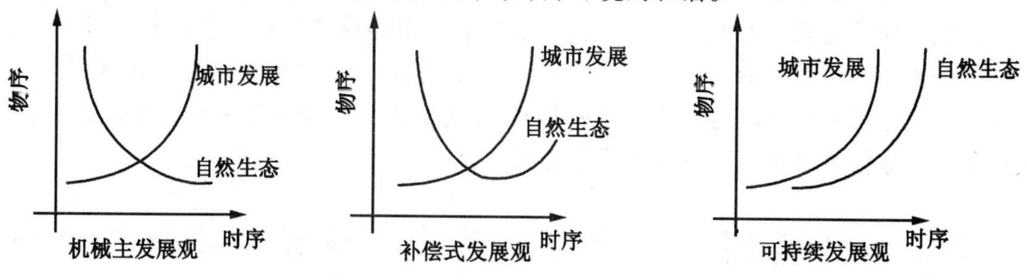

图 1-4　城市空间扩展与自然生态的关系示意图

“实现城市的经济和社会发展目标，合理地制定城市规划和进行城市建设”是城市发展的基本要求。事实上，城市的社会发展目标也包含着自然环境的发展，但是目标设定的含蓄性往往在实践中容易被人口和经济发展的压力所掩盖。要想实现城市与自然和谐共处的目标，关键问题就是要重新设定或修订城市发展的目标体系和价值体系：是优先满足于人口和经济的发展，还是优先满足于自然的发展，或是二者共同发展。当前，可持续的发展观的提出为城市空间扩展树立了城市与自然共同发展的思想观念。在城市中，可持续的思想包括两个基本概念：①“需要”的概念，城市的人口与经济发展是城市空间扩展的基本需要；②“限制”的概念，必须通过适当的技术手段和社会组织的限制来使得当前的城市发展不损害未来发展的需要。

五、生态园林城市建设的理论要求

生态城市的理论和实践正处于不断发展过程中，实际上还没有一个公认的真正意义上的生态城市，也没有一个公认的定义。考虑到我国城市目前状况与真正的“生态城市”的目标存在着很大的距离，直接从推动工作来实现这个目标客观条件也不具备。因此国家建设部根据我国国情提出了一些先进城市的称号，把它作为推动建设“生态城市”的阶段性目标。

目前，我国城市生态环境的建设已不仅仅停留在口号和概念上，在一些国家颁布的实践性法规标准中“生态观念”已有所体现。如，比较 1992 年与 1996 年《园林城市评选标准》，主要差异在于 1996 年的《标准》明确提出“改善城市生态环境，组成城市良性的气流循环，促使物种多样性趋于丰富”及“逐步推行按绿地生物量考核绿地质量”等生态方面的条目。2002 年建设部审批的《城市绿地分类标准》的诞生，解决了我国绿地分类及统计口径的不规范导致的绿地系统规划与城市规划之间缺少协调关系的问题，同时为适应城市化水平不断提高带来的城市环境问题，该《标准》也提出了改善城市生态环境，促进城市可持续发展的目标。2002 年建设部还向全国各有关单位印发了《城市绿地系统规划编制纲要（试行）》，并明确提出城市绿地系统规划的主要任务，并在《城市绿地系统规划》的成果中明确规定要有专门一章来阐述生物多样性保护与建设规划[7]。

园林城市的创建活动以来，城市的生态化倾向越来越明显，因此国家建设部向全国又发出创建生态园林城市的号召。提出建设生态园林城市的新目标，旨在落实以人为本，全面、协调、可持续的科学发展观，促进我国城市的可持续发展[8]。“生态园林城市”将作为比“园林城市”更高层次的目标，推动我国城市的生态环境进一步改善。目前中国社会上有园林城市、生态园林城市、生态城市等各种名称提法。由于对这些城市称号的概念认识不清，内涵界定不明确，在创建过程中提法不一，目标混乱，给国家城市之间的评比造成困扰。对生态园林城市建设的实践来说，目前仅有评估标准来指导城市建设，很多城市对“生态园林城市”还没有形成明晰的、概念性的认识。因此，搞清楚什么是“生态园林城市”，以及怎样规划建设生态园林城市是十分必要和迫切的。基于此，研究生态园林城市规划理论对于全国创建“生态园林城市”有现实的指导意义。

第二节　生态园林城市与相关城市建设理论模式辨析

城市的产生和发展过程就是一个对自然生态和农村生态的破坏和重建自然社会经济生态

的过程，但是迄今的城市发展、重建的成果远不及破坏和失去的多。21 世纪初，人类社会正在进入后工业社会或知识经济时代，城市也正经历着其发展史上的第三个重大转折，工业革命以来城市环境危机导致人们要求对已经延续了几百年的城市和居住环境进行新的变革。随着城市生态环境日益受到重视，以营造高质量城市生态环境为目标的理念与思想相继出现，并作为城市规划所追求的目标之一。对城市发展建设的未来走向，关于城市建设的整体形象和模式，不同社会团体、组织及学者从不同角度提出了设想，如“田园城市”、“健康城市”、“绿色城市”、“国际花园城市”、“卫生城市”、“环境保护模范城市”、“山水城市”、“园林城市”、“生态园林城市”、“生态城市”等等。下面将“生态园林城市”与其他城市称号的提法进行对比，以使人们更深刻地理解其内涵。

一、田园城市（Garden City）

田园城市理论由英国社会活动家霍华德（E. Howard）1898 年提出，其基本构思立足于建设城乡结合、环境优美的新型城市，即“把积极的城市生活的一切优点同乡村的美丽和一切福利结合在一起”。1898 年，埃比尼泽·霍华德在《明日：一条通向真正改革的和平道路》一书中，首先提出“田园城市”建设模式。此书后来更名为《明日的田园城市》（*Garden City of Tomorrow*），其思想对后世城市规划和建设产生了极为深远的影响，是城市规划和发展研究的里程碑。根据 1919 年英国田园城市和城市规划协会的定义，“田园城市是为了安排健康的生活和工业而设计的城镇；其规模要有可能满足各种社会生活，但不能太大；被乡村带包围；全部土地归公众所有”。

“田园城市”理论，把城市当成一个整体来研究，联系城乡关系，提出适应现代工业的城市规划问题，对人口密度、城市经济、城市绿化的重要问题都提出了见解。该理论针对工业革命后英国城市中所出现的问题提出了理想但又具有一定可行性的解决方案。换句话说，就是，将人类既要享受现代文明的恩惠，又不愿意放弃贴近自然的原始本能的要求与当时的社会、经济环境以及城市发展状况创造性地结合在一起。因而，解决问题的惟一途径就是将这两者的优点结合起来，形成新型的“城市—乡村”聚居形式，即田园城市[9]。文中著名的“三磁力”图将田园城市理论的核心思想形象而又具体地表现出来（图 1-5）。

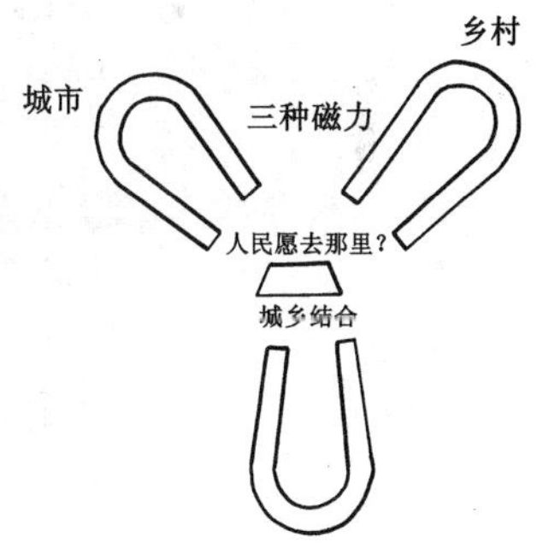

图 1-5　城乡三磁力图[10]

田园城市思想的主要内容是：①城市与乡村的结合具体体现为城市周围拥有永久性的农业用地作为防止城市无限扩大的手段。②限制单一城市的人口规模，当单一城市的成长达到一定规模时，应新建另一个城市来容纳人口的增长，从而形成“社会城市”。③实行土地公有制，由城市的经营者掌管土地，并对租用的土地实行控制。将城市发展过程中产生经济利益的一部分留给社区。④设置生产用地，以保障城市中的大部分人的就近就业。霍华德利用图示为我们描绘出田园城市的具体形象（图 1-6）。

田园城市有别于其他理想城市方案的另外一个特点就是被付诸实践。虽然没有获得普遍意义上的成功，但田园城市的实际建设除了为其理论提供了一个直观的范本外，更通过实践影响到当时的一批建筑师，使田园城市理论发展为（或者说是被修正为）更具现实意义和

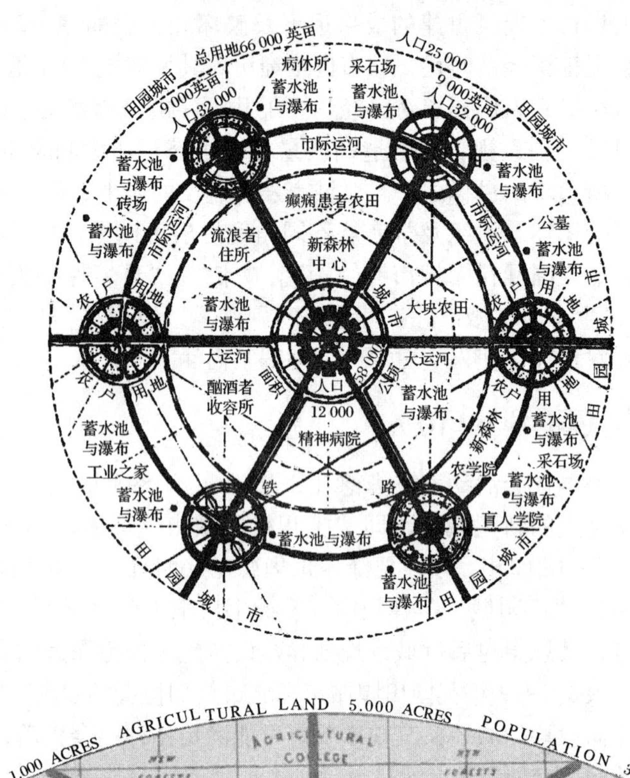

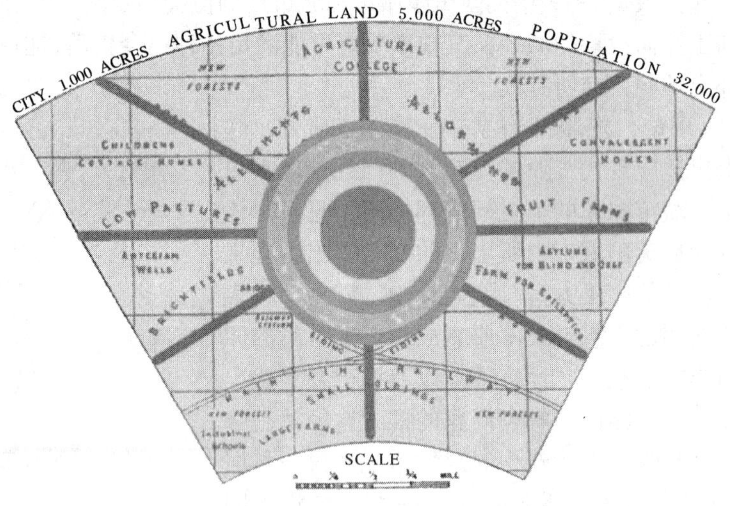

图1-6　霍华德构想的城市组群与城乡一体化的田园城市

普遍意义的田园郊外（garden suburb）和卫星城理论。卫星城市理论主要针对20世纪初大城市的恶性膨胀这一现实条件提出来，在解决现实问题的同时，“田园城市”理论所提倡的田园精神得到了进一步的发展。卫星城的理论在英国二战之后的城市建设实践中得到了进一步的发展。

“田园城市”理论在现实的实践中并不十分成功，甚至在它产生后很长一段时间没有受到人们的重视，一方面是它具有一定的历史局限性，忽视了城市的经济效益；田园城市建设模式更适合在空地上建设新城，而对于已建成的大城市来说，整改成本是十分巨大的，一般来说是无法承受的，因而缺乏大范围实践的基础。另一方面则是由于这一理论容易被人误解和曲解。“田园城市”的英文名字是“garden city”，所以有人译为“花园城市”，这就容易让人误以为这种城市只需要在花园般的城市躯壳上下功夫（事实上，霍华德的两个实验性的田园城市——莱切沃斯和韦林的建设，也正是犯了这方面的毛病，即过分地强调了城市的田园性质，而违背了城市发展的集聚要求）[12]。

从这一点来看，“生态园林城市”要比“田园城市”或“花园城市”的概念更科学、更全面，也更能准确地反映人类建设城市家园的可行性目标。一方面“生态”包含了社会、经济、自然协调持续发展，经济高效、人类满意、人与环境和谐的系统观，另一方面，“园林”又强调了建设的重点，即优美舒适的人居环境，使建设的可行性更强，目标更明确。

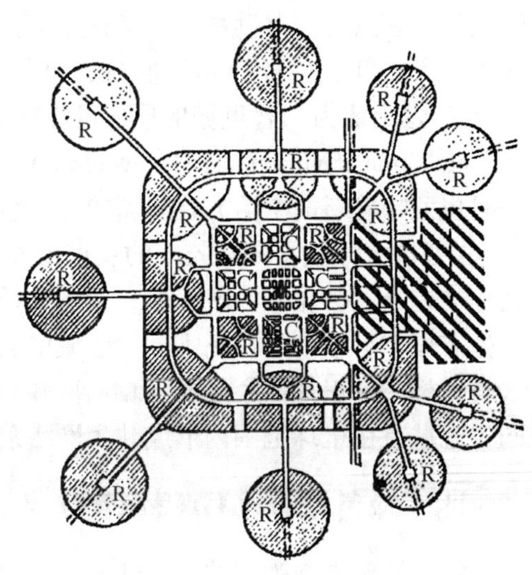

图 1-7 卫星城概念示意图

C—中心城，R—中心城与卫星城住宅区[11]

二、广亩城市（Broadacre City）

这是美国著名的建筑师赖特（F. L. Wright）在20世纪30年代提出的“城市分散主义”的规划思想。他在1932年发表的著作《消失中的城市》（*The Disappearing City*）以及随后发表的《广阔的田地》（*Broadacres*）中对此有所阐述。他主张将城 市分散到广阔的农村中去，每公顷土地上居住密度为2.5万人左右；每个独户家庭周围有一英亩土地（大约4047m^2），生产供自己消费的粮食和蔬菜；用汽车、飞机作交通工具，居住区之间有超级公路联结，公共设施沿公路布置。20世纪五六十年代，在美国一些州的规划中，曾把“广亩城市”思想付诸实践。

赖特的很多观点和霍华德一致，反对大城市（特别是像纽约这样的城市），反对大城市的专制，他追求的是土地和资本的平民化，即人人享有资源。“每一个美国的男人、女人和孩子们都有权拥有一亩土地，让他们在这块土地上生活居住，并且每个人都有自己的汽车”。赖特认为，新的技术完全可以做到这一点，让人们回归自然，回到土地中去，让道路系统遍布广阔的田野和乡村，使人们可以便捷地相互联系。“城市分散主义”显然不是生态园林城市所追求的，在这一点上，生态园林的生态适度观和城市适合生态环境的扩展方式就明显优于广亩城市。

三、普世城（Ecumenopolis）

希腊学者道萨迪亚斯通过对人类聚居进化和发展的研究，看到地球上的所有城市都朝着规模日益扩大、联系越来越密切的趋势发展，认为在21世纪末，地球上的所有城市都将连成一片，成为一个统一的“普世城”，整个地球成为一个“日常生活系统”，普世城呈现条形的网状结构，大部分都集中在沿海一带。由于全世界的人们相互之间的理解加强了，人们之间在社会地位和经济收入上的差别缩小了，人们互相之间和睦相处，经济上、文化上的互相联系非常密切，甚至融为一体，从而全球将形成一种统一的世界文化，国家之间的分界和防卫将失去意义。普世城在一定程度上就像一个联邦制国家一样，由一个统一的政府来进行管理，人类以一种较为明智的方式利用地球，使人类和地球表面以阿波罗式地和谐发展着[13]。道氏认为“普世城的形成过程就是从文明社会走向世界大同（The road to Ecumenopolis leads from civilization to ecumenization）[14]”。因此，普世城不仅仅意味着新的聚居形态，同时也意味着新的生活方式和新的社会组织结构。

“普世城”主要是从技术的观点出发的，实际上是超级大城市、城市地球，忽视了世界文化的差异性，化零为整，带有技术乌托邦色彩；但道氏从全球的角度研究人类聚居的观点与生态城市是一致的，只不过生态城市倡导的全球观念是在保持文化多样性的前提下的统一人类目标，这正如儒家经典《中庸》中所阐明的“万物并育而不相害，道并行而不悖”，不同生态城市在全球范围内形成共生网络系统。

四、绿色城市（Green city）

绿色城市是在为保护全球环境而掀起的“绿色运动”过程中提出的。戈德（D. Gordon）1990 年出版了《绿色城市》一书，探讨了城市空间的生态化建设途径。其中以印度学者 R. 麦由尔（Rashmi Mayur）博士对绿色城市的设想较为突出，他认为绿色城市应具备以下条件：

（1）绿色城市是生物材料和文化资源以最和谐的关系相联系的凝聚体，生机勃勃，自养自立，生态平衡。

（2）绿色城市在自然界里具有完全的生存能力，能量的输出与输入达到平衡，甚至更好些——输出剩余的能量产生价值。

（3）绿色城市保护自然资源，它依据最小需求原则来消除或减少废物。对于不可避免产生的废弃物，则将其循环再生利用。

（4）绿色城市拥有广阔的自然空间，如花园、公园、农场、河流或小溪、海岸线、郊野等，以及和人类同居共存的其他物种，如鸟类、动物和鱼。

（5）绿色城市强调最重要的是维护人类健康（而疾病是非生态的），鼓励人类在自然环境中生活、工作、运动、娱乐以及摄取有机的、新鲜的、非化学性的和不过分烹制的食物。

（6）绿色城市中的各组成要素（人、自然、物质产品、技术等）要按美学关系加以规划安排。要给人类提供优美的、有韵律感的聚居地；各种形象设计、颜色、样式、大小与亲和度要基于想象力、创造力以及与自然的关系。

（7）绿色城市要提供全面的文化发展，剧院、水上运动场、海滩、公共音乐厅、友谊花园、科学和历史博物馆、公共广场等将为人类的相互影响提供机会，也就是说，绿色城市将是个充满欢乐与进步的地方。

（8）绿色城市是城市与人类社会科学规则的最终成果。它对于现存庞大、丑陋、病态、腐败以及糟蹋性开发城市中心是个挑战。它提供面向未来文明进程的人类生存地和新空间。

这里绿色城市已经突破了绿化、美化的旧框架，基于自然与人类协调发展的角度，不仅仅强调生态平衡、保护自然，而且注重人类健康和文化发展，从这个意义上说，绿色城市与生态城市是一致的。绿色城市与生态城市的关系应该类似于 Ebenezer Howard 的田园城市和社会城市的关系。前者是方法，是过程；后者是目标，是理想。着眼于生态导向的生态城市整体规划无论在理论上还是在实践中都对绿色空间的作用十分重视。

五、健康城市（Healthy City）

“健康城市”是世界卫生组织在实施20世纪80年代中期发起的“城市与健康计划”过程中提出的概念，其主要目标是促使人们，尤其是城市当局对改善城市生活条件、医疗条件和卫生环境的重视，并为此做出切实的努力。它是世界卫生组织（WHO）面对21世纪城市化问题给人类健康带来挑战而倡导的一项全球计划。世界卫生组织于1986年首次提出健康城市行动战略时，加拿大多伦多市首先响应。随后，健康城市规划活动从加拿大传入美国、欧洲，而后在日本、新加坡、新西兰和澳大利亚等国家掀起了热潮，逐渐形成全球各大城市的国际性活动。我国于1994年开始由国家卫生部医改司和国际合作司牵头与世界卫生组织合作开展此项工作。目前，由世界卫生组织和国家卫生部正式批准加入该项目试点工作的城市与地区有北京市东城区、上海市嘉定区、海口市、大连市等。

1996年世界卫生组织在宣布当年4月5日“世界卫生日”的主题为“城市与健康”的同时，公布了健康城市的10条标准，具体规定了健康城市的内容：

（1）为市民提供清洁和安全的环境；

（2）为市民提供可靠和持久的食品、饮水、能源供应，具有有效的消除垃圾系统；

（3）通过富有活力和创造力的各种经济手段，保证市民在营养、饮水、住房、收入、安全和工作方面的基本需求；

（4）拥有一个强有力的相互帮助的市民群体，其中各种不同的组织能够为改善城市健康而协调工作；

（5）能使其市民一道参与制定涉及他们日常生活，特别是健康和福利的各种政策决定；

（6）提供各种娱乐和休闲活动场所，以方便市民之间的沟通和联系；

（7）保护文化遗产并尊重所有居民（不分其种族或宗教信仰）的各种文化和生活特性；

（8）把保护健康视为公众决策的组成部分，赋予市民选择有利于健康行为的权利；

（9）做出不懈努力争取改善健康服务质量，并能使更多市民享受到健康服务；

（10）能使人们更健康长久地生活和少患疾病。

世界卫生组织认为健康城市是由健康的人群、健康的环境和健康的社会有机结合发展的一个整体（WHO，1992），是从城市及居民健康角度提出的，涉及影响城市居民在物质、精神健康的各方面，如生活环境、文化、政策等方面，这也是生态城市必须具备的条件之一；但健康城市强调了城市居民的健康（生理上的），而忽略了城市社会的经济模式、生产技术、文化以及其赖以生存的区域的健康性；这种健康很可能是建立在区域的非健康（“掠夺”周边环境）基础之上，最终也必将导致自身的“病态”，而且保证居民在生活、生理上的健康也是不够的，而居民的心理、精神以及对社会的适应等健康状况也很重要；健康城市是一种狭隘的健康观，而生态城市强调的是“人—自然”系统整体的健康；健康城市不一定是生态城市，但生态城市一定是健康城市。

生态城市和健康城市是为了解决城市化过程中产生的重大问题，分别从环境和健康角度提出的城市发展的理想目标和模式，建设生态城市和健康城市都是现代化文明城市的象征，是人类的共同愿望。现阶段我国生态城市建设强调的“让人民喝上干净的水，呼吸清洁的空气，吃上放心的食物，在良好的环境中生产生活”，同样是我国健康城市建设的重要内容。描述生态城市和健康城市的指标体系，也有许多相同之处，如世界卫生组织提出的健康城市指标中关于环境质量指标有24项，几乎包括了环境界对环境质量评价的主要指标。国际社会强调建设生态城市和健康城市都是长期的、持续发展的任务，注重建设过程，要求政府承担责任，依靠各部门间的合作，要求单位、社区、公众参与，需要制定规划和政策等。从内涵分析可以看出生态城市与健康城市共建存在很大的空间，生态城市和健康城市理念突破了传统环境和健康概念的束缚，有丰富内涵和理论基础，两者在目标、内容和方法上出现了一定程度的关联、重合、相似的情况。如生态城市在强调人与自然和谐的同时，坚持以人为本的原则，努力为人的健康和发展提供良好的环境条件；健康城市要求社会健康、环境健康、人群健康协调、持续地向前发展，要求把健康与环境两大主题紧紧地联结起来。

健康城市是从现代医学的角度提出的，是以市民的身心健康为中心，综合考虑和规划城市社会经济的各个方面的一种城市发展模式，其基本内容与"生态城市"具有很强的一致性，其主要的理论基础与生态城市相似，但是生态城市似乎更能反映出城市的内涵，因为"生态城市"实际上也是追求城市生态系统的"健康"。"健康城市"毕竟是由专门性的卫生组织从卫生和健康的角度提出来的概念，其专业性很明显，容易被人作单向的理解。"生态园林城市"较之"健康城市"，虽然客观指标比较低，但命名更直观、明确，也更符合我国国情。

六、国际花园城市（Nations in Bloom）

国际花园城市活动是近年来国际上新兴的城市绿化建设的重要活动之一。由总部设在英格兰 Berkshire 的国际花园城市协会倡导，并得到联合国有关部门的承认，近年来在世界上许多国家的城市开展了评比活动，包括中国深圳、杭州、厦门、广州在内的不少城市相继获得了此殊荣。国际"花园城市"评比的目的在于创建充满活力、环境优良和适于居住的城市（社区）环境而倡导最佳实践、创新和积极争先。在本质上它是一个动态的评比过程，旨在管理、城市美化、遗产保护、强化城市（社区）形象以及完好地规划未来等方面向最佳范例学习。

此项活动可使参评城市（社区）在全球范围内传授或学习创建最佳居住环境活动中的最有益的实践。竞赛本身提供了一个独一无二的机会，借此可以向来自全球城市（社区）展示参评城市（社区）正在创建一个适于居住的环境，正在为提高生活质量做出贡献。"花园城市"由来已久，早在1869年，芝加哥就开始了花园城市建设的实践，它通过实施一个庞大的城市公园体系项目，使其成为了美国中部最美的一座工业城市[15]。然而关于花园城市建设并没有形成系统的理论，也缺乏相关的评价指标，只是通过主观感受判别。根据国际公园与康乐设施管理协会 IFPRA 所制定的国际花园城市评选标准，它要求参评城市（社区）达到以下5个方面的评比标准（"国际花园城市"评选程序）：

（1）景观改善：此项标准应展示如何改善景观，以创造使居民为之感到骄傲、增加令人愉快的休闲体验和提高城市（社区）生活质量的环境。对硬性和软性景观的利用和改善都应在此部分予以涉及。

（2）遗产管理：此项标准应展示如何珍视、保护和管理其文化遗产、人工与自然以及历史与民族遗产。

（3）环境保护：此项标准应展示如何采取环境保护措施，如何采取行动来实现环境的可持续管理。包括旨在改善空气、土地和水的质量以及减少自然资源消耗的措施和行动。

（4）公众参与：此项标准应展示在文化环境方面公众参与的程度，包括工商界、个人志愿者乃至全体民众在本地环境的规划、管理及维护等方面的参与状况。

（5）未来规划：此项标准展示如何运用敏感并有创意的规划技术来创建较长远的、可持续的、适于居住的环境。

国内一些学者常常也把花园城市与田园城市混为一谈，虽然有一定的相似性，其实却是两个概念。田园城市更为强调城乡的和谐与统一；而花园城市则更为注重城市居民的主观感受和意象，强调从艺术的角度来美化城市，所体现出来的是人类对“美”的一种亘古不变的追求和对高质量人居环境的向往。花园城市建设对于改善城市生态环境、提升人文环境品位、增添城市生活情调、美化城市形象和增加城市旅游收入等方面具有十分积极的意义。相对生态园林城市而言，花园城市过分注重形式，往往侧重于用园艺绿化手段构造美学艺术效果，而较少从发挥生态效益与适地适树的生态学和栽培学方面的规律来考虑如何构建稳定的城市绿地生态系统。

此外，作为生态园林城市的必备条件的国家园林城市是以组织管理、规划设计、景观保护、绿化建设、园林建设、生态建设、市政建设等7个方面作为评价标准，以提高城市生态环境质量，调动全社会力量参与城市园林绿化建设，实施城市可持续发展和生物多样性保护行动计划。“国际花园城市”是近两年内新兴的国与国之间自发形成的一种尚未形成法定程序的内部协定与评比标准，主要以景观改善、遗产管理、环保措施、公众参与、未来规划这5项内容作为考核因子，以展示城市在社区建设中的综合水平。但就城市发展的目标而言，不论是我国的国家园林城市，还是国际花园城市的新提法，其根源都是为了解决新世纪面临的生态环境问题。国家园林城市标准更多地评价城市绿化建设达到的水准，而“国际花园城市”则从更广的角度扩展了绿化规划的理念和影响因子，至于具体的指标，尚未做出明确的定论。

七、森林城市（Forests City）

1969年加拿大多伦多大学因科乔金森（Encjogensen）教授在森林生态学讲座中首倡“城市”与“森林”相结合[16]。森林城市建设倡导的宗旨就是用森林包围城市，将森林引入城市，实现“城在林内，林在城中”。“森林城市”的具体实施和建设，是以乔木树种为主，以大面积森林为基调，以花草、林木构筑景观多样性、生态系统多样性和生物物种多样性为主要特征，乔灌草花优化组合，林种树种合理搭配，并与山水地貌相依托，与城市内含物及三维空间相衬托，构成绿色点、线、面、网相连，绿化、美化、香化、净化相结合，形成开放、自然、和谐、内外借景、相互映照的有机整体，呈现出山林、河流等自然景观与喷泉、高楼等人文景观融为一体的城市风貌。整个城市景观不仅给人们提供幽雅、清新的生活空间，而且给人们带来轻松、洒脱、舒适的视觉享受[17]。

根据国家林业局公布的国家森林城市标准，其中主要包括两大指标：城市林木覆盖率要达到30%、城市规划建成区绿地率要达到35%。目前，中国的国家森林城市只有贵阳和沈阳。城市园林绿化系统不等同于城市森林。“森林城市”是想在城市中多种乔木，加大绿化面积，营建丰富完备的绿地系统，使城市具有像自然森林所具有的良好而稳定的生态系统。然而，我国大多数城市目前正在实行的生态园林绿化系统也正在发挥着这种效能，而且比“森林城市”更具生态指导性和人文性。所以，城市郊区所存在的森林充其量即园林中的不具文化景观的小面积植物绿化，所以森林并不属于城市，森林城市是园林中对不具艺术文化特征的植物绿化的形象性描述。

八、国家卫生城市（Nationally Recognized Clean City）

全国爱卫会自1989年开始评比“国家卫生城市”，这一活动得到了各级政府的认同和人民群众的赞许。各地已从过去重点解决城市普遍存在的“脏、乱、差”和“上厕难”等问题，转变到着力加强城市基础设施建设、提高城市环境质量、完善城市管理法规、强化依法治市上来[18]。国家爱国卫生委员会颁布的“国家卫生城市标准”2005新标准中，明确规定国家卫生城市应从以下10个方面进行评比：爱国卫生组织管理、健康教育、市容环境卫生、环境保护、公共场所及生活饮用水卫生、食品卫生、传染病防治、病媒生物防制、单位和居民区卫生、城中村及城乡结合部卫生[19]。其中：市容环境卫生中的第3条，路灯亮化率≥98%；第5条，生活垃圾、粪便无害化处理场建设、管理和污染防治符合国家有关法律、法规及标准要求。城市生活垃圾及粪便无害化处理率≥80%。第9条建成区绿化覆盖率≥36%，绿地率≥31%，人均公共绿地面积≥7.5m^2。城市绿地系统规划编制完成，绿线管制制度得到落实。第10条，城市河道、湖泊等水面清洁，无漂浮垃圾；岸坡整洁，无垃圾杂物。环境保护中的第2条集中式饮用水源地水质达标率≥96%；第3条烟尘控制区覆盖率≥90%；第4条城市生活污水集中处理率≥50%；第5条区域环境噪声平均值≤60dB（A）。城中村及城乡结合部卫生中的第7条城乡结合部卫生整洁，无乱排污水、乱倒垃圾、乱堆物料、乱建棚屋、乱开店铺等现象。

不难看出，在以上10个方面中，仅在“市容环境卫生和环境保护”两方面提出了有关城市环境方面的一些评比指标，如：饮用水源水质达标率、区域环境噪声平均值、烟尘控制区覆盖率、城市生活污水处理率等，这与“生态园林城市”的评比指标有所交叉。而第十项城中村及城乡结合部卫生，则是生态园林城市一个层次中很小的一个侧面要求。从“国家卫生城市标准”条款（即第三部分市容环境卫生第3条、第5条、第9条、第10条）中可见，“国家卫生城市”对城市的绿化与环境要求较“生态园林城市”而言，更初级、原始、基础。由于“国家卫生城市”是由国家卫生部门提出，更主要的是针对城市的环境卫生和市民健康教育，其专业性和针对性较强。“生态园林城市”则是一个更综合的评选称号。

九、环境保护模范城市（Environmental Protection Model City）

为推进中国城市环境保护和可持续发展，实施《国家环境保护“九五”计划和2010年远景目标》中提出的城市环境保护“要建成若干个经济快速发展、环境清洁优美、生态良性循环的示范城市”的要求，国家环境保护总局自1997年开始在全国各城市开展创建国家环保模范城市的活动。国家环境保护总局制定了《国家环保模范城市考核指标（试行）》。意在通过这一活动树立一批环境保护模范城市，并以此推动我国城市环境保护进程。关于印发《“十一五”国家环境保护模范城市考核指标及其实施细则》和《国家环境保护模范城市创建与管理工作规定》的通知［环办（2006）40号］文件重新界定和发展了考核要求。

国家环保模范城市评比依据包括基本条件和考核指标两大部分，其中考核指标包括社会经济、环境质量、环境建设和环境管理4个方面。共有30项考核指标，其中基本条件3项，考核指标27项（含社会经济5项、环境质量5项、环境建设10项、环境管理7项），基本涵盖了社会、经济、环境及卫生、园林等方面的内容，但更多体现的是城市环境质量、污染控制、环境建设和环境管理工作水平。考核指标体系主要还是从城市环境保护角度制定的，一方面没有考虑农村的环境保护，另一方面也未能体现生态园林城市广义的生态观。

比较“十一五国家环境保护模范城市考核指标”和“国家生态园林城市标准”有如下结论：

（1）两个标准在环境质量方面有较多的交叉项，如：空气污染指数、城市生活污水处理率、生活垃圾无害化处理率等，但“国家生态园林城市标准”中这些指标的数值均有所上升。

（2）“国家环境保护模范城市考核指标”提出社会经济的要求，“国家生态园林城市标准”没有明确提出，可能“国家环境保护模范城市”比“生态园林城市”更接近城市生态化的经济生态。但是，经济发展和维护生态平衡之间更多地表现为一致性，也就是说建设生态园林城市与经济理性之间并不存在根本性的矛盾。这种一致性，从宏观上很容易理解。从本质上讲，经济发展和生态平衡的维护在宗旨和目的上是一致的，它们都是为了人的生存和可持续发展的需要，都是人类社会存在和进步的基础。从历史上看，以破坏生态环境为代价的经济开发是不可能持久的。生态环境与经济发展的这种关系告诉我们，没有良好的生态环境，就不可能有经济持续健康发展。“环境和生态问题，归根结底是一个经济问题，它与物质生产部门的生产发展有着极密切的相辅相成的关系[20]。反过来讲，经济发展是社会进步的重要条件和标志，没有经济的发展和人民物质生活条件的改善，则生态环境的保护就失去了基本的前提和动力。因此，经济发展与生态环境保护之间的冲突是表面性的，从根本上讲二者具有相辅相成的一致性。无论从自然环境的意义上，还是在人文生态的意义上，“生态园林城市”与经济理性之间都不存在根本性的对立，而是具有根本的一致性。

（3）“国家生态园林城市标准”提出的生态环境指标突出了对城市生态化的环境生态方面的要求，这又是“国家环境保护模范城市”所欠缺的。总之，“国家环境保护模范城市”强调的是节水节能及对城市污染的控制，而“国家生态园林城市”在对城市污染的控制的基础上又提出了自然生态环境方面的要求。

十、国家园林城市（Nationally Garden City）

改革开放以来随着国家经济的快速增长，各级政府的重视，城市园林绿化工作取得了很大成绩。在此基础上，为了推动全国城市环境建设，表彰园林绿化先进城市，建设部于1992年开展了创建园林城市的活动。对于评选国家园林城市有以下几点认识：①创建国家园林城市不是短期的突击任务，而是一项长期不断的工作；②创建国家园林城市不是美化城市的装饰工程，而是改善城市生态环境和全面发挥园林绿化综合功能，造福全市人民的工作；③国家园林城市标准并不是国际上的高标准，只是根据我国具体条件，经过努力可以达到的标准。即使已经评上了国家园林城市，也要不断努力，继续提高。④申报和创建国家园林城市，须要由市政府牵头，领导全市各部门，动员全社会去办，不单纯是园林部门的事。

可以说城市园林工作的全部成果都集中反映在创建园林城市之中。《国家园林城市标准》已经修订了4次，标准不断完善提高。

（1）1992年，国家建设部在城市环境综合整治（“绿化达标”、“全国园林绿化先进城市"）等政策的基础上提出的创建"园林城市"，并于1992年制定了《园林城市评选标准（试行）》。

（2）1996年，城建司在总结评比经验和新一轮征求意见的基础上，将"园林城市"试行标准做了进一步完善，将原有10条扩充为12条标准[21]。

（3）2000年，为进一步做好创建国家园林城市工作，2000年5月建设部制订了《创建国家园林城市实施方案》及《国家园林城市标准》[22]。

（4）2005年，建设部公布了新修订的《国家园林城市标准》。新标准不仅有组织领导、管理制度、景观保护、绿化建设、园林建设的要求，而且还有生态环境和市政设施的标准；绿地率、绿化覆盖率和人均公共绿地面积三大基本指标都有上调。已经被评为国家园林城市的，也要按此标准接受建设部复查。可见创建要求越来越高。

比较"国家生态园林城市标准（暂行）"和《国家园林城市标准》，《国家生态园林城市标准（暂行）》共包括两部分：一般性要求有7个方面，基本指标包括19项。一般性要求是定性标准，基本指标为定量标准。定量指标的选择原则是从众多的指标中，分解各个方面，再从各方面选择最能代表其水平或程度的指标，与《国家园林城市标准》中的指标完全相同（类别和定量要求）的，没有列入其中（因为只有被评为"国家园林城市"才有资格参评"生态园林城市"，有些指标没有必要进行重复评比），最后确定共19个定量指标。在这些指标中，可以看出《国家生态园林城市标准（暂行）》较《国家园林城市标准》更具有生态性的要求：

（1）在"国家园林城市"评选的三大基本指标（人均公共绿地、绿地率、绿地覆盖率）都有所提高的基础上，提出"综合物种指数"、"本地植物指数"等一些具体的反映生物多样性的指标，形成"国家生态园林城市标准（暂行）"的城市生态环境指标部分。

（2）在城市生活环境指标部分，除了对大气污染，地表水环境和水质有更进一步要求外，还提出了环境噪声达标区覆盖率（%）和公众对城市生态环境的满意度（%）两方面的要求，充分体现出生态园林城市"以人为本，环境优先"的原则。

（3）在城市基础设施指标部分，提出了再生水利用率（%）、主次干道平均车速、城市基础设施系统完好率（%）等指标，反映了生态园林城市对城市生活的经济、高效以及公民素质方面的要求。

（4）《国家园林城市标准》中有70%的标准是城市绿化方面的要求，而《国家生态园林城市标准（暂行）》中19项基本指标中，仅有5项（26%）是有关城市绿化方面的，可见，生态园林城市已把建设重点放在社会生态方面。

按照建设部《园林城市评选标准》中指出，园林城市就是要："保护城市依托的自然山川地貌，搞好大环境的绿化建设、改善城市生态、形成城市独有的风貌特色。"从字面意义上看保护自然环境和建设绿色空间就等于改善了城市生态环境树立了城市风貌。如果如此的描述就是园林城市全部的话，那么这样的城市模式就会有以下两个缺陷：一是没有利用当代最新的生态科学的定量定性测试、评价和规划设计理论和方法；二是无法杜绝像所有的城市一样的大气、水、垃圾及其他各种工业、农业、商业等环境污染。因此，园林城市主要是以城市的绿化为主要切入点，以人的审美意识为主要指导着手建造的城市模式。园林城市是城市建设的一个重要过程，它所赋予的含义在人们的实践深入过程中将得到进一步的深化。

"园林城市"同"生态园林城市"一样都是城市发展的阶段性目标。园林城市是以一定量的绿化作为基本的有机纽带，艺术化地组织和构造城市空间的各个基本要素，使城市形体环境有最佳的美学和生态学效果[23]。在实际操作中，主要是以绿化指标作为园林城市评判指标，偏重于城市的园林绿化建设，以人均公共绿地、绿地率、绿地覆盖率为评选的基本指标。而“生态园林城市”以城市生态环境指标、城市生活环境指标、城市基础设施指标为评选的基本指标，在强调自然环境生态化的基础上，加大了社会生态化、绿化质量和人文内涵的比重，向“生态城市”更迈进了一步。“生态园林城市”更加强调以人为本、环境优先、系统性、工程带动及因地制宜等五大原则，它将在充分肯定“园林城市”的基础上，作为比“园林城市”更高层次的目标，推动我国城市生态环境进一步改善。

十一、山水城市（Shan-shui City）

钱学森教授的“山水城市”这个命题的核心是城市与大自然的结合，山水泛指大自然环境，城市泛指人工环境，山、水、城市 3 个要素是可以也应该是相得益彰的。建设“山水城市”不仅要把大自然还给城市，还要把艺术的美赋予城市。钱老在“山水城市讨论会”的书面发言中认为“我设想的山水城市是把我国传统园林思想与整个城市结合起来，同整个城市的自然山水条件结合起来，要让每个市民生活在园林之中，而不是要市民去找园林绿地、风景名胜[24]。”由此可见，“山水城市”的根本宗旨在于为人们的“生活、工作、学习和娱乐”提供一个优美、宜人的人居环境，能够满足人们各方面的物质和精神需求。吴良镛教授在 1993 年的“山水城市”讨论会中提到：我认为“山水城市”这一命题的核心是如何处理好城市与自然的关系；“山水城市”，这“山水”广而言之泛指自然环境，这“城市”广而言之泛指人工环境；是否可以这样理解，“山水城市”是提倡人工环境与自然环境相协调发展，其最终目的在于建立人工环境（以“城市”为代表）与自然环境（以“山水”为代表）相融合的人类聚居环境。“山水城市”思想继承了祖国传统的哲学观念，是自然主义哲学思想的突出体现，“山水城市”富有中国传统文化的底蕴，是中国传统山水文化与西方当代生态文化的整合，正呼应了传统文化回归的时代大潮。

可以看出，不管是“山水城市”的建设，还是“园林城市”的创建都要求城市与乡村、城市与自然协调发展统筹规划，而且要求城市生态、景观风貌、城市文化等综合改善与提高；不仅要求山水与城市浑然一体，而且要求城市有特色，并能做好历史文物古迹、古建筑等人文环境的保护。由此可见，“山水、园林城市”建设是一项系统工程，需要整体的规划，需要切实可行的理论指导。虽然“山水城市”的要求很生态，提法艺术性较浓，比较感性，让人容易曲解为“有山有水的城市即山水城市”。但是“山水城市”与“生态城市”在根本上是一致的。“山水城市”是融合了中国传统文化哲学思想的未来城市理论，但与其他未来城市理论相比较，“山水城市”缺乏一套完整的思路和可行的方案，其应用还要做大量的工作。“山水城市是具有中国特色的生态城市”，“生态园林城市”也就成为实现“山水城市”的一个阶段性建设目标。

十二、节约型城市（Resource-efficient city）

《辞海》中对节约的定义是：节省、节俭，减少不必要的消耗。英文中节约和经济是同一个词。经济学上的节约通常表现为两种形式，即生产成本的节约和交易成本的节约。本文理解的节约型城市中的节约应该有 3 层涵义：一是杜绝浪费、相对浪费而言的节约，即要求我们在经济运行中减少对资源消耗的浪费；二是提倡效率、讲究效果的节约，即在生产消费过程中，用尽可能少的资源，创造相同的、甚至更多的财富。三是通过综合改革、制度创新，降低制度安排方面的机会成本使政府成为有限政府或服务型政府。

建设节约型城市就是要坚持资源开发与节约并重，把节约放在首位的方针，紧紧围绕实现经济增长的根本转变，以提高资源利用效率为核心，以节能、节水、节材、节地、资源综合利用和发展循环经济为重点，加快结构调整，推进技术进步，加强法制建设，完善政策措施，强化节约意识，尽快建立健全促进节约型城市的体制和机制，逐步形成节约型的经济增长方式和消费方式，以资源的高效利用和循环利用，促进城市可持续发展。节约型城市是建设节约型社会的主体，是城市形态可持续发展的物质基础，是建立在城市微观节约基础上的一种价值诉求状态及其实现，是现代政府善治的必然结果和重要内涵。节约型城市要体现产业集群化、土地集约化和资源循环化，发展循环经济。循环经济发展是环境友好型城市建设的主要途径，节约城市建设是环境友好型城市建设的战略目标，绿色社区建设是环境友好型城市建设的基础工程，生态文化建设是环境友好型城市建设的社会保障，创新城市建设是环境友好型城市建设的核心动力。发展循环经济、建设节约型城市就是实现经济增长模式转变的重要手段同时也是其必然结果，这为实现“生态优先”“保护优先”“精明增长”“集约发展”等扫除了关键性的外部障碍。

可以预见，节约型城市的规划建设及作为其重要途径的循环经济必将很快成为新的发展热点，而事先对节约型城市、循环经济的发展进行理性的思考，将有助于“建设节约型城市”的理念健康发展。这就要求我们既要积极研究与节约型城市、循环经济息息相关的理论与方法，探寻节约型城市建设与城市规划的结合点，又要使城市规划的理念与实践尽快适应资源配置市场化的宏观背景，因为资源配置市场化是建设节约型城市的根本性的制度保障。

规划的本质是合理用地、节约用地，现在浪费土地不是规划本身的错误。生态园林城市也强调节约资源的规划与建设、提倡生态伦理观念和生态消费意识，这和节约型城市是不矛盾的。节约型城市是一种城市发展的一个目标，其一系列过程和手段，最终也是为了实现社会、生态和经济的生态化发展目标。因此，节约型城市是城市建设与发展的一种观念和技术的转变，是生态园林城市发展的目标之一。

十三、生态城市（Ecocity）

1. 生态城市发展背景

生态城市的概念产生于人们面对20世纪60年代以来全球、区域和地方的环境污染和生态退化现实的反思，是人类自工业革命以来对城市发展与建设模式的重新选择。1984年，《人与生物圈》（MAB）报告中提出了“生态城市规划”的概念。20世纪80年代末，国际生态城市协会正式成立。为改善城市人居环境，建设人与自然和谐的城市，1990年在美国Berkeley召开了第一届国际生态城市大会。此后，1992年在澳大利亚Adelaide、1996年在塞内加尔的达喀尔（Dakar/yoff）、2000年在巴西Curitiba、2002年在中国深圳等，分别举行了第二、三、四、五届国际生态城市大会。国内外学者开展了大量的研究工作，使生态城市的概念和内涵得到不断充实和完善。

2. 生态城市的概念

“生态城市”是在联合国教科文组织发起的“人与生物圈”计划研究过程中提出的一个概念。生态城市中的“生态”二字实际上是指其本意，即“人与自然和谐共生的美好家园”。从其内涵上讲，生态城市是一个包括自然环境和人文价值的综合性概念。它不只涉及城市的自然生态系统，即不是狭义的环境保护，而是一个以人为主导、以自然环境系统为依托、以资源流通为命脉的经济、社会、环境协调统一的复合系统。“生态城市”的内涵远在于其社会的和谐，在于其对人性的尊重，在于具有维护社会正义的社会机制，在于其居民的安居乐业。简单的说，生态城市是一种经济高效、环境宜人、社会和谐的人类居住区[25]。科学的生态城市概念应该是对传统城市发展模式和发展观的批判的继承和发展，至今为止，学术界对生态城市还未有一个明确的界定。国内外很多专家学者、国际组织与机构先后从不同角度对生态城市进行了深入研究和探索，并提出了大量有价值的有关生态城市概念的论述。目前，国内外主要学者对生态城市的定义大同小异，现分列如下：

（1）1984 年，原苏联生态学家扬诺斯基（N. Yanitsky）提出：生态城市是一种理想的城市模式，是技术与自然充分融合，人的创造力和生产力得到最大限度的发挥，居民的身心健康和环境质量得到最大限度的保护，物质、能量、信息高效利用，生态良性循环的一种理想栖境[26]。

（2）1987 年，美国生态学家理查德·瑞杰斯特（Richard Register）等则认为：生态城市是追求人类与自然的健康与活力，即生态健康的城市（ecologically healthy city），是紧凑、充满活力、节能并与自然和谐共存的聚居地，他在伯克莱进行了生态城市规划建设实践，并于 1990 年提出了“生态结构革命”（ecostructural revolution）的倡议和生态城市建设的十项计划，强调物种多样性，土地开发、城市交通要顺应自然特征，社会公平，经济发达、技术先进等原则[27]。

（3）国内不少学者在生态城市研究中也提出了许多新的看法：

我国生态学家马世骏认为：生态城市是自然系统合理、经济系统有利、社会系统有效的城市复合生态系统。黄肇义等认为：生态城市是全球或区域生态系统中分享其公平承载能力份额的可持续子系统，它是基于生态学原理建立的自然和谐、社会公平和经济高效的复合系统，兼有自身人文特色的自然与人工协调、人与人之间和谐的理想人居环境[28]。黄光宇等（1997）认为，生态城市是根据生态学原理，综合研究社会—经济—自然复合生态系统，并应用生态工程、社会工程、系统工程等现代科学与技术手段而建设的社会、经济、自然可持续发展，居民满意、经济高效、生态良性循环的人类居住区。生态城市应该是具有结构合理、功能高效及关系和谐的城市生态系统，它以可持续发展为特征，其运行机制生态化，伦理价值公平化，文化传统文明发展延续化，是一定的区域内的社会、经济、自然综合体[29]。石永林等认为：生态城市是一个经济、社会、生态三者高度和谐，技术与自然达到充分融合，城乡环境清洁、优美、舒适，能最大限度地发挥人的创造力和生产力，并有利于提高城市文明程度的稳定、协调、持续发展的人工复合系统[30]。王如松认为：生态城市是社会、经济、自然协调发展，物质、能量、信息高效利用，生态良性循环的人类聚居地。生态城的“生态”，包括人与自然环境的协调关系以及人与社会环境的协调关系两层含意；生态城的“城”，指的是一个自组织、自调节的共生系统。王如松等人还认为，“生态城市并不是一个不可企及、尽善尽美的理想境界，而是一种可望可及的持续发展的过程，一场破旧立新的生态革命"[31]。李文华提出：生态城市是具有经济高效、生态友好的产业；系统可靠、社会和谐的文化；环境优美、功能完善的行政单元。

综上所述，生态城市概念主要从生态学、环境学角度，从不同的层次和角度阐述人类理想的城市的特点、标准、目标和情境属性等，是城市与区域发展与可持续发展的科学结合。不难预测，随着生态城市建设实践的展开，对生态城市的研究会越来越综合化和全面化，将生态城市内涵界定、建立和融合在社会、经济、自然、区域、文化、政治、科技等越来越广域的系统结构背景下，既可以提高生态城市实践的科学性和可能性，也体现了时代发展的要求和科学的进步在区域与城市领域的成果。

3. 生态城市特征

有关生态城市建设的大量理论研究和区域与城市实践，对生态城市的特征进行了多层次不同角度的探讨，综合起来，生态城市应该具备如下的基础特征[32]：

（1）和谐性：这是"生态城市"概念的核心内容，主要是体现人与自然、人与人、人工环境与自然环境，经济社会发展与自然保护之间的和谐，寻求建立一种良性循环的发展新秩序。

（2）高效性：科学、高效地利用各种资源，不断创造新生产力，物尽其用，地尽其利，人尽其才，物质、能量、信息得到多层次分级利用，循环再生。

（3）持续性：生态城市是以可持续发展思想为指导的，兼顾不同时间、空间，合理配置资源，公平地满足现代与后代在发展和环境方面的需要，保证城市发展的健康、持续、协调。

（4）系统性：生态城市是由经济、社会、自然生态等子系统组成的具有开放性、依赖性的复合生态系统，各子系统在"生态城市"这个大系统整体协调下均衡发展。

（5）区域性：生态城市是城市与乡村融合、区域之间密切联系而又相对对立的开放系统。

4. 生态园林城市与生态城市的关系

有人以为，"生态城市"的提法比"生态园林城市"的提法要深刻而全面。但是，在实际工作中，"生态城市"的操作性是比较模糊的。其一，它的"谜底"人类尚未揭开，因而对它的目标和要求是难以具体规划的，也难以落实和检查；其二，生态问题是一个全球性的、全国性的、大区域性的大问题，一个城市的生态在很大程度上受制于它的外部生态，它的平衡是市长们无能为力的；其三，"生态城市"是一个美好的理想和长远方向，是具体的城市建设规划，在其规划期限内（5 年、10 年、20 年）难以"高攀"的。所以应该将城市建设的现实目标与久远的目标加以区分，不使实际工作者无所适从[33]。

生态园林城市起源于生态城市和园林城市，三者之间存在着千丝万缕的联系而又有差别。生态园林城市同样强调和谐性、区域性、系统性。在我国全面建设小康社会的过程中，创建"生态园林城市"是根据我国情提出的、建设"生态城市"的阶段性目标，为建设"生态城市"做好铺垫。

园林城市 → 生态园林城市 → 生态城市

当代城市理论对城市生态化的探索，从各学科本身出发，提出的未来城市理论除了以上诸多城市外，还有信息城市、全球城市、文脉城市、步行城市（无汽车城市）等。研究表明，信息城市和全球城市等较流行的城市理论主要从技术的角度提出，缺乏对生态的关注；文脉城市理论只是突出了地方文化特色的保护及历史地段的修复；无汽车城市、步行城市过于关注城市系统的局部问题。目前世界上的一些城市被看作是已具有生态系统或可持续发展能力的某些独特方面，例如城市格局、基础设施体系和社会文化等，但它们都还不能称作“可持续发展的城市”或“生态城市”。“可持续发展的城市”或“生态城市”是从全局和系统的角度上应用生态建设的基本原理而建立的。

第三节 生态园林城市的内涵与特征

一、对生态园林城市提法的科学认同

关于城市建设的整体形象和模式，国内外有上文提到的以及一些其他大同小异的提法。提法，一般是对复杂事物进行表述最浓缩的概念，它往往代表行为规范、目标和要求，而且对实践具有非常重要的指导意义。提法的多样化是人们思维多样化的表现，它们之间的互补性对理解完整的事物很有帮助。所有人类关于城市建设的目标、要求与模式的凝炼的提法都是人类社会宝贵的文化遗产，都有其合理的内容和一定的现实意义，都应该加以继承和发扬。但是，当一个提法作为政府行为的指导思想并付诸实践，以广泛运用于社会，起到动员群众、组织群众的作用时，就不能不斟酌各种提法的差异而优中选优。为此，应该注意的是：提法的明确性、提法的可操作性、提法的民族性。

根据以上的理解，就中国大陆多数城市而言，特别是发达地区的城市而言，提出创建“生态园林城市”的目标口号是恰当的。因为生态园林具有最明确的视觉形象，生态园林与城市建筑的结合是最恰当的空间结构，可以形成人工自然环境与自然、人与自然、农村优势与城市优势的最佳结合，实现千百年来人们一直追求的居住条件的理想，也是改善城市环境，消除现代城市病的最实际的途径。创建“生态园林城市”作为建设生态城市的阶段性目标，由于它目标明确单一，可操作性较强，比较适合目前我国的国情，对于改善我国城市的生态环境，以及建设生态城市都具有重要的现实意义和基础作用。

二、生态园林城市的内涵

“生态园林城市”目前没有确切的定义，很多说法都与“生态城市”或“园林城市”混淆。“生态园林城市”的提出及其在实践中的尝试具有重要和深远的意义，它不仅仅是一种理论和实践创新，更重要的是它为我们摆脱生态危机提供了新的思路和对策，并对城市化进程和发展起到积极的作用。它正被关注，并且被实践于城市的发展和建设之中，生态园林城市的内涵也随着理论的深入和实践的展开，而不断深化、拓展、发展。

从其概念的产生过程来看，“生态园林城市”是以反对环境污染、追求优美的自然环境为起点的，但随着研究的深入和思想的发展，这一概念已经远远超出其初始意义。中国国家园林城市的市长及部分省级园林城市的市长，中外著名风景园林专家学者，以及建设园林部门的工作者相聚深圳，就生态园林城市与可持续发展问题曾进行了深入研讨，并形成了共识：即保护非再生自然资源；珍惜赖以生存的生态环境；抢救逐渐消亡的历史文化；统筹经济发展与环境建设；建设舒适宜人的绿色家园；缩小区域差异与平衡发展；重视科学规划与

有效实施；承担历史赋予的社会责任[34]。

笔者认为可对生态园林城市作如下理解："生态园林城市"可以理解为具有中国特色的一种城市模式名称，是一个理性与感性的完美结合。它具有"生态城市"的科学因素和"园林城市"的美学感受，赋予人们健康的生活环境和审美意境。它还可以根据不同国家的爱好命名为"生态花园城市"、"生态田园城市"。目前所研究的"生态园林城市"是基于当前社会背景下大部分有关学者能想象出的，具有宜人的生态环境和美好的城市景观，是人们在目前生态环境恶劣、城市景观特色不突出的状况下渴望实现的一个理想城市建构模式。

（1）首先从生态学的自然系统角度看，生态园林城市应该是自然生态系统良性运转、低环境污染、城市绿化良好。

（2）从生态哲学的角度看，生态园林城市强调人与自然、人与人以及自然系统内部的和谐统一。其中自然系统内部和谐是基础，人与自然和谐以及人与人和谐是生态园林城市的最终目的，也是生态园林城市的价值取向。生态园林城市不仅促进人类自身健康地进化发展，成为关心人、陶冶人的精神家园，同时也重视自然的发展，成为能"供养"人与自然的新的人居环境。在这里，人、自然相互适应、协同进化，共生、共存、共荣，体现了人与自然不可分离的统一性，强调在"人—自然"系统整体协调的基础上考虑人类空间和城市建设活动的模式，实现"天地人和"，从而达到人—自然系统的整体和谐，为真正实现人与自然的和解以及人与自身的和解开辟道路。

（3）从生态经济学的角度看，生态园林城市要求实现物质生产和社会生活的"生态化"，建立生态化工业体系，自然资源得到有效保护和合理利用，区域生态农业全面推广。

（4）从生态社会学角度看，生态园林城市要将生态学的理念纳入城市生产和生活的方方面面，应大力倡导生态价值观、生态伦理观，培养公民自觉的生态意识，寻求人类、城市乃至社会的全面发展。

（5）从地理空间角度看，生态园林城市已超越传统意义上的"城市"的概念，表现为一种新的城乡关系格局，城市与乡村融合发展，形成城乡网络结构。生态园林城市是一种初步"区城市"，城市与周边区域之间是协调、互养和协同发展的关系，是区域与城乡统一体，即为区域协调概念，实现大地园林化。

（6）从文化艺术角度看，生态园林城市体现和倡导先进文化和艺术，城市景观成为城市文化的空间构成与表现；民族优秀文化得到有效继承，现代健康文化迅速传播，腐朽文化得到有效抵制。

（7）从多样性保护角度看，生态园林城市建设尊重每个城市特有的地理环境、经济条件、民族文化、历史遗产，城市风格多样，生物多样性及其生活环境得到有效保护。

（8）从城市学角度看，生态园林城市的社会—经济—自然复合生态系统结构合理、功能稳定，兼顾社会、经济和环境三者的整体效益。

（9）从城市规划与设计学角度看，在区域整体生态规划的基础上，生态园林城市空间结构布局合理，基础设施完善，生态基础设施普遍广泛运用，人工环境与自然环境融和，人回归自然；自然美、艺术美和社会美在整洁的城市生态系统中融为一体。

从不同角度来看生态园林城市，它会有不同的"面目"，即可以从不同侧面反映生态园林城市的内涵。总体上，生态园林城市强调自然生态化、社会生态化和经济生态化的一体化建设，只是侧重比例不同。生态园林城市建设的核心是以自然生态化模式，促进社会生态化和经济生态化进一步发展；其建设的本质是生态环境系统的生态化，通过对环境与发展进行整合性思考，用生态学和生态经济学的原理来规划、设计和组织人类的城市建设活动，将生态建设、环境保护与经济建设、社会发展融为一体，遵循自然规律，充分保护和发挥生态功能对人类社会活动的支撑作用；其建设的目的是营造最适合人居住的环境，坚持以人为本，建设生态文化，追求人与自然、人与人的协调与和谐。

综上所述，生态园林城市应是结构合理、功能高效和关系协调的城市生态系统。具体来说，结构合理是指合理的自然空间利用、良好的环境质量、充足的绿地系统、完善的基础设施、有效的自然保护，实现生态园林城市结构生态化；功能高效是指生态资源的优化配置，实现生态园林城市功能生态化；关系协调是指人和自然协调、社会关系协调、城乡协调、资源利用和资源更新协调、环境与承载力的协调。生态园林城市的“生态”，包括人与自然环境的协调以及人与社会的协调两层含义。由于生态平衡是一个动态的平衡，生态园林城市的进展也是一个动态的过程，即随着社会的进步、经济的发展，生态平衡也会发生相应的变化。从国内外城市的生态化建设来看，我国城市是与工业化同步的生态园林城市，可以在规划建设时就积极注入生态学的思想，超越传统现代化的不利方面。

二、生态园林城市的特征与发展方向

1. 生态园林城市的特征

生态园林城市的形成是社会文明进化的结果，它也将随着社会的发展而发展，从低级向高级，从简单到复杂。从这个意义上说，生态园林城市是一个“进化”的定义，是一个“动态目标”，或者说是一个协调、和谐的进化过程，它更重视发展的质量及要素间的协调、平衡，以不断提高其整体质量水平、保持人与自然的和谐。城市建设中，生态建设如何与经济、社会发展和谐统一，已经成为生态园林城市建设的关键问题。城市生态园林建设是改善城市生态环境的有效措施之一，生态园林强调发挥生态、社会、美化等综合功能，注重生态效益，维护和改善城市生态环境质量。生态园林城市与传统城市相比，有本质的差别，通过比较分析，认为生态园林城市应该具有以下特征：

（1）生态性

生态园林在加强园林绿化的基础上，更注重其生态性。这是由营造植物多样性到生物多样性的过程。它应用生态学与系统学原理来规划建设城市，对城市性质、功能、发展目标定位准确，具有改善环境的生态效应性，从而维护生态平衡，提高城市环境的舒适度。

（2）观赏性

生态园林城市包含生态园林，观赏性和艺术性是园林的特色传统和灵魂，现代生态园林在强调生态效益的同时，也以美学理论做指导，营造绿色的自然美、生态美。同时，这种自然美与园林园艺相结合，与建筑及其功能相映衬，会给人以全新的感觉与享受，可以调整情绪，陶冶情操。因此，生态园林城市具有独特的观赏性。

（3）持续性

生态园林城市是以可持续发展思想为指导的，它兼顾不同时间、空间，合理配置资源，公平地满足现代与后代在发展和环境方面的需要，不因眼前的利益而用“掠夺”的方式促进城市暂时的“繁荣”，因此能够保证其发展的健康、持续、协调。

（4）整体性

生态园林城市不是单单追求环境优美或自身的繁荣，而是兼顾社会、经济和环境三者的整体效益，在整体协调的新秩序下寻求发展。生态园林城市建设不仅重视经济发展与生态环境协调，更注重人类生活质量的提高。

(5) 区域性

城乡之间是相互联系、相互制约的，只有平衡协调发展的区域才有可能发展成平衡协调的生态城市。因此，生态园林城市是建立在区域平衡基础之上发展起来的，表现出明显的区域特征。

(6) 和谐性

生态园林城市的和谐性，不仅反映在人与自然关系上，更重要的是反映在人与人的关系上。生态园林城市不是一个用自然绿色点缀而僵死的人居环境，而是营造满足人类自身进化需求、文化气息浓郁、富有生机与活力的生态环境。文化是生态园林城市最重要的功能，文化个性和文化魅力是生态城市的灵魂。这种基于文化而产生的和谐性是生态园林城市的核心。

2. 生态园林城市的发展方向

生态园林城市建设的内容非常广泛，不仅要求加强生态建设和园林绿化，更重要的是必须推进经济发展、社会进步，也就是不断增强城市功能。城市是一定区域政治、经济、文化的中心，无论强调城市发展的哪一个方面，都是基于城市功能正常发挥的前提而言的。我们追求清新的空气、洁净的水、广阔的绿地，但同样离不开宽阔的街道、繁华的商业、便捷的超市、四通八达的交通。因为，城市本身就是一个人工生态系统，实现良性循环的关键在于如何使人类的经济活动与环境协调、经济规律与生态规律一致、社会管理有利于可持续发展。

(1) 城市空间环境生态化

从环境方面看，生态园林城市不仅要有良好的自然生态系统、较低的环境污染、良好的城市绿化，还要有完善的自然资源可循环利用体系，制定科学合理而又切实可行的生态环境建设目标。生态化的城市空间环境依赖高水平的城市设计、城市建设和城市管理。要从城市的自然、人文、艺术、传统等因素出发，开发利用自然因素，建设城市绿色空间；重视城市人文景观的创造与积累，在建设街头绿地、小品、雕塑时将传统风貌与时代特征融合在一起，创造人与自然更加亲和的“生态建筑群”，还要强调城市轴线和视觉走廊，以满足人在城市空间环境中的心理和生理需要。生态园林城市的自然生态要求城市人工自然环境与城市天然环境的和谐统一，使城市的建筑物系统、交通运输系统、绿化系统融为一体，以人为中心的生物系统和物种系统良性循环，完全做到这一点，是一项长期的需要反复调节的创造性任务。

(2) 城市社会环境生态化

城市不仅是一个物质环境的实体，还是一个社会文化环境的实体。社会环境相对自然环境而言是一种更深层次、更复杂的环境体系，它涉及到社会秩序、社会政治、社会保障体系、社会公共场所、社会生活等诸多方面。生态园林城市是一个包括自然环境和人文价值的综合性概念，其内涵远不只是清洁的环境和绿色的城市外表，更注重人文生态的健全，重视人类社会的和谐、健康的发展。因此创造良好的社会环境，促进社会环境的生态化是建设生态园林城市不可缺少的一方面。

（3）生态产业意识与全民的绿色意识

从经济方面来看，生态园林城市要有合理的产业结构、能源结构和生产布局。从社会方面来看，生态园林城市要满足居民的基本需求，不仅仅指足够的粮食，而且也包括良好的供水、卫生等，使城市规模同城市地域空间的自然生态环境、资源供给相适应。此外，公众、企业以及政府机构，要有良好的环保意识，并积极主动参与各项环保工作和活动，社会提倡节约资源和能源的消费方式，即提倡绿色消费和绿色生活。

3. 我国生态园林城市建设的几种模式

生态园林城市是具有中国特色的一种建设模式，但是目前我国的生态园林城市建设还处于起步阶段。通过对我国城市建设的具体分析，总结出生态园林城市建设基本有以下几种模式。

（1）尊重自然，建设具有“花园”特色的生态园林城市

这类城市利用自身优越的气候条件，在尊重自然的基础上，注重的是人文景观和设计精良的广场绿化，以变化中的风景、流动中的花园为城市特色。使得“国际花园城市”在中国有新的突破和发展。

我国具“花园”特色的生态园林城市如厦门、杭州、深圳。深圳市在园林式、花园式城市的基础上创建生态园林城市。该市一面环山，三面环水，形状狭长，在城市规划中形成了“带状组团式”城市结构，促进了城市景观的多元化，从而使深圳四季鲜花盛开，成为名副其实的“花园城市”。

（2）历史人文，融入自然，建设具有“古典”特色的生态园林城市

这类城市大多有古典园林的基础或城市历史悠久，有浓厚的历史文化内涵，它们在生态园林城市规划建设中，把城市文化、城市历史、城市景观、城市格局有机融合，形成具有“古典”特色的生态园林城市。

例如，古老的苏州在创建国家园林城市工作中，树立精品意识，挖掘历史文化内涵，抓住名城、古园、水乡的特色，形成“自然山水园中城”的城市风貌。佛山市地处珠江三角洲冲积平原，是中国古代四大名镇之一，也是岭南文化的重要发源地，在国家园林城市的基础上建成古典型生态园林城市。沈阳是历史古城，生态园林建设体现了古朴风格，中华民族精神的底蕴和城市文明的新貌，同时也体现园林的地方特色，树立人与自然协调发展的观念和生态环保意识。

（3）发挥地域特色，建设具有“山水”特色的生态园林城市

这类城市大多根据依山傍海的地域优势，因地制宜，随坡就势，形成山、海、林环绕呼应的、具有“山水”特色的生态园林城市模式。

例如，威海地处山东半岛的最东端，是一面依山三面环海的海滨城市，有着得天独厚的自然资源，经过多年建设，已形成“城在海中、山在城中、楼在园中、人在绿中”的绿化城市模式。江西宜春市以城市山水大环境绿化为载体，城市公共绿地为重点，庭院绿化为依托，创建城市园林与山水景观融为一体、独具山水特色的生态园林城市。

总之，“城市是伴随着其他革新一起兴盛起来的，城市在此过程中，又成为这些革新事物的摇篮[35]。”生态园林城市就是伴随着生态革新和城市化革新进程发展起来的，生态园林城市作为一个“进化”概念，反映了它是实现城市和谐发展的一个过程。生态园林城市不

是理想主义，而是现实主义的思考，至少说是一种务实的理想主义，是现实与理想的结合。生态园林城市不是“生态”、“园林”与“城市”三词的简单叠加与限定，它们的结合创造的不是一般意义上的概念，而是一个全新的完整的概念，完全超越了它们原有概念的涵义，是不能简单拆分与组合的。首先，它已经不是传统意义上的城市了，是在对传统城乡辩证否定的基础上发展而来的，是城乡一体化的复合系统；其次它是“园林城市”与“生态城市”中间的一个类型，是实现“生态城市”的阶段性目标；再者，“生态”与“生态园林”已经突破传统概念，从“研究生物与环境的关系”上升到“研究生态环境体系与建设的理论及关系”及“人与自然、城市与自然的系统方法论”。

生态园林城市建设的过程，实质上就是人们认识自然、崇尚自然，实现人与自然和谐统一的过程。城市建设要有自然之趣，不应过于规整和千篇一律，也不应只是在“发扬传统”的口号下抄袭苏州或皇家园林，更不应在“现代化”的口号下复制意大利或法国平面几何式园林，而要提倡“虽由人作，宛自天开”的环境规划思想。生态园林城市建设应在尊重自然与历史、人文的基础上，按照生态学理论因地制宜地进行规划与建设。它没有统一的模式，各地应结合自己的特点，进行综合分析、长远规划，以达到异曲同工、殊途同归的效果。

第二章 城市生态与规划理论实践

第一节 国内外城市生态问题研究进展

一、生态学发展历程和环境意识的兴起

生态的定义最早是由德国动物学家赫克尔（Emst Heinrich Haeckel）于1869年提出，并于1886年创立生态学，生态学才被公认为生物学中的一个独立领域，他认为“我们可以把生态理解为关于生物有机体与其外部世界，亦即广义的生存条件间相互关系的科学”。按其发展历程，可把生态学的发展概括为3个阶段：萌芽期、成长期和现代生态学的发展期。

生态学的萌芽期大约由公元前2000年到公元14~16世纪欧洲文艺复兴时期。这一时期以古代思想家、农学家对生物与环境相互关系的描述为主，以朴素的整体观为其特点，如亚里士多德对动物栖息地的描述与按主要栖息地对动物类群的划分、Empedocles对植物营养与环境关系的关注等等。

从公元15世纪到20世纪40年代，可以说是生态学的成长期，在这一阶段奠定了生态学许多基本概念、理论和研究方法。例如Boyle（1627~1691）的低压对动物效应的研究；Humboldt（1769~1859）结合气候与地理因素的影响，而对物种分布规律的描述；Malthus于1798年发表的《人口原理》等等。这一时期可以说是生态学建立、理论形成、生物种群和群落由定性向定量描述、生态学实验方法发展的辉煌时期。

20世纪60年代末到70年代初，由于环境、资源、人口、粮食等问题的日益严峻，人类开始重新审视自己既定的观念和发展模式，激起了人们的生态意识觉醒。卡森（Rachel Carson，1962）的《寂静的春天》和罗马俱乐部的《增长的极限》（Meeadows，1972）警示了人们世界城市化、工业化引起的全球性问题（环境、资源、人口、粮食）将影响人类的生存和前景。“环境问题并不仅仅是一个技术问题，也是一个重要的社会经济问题”，这个观点在1972年出版的《增长的极限——罗马俱乐部关于人类困境的报告》一书中有明显的体现[36]。巴里·康芒纳的《封闭的循环：自然、人和技术》也是一部很有影响的专著，该书对于人、自然和技术的关系进行了深刻的阐述，并试图找出环境危机的真正含义[37]。正是面对这样的忧患，促使人们去改变过去一味追求技术，追求产品增长，忽视生存环境的发展模式，开始注重人与自然的协调关系。可持续发展的理论逐渐成为整个国际社会，包括各国政府都认可的发展方向。

罗马俱乐部的研究报告引起了联合国官员的注意。联合国教科文组织（UNESCO）决定于1971年在国际生物学计划（IBP）的基础上设立“人与生物圈计划”。联合国MAB计划（1971）提出了开展城市生态系统的研究，内容涉及城市生物、气候、代谢、迁移、土地利

用、空间布局、环境污染、生活质量、住宅、城市化胁迫效应、城市演替过程等多层面的系统研究，使城市生态学理论和方法日趋完善。1972 年，在联合国教科文组织第 17 次大会上，中国参加了“人与生物圈计划”的国际协调理事会，并当选为理事国。1978 年成立了中华人民共和国人与生物圈国家委员会。

1972 年，联合国第一次人类环境会议在瑞典斯德哥尔摩召开，通过了著名的《人类环境宣言》[38]。1976 年联合国在加拿大温哥华召开的第一次人类住区大会上成立了联合国人居中心（UNCHS），开始关注包括从城镇到乡村的人类住区发展[39]。1992 年 6 月，联合国“环境与发展”全世界首脑会议在里约热内卢召开，会议通过了《里约环境与发展宣言》和《21 世纪议程》等重要文件，与会各国一致承诺把走环境保护、可持续发展的道路作为未来长期的、共同的发展战略。在这样的背景下，生态学家重新审视自己的学科，比较有代表性的是 E. P. Odum 在《生态学——科学与社会的桥梁》（1997）中提到的“起源于生物学的生态学越来越成为一门研究生物、环境及人类社会相互关系的独立于生物学之外的基础学科，一门研究个体与整体关系的科学”。

自 20 世纪 70 年代以来，以 Odum 的《生态学基础》为标志，生态学获得了前所未有的迅速发展，这一阶段也成为现代生态学的发展期。在这一阶段，生态学不断地吸收相关学科，如物理、数学、化学、工程等的研究成果，逐渐向精确方向前进，并形成了自己的理论体系。其发展具有以下特点：一是整体观的发展，二是研究对象的多层次性更加明显，三是生态学研究的国际性，四是生态学在理论、应用和研究方法各个方面获得了全面的发展。如今，生态学已成为一个在同其他学科相互渗透与相互交叉的过程中不断扩大自己学科内容和学科边界的综合性学科，其分支学科不下一百门（如，城市生态学发展的基本阶段，图 2-1）。

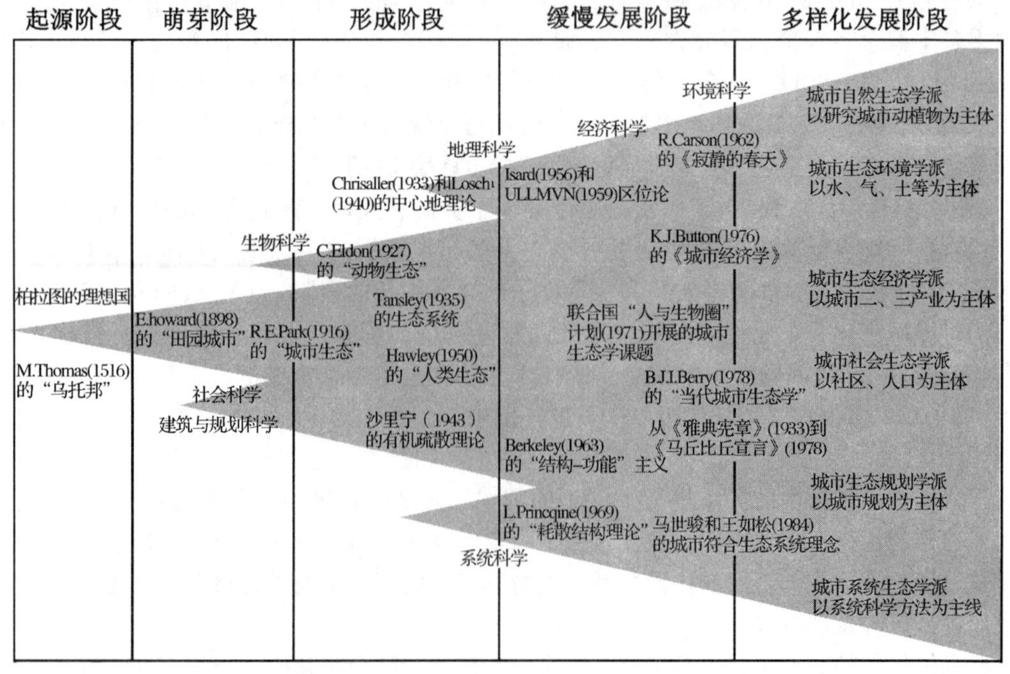

图 2-1 城市生态学发展的基本阶段[40]

（资料来源：根据宗跃光编著．城市景观规划的理论和方法．1993）

目前，生态学正朝着综合化、交叉化的方向发展，现在的生态学除了保留其是研究生物有机体与其生存环境间相互关系的核心命题外，还在以下的方面进行了扩展：①把研究生物体与环境间的相互关系扩展到研究生命系统与环境间的相互关系。②人类是生命系统中最重要的部分，也是许多生态系统的结构成分。现代生物学更加着重研究人与环境间的相互关系。③在研究人与环境的相互关系时，涉及到社会和经济的层面。④不仅要研究和阐释生物与环境间的一般相互关系，更要揭示两者之间相互作用的基本规律及其原理。要用生态学原理解决人类面临的生存和发展问题。

因此，可以认为：①生态学是联系自然科学与社会科学的桥梁；②生态学已成为解决所有与生命有关现象的问题的具有普遍意义的科学方法；③人类在地球上的生存将依赖于生态学的进步；④运用生态学方法推进各种学科的研究是当代科学发展的一个重要趋势。总之，生态学的发展及其研究领域、研究范围的扩展深刻反映了人类对环境不断关注、重视的过程。生态学将朝着人与自然普遍的相互作用问题的研究层次发展，将影响人类认识世界的理论视野和发展方向。从某种意义上说，共同的生存需求使这个时代具有了共同的使命，那就是人们需要以生态学的思想来改变以往认识世界的视野和思维方法，来规范和指导自身的行为与发展。生态学具有了时代意义上的世界观、道德观的性质。

二、生态哲学思想与生态观念

1. 生态哲学思想

在人类社会发展的不同时代，社会生产力、科学技术水平以及人类的价值观念和思维方式会促成一定的环境观念的产生。因此在人与自然的关系上，人类表现出了不同的环境伦理思维，其发展脉络如表 2-1。

表 2-1　“人—自然”关系不同时代发展脉络

历史时代	生产方式与技术水平	社会发展模式	环境伦理观	文明类型	“人—自然”关系	阶段特征
原始时代	狩猎采集，生存能力低下	本能驱使，完全生存，依赖自然	图腾崇拜	荒蛮文明	依赖从属	被动从属
农业时代	对自然进行局部改造利用，农业、手工业为主，水平较低	农业经济缓慢发展	“天人合一”	农业文明	顺从尊重	被动和谐
工业时代	现代大工业，高技术产业	高速增长与急剧变化	人类中心论、技术至上论	工业文明	战胜征服	主动对立
后工业时代	信息产业、第三产业、生态产业	可持续发展	追求新的和谐生态思维	生态文明	和谐合作	主动和谐

现代哲学是由笛卡尔—牛顿的机械论的世界观所支撑着的，主张通过人对自然的改造确立人对自然的统治地位，是一种以人类中心主义为主要原则的哲学。在这种哲学的指导下，发展了控制自然的技术和“反自然”的实践。将人类作为自然征服者的地位观，已成为工业文明时代的行动哲学。以“人类中心观”、“技术至上论”成为指导人类行为的规范和依

据，过分强调人与自然的对立，人类以前所未有的规模与强度对自然资源进行掠夺式开发，征服自然、战胜自然变成了普遍的社会价值观。工业文明带来的种种危机的思想文化根源就是机械世界观，要改变现代社会的危机局面，就必须超越这种旧的世界观，而转向一体化宇宙的、生态学的世界观——生态世界观，并在这种新的世界观的指导下，去进行一场真正世界意义上的文化革命。

生态哲学是从广泛关联的角度研究人与自然相互作用的新的世界观，它的主要特点是从人统治自然的哲学思想发展到“人—自然”和谐发展的哲学思想。生态世界观把世界看成是相互联系的动态网络结构，超越了机械论的世界观而引向整体性、系统性、动态性的宇宙观，形成对“人和自然”相互作用的生态学原则的正确认识：“我们是自然界的一部分，而不是在自然之上，我们赖以进行交流的一切群众性机构以及生命本身，取决于我们和生物圈之间的明智的、毕恭毕敬的相互作用。忽视这个原则的任何政府或经济制度，最终都会导致人类的自杀。”人类在围绕环境问题进行深刻反思的基础上，形成了各种不同的生态哲学思想。如：尊重地球上的一切生物，不要任意捕杀动物，滥砍乱伐森林；反对无限盲目发展经济而不考虑环境保护，环境优先考虑，一切以维护生态平衡为中心；维护和平，坚决制止战争——破坏地球的恶魔。在生态哲学思潮下，20 世纪 70 年代开始在欧美各国开展了关心生物与生态环境的学术活动与社会活动，20 世纪 80 年代以后形成了全球性绿色革命。

2. 生态伦理观念

20 世纪最重大的发现之一，也许就是生态持续能力的有限性。不可再生资源的数量、可再生资源的承载力和自然环境的容量都是有限的。这意味着我们必须采纳尊重和自觉遵守自然限制的生活方式和发展途径。伦理学家们提出了“代际伦理”思想，认为“财富和资源不但应该在当代人中得到较公平的分配，而且后代人所享有资源的权利也应得到保护，现代的发展不应削弱和破坏地球生态的持续能力，从而构成对后代生存的威胁。如果没有环境资源在几代人之间公平合理的分配，就根本谈不上经济发展和可持续性。”从生态伦理学的角度，“人类有两个家园，一个是他的祖国，另一个就是地球”。在以新尺度衡量的新文明里，应该牢牢确立 5 个基本的概念。

（1）“自然环境资本”概念：即除传统的经济指数外，自然生态环境资本应作为国民生产总值的一部分在短期和长期决策中加以考虑。

（2）“人类财富共享”的概念：即把人类生活的条件和基础的自然环境构成的资源看做是人类及其子孙共同的财富。国家不分大小、贫富，民族不分种族、信仰，都应平等合理地享受。

（3）“生态环境优化”的概念：即建立人类生活、生存、生产、生命和生态环境是否有利于人类身心健康的客观标准，将生态环境优化视为一切活动的出发点和归宿。

（4）“文化生态环境”的概念：人类对于生态环境的行为，除与本身的生理和心理需要有关外，更大程度上取决于该地区、该国家、该民族的文化背景。应该把人的生存方式、价值观念、行为准则、道德规范、习俗信仰等置于生态的大原则之下重新塑造。

（5）“人类协同共进”的概念：人类与生态环境都应遵循协同共进、相互制约的规律。人类与生态环境协同共演是人类未来命运的一种必然。缓解人类与生态环境协同共演的各种矛盾就是 21 世纪文明所担负的重任。

3. 生态足迹理论

如果要了解城市消费对周围区域生态环境的影响，一个最基本的途径就是理清城市土地区域与为之提供生物、物质和能量资源的总土地量——它的生态足迹——之间的关系。“生态足迹”这一理论是由加拿大不列颠哥伦比亚大学的威廉·里斯教授和他的博士研究生马锡斯·瓦克纳格尔提出的。它从一个崭新的角度使人们对生态型城市有了更形象、更深刻的理解。生态足迹（ecological footprint），也有的学者译为生态基区、生态脚印、生态立足点，指的是为了维持某一地区人口的现有生活水平，所需要的一定面积的可生产土地和水域。按照生态足迹的计算结果可以发现，几乎所有城市都必须占有比其自身行政面积大得多的生态足迹面积才能生存下来。

生态足迹理论的分析告诉我们：生活模式是影响城市生态足迹大小的关键性因素。有关分析表明，发达国家居民的生态足迹面积普遍较高，这与其生活模式和消费方式有着直接的正比关系。通过研究发现，发达国家的人均生态足迹面积远高于发展中国家。在发达国家中，北美的人均生态足迹最大，欧洲次之，亚洲又次之。发达国家城市的生态足迹更是数倍乃至数十倍于其自身的城市面积。

三、城市“社会—经济—自然”复合生态系统

1. 城市“社会—经济—自然”复合生态系统

自然生态系统的营养级结构是金字塔形的，因此稳定平衡。而城市生态系统结构比自然生态系统复杂，故形成比自然生态系统复杂得多的网络结构。城市生态系统是由自然系统、经济系统和社会系统组成的多层次、多因素制约的复合系统。城市生态系统是一个社会—经济—自然复合的生态系统，3 个子系统可以看作 3 层，每一层在水平方向上又分为若干因素，最终形成一个复杂的网络结构[41]。

2. 城市生态系统的本质特征

（1）城市是由相互关联的复杂网络组成的有机整体

城市组成单元之间动态的、非线性的相互作用组成的复杂关系网络，使城市成为一个不可机械分割的有机整体。城市生态系统与自然系统既有共性又有区别。在共性方面，这两个系统都具有动态变化性、区域性、自我维持性。但它们之间的区别在于：两者的组成基本单元系统的生态关系网络、生态位、系统的功能、调控机制、系统的演替等方面都有着明显的不同，尤其在城市生态系统的人工特征、不完整性、脆弱性方面。这就是说，生态学意义上的城市相关规划必须关注城市生态系统人工特征的自然化、增加城市生态完整性和减少其脆弱性。

（2）从严格的生态学意义上看，城市是一种生物种群占数量优势的不完善的生态系统

人类自身在地理空间高密度的集聚和活动代替和限制了其他生物的发展。城市的构成基本上以“人工化”的空间形态为主，在城市生态系统中，自然生态链关系被极度简化，甚至被人工系统“切割”成不联贯的片段，自然的“生产”（指绿色植物的生长和动物的繁育）环节和“还原”环节被异化或消灭，大自然原有的有机循环过程遭到破坏，城市产生的各种“废料”并不能单纯靠城市生态系统分解消化，导致大量的“废料”产生和积累，成为日益严重的城市污染、环境破坏的根源。即使人们采用远距离搬运填埋的方式进行处

理，也只不过是扩大城市的污染和干扰自然环境的范围而已。也可以这样认为：以传统的工业化和城市化的模式作为发展的手段，就会使城市这种人类高度聚居的形式不具有生态学意义上的合理性。追求自然特征和人工特征有机复合、良性互动的生态系统就成为城市规划改革的最高目标之一。

（3）城市生态系统的开放性

在现代社会，城市经济是人类最重要的经济形式，这种集聚的经济组织，一方面必然与周边进行频繁的信息、物质和能源的交换，另一方面也对自然环境带来了很大的冲击[42]。如果城市经济增长模式以大规模破坏周边生态环境的“恶性增长”方式进行，自然资源的枯竭就为期不远了。城市对经济的贡献和地位在某种程度上而言是以自然环境的破坏为代价的，这也昭示着城市发展的不可持续性。由此可见，城市与自然的共生关系方面，其主导力量在城市，因为城市总是以扩张来侵占和干扰自然，但最终的决定者在于自然。

（4）城市社会、经济、生态和周边环境的互动与良性循环

城市的可持续发展，从静态的角度看，是城市经济、社会文化和生态环境三大优势的充分发挥和其缺陷的尽可能避免；从动态的角度讲，是这三大子系统良性互动平衡发展[43]。这就要求绝不能仅仅把城市的发展看作是城市空间的扩展、经济实力的增强、城市人口的增加、用地规模的扩大或城市某项服务功能的提升等，还应该包括城市生态环境质量的提高、城市中生物多样性的保护、对人类以外的其他生物的充分尊重诸方面，更重要的是城市对周边的自然环境甚至整个地球生态干扰的持续减少。这就意味着，城市规划的生态学本质之一是挑战“人类中心观”和“城市中心观（即强调人类对除人类以外的客体或物体的支配，强调城市对城市之外的生态环境的支配地位）。

3. 城市问题的生态学实质

20 世纪以来，由于经济的高速发展，特别是 20 世纪 50 年代以来的工业大发展，使城市环境污染加剧。当前人类面临的全球性问题，诸如人口、环境、资源、能源、粮食等，也都集中反映在城市里。城市中这些问题的生态学实质是：

（1）城市中物质流动基本上是线形的，物流链是很短的，常常就是从资源到产品和废物。

（2）城市中的生产、生活等一切活动需要大量的能源。其中，利用自然资源的份额较少，大部分是人工辅加能源，且又以矿物能源为主。能源使用的浪费使得环境问题更加严重。

（3）城市中各部门分割，行业间常常缺乏自觉的相互合作，各自为政，各行其是。例如，搞建筑的不管环境，搞交通的不管绿化，只追求局部效益和部门最优，缺乏自然生态系统中那种互利共生的关系和追求整体最适的特点。

（4）城市生产多着眼于局部产品，看重当前经济效益。例如，为了取水排水方便，常把工厂建在河流沿岸，为了市场需要也可以不顾环境污染和潜在的危害，忽视河流整体功能和城市生态系统的最终效益。

（5）城市生态系统中消费者和生产者的比例常常失调。在城市生态系统中，消费者生物量总是超过初级生产者生物量，生态锥体是倒置的，稳定性很差，对外部资源环境有较大的依赖性。由于城市生态系统中的初级生产者——植被，不仅可直接或间接地提供人类食物，同时对于维护人类的生存环境也很重要，故必须维持一定的比例。

（6）城市中密集的人口，鳞次栉比的房屋，把人们集中在一个相对密闭的有限空间内，盛行的空调和人工照明，五光十色的霓虹灯以及各种高效方便的自动车辆，使人陶醉在舒适和人造美中，这一切都是人类在进行着自我驯化（self-domestication），其结果是人和自然的隔绝，以及人际关系的疏远和紧张。

可以说，城市问题从本质上讲都属于城市生态问题，都直接或间接地与城市生态系统的失调有关，是城市社会经济发展与其环境承载力不平衡导致城市生态系统失调的具体表现。城市问题的解决，需要改善城市生态系统的结构，提高城市生态系统的功能和调节其各部分之间的关系。据专家预测，2050 年全世界将有 80% 的人口生活在城市，这对城市将是一个巨大的压力，城市已经成为人与自然矛盾最突出的地方。城市人口急剧膨胀，突破了环境容量的承载力，造成城市资源短缺，影响城市功能的发挥，限制了城市的发展。城市环境污染不断加剧，增加了对全球自然生态系统的胁迫，人类面临着合理恢复，保护城市生态系统的挑战。美国地理学家诺瑟姆（Ray. M. Northam）提出了城市化发展的“S”曲线，指出当城市化水平达到 30% 时，城市发展将进入加速阶段。目前中国城市化进程正处于这一阶段，如何处理城市发展和城市生态的关系对中国未来城市化和城市现代化进程尤为关键。

第二节　景观生态学的发展概况及理论框架

一、景观生态学研究概况

景观生态的概念最早是由德国地理学家 Carl Troll 在利用航片研究东非土地问题时首先提出的[44]。景观生态研究以生态学理论为基础，吸收地理学、系统科学等内容，研究区域的资源、环境经营与管理问题，具有综合整体性与宏观区域性特色，以中尺度的景观结构和生态过程关系研究见长。

在景观生态学中有以下几种最具代表性的景观定义：一是景观是自然生态和地理的综合体，包括所有的自然与人为格局和过程（Naveh）；二是景观是为生物或人类所综合感知的土地、而不考虑其单个成分（Haber）；三是景观是由相互作用的生态系统空间镶嵌组成的异质区域（Forman）[45]。肖笃宁将景观的定义修订为：景观是一个由不同土地单元镶嵌而成，具有明显视觉特征的地理实体，它处于生态系统之上，大地理区域之下的中间尺度；兼具经济、生态和文化的多重价值。这一定义清楚表述了景观具有空间异质性、地域性、可辨识性、可重复性和功能一致性等特征，又特别强调景观的尺度性和多功能性。景观生态学首先是地理科学和生态科学的融合，同时由于景观生态学将人的因素融入其中，人的生活方式和文化背景对景观的影响，使景观生态学研究领域扩大到经济和文化的层面[46-47]。

景观生态学的发展经历了 3 个阶段：①自然景观学阶段：以景观描述为主；②人文景观学阶段：以研究景观建造和景观美学为主；③综合景观学阶段：以景观规划设计和综合开发利用为重点。景观生态学作为一门相对独立的科学，其核心概念框架有以下几点：①景观系统的整体性和景观要素的异质性；②景观研究的尺度性；③景观结构的镶嵌性；④生态流的空间聚集与扩散；⑤景观的自然性与文化性；⑥景观演化的不可逆性与人类主导性；⑦景观价值的多重性[48]。

由于景观生态研究使用了景观一词，其内涵却存在着不同的理解，因此在基本概念的界定，理论的建立，以及研究内容与方法上产生了许多令人混淆的地方。因此，有必要将一些基本问题予以明确：

（1）“景观生态”是针对土地这一载体上发生的生物、水文、地质、土壤等生态学问题的综合研究，它将景观的概念极大地进行了拓展，从仅考虑土地的视觉美学进入到以土地生态要素的良性循环与平衡为着眼点；

（2）景观生态研究使用了较多的地理学科手段，如航片、遥感、GIS 等，从而对不同尺度的地理（景观）的生态过程与格局进行研究；

（3）景观格局指景观的空间结构特征与空间配置，景观生态着重研究景观空间格局的形成、动态以及与生态学过程的相互关系；

（4）景观生态侧重研究景观的水平过程，与一般生态学注重个体生态系统（如森林生态学、湖泊生态学）等的垂直结构研究不同。景观水平过程强调生态要素的水平流动与交换，包括了物种与人的空间运动，物质（水、土、营养）和能量的流动，干扰过程的空间扩散等。

我国在景观生态学领域的研究起步不久，最早出现阐述景观生态学的文献是 1983 年林超先生翻译的 C. Troll 的《景观生态学》[49]。研究领域主要涉及到景观生态学原理和方法的探讨[50-54]，景观生态空间格局及其动态变化的研究[55-58]和尝试性的进行一些景观生态规划的研究[59-61]。我国的景观生态规划仍然存在着研究面不广，研究力度不够和实施性差的状况，按照景观生态规划进行的景观生态建设或景观生态工程还没有真正得到落实，在研究理论和研究方法上都有待于进一步探讨。同时，研究如何按照景观生态学的原理和方法，结合我国具体国情，在进行景观生态分析的基础上，进行合理的景观生态规划和建设，从而发挥景观生态学的建设和管理功能，具有更重要的意义。

二、景观生态规划的理论基础

景观生态学认为景观是由一组以相似方式重复出现的相互作用的生态系统所组成的异质陆性区域，它是由基质、廊道及嵌块体等景观要素所构成的。斑块（path）、廊道（corridor）和基质（matrix）是景观生态学用来解释景观结构的基本模式，普遍应用于各类景观。如何定量、定性地描述这些基本景观元素的形状、大小、数目和空间关系，以及这些空间属性对景观中的运动和生态流有什么影响。围绕这一系列问题的观察和分析，景观生态学得出了一些关于景观结构与功能关系的一般性原理，为景观生态规划提供了依据。

1. 斑块研究

斑块：“指与周围环境在外貌或性质上不同，并具有一定内部均质性的空间单元”（Forman 和 Godron）。内部均质性是相对于其周围环境而言的，可以是处于周围不同生态系统中的植物群落、湖泊、草原、农田或居民区等。

（1）斑块尺度原理：一般来说，只有大型的自然植被斑块才有可能涵养水源，联接河流水系和维持林中物种的安全和健康，庇护大型动物并使之保持一定的种群数量，并允许自然干扰的交替发生（Pickett and Thompson，1978）。

（2）斑块数目原理：减少一个自然斑块，就意味着抹去一个栖息地，从而减少景观和物种的多样性和某一物种的种群数量。增加一个自然斑块，则意味着增加一个可替代的避难所，增加一份保险。

（3）斑块形状原理：一个能满足多种生态功能的斑块的理想形状应该包含一个较大的核心区和一些有导流作用及能与外界发生相互作用的边缘触须和触角。

（4）斑块的位置原理：一个孤立的斑块内物种消失的可能性远比一个与大陆（种源）相邻或相连的斑块大的多。当与种源相邻的斑块中的物种灭绝之后，更有可能被来自相邻斑块的同种个体所占领，从而使物种整体上得以延续，景观中战略点的概念就是针对斑块在景观中的位置和作用提出来的。

2. 廊道研究

城市绿色廊道的设置除了游憩、文化、教育的功能外，其主要的出发点是提高环境质量和生物多样性保护的功能。因此，在研究廊道的规划设计原则时，以能满足生物多样性保护和提高环境质量的要求为主要参考标准。这涉及到廊道的规模（宽度）、数量、结构和设计模式等。

（1）廊道概念

廊道（corridor），简单地说，联系相对孤立的景观元素之间的线性结构称为廊道。廊道可以是隔离的条状地带，几乎所有的景观都为廊道所分割，同时又被廊道所联结，这种双重而相反的特性证明了廊道在景观中具有重要的作用[62]。廊道基本上有线状廊道（全部为边缘物种占优势的狭长条带，无内部小生境）、带状廊道（含有丰富内部生物的中心内部环境的较宽条带，含边缘种和内部种）和河流廊道组成。关于廊道的研究大多集中在廊道对生物多样性保护的作用和意义上[63]。廊道决定城市景观结构和人口空间分布模式，为大都市的景观结构优化提供了新的思路（Edward. J. Taaffe. etc. 1992）。宗跃光将城市景观廊道分为人工廊道和自然廊道两大类，人工廊道以交通干线为主，自然廊道以河流、植被带（包括人造自然景观）为主，自然廊道的效应表现为限制城市无节制发展，有利于缓解城市污染，减少中心市区人口密度和交通流量，提高土地的集约化、高效化利用。

城市绿地系统是城市自然景观的主要组成部分，甚至是全部。欧洲景观学派将城市中绿色廊道称为 green corridors，美国学者将绿色廊道称为 greenway，英国伦敦规划中在 1977 年提出了 green chain 的概念，并为 green chain 的落实成立了 green chain 委员会（Tom Turner，1995），葡萄牙称为 corridors verdes。

（2）廊道特性

绿色廊道具有 5 个主要特性：①其空间形态是线状的，它为物质运输、物质迁移和取食提供保障，这不仅是绿色廊道的重要空间特征，也是它与其他景观规划概念的区别。②绿色廊道具有相互联结性，不同规模、不同形式的绿色廊道、公园等构成绿色网络。③绿色廊道是多功能的。这对于绿色廊道的规划设计目标的制定具有重要的指导意义。当然，很难在同一绿色廊道中所有的功能都能很理想的实现，因此，绿色廊道中生态、文化、社会和休闲观赏的不同目标之间必须相互妥协达成一致。④绿色廊道战略是城市可持续发展的组成部分，它协调了城市自然保护和经济发展的关系，绿色廊道不仅保护了自然，而且是资源合理利用和保护，实现城市可持续发展的基础。⑤绿色廊道只是代表了一种具有特殊形态和综合功能的城市绿地形式，对绿色廊道的关注只是因为很多城市在发展过程中，城市绿地系统没有形成有效的网络，同时，城市中自然环境的丧失、生物多样性的降低和环境的恶化也是引起人们对建立城市绿色廊道关注的重要原因，但这并不能排除其他形式绿地的重要性。

（3）廊道规模

一般地说，廊道规模在满足最小宽度的基础上越宽越好。由于廊道为线性结构，生境的质量和物种的数量都受到廊道宽度的影响，随着廊道宽度的增大，廊道内的边缘种和内部种具有不同的数量格局，随着廊道宽度的增加，内部种逐渐增加，而边缘种在增加到一定数量后趋于稳定（见图2-2）。

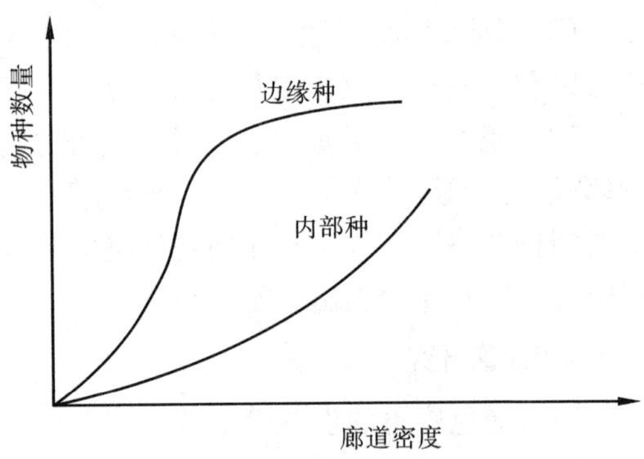

图2-2 廊道宽度与物种数量关系

由绿色廊道和环境保护之间的关系的研究发现，河流及其两侧的植被可有效地降低环境温度5～10℃，植被完全被砍伐的河流，其月平均温度升高7～8℃，在无风的情况下温度最高时高于15.6℃。水温的控制需要60%～80%的植被覆盖（Budd W. W. etc，1987）。廊道的宽度，根据廊道设置的目标而不同，Forman和Godron认为线状和带状廊道的宽度对廊道的功能有着重要的制约作用，对于草本植物和鸟类来说，12m宽是区别线状和带状廊道的标准，对于带状廊道而言，宽度在12m到30.5m之间时，能够包含多数的边缘种，但多样性较低；在61m至91.5m之间时具有丰富的多样性和较多的内部种（R. T. T. Forman etc，1986）；Csuti提出廊道的宽度的重要性在于森林的边缘效应可以渗透到廊道内一定的距离，理想的廊道宽度依赖于边缘效应的宽度，通常情况下，森林的边缘效应有200～600m宽，窄于1200m的廊道不会有真正的内部生境（C. Csuti D. Canty etc.，1989）。Budd在研究湿地变迁时发现，河岸植被的最小宽度为27.4m才能满足野生生物对生境的需求（W. W. Budd etc，1987）。Juan Antonio bueno等人提出，廊道宽度与物种之间的关系表现为：12m为一显著阈值，在3～12m之间，廊道宽度与物种多样性之间相关性接近于零，而宽度大于12m时，草本植物多样性平均为狭窄地带的2倍以上（Juan Antonfo，1995）。Budd（1987）等人在研究美国的Bear-Evans河时发现，30m宽的河岸植被对河流生态系统的维持是必须的。

综合上述研究，可以看出，河流植被的宽度30m以上时，就能有效地起到降低温度、提高生境多样性、增加河流中生物食物的供应、控制水土流失、河床沉积和有效地过滤污染物。道路廊道60m宽，可满足动植物迁移和传播以及生物多样性保护的功能；绿带廊道宽600～1200m，可以创造自然化的物种丰富的景观结构。各种类型的廊道宽度和组成廊道的植物群落的结构密切相关，上述廊道宽度都是在廊道植物群落结构完整的情况下提出的。

（4）绿色廊道的结构

绿色廊道结构是指绿色廊道的规划设计方式，主要是植物群落的配置方式和类型。无论是道路绿带还是河岸植被带，都要把环境保护放在首要位置，综合考虑休闲游憩功能和环境保护的关系，植物配置以乡土树种为主，兼顾观赏性和城市景观，以地带性植被类型为设计依据，配置生态性强、群落稳定、景色优美的自然景观。在污染区域，针对污染源的类别，配置相应的抗性强、具有净化功能的植物。如图2-3所示的河流植被景观设计模式和图2-4所示的河道生态景观设计模式都提供了一种科学合理的设计方法。

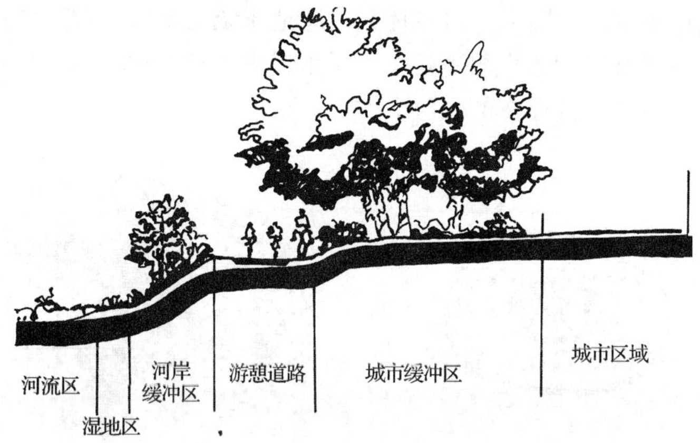

图 2-3　河流植被景观设计

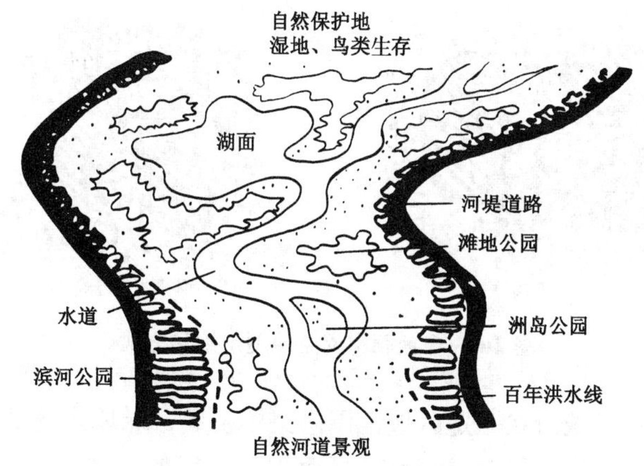

图 2-4　河道生态景观设计

（5）绿色廊道网络

绿色廊道网络是指城市绿色廊道在城市中空间分布格局，即城市绿地是如何通过绿色廊道相互联系构成系统的。在总面积相同和具备多通道的情况下，分散的绿地相对于集中的绿地其生态效应较大，其充分必要条件在于分散的绿地必须要有诸如河流、道路、铁路和楔形绿地之类的“通道”支持，在各分散的绿地之间和关键点上必须要完善生态通道，构建生态网络，增加开敞空间和各分散绿地的联结度和连通性，确保合理的绿带宽度，减少“岛屿状”生境的孤立状态，才能有效发挥“1 +1 >2”的生态效应（图 2-5）。

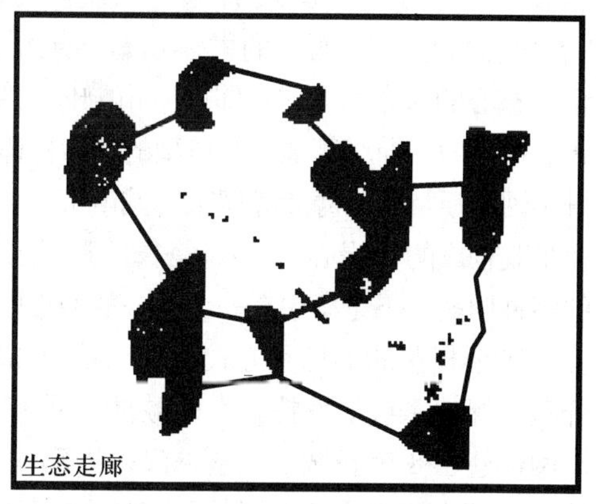

图 2-5　生态走廊效应示意图

绿色廊道的联结包括廊道与廊道、廊道与斑块、斑块与斑块之间的联结（图 2-6）。通过绿色廊道和绿色斑块不同程度和不同等级的联结，构成了城市绿地系统。实际上，自成体系的绿地系统与城市建设实体共同构成了共轭关系，前者避免或限制了城市无休止的蔓延，为城市提供了良好的环境，后者则提升了前者的生态、文化等内涵，体现了其存在的价值。

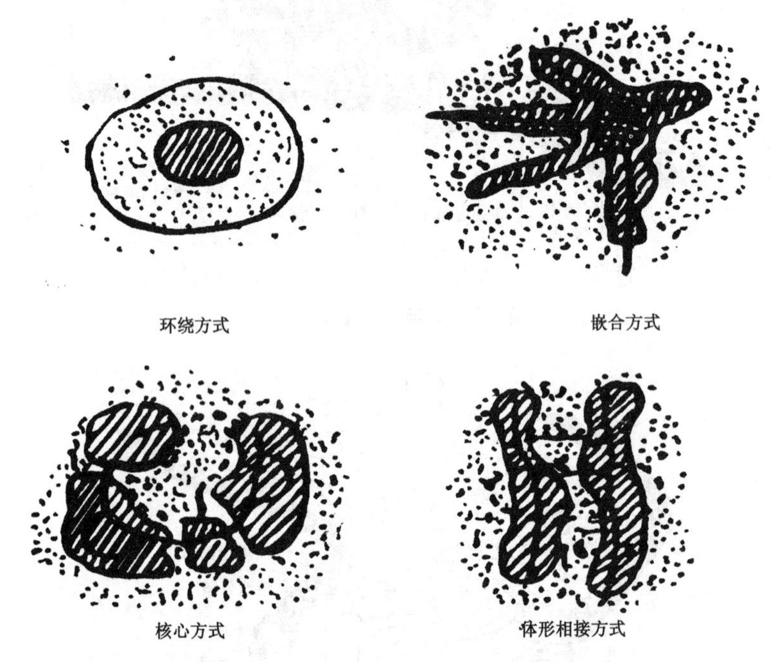

图 2-6 绿色廊道网络典型形式和方式

环绕的形态与方式：城市在一定区域范围内集中发展，绿地系统呈环状，围绕核心城市限制城市的扩展蔓延，周边卫星城镇与核心城市保持一定的距离。如，英国 1944 年的“大伦敦规划”，这一规划方案成为控制中心城区、发展分散的新城的规划模式。

嵌合的形态与方式：城市绿地系统与城镇群体在空间上相互穿插，形成以楔形、带形、环形、片状为主要形式的绿地系统。丹麦哥本哈根的指状规划、莫斯科的楔形绿地、依“有机疏散理论”而定的大赫尔辛基规划方案都是比较典型的例子。

核心的形态和方式：即以城市群体围绕大面积绿心发展，城镇之间以绿色缓冲带相隔的方式。荷兰的兰斯塔德地区是典型的城市群体围绕绿心发展的方式。兰斯塔德地区是包括诸如鹿特丹、阿姆斯特丹、海牙等城市的城市带，兰斯塔德的中心不是密集的城市群，而是由大面积的农业景观构成的“绿心”，兰斯塔德的建成区与“绿心”之间设绿色缓冲地带以保护绿心。大城市的多种职能，不是集中在一个单一的城市中，而是分散在几个相对较小的城市中。

带形相接的形态和方式：绿地系统和城市轴线的侧面与城市相接，使城市群体保持侧向的开敞，绿地系统能发挥较大的效能并具有良好的可达性。如 1965 年巴黎的城市规划，沿塞纳河两侧建了 8 个新城，在塞纳河两岸形成了两条平行轴线，在两条轴线上形成了一系列短轴，这些短轴为城市用地保留一些空地而设置，为城市居民提供绿地和空气新鲜的休憩场所。

以上 4 种城市绿地的形态布局，各有一定的优点和不足。同时，由于城市区域的自然、社会、经济、历史发展状况的不同，导致各个城市的绿地系统各不相同。T. Turner 在 1987 年提出了城市绿地空间分布的 6 种理论模式（图 2-7）。图中 a 表示纽约单一的中央公园；b 表示在伦敦18世纪的分散的居住区（广场）绿地；c表示的是1976年大伦敦议会提出的不同规模等级的公园；d表示的是建成区的典型的绿道，它既不是交通道路，也不是专为游憩而设的；e是相互连接的公园体系；f表示能提供城市步行空间的绿地网络（T. Turner，1987）。

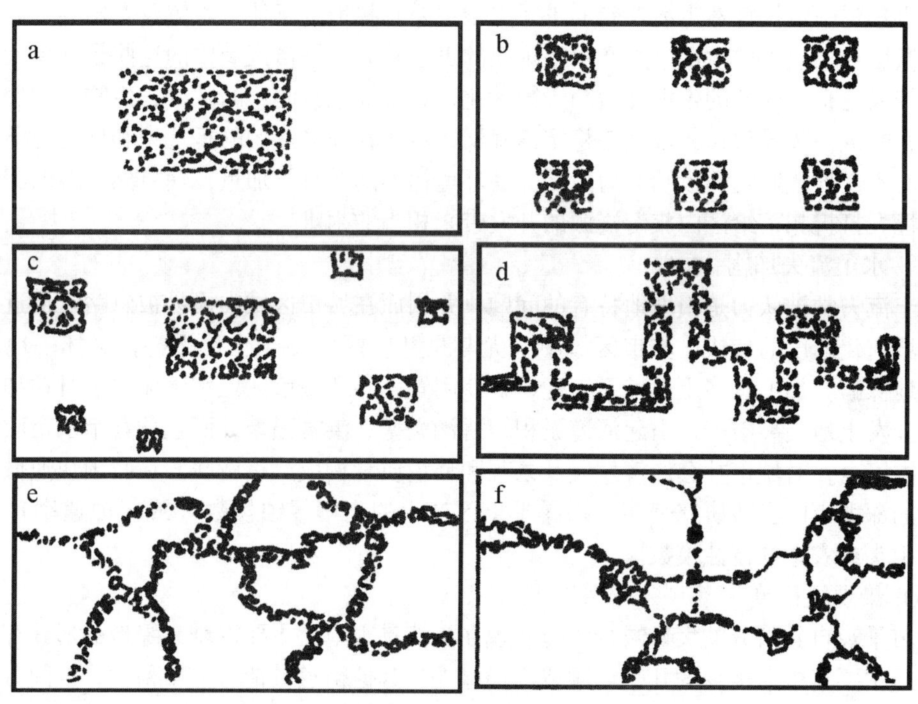

图2-7 城市绿地空间分布的6种理论模式

综上所述，绿色廊道是城市绿地系统的重要组成部分，城市绿色廊道的规划设置，必须从各个城市的具体情况出发，按照不同的自然地理、社会文化、经济水平、发展历史的不同而区别对待。

3. 基质研究

基质是景观分布最广，连续性最大的相对同质的背景结构，在很大程度上决定着景观的性质，对景观的动态起着主导作用。常见的有森林基质、草原基质、农田基质、城市建成区基质等。

三、景观生态学在城市规划中的应用

1. 城市景观生态存在的问题

城市是在破坏自然、损伤自然中逐渐扩大起来的，城市的各种活动及其产生的废气物质在继续破坏城市及其周围的自然环境的同时也带来了资源耗竭、环境污染、生态破坏的恶性循环等一系列问题，这些问题从区域向全球扩展，形成全球性生态环境问题。日渐严重的环境问题都是因为人类对自然界的忽视造成的，而这些威胁人类未来生活的问题，都要以生态学原理为基础才能解决。因此，生态理论引起了整个社会的关心和兴趣。在人们的逐渐关注和业内人士的不断努力下，“保护环境、促进经济的可持续发展”的措施连续出台，“生态”

思想与城市建设的结合也逐渐紧密起来。近年来对城市的研究表明，城市景观生态问题的最根本原因是不合理的土地利用方式和利用强度。从生态学的角度概括，有如下几个方面：

（1）自然生境大量破坏

城市景观中承担自然生境功能的单元类型主要有林地、草地、水体及农田等，而伴随着人口的激增和相应人类生活、生产用地规模的迅速扩大，城市区域中的这些景观单元急剧减少。其结果是整个区域的生境类型趋于简单化，城市绿色空间不断减少，生物多样性资源严重受损，并进一步导致：景观生态稳定性降低，对各种环境影响的抵抗力和恢复力下降；城市区域对不良环境影响的吸纳能力降低，使环境污染问题日益加重；使自然环境的美学价值及舒适性大打折扣，给区内旅游资源的开发带来相当的困难。

（2）水土流失加剧

水土流失常被认为是山坡地特有的问题，并因而在城市区域中极易被忽略。但近年来随着我国城市化速度的加快，城市区域中（尤其是开发区）由于土地平整，破坏了地表植被造成土地裸露，加上许多土地堆而不建，长期闲置，导致城市区域水土流失也日益加剧，不仅造成开发土地支离破碎，引起河道淤积、桥涵淤塞、洪害频繁，而且危害市区市政基础设施及防洪安全，对城市社会经济发展及景观和环境质量构成严重威胁。在我国快速城市化最为典型的深圳市的实践研究表明，裸露平土区产生的土壤侵蚀模数（或侵蚀速率）已远大于自然山头或农地的侵蚀模数。

（3）景观结构单一

城市景观自然组分的大量减少，迫使现在自然景观单元主要以城市绿地的形式存在，但这些绿地主要集中在极少的几个公园或广场绿地，其他街道及街区分布稀少，空间分配极度不均衡。而且由于绿地构成往往类型单一，覆盖稀疏，又缺乏空间层次性，使其难以完成应有的生态功能。同时，城市人工景观的建造也很少考虑生态美学要求，往往地尽其用而无视其与周围景观的协调及树立整体景观特色。

（4）景观破碎度增加

城市区域中，人类活动使自然生态系统极度萎缩，仅存的自然、半自然景观组分也被强烈分割，分布七零八落，景观自然生态过程如物种扩散、能量流动、风险转移等严重受阻，其涵养物种、净化环境的能力随之呈非线性降低。不仅如此，人造景观的碎裂化特征也很显著，建设开发一方面摊大饼般盲目外延，一方面不顾后果见缝插针，景观功能异常紊乱，缺乏规模效益，土地利用表面高效，实则浪费。

（5）景观通达性降低

随着城市景观碎裂化程度的增加，景观通达性也明显降低，主要体现在两方面：

①生态连通性的降低，即由于人为干扰组分的阻隔，自然生境之间的联系通道往往被割断或破坏，如建设开发使河流污染、河道干涸；高速公路将自然栖息地一分为二等，使自然生态过程中断，景观稳定性降低。

②视觉通达性受阻，如居住区楼房密度过高或与工厂、交通干道比邻，狭小的视野、污染、噪声等均使景观舒适度大为降低。

2. 研究层次

景观生态学的产生意义之一是在于它从大地景观结构、功能和变化的角度来解释现有生物界的生存，其中包括人类的生存。以生态规划为主要基石的景观生态规划注重可持续发展和人与自然的协调。景观生态学的城市应用研究具有多尺度性，可以以“基质—斑块—廊道”的模式对不同尺度层次的动态景观镶嵌体进行分析研究。

（1）宏观区域层次

城市是区域自然生态背景中的一个人工干扰镶嵌体，具有自身生态特征，处于周围大的区域生态背景格局中。如在1∶20万的卫星假彩色合成图像中，城市景观为一小块蓝色彩斑组成的聚合体，周围是农田、森林、水域等作为城市的自然环境基质，通过不同性质的廊道如河流、山脉、道路等与外界产生各种生态流。在区域尺度上景观生态研究可对城市镶嵌体的面积、形状、边界发育程度等进行分析，对城市的整体景观、规模、形态及发展趋势等进行研究。

（2）在城市建城区层次

城市本身是一个景观单元，内部不同性质、功能的组成部分构成了城市景观的的斑块、廊道和基质格局，形成“点—线—面”结构，可根据这一模式划分城市景观的结构要素：

基质：城市建成区中的建筑物和街区是城市景观中的主体，共同构成城市景观的基质；

斑块：城市中各种自然残留斑块，如山体、湿地、农田等，以及各种人工斑块，如废弃地、硬质铺面等共同构成城市中的异质斑块；

廊道：主要是城市中具有一定宽度，连接不同功能性质部分的各种线形元素，如城市道路、铁路、河流、高压线走廊、防洪渠等。

这一尺度上可以对各景观要素的界域、尺度、边界、形态、数目及相互之间的空间格局关系和生态过程进行分析，可以为城市土地利用、功能布局、空间形态、景观设计及道路交通规划等方面提供一种生态模式支持与指导。

3. 研究状况

当代城市中出现的包括环境在内的各种问题，很大程度上是由于不合理的景观生态布局造成的，因此，运用景观生态学的理论和方法对城市进行研究，是解决城市问题的一条新路子[64]。从而在城市生态学的基础上又提出了城市景观生态学的概念[65]。陈昌笃认为城市景观生态学是景观生态学的一个分支[66]；肖笃宁认为：城市是以人为主体的景观生态单元，它和其他景观相比具有不稳定性、破碎性、梯度性，斑块、廊道、基质是构成城市景观结构的基本要素[67]。

城市景观生态规划遵循的原则有：①生态原则：尊重、保护自然景观。保护环境敏感区，环境管理和生态工程相结合，增加景观多样性，建设绿化空间。②社会原则：尊重地域文化，将改善居住环境、提高生活质量和促进城市文化进步相结合。③美学原则：使城市形成连续和整体的景观系统，赋予城市性质特色与时代特色，符合美学及行为模式，观赏与实用[68]。

城市绿地景观生态规划是根据景观生态学原理和方法，合理布局景观空间结构，廊道、嵌块体、基质等景观要素的数量及其空间分布合理，把景观生态规划的理论和方法与城市规划学及园林规划设计融为一体进行研究，使绿地景观不仅符合生态学要求，而且具有一定的美学价值，适于人类居住。在较大的空间尺度上强调空间结构的合理性。在景观规划设计中，始终把景观作为一个整体单位来考虑，从景观整体上协调人与环境、社会经济发展与资源环境、生物与生物、生物与非生物及生态系统之间的关系[69]。

王浩（2002）指出城市绿地景观生态规划的工作过程总体上可分为调查与分析、体系总体规划、分项规划3大步骤，并探讨了规划程序。车生泉（2003）[70]运用景观生态学方法对上海市城市绿地景观格局进行了分析与探讨。A. O. Oduwaye 在研究 Nigeria 的城市景观规划中，十分强调历史发展和区域文化对城市景观规划的深远影响（A. O. Oduwaye，1998）。Willam M. Marsh 从环境保护和自然资源合理利用的角度出发，阐述了景观规划在环境保护和开发中的重要作用，并指出现在的环境问题必须将地理、景观规划、风景园林、环境科学等综合在一起来解决[71]。

综合国内外研究动向，城市景观生态学研究的基本内容包括以下几个方面：

（1）城市景观空间格局分析及其动态研究：包括土地利用类型的配置，城市中各类斑块、廊道的布局和时空变化。如宗跃光运用廊道效应原理，对北京中心市区景观结构进行研究。包括研究了北京市区廊道扩展的基本特征，对扩展做出了预测，还研究了北京由传统分散格局向星状分散景观格局的发展构想，如建设绿心、建立楔状绿带插入市区以及控制"摊大饼"，限制同心圆发展模式等。

（2）城市自然生态景观的研究：以城市生物和非生物环境的演变过程为主线，研究城市自然生态系统中景观的布局和变化对城市的影响。包括对自然植被、次生植被和园林绿地的研究。

（3）城市景观文化和景观美学的研究：以人为中心，侧重于城市社会系统，对如何结合城市生态进行城市美化、城市形象设计、环境艺术设计以及研究人类历史、思想和行为对城市景观产生、发展的影响。

（4）城市综合景观生态研究：将城市作为社会—经济—自然复合生态系统，综合研究城市生态系统中的物质、能量的利用，社会和自然的协调。从人类生活、经济运行、环境保护等多层面综合进行研究。

（5）城市环境问题研究：研究主要集中在城市敏感地带的保护、环境清洁优化、城市规模和环境容量的控制、城市自然空间的建立等方面的规划设计和工程建设上。

在以上任何一项的研究中，现状分析和评价是为规划设计和景观建设服务的，景观规划设计和按此规划设计所进行的建设管理才是城市景观生态研究的最终目的。尽管城市景观生态规划的研究报告在不断增加，但国内外很多城市规划仍按照传统的规划思路和方法进行。由政府领导，按照景观生态规划的原理和方法进行的，用来指导城市建设并上升为法律或法规的城市规划未见报道，如英国伦敦 1992 年编制的 *Open Space Planning in London*，规划的依据和目标主要集中在城市开敞空间的服务范围、通达性、开敞空间内的为游人服务的设施配置，当然它也强调开敞空间的环境保护功能，但开敞空间设置的依据主要还是从社会、文化、城市风貌的角度进行的，没有做综合的城市空间格局分析和景观生态分析[72]。齐康先生在《城市环境规划和方法》一书中作了较为系统和创造性的研究，文中重视城市形态、文化特色、经济发展、环境保护的研究，但对城市景观格局的定量分析和评价没有进行研究，就使得城市规划和设计的依据并不十分充分[73]。

因此，城市景观生态规划应该和城市规划有机地融为一体，并增加其可操作性，实现景观生态学实用性强的学科特点。由于景观生态学注重景观空间布局研究，景观生态规划的理论和方法被吸收到城市规划和城市绿地规划中，成为解决城市绿地空间布局的有力工具，它与城市生态规划一起成为城市绿地规划的理论和方法支持。

第三节　国外城市规划与生态建设理论实践

一、工业革命以前的城市理想

1. 古代城市的园林营造阶段

在西方，“文明”（civilization）一词来自拉丁文“Civils”，是“城市”、“国家”、“公民”的意思。可见城市的出现在人类文明史上具有十分重要的意义，城市的出现给人类文明的发展装上了加速器。人类一切创造发明和物质成果最先应用和体现在城市上；反过来，人口的聚集和城市的发展又使人的潜能得到创造性发挥。如古希腊哲学家柏拉图（Plato，约公元前427～前347）所著的《理想国》；英国人文主义者托马斯·莫尔（Thomas More，1478～1535）的《乌托邦》（Utopia，1516）等等。

2. 空想社会主义城市

19世纪工业革命加快了城市化进程，引起了城市结构的深刻变化和城市的畸形发展。人口剧增，交通拥挤，公用设施不足，卫生条件恶劣，污染严重，疾病滋生等城市问题，促使人们开始寻求城市发展改良方式。在此期间的乌托邦运动影响很大，发展和形成了许多城市概念，如康帕内拉的“太阳城”，傅立叶的“理想城市”，欧文的“新协和村”等，其城市思想——离开城市的、理想的（管理、规模等方面）社区——发展了功能分离的概念。

虽然以圣西门、傅立叶和罗伯特·欧文为代表的空想社会主义思想出现在19世纪初，但是人类对自由理想社会的追求可以看作是一种自然的思想流露。其中比较成功的是戈定（Godin）为他的工人建造的“家庭斯泰尔”（图2-8）。虽然空想社会主义城市以失败告终，但它仍给我们启示，主要意义表现为：提出了人类社会的理想目标，并将城市物质环境的改善作为达到这一目标的重要手段，体现了人与物质环境的互动质朴思想；对大众阶层的关注是社会改造的首要目标；对集体生活与协作的强调；明确了城市规划建设的目标是为大多数人提供良好的环境和健康的生活方式。

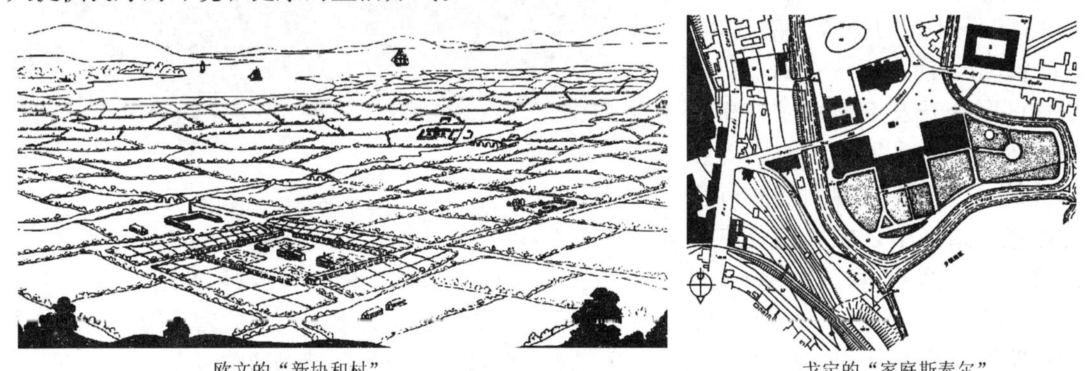

欧文的“新协和村”　　戈定的“家庭斯泰尔”

图2-8　欧文的“新协和村”与戈定为工人建造的“家庭斯泰尔”平面[74]

3. 前工业革命时期

19 世纪 30 年代，英国发起了园林设计革命，如 Bridgeman、Kent&Brown 设计斯托庄园启迪了西方的景观设计，大伦敦区域景观规划第一次明确提出了城郊结合的观点，是风景园林学向城市规划发展，1840 年柏林公共公园系统是最早的城市绿地系统规划。

二、欧洲近代城市与公园的产生与发展（18 世纪 ~19 世纪末期）

面对工业革命带来的环境问题、社会问题，人们逐渐认识到城市发展不仅要适应大工业生产，而且要解决因大工业生产而产生的新问题，从而对城市建设提出了新要求。这在旧城改造和新城建设或规划理论中都进行了探索，表现出人们对城市与自然融合、恢复良好生态环境的强烈愿望，从一定程度上体现了生态思路。

1. 英国近代城市公园的出现与公地系统

（1）19 世纪前英国的城市公园

19 世纪前，由于民主思想的发展，英国已经出现了若干面向市民开放的公园，如海德公园（Hyde Park）、肯新敦公园（Kansington Garden）、绿色公园（Green Park）等。到 19 世纪，原来供上流社会活动的林苑也向市民阶层开放，形成绿色空地，与已经开放的公园一起成为英国城市早期开放空间系统的雏形。

（2）19 世纪英国的城市问题与公园建设

19 世纪随着工业快速发展，人口增多、环境恶化已成为城市主要问题，1833 年英国议会颁布系列法案，开始准许动用税收建设城市公园和其他城市基础设施，首次提出通过公园绿地建设来改善城市环境。这为英国城市公园规划与建设带来了新视点，并影响了其他国家，导致了新一轮建造城市公园广场的热潮。如 1838 年开放的摄政公园（Regent park），使人们认识到公园与居住区联合开发不仅可以提高环境质量与居住品质，还能取得经济效益。1843 年英国利物浦市率先建造了第一个公众可免费使用的伯肯海德公园（Birkenhead park）（图 2-9），它于 1847 年开放，标志着第一个城市公园的诞生。该公园采用了人车分离的道路设计手法，这对来英国参观的美国景观设计师——奥姆斯特德影响很大。

图 2-9 伯肯海德公园平面图

（许浩编著. 国外城市绿地系统规划［M］. 北京：中国建筑工业出版社，2003：5.）

19 世纪英国的城市公园，是城市化与工业化浪潮的必然结果。这些公园的开发主体、方法和功能与欧洲传统的园林有很大不同。主要表现在以下几个方面：开发主体由皇室转变为各个自治体；相对传统园林，城市公园向社会大众开放，具有真正意义上的公共性；城市公园是顺应社会上改善环境卫生的要求而建造的，具有生态、休闲娱乐、创造良好居住和工作环境的功能，并缓和了社会矛盾；公园内交通量增加，采用了人车分离手法，成为后来城市与规划设计普遍采用的手法。

（3）公地保护与开放空间法

19 世纪英国城市公园的发展，为公园绿地系统的形成奠定了基础。与此同时，公地（common）保护运动与开放空间法（open space）的制定对绿地系统的形成也具有特别重要的意义。当时世界上并没有“绿地”这个概念。19 世纪末 20 世纪初，英国出现了开放空间（open space）一词。1906 年通过施行的《开放空间法》首次以法律的形式确定了开放空间的概念和特点。开放空间法从法律上确定了开放空间的内容、财政来源和管理主体。开放空间的概念后来传入日本，促成了日本“绿地”概念的形成。

2. 巴黎城市改建与公园

拿破仑第三执政时期（1853～1870）的巴黎改建目的是解决工业化所带来的混乱状态、改善居住环境、疏导城市交通、美化首都等。改建工程由塞纳区行政长官奥斯曼（Haussmann）主持，这次改建十分重视绿化建设，修建了大面积公园，香榭里大道把西郊的布洛尼林苑（Bios De Boulogne）与东郊的文赛纳林苑（Bios De Vincennes）引入城市，沟通了中心区与自然之间的联系。同时还建设了两种新的绿地：塞纳河滨河绿地和宽阔的林荫大道。这些绿化相互串联构成了巴黎新的绿化系统，另外还完善了大规模的地下排水管道系统。奥斯曼主要工作有：重整巴黎城市街道系统、进一步完善中心城区改造、重视绿化建设、新建城市基础设施。巴黎改造改变了巴黎原来作为封建城市的结构，为近代城市的形成奠定了基础（图 2-10）。与我国和日本很多历史城市一样，巴黎的近代城市公园绿地产生于封建传统城市结构的改变过程中。

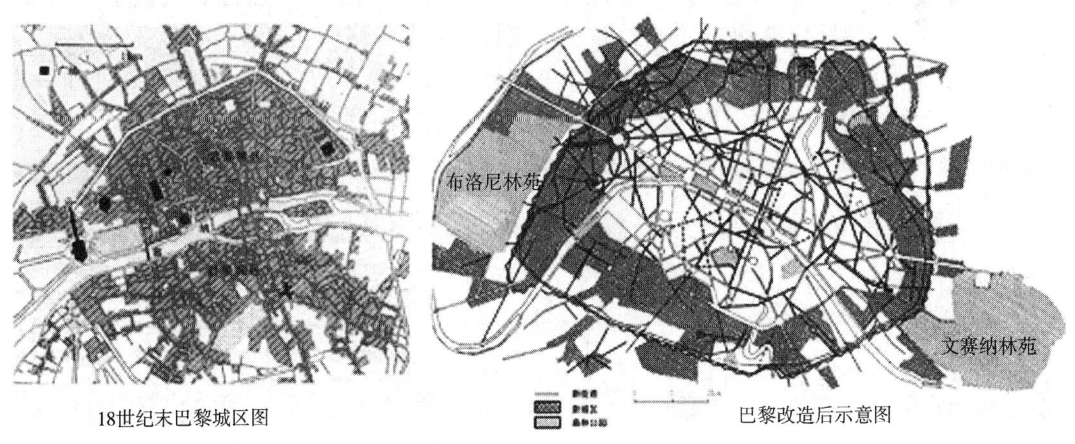

图 2-10 奥斯曼巴黎改造前后示意图[75]

三、美国的城市公园运动与城市美化运动（19 世纪下半叶—19 世纪末期）

1. 美国早期的城市形态

美国的城市是伴随着欧洲殖民者在北美洲的扩张建立起来的，这些殖民城市基本上是棋盘状结构，布局无视地形的变化，城市景观毫无特色。在经济发展优先的意识形态下，城市化进程加快，规划的开放空间被占用、基础设施投入不足、交通拥挤、居住密度大、环境卫生差。

2. 公园墓地运动

美国的墓地大都建造在自然风景优美的地方，其建设结合了公园设计的手法，寄托了城市中的美国人热爱田园风光的情怀，因此被称作“公园墓地”。当时美国还没有公园（public park）的概念，“公园墓地”运动拉开了美国城市公园建设的序幕。美国最先在波士顿掀起了“公园墓地”运动。1831 年波士顿附近的金棕山（mount auburn）公园墓地及辛辛那提的春园墓地（spring grove cemetery）、芝加哥佳境墓地（graceland cemetery）、1838 年纽约郊外的绿树公园墓地（greenwood）将公园的功能与墓地的功能结合在一起，为美国城市带来了活力，成为人们休闲散步的好去处。

3. 纽约中央公园

19 世纪下半叶，现代技术给城市发展带来巨变的同时也极大破坏了自然资源。在如何保护大自然和充分利用土地资源的问题上，美国地理学家马歇（G. P. March）认为，人类利用自然的同时可能会摧毁土壤、水、植物和动物之间相互依赖的关系网。这是关于人对自然影响的第一个真正理论概括，他的理论在美洲大陆得到响应，美国的很多城市展开了保护自然，建设城市绿地的运动。1841 ~ 1850 年，A. J. Downing 提出保护自然、接近自然的风景园林理论，呼吁建立城市“开放空间”（公共绿地）。他认为，国家公园、城市绿地及自然保护不是奢侈，而是人类生存和生活的必需[76]。Lewis Munford 认为，在区域范围内保持一个绿化环境，对城市文化极其重要，一旦这个环境被损坏、掠夺、消灭，那么城市也随之衰退，因为城市与环境是共存亡的[77]。1851 年美国近代第一个造园家唐宁（A. J. Downing）积极倡导，纽约市开始规划第一个公园——纽约中央公园（Central Park New York），1858 年美国风景建筑师奥姆斯特德（F. L. Olmsted）主持设计的纽约中央公园，突破了美国城市方格网限制，注重保留原有优美的自然景色，用树木和草坪组成了多种自由变化的空间，创造性地表达了尊重自然，保护自然的理念，并引入了人车分离、立体交叉的道路处理手法，有效解决了公园内由于有市内交通要道穿越而造成不便的问题（图 2-11）。

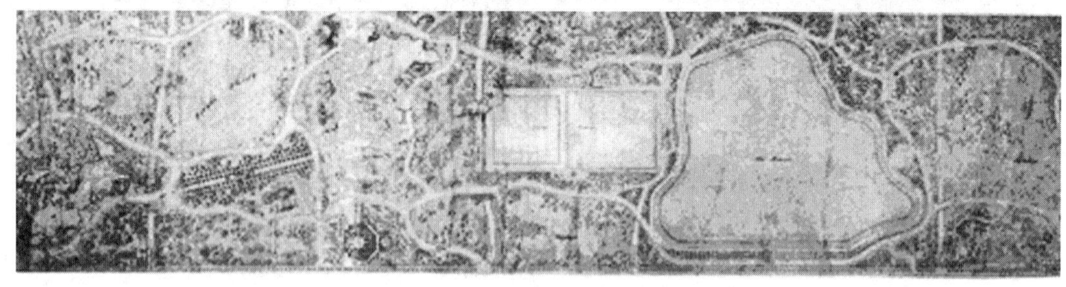

图 2-11　美国纽约中央公园“绿色草原”方案（奥姆斯特德）

纽约中央公园的成功建成，促进了美国景观建筑学会与景观建筑师的诞生。1870 年，奥姆斯特德写了《公园与城市扩建》一书，提出城市要有足够的呼吸空间，要为后人考虑，城市要不断更新和为全体居民服务。这些思想对美国及欧洲近代城市公共绿地的规划、建设活动，产生了很大影响，对世界城市绿地规划有重要贡献。1873 年建成的纽约中央公园具有以下特点：1851 年美国第一个《公园法》使公园绿地的建设走上了法律的轨道；通过政府发行“公园债券”筹集建设资金；公园建设与城市化同步进行。它与英国《开放空间法》

(Open Space Act) 使公园绿地建设走上法制轨道，对绿地系统的形成也具有重要意义。借鉴纽约中央公园的经验，1860 年布鲁克林市州议会通过公园法案，筹建布罗斯派克公园。

4. 城市公园运动

(1) 公园系统产生的背景

美国的公园系统 (park system) 指公园绿地 (包括公园以外的开放绿地) 和公园路 (parkway) 所组成的系统。通过公园绿地与公园路的系统连接，达到保护城市生态系统，诱导城市开发向良性发展，增强城市的舒适性的目的。纽约中央公园和布罗斯派克公园的建设引发了美国城市公园的建设高潮，被称为“城市公园运动 (an urban parks movement)”。作为美国的第一代城市规划师，奥姆斯特德与沃克斯已经认识到美国城市规划及城市发展的弊端，希望通过城市的公园化运动来解决城市个性、特色和环境危机问题。

(2) 芝加哥公园系统

芝加哥州议会 1869 年通过了《公园法》，同意建造西、南、北 3 个公园区。1871 年芝加哥市一场大火使整个城市陷于废墟，在灾后重建的芝加哥城市规划中，芝加哥公园系统被分成 3 个区进行，南区、西区得以实施，管理主体分散而且协调不够，没能形成真正意义上的城市公园系统。但是，以绿地开敞空间分隔建筑密度过高的市区，通过系统性的开放空间布局形成秩序化的城市结构、诱导城市向良性方向发展、提高城市抵抗自然灾害的能力的规划手法与思想，极大丰富了公园绿地的功能，成为后来防灾型绿地系统规划的先驱。这一规划手法和思想促进了日本第一个系统性绿地规划的产生。

(3) 波士顿公园系统——“翡翠项链”

奥姆斯特德 (Frederick Law Olmsted) 在 1878 年波士顿城市公园系统的规划中，提出将公园的选址和建设与水系保护相联系，形成了一个以自然水体保护为核心，以河流、泥滩、荒草地所限定的自然空间为界定依据，利用 60 ~ 450m 宽的带状绿化将湿地、综合公园、植物园、公共绿地、公园路等多种功能的绿地相连接起来的网络系统。1895 年基本建成，它开创了城市生态公园规划与建设的先河。各类公园绿地的设计充分考虑立地特性、功能分离的规划思想与手法，使波士顿公园系统成为美国历史上第一个比较完整的城市绿地系统 (图 2-12)。功能分离的规划思想与手法从本质上改变了格子状的城市结构与景观，被后人称为“翡翠项链”。后来 1900 年的华盛顿城市规划、1903 年的西雅图城市规划，都尊重城

图 2-12　美国第一个完整的城市绿地系统——波士顿公园系统[78]

市自然地形、地貌，以城市中河谷、台地、山脊为依托，形成城市绿地的自然框架体系。此后，该规划思想在美国发展成为城市绿地系统规划的重要原则。

1893 年由于郊区城市化发展，波士顿市内的公园系统已经不能满足城市发展的需要，大波士顿区域公园规划开始实施，规划考虑到预防灾害、水系保护、景观、地价等因素，议会确定 129 处受保护和建设的开放空间。大波士顿区域规划的实施为 1944 年著名的大伦敦区域规划（Greater London Plan）奠定理论基础，促进了区域绿地系统规划的形成。

5. 城市美化运动与华盛顿规划

1893 年为了纪念美洲大陆发现 400 周年，举办了芝加哥博览会。博览会的选址、规划设计及建设由奥姆斯特德负责。建筑物设计由丹尼尔·勃南（Daniel H. Burnham）和纽约、波士顿、堪萨斯城的 5 个建筑设计所负责。博览会不仅取得了巨大经济效益，而且其美学设计风格的视觉冲突影响了当时美国城市设计的风格，成为美国城市美化运动的起点。

图 2-13 华盛顿规划鸟瞰图

1900 年的华盛顿城市规划是在 L'Enfant 方案的基础上进行规划，因为最高领导者是 McMillan，因此该规划又被称为“McMillan 规划”。规划核心是市中心区改造和建设公园系统（图 2-13）。

6. 芝加哥规划

在“McMillan 规划”以后，丹尼尔·勃南成为美国城市美化运动的领军人物之一。1909 年，他在充分调查分析的基础上，提出了著名的“芝加哥规划”。该规划主要内容有：交通运输体系的整治、密歇根湖湖岸的整治、市内道路网规划、城市中心区整治。在芝加哥原来格子状道路系统的基础上，勃南规划了斜线形的林荫道，在林荫道的交汇点配置城市广场，并设置有纪念意义的建筑物。他认识到城市滨水区对城市发展的重要性，他要求湖滨地区应该成为芝加哥永久性公共开放空间，应覆盖大量绿地。到 1925 年，根据勃南的芝加哥规划建成的项目共有 15 处，其中密歇根湖湖岸公共绿地整治、公园系统建设对芝加哥城市发展起到了重要的作用。

四、城市规划的崛起阶段（19 世纪末期 ~ 20 世纪中期重塑城市）

19 世纪末 20 世纪初期，由于城市环境过度恶化，导致人们对城市模式的置疑，并出现了一些探讨城市合理模式的理论与实践，此时期城市绿地从局部调整转向重塑城市。

1. 霍华德和“田园城市”

英国人霍华德（Ebenezer Howard）是20世纪城市规划史上最具影响的历史性人物。1898年，英国社会活动家霍华德提出了建设城乡相融、环境优美的“田园城市”的基本构想，阐述了绿色包围和分割城市观点，成为西方国家城市规划普遍遵循的原则[79]。霍华德的理论与实践，给20世纪的城市规划和建设翻开了新的一页。霍华德的追随者雷蒙·恩温（Raymond Unwin，1863～1940）在1912年《拥挤无益》和1922年《卫星城镇的建设》（*The Building of Satellite*）中发展并提出卫星城的概念。他在20世纪20年代参与大伦敦规划期间，将这种理论运用于大伦敦的规划实践，提出采用“绿带”加“卫星城镇”的办法控制中心城的扩展、疏散人口和就业岗位。

2. 工业城市和带形城市

如果说空想社会主义与田园城市理论是看到了工业革命所带来的问题并试图解决这些问题的话，那么嘎涅的工业城市和马塔的带形城市则是洞察到了工业革命对城市形态所带来的巨大影响，并提出的顺应工业革命后城市形态变革的思想。

（1）工业城市——近现代产业对城市形态的影响

法国青年建筑师嘎涅（Tony Garnier）于1899年至1901年间设计、1917年发表的“工业城市”规划方案，成为解决旧有城市结构与新生产方式之间矛盾、顺应时代发展的代表性作品（图2-14）[80]。工业城市方案中所涉及到的功能分区、便捷交通、绿化隔离等成为后来现代城市规划中的重要原则，时至今日依然发挥着作用。

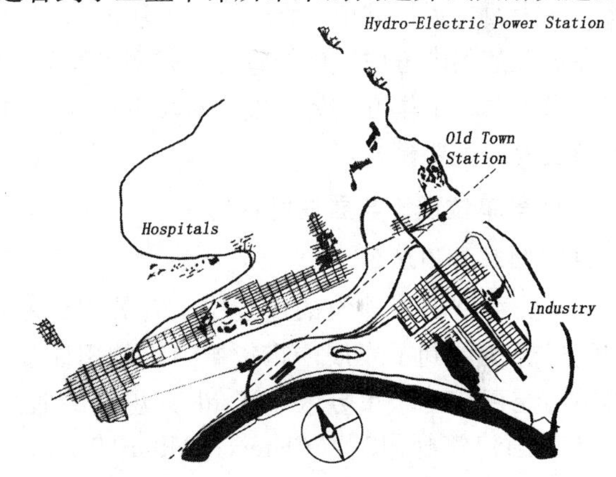

图2 14　嘎涅的工业城市

（2）带形城市——近现代交通工具对城市形态的影响

产业功能的出现导致了城市功能分区与城市组成形态的变化；而铁路运输工具以及后来汽车的普及为旅客与货物在城市内部各地区之间，甚至是城市之间的快速移动提供了可能。1882年西班牙工程师索里亚·伊·马塔（Arturo Soria Y Mata，1844～1920）发表了有关带形城市（Linear City）的设想，其学说的一个主要思想即：“回到自然中去”（图2-15）[81]。

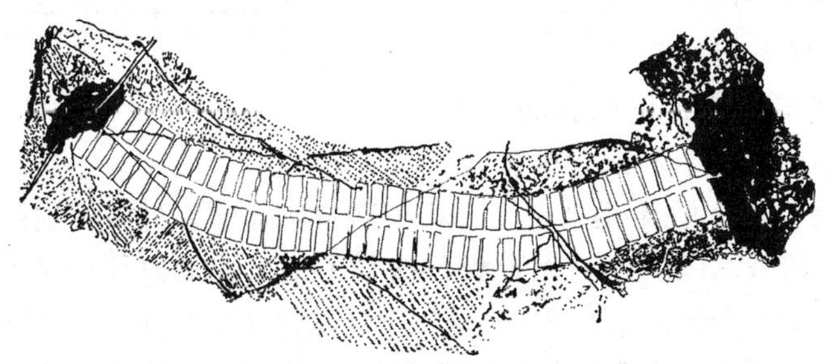
图2-15　连接比利时两个城市的带形城市

这种用绿地夹着城市建筑用地并随之不断延伸的城市，有学者认为：应当称之为第一代花园城市。

3. 盖迪斯的“进化中的城市”

盖迪斯（P. Geddes）涉足城市规划领域一方面得益于其一贯主张的各学科之间的渗透和综合，另一方面则源自于其对社会改良所倾注的热情。与霍华德不同，盖迪斯首先是从社会实践活动开始关注城市与城市规划的。1915 年，他的专著《进化中的城市》（*City in Evolution*）书写了人类重新审视城市与自然关系的新篇章，全面体现了盖迪斯的城市与城市规划观。全书共分 18 个章节，广泛涉及城市的发展、人口分布、城市与技术背景、城市住房、城市规划教育、城市学与城市的调查研究以及城市建设的精神和经济意义等。书中提出的主要论点，例如：编制城市规划应采用调查—分析—规划的手法、将城市置于区域背景中进行考虑的区域规划思想、提倡物质空间与社会经济的综合与多专业的融会贯通、理论与实践相互反馈的城市学、城市规划应起到对民众的教育作用并改善平民生活环境等都具有划时代的意义，成为西方近代城市规划理论与方法的基础之一。盖迪斯的这种注重对客观现实进行调查，在更大范围内考虑城市的思维方式多半受益于他所钟爱的生物学领域，这种以多学科的固有知识体系和工作方法为基础应对城市社会中的复杂问题的方式，正是近代城市规划学科产生与发展的主要模式。

4. 邻里单位理论与居住区规划

（1）佩利邻里单位

在英美新型城市建设的过程中，有关居住单位的规划思想也得到了发展。霍华德给出的田园城市图解中已经存在着城市分区（Wards）思想的雏形。1929 年美国建筑师佩利（Clarence Arthur Perry）在编制纽约区域规划方案时，明确提出邻里单位（neighborhood unit）的概念，并于同年出版《邻里单位》（*The Neighborhood Unit in Regional Survey of New York and Its Environs*）[82]。

佩利邻里单位概念的产生与当时美国城市发展的动向密切相关。其中，由小奥姆斯特德（Frederick Law Olmsted Jr.）设计，位于纽约市郊的森林山庄（Forest Hill，1906 ~ 1911）直接成为邻里单位理论所依据的原型（图 2-16）。

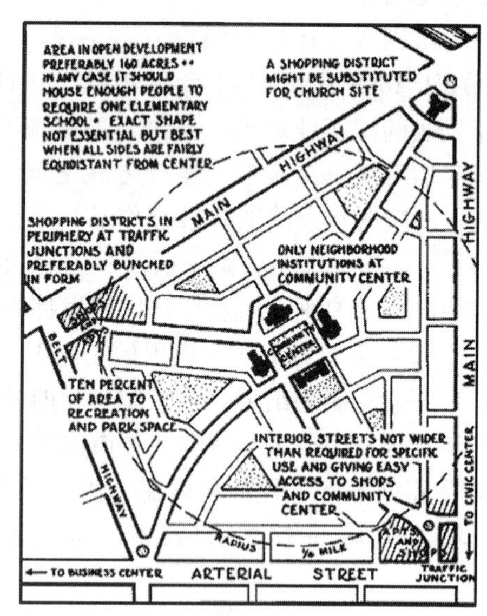

图 2-16　邻里单位示意图

（2）“雷德伯恩体系与绿带城”

在美国社区运动影响下，由佩利的工作伙伴建筑师斯泰因（Clarence Stein）和规划师莱特（Henry Wright）按照“邻里单位”理论模式，于 1929 年在美国新泽西州规划的雷德伯恩（Radburn，1928 ~ 1933）新城，1933 年开始建设，诠释了汽车交通时代的邻里单位思想，成为第一个将邻里单位与人车分行思想结合在一起，并付诸实施的实例。这种规划布局模式被称为“雷德伯恩体系”。斯泰因又把它运用在 20 世纪 30 年代美国的其他新城建设，如，森纳赛田园城（Sunnyside Garden City）以及位于马里兰、俄亥俄、威斯康星和新泽西的4个绿带城。邻里单位的规划思想首先被英美的规划师所接受并被运用于新城的建设中。第二次世界大战后更是被各国的城市规划所广泛采纳。

5. 勒·柯布西埃的“明日城市”

较之于“工业城市”和“带形城市”的思想，勒·柯布西埃（Le Corbusier，1887～1965）在充分利用近代工业技术的发展所带来的可能性方面走得更远。虽然他的留世作品多为单体建筑，并以强烈的个性色彩而使人印象深刻，但他的城市观同样具有洞察社会与技术发展趋势的魅力。1922年，勒·柯布西埃出版了《明日的城市》（*The City of Tomorrow*），较全面地阐述了他对未来城市的设想，主张充分利用高层建筑空间，建设立体的花园城市（图2-17）[83]。采用高容积率，低建筑密度来达到疏散城市中心、改善交通、为市民提供绿地、阳光和空间是这一规划方案所追求的目标。

勒·柯布西埃在1925年为巴黎中心区改建所做的规划（Voison规划），以及1933年所提出的《光明城》（Radiant City，城市中心为容纳2700人的居民联合体）规划方案中重现了这一思想。《明日的城市》中所体现出的勒·柯布西埃的现代建筑思想对第二次世界大战后的城市建设产生了广泛的影响。阿尔及尔（阿尔及利亚首都）、安特卫普（比利时，位于布鲁塞尔以北的城市）、英国伦敦罗汉普顿的阿尔顿西区（Alton West estate at Roehampton）、昌迪加尔（Chandigarh，印度旁遮普省省会）以及巴西利亚（Brasilia，巴西首都）等都是其中的实例。

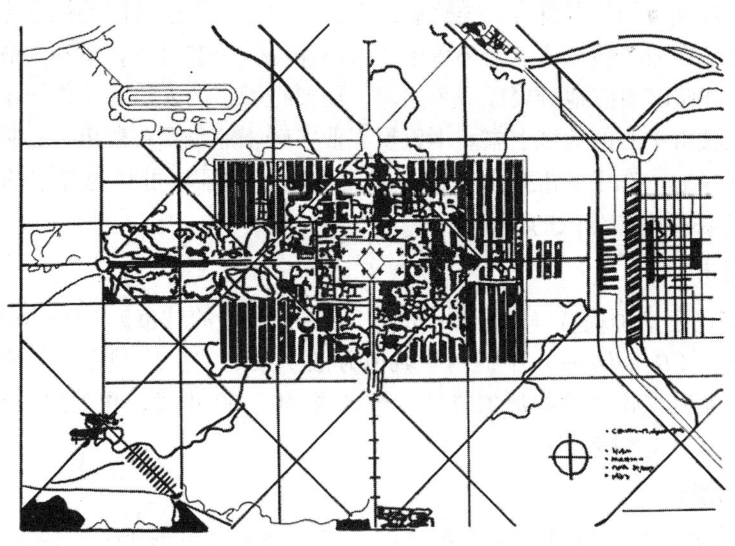

图2-17　勒·柯布西埃的“明日城市”规划方案

（资料来源：Le Corbusier：*The City of Tomorrow and its planning.*）

从某种意义上来说，经常被作为田园城市理论对立面论述的勒·柯布西埃的城市观，与空想社会主义及霍华德的理论有着许多相似的地方，比如：都或多或少带有理想主义的色彩，都具有改造社会的使命感，并企图通过对生活环境的改造解决社会问题，适应社会的进步等。甚至在通过使居民贴近、回归自然的方式来解决城市问题等方面都有相似之处。事实上，被称为“城市集中主义”的勒·柯布西埃与被称为“城市分散主义”的田园城市理论的最大区别就是：是否肯定，甚至是赞赏大城市的存在。换个表达方式就是，针对工业革命以来的城市问题，勒·柯布西埃的解决方案是建设或改造大城市，而霍华德的解决方案是建设小城市群（社会城市）。应该说勒·柯布西埃在正视、并积极利用工业革命所带来的技术进步方面，较19世纪以来以霍华德为代表的大城市反对派更为符合历史发展的趋势。柯布西埃有关城市规划的思想归纳为以下4点：传统城市由于规模的增长和市中心拥挤程度的加剧已出现功能性老朽；采用局部高密度建筑的形式，换取大面积的开敞空间以解决城市拥挤问题；在城市的不同部分用较为平均的密度，取代传统的“密度梯度”（density gradient，即越靠近市中心密度越高的现象），以减轻中心商业区的压力；采用铁路、人车分流高架道路等高效的城市交通系统。勒·柯布西埃的城市规划思想充满着对工业时代的认同与赞美；其对城市密度的辩证观点成为现代建筑运动的价值取向之一，充满着自信和指点江山的豪情壮志。

6. “有机疏散”理论

1918年，沙里宁按照有机疏散原则作了大赫尔辛基规划方案。1942年，芬兰建筑师E.沙里宁在《城市：它的生长、衰退和将来》一书中，针对城市圈过分集中所产生的弊病，提出了“有机疏散”理论（theory of organic dec），“有机疏散”理论在二战之后对欧美各国建设新城，改造旧城，大城市向城郊疏散扩展的过程，产生了重要影响。沙里宁的“有机疏散”理论所追求的是现代城市社区两个最基本的目标——“交往的效率或生活的安宁”。

沙里宁认为：城市结构要符合人类聚居的天性，便于人们过共同的社会生活，又不脱离自然，使人们居住在兼具城乡优点的环境中。城市作为一个有机体，是和生命有机体的内部秩序一致的，不能听其自然地凝聚成一个大块，而要把城市的人口和工作岗位分散到可供合理发展的，离开城市中心的地域上去。不仅重工业，轻工业也要疏散出去，腾出的大面积工业用地用来开辟绿地，对于城市生活中的“日常活动”的区域可作为集中的布置，不经常的“偶然活动”场所则作分散的布置。

7. “广亩城市”

1932年，美国建筑师赖特（F. L. Wright）《正在消灭中的城市》（*The Disappearing City*）和《广阔的田野》（*Broadacres*）中提出了城市分散主义的“广亩城市”规划构想。“无所在，无所不在”是其城市理论的形象概括。20世纪50～60年代，在美国一些州的规划中，曾把“广亩城市”思想付诸实践。

8. 区域规划理论

1930年美国著名学者刘易斯·芒福德提出了区域整体发展理论。1933年的《雅典宪章》，承认城市及其周围区域之间存在着基本的统一性。这在后来的《马丘比丘宪章》中得到了重申。刘易斯·芒福德认为，“区域是一个整体，城市是它其中的一部分。真正成功的城市规划必须是区域规划”。他的区域整体论主张“大中小城市的结合，城市与农村的结合，人工环境与自然环境的结合，城市及乡村和其所依赖的区域是不应该分开的”。他非常重视区域绿色空间，“在区域范围内保持一个绿化环境，这对城市文化来说是极其重要的，一旦这个环境被破坏、掠夺、消灭，那么城市也将随之而衰退，因为这两者的关系是共荣共存的”。美国当代景观设计师J. O. 西蒙兹说，“区域规划师最重要的任务可能就是构建和协助形成一个广阔的，相互联系的且永久的开放空间保留地，并以此作为可持续发展的框架。”

9. 大伦敦规划与英国新城建设

1940 年《皇家委员会关于工业人口分布的报告》（*Report on the Royal Commission On the Distribution of the Industrial Population*，1940 简称《巴罗报告》）的结论、工作方法以及按照其建议所开展的后续工作直接影响到包括大伦敦规划在内的英国战后城市规划编制与规划体系的建立，在英国城市规划史上占有重要的地位。作为皇家委员会成员之一的艾伯克隆比（Patrick Abercrombie，1880 ~ 1957）于 1942 年至 1944 年主持编制了大伦敦规划，并于 1945 年由政府正式发表（规划面积 $6731km^2$，人口 1250 万人）。该规划的基本观点是：在英国全国人口增长不大，伦敦地区半径 48km 范围内人口规模保持基本稳定的前提下，在当时伦敦建成区之外设置一条宽约 5 英里的“绿带”，用来阻止城市用地的进一步无序扩张（图 2-18）。大伦敦规划按照由内向外的顺序规划了 4 个圈层，即：内圈、近郊圈、绿带、外圈。

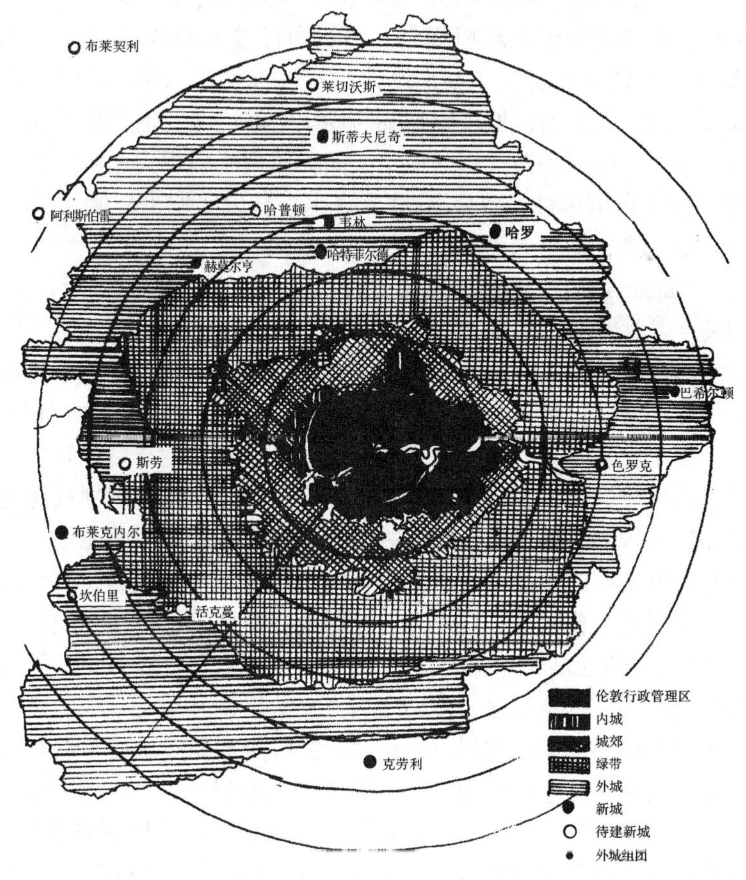

图 2-18　大伦敦规划方案（1944）

（资料来源：洪亮平著．城市设计历程［M］．北京：中国建筑工业出版社，2002：91）

大伦敦规划充分吸取了当时西方国家城市规划思想的精髓。例如，大伦敦规划部分实现了霍华德城乡结合改善居住环境、以小城镇群代替大城市以及每个城镇保持就业平衡、相对独立的理想城市目标；在规划编制过程中采用了盖迪斯所倡导的“调查—分析—制定解决方案”的科学城市规划方法。大伦敦规划开创了在较大范围内考虑城市发展问题的思维方式与工作方法，并将生产力布局和区域经济发展问题与城市空间规划紧密结合，成为现代城市规划中里程碑式的规划案例。但是，大伦敦规划所采取的抑制大城市发展的思想集中体现了自霍华德以来的“城市分散主义”传统，但对大城市在新兴产业条件下（如第三产业的发展）的优势估计不足，甚至对巴罗报告中明显过时并带有倾向性的结论全盘接纳。另外，带有主观决策性质的规划目标与土地私有制下的城市开发机制之间也存在根本性矛盾。因此，大伦敦规划在后来实施过程中出现了种种问题，例如外围新城的建设非但没有疏解中心城区的人口，反而吸引了伦敦地区以外的人口；伴随第三产业的远距离通勤现象的出现，导致新城的“卧城”化以及中心城交通压力增大等都成为被指责的焦点。

五、建设时间高潮与生态思潮的萌芽阶段（1945～1970年战后大发展）

第二次世界大战后，欧亚各国大规模重建城市，城市绿地迈入第二次高潮。现代绿地理论最突出成就是把生态学理论引入环境规划。影响现代城市绿地规划的重要理论有“广亩城市”、“邻里单位”、“社区规划”、“城市设计”、“区域规划”等。其中，后现代主义城市规划理论影响最大，此理论认为：城市绿地要与周围空间协调，创造休憩和活动场所，建立秩序化的城市绿地结构，形成和谐交织的城市空间，体现了后现代派空间组合的基本原则。

1952年，伦敦发生烟雾事件，致使4000人丧生，这说明城市环境保护并不仅仅通过主观的空间规划就可以达到，而是与城市经济发展息息相关。1962年，美国女海洋生物学家雷切尔·卡逊（R. Carson）通过细致深入的调查，出版了《寂静的春天》一书，唤醒了公众对环境污染的关注。

1969年，世界著名环境规划学家、北美区域景观生态规划决定论的杰出代表I. L. Mcharg，在《设计结合自然》（*Design with Nature*）中提出了景观规划结合生态思想的新概念和新方法。提出把自然资源与风景规划结合的人造自然生态系统思想，发展了生态规划方法，扩展了自然风景、城市公园及绿地的概念，推动城市绿地规划成为整个城市区域内自然保护和土地使用的规划。他提出了建立一个城市与区域规划的生态学框架，认为生态规划是在没有任何有害的情况或多数无害条件下，对土地的某种可能用途进行的规划。他通过案例研究，对生态规划的工作程序、应用方法及绿地在其中的结构和功能作用做了较全面的探讨。他的生态规划框架对后来的生态规划影响很大，成为20世纪70年代以来生态规划及绿地景观和生态建设的一个基本思路，被称之为麦克哈格生态规划方法。这个方法可以分为以下5个步骤：①确立规划范围与规划目标；②广泛收集规划区域的自然与人文资料，包括地理、地质、气候、土壤、野生动植物、自然景观、土地利用、人口、交通、文化、人的价值观调查，并分别描绘在地图上；③根据规划目标综合分析，提取在第二步所搜集的资料；④对各主要因素及各种资源开发（利用）方式进行适宜度分析，确定适应性等级；⑤综合应用性图的建立。其理论核心在于：根据区域自然环境与自然资源性能，对其进行生态适宜性分析，以确定土地利用方式与发展规划，从而使自然的利用和开发与人类其他活动和自然特征、自然过程协调统一。他的生态设计思想在田纳西河流域绿带及美国一些高速公路绿带的规划建设工作中得到了充分体现。

六、绿色革命的实践高潮阶段（1970～20世纪80年代末生物圈意识兴起）

1971年，联合国召开人与生物圈计划（MAB）国际协调会后，国外城市绿地建设呈现重视生物圈的新特点。

1977年，国际建筑师协会发表《马丘比丘宪章》，提出“建筑—城市—园林绿化的再统一”，推动了城市与自然环境的协调[84]。

1978年，美国风景园林专家J. O. Simonds的专著《大地景观》提出在农田、城市植被和城市土地框架中建立“全新景观”，成为环境规划和风景设计的指南。1987年，他的著作*Landscape-Amanual of Environmental Planning*提出城市环境保护规划理论，提倡区域绿色空间连续性，有效保护城市生物多样性[85]。他认为，景观规划师的目的是为人类创造更好的生存环境，绿地规划的本质在于推进人与自然的和谐，而不是仅仅纠正技术和城市发展带来的污染和灾害。

1984年，斯本（Sprin）和赫夫（Hough）分别在《花岗石之园》、《城市形式与自然进行》两书中，宣称：城市也是自然的一部分，大自然仍然存在于城市的每一个角落。他们从分析生态系统的主要成分（空气、土地、水、动物和植物）入手，就如何应用生态原则与城市绿地规划，提出了很多新颖又实用的方法，引起了广泛的回响。

1990年，大卫·高尔敦（David Gordon）在加拿大编辑出版了《绿色城市》（*Green cities*）一书，探讨城市空间的生态化途径。1991年，加拿大政府开始实施耗资30亿加元的5年环境保护“绿色计划”。

自1990年代中后期以来，由于经济全球化的趋势日益明显，加之信息产业的发展而烘托出新经济的雏形，城市的空间结构都发生着一些不同于以往的变化。一些新的城市概念如全球城市、世界城市、信息城市纷纷出现。在此背景下，西方提出了新城市主义（new urbanism）的概念，认为限定城市规模的最重要的因素是自然生态环境。主要从生态极限、城市的生长性、生物多样性、种群共生性几个方面体现了其生态内涵。而在微观上，国外绿地系统规划似乎更加重视社区居民的意愿，强调公众参与。在国外城市绿地规划研究中，不同专业背景的研究人员从各自的角度出发，研究的方面有：城市绿地的总体规划、城市绿地中景观廊道的研究、城市绿地空间结构的研究、城市中某个绿地的研究等。其中有：

（1）对城市“nature areas”的功能、设计和功能项目的研究[86-88]；

（2）城市中植被与环境关系的研究[89-90]；

（3）生物多样性研究[91-93]；

（4）城市植物造景的研究[94-95]；

（5）城市绿地（open space）规划的研究[96-103]。

随着人们对人居环境质量重视程度的提高，“生态城市”的实践与探索受到社会各界重视。国际社会也正式提出“生态城市”概念，以期用生态学的原理和方法指导城市绿地建设[104]。生态城市是能够很好反映人与自然和谐发展关系，各项规划建设以不使环境遭到破坏为标准，行为主体的活动要利于维护周围环境并融于自然的类天然群落[105]。它是人类社会发展的过程，是生产力高度发达，人的社会文化、生态意识达到一定水平下渴望实现的目标境界。

七、可持续发展与新经济阶段（20 世纪 80 年代末以来区域生态观念）

21 世纪城市绿地重视区域生态特征，建立城市与周围环境融为一体的区域生态系统，追求人与自然和谐，生态、经济及社会功能最佳的城市区域绿色生态网络。人们利用卫星遥感技术、计算机技术，增强了人们了解城市环境的能力。人们的视野从城市中心扩展到城市郊区、城市行政辖区或更大范围。

表 2-2　国外城市绿色空间发展历程

阶段	年代	背景	表现	评价
原始城市的自然选择阶段	城市萌芽时期	人与自然相对平衡	人类没有建设绿色空间的意识	
古代城市的园林营造阶段	古典城市时期	宗教或政治核心控制整个社会结构	古希腊人本主义城市设计	追求与自然的协调、体现人的尺度，强调视觉和谐
			古罗马城市布局	绿色通道的起源
	中世纪	城市布局紧凑	城镇居民屋后有了自己的花园	自然风景受到尊重
	文艺复兴	古典艺术、建筑人文主义复兴	Albertie 1405 年《论建筑》	住宅与园林是一个整体
			英国皇家园林开放	城市公园萌芽
			平面图案式花园	以完整而有秩序的轴线联系主要形象；首次体现了景园学向城市规划的发展
	巴洛克时期	笔直的林荫大道、规则的广场、对称轴线	Fontans 对罗马的改建	强调城市空间对建筑物的规定和统领，为绿色空间理论的发展打下了坚实的基础
			法国古典园林手法传入英国	开创了崇尚自然的风景园林
	前工业革命时期	1830 年代，英国发起了园林设计革命	Bridgeman、Kent&Brown 设计斯托庄园	启迪了西方的景观设计
			大伦敦区域景观规划	第一次明确提出了城郊结合的观点，使风景园林学向城市规划发展
工业革命后的形体规划阶段	19 世纪中叶	在社会财富积累的同时，城市环境严重恶化	1843 年利物浦伯肯海德公园建成	第一个城市公园的诞生
			Haussman 巴黎改建计划	强调视觉冲击，忽视了人们生活的需要
			Olmsted 纽约中央公园	在全美掀起了城市公园运动
	19 世纪后期	自然引入城市	Olmsted 1870 年发表《公园与城市扩建》一文，1881 年波士顿公园系统设计并提出设计思想	城市绿地系统建设理论和实践上的又一次飞跃，具有启蒙绿色空间意识的划时代意义，形成了历史上又一次理论高峰
			Downing 倡导公共绿地是城市“绿肺”	
			Cleveland Eliot 主张以林荫道联系城市开放空间	
			1893 年开始“城市美化运动	破坏了新大陆城市浪漫自然的传统

（续）

阶段	年代	背景	表现	评价
城市规划的崛起阶段	19世纪末 20世纪初	城市规划将城市绿色空间视为自身不可或缺的要素	霍华德的“田园城市”的理论	现代城市绿色空间理论的基石
			“田园城市”的实践以及Unwin和Parker“卫星城镇”理念	以绿带环绕已有的建成区
			Geddes的理论探索	第一次对绿色空间和城市空间结构的关系做出的准确把握
功能规划阶段	20世纪上半叶	规划师们正视大城市膨胀的事实，开始由被动保护走向主动建设	Saarinen的赫尔辛基规划思想以及1942年在《城市：它的发展、衰败和未来》中提出“有机疏散”理论	延续了Geddes对绿色空间和城市空间结构关系的把握，将城市视为一个有机体，强调城市与自然有机结合
			1938年英国议会制订了《绿带法案》	推动了战后的大伦敦规划
			1929年Stein设计“雷德伯恩体系”	指导美国的新城建设
			1930年代Wright的“广亩城市”	提出“城市分散主义思想”
			Le Corbusier的“阳光城”及《雅典宪章》	提出中心区向高层发展以增加绿地空地的现代化空间结构模式及功能分区
战时及战后实践建设高潮阶段	二战期间	美国由于独特的地理区位条件使其避免了战争的洗礼	Munford在1938～1939年为波特兰做的“西北部区域规划”	强调人的需要，希望利用绿色空间来实现技术与人文这一现实矛盾体的统一
	战后复苏时期	全世界尤其是欧洲开始了规模庞大的战后重建计划	1943～1947年Abercrombie主持大伦敦规划	提出“以区域概念解决大城市的问题”，绿带和带内网状绿地构筑绿地生态系统
			以哈罗新城和密尔顿·凯恩斯为代表的英国新城建设	在以居住区内布置了大片绿地
			莫斯科的规划，1954年平壤的城市绿化规划	从实践上实现了城市绿地系统对于城市空间结构的控制和引导
生态思潮的萌芽阶段	1960～1970年代	以追求人与自然和谐共处为目标的“绿色革命”蓬勃展开	1969年McHarg《设计结合自然》	绿色空间理论上的重大突破，标志着生态学方法第一次完整地引入了规划手段中，拉开了绿色空间建设的结构主义序幕
			1978年Simonds《大地景观：环境规划指南》	继《设计结合自然》之后绿色空间理论史上的又一具有时代性的力作
			1977年Doxiadis《人类获居学与生态学》	其系统观、区域观和多学科综合研究的思想唤起国际建筑与规划学术界以及风景园林界生态保护的意识
			1977年《马丘比丘宪章》	充分体现出规划理论的结构主义趋势

（续）

阶 段	年 代	背 景	表 现	评 价
绿色革命的实践高潮阶段	20 世纪 80 年代	由于生态学和地理学的介入，规划的方法和手段更趋科学和完善	1970～1980 年代初的东京都绿色规划	快速城市化背景下环城绿地的反思
			汉城的绿地计划	
			澳大利亚“自然中的城市”	培育生物多样性，保护本土生物
			伦敦的中心城区生态建设	强调城市核心区的自然生态保护
			巴黎绿地规划	以绿地保证城乡间的自然过渡
			1982 年 Carol A. Smgser 的《自然的设计》；1984 年 M. Hough 的《城市形成与自然进化》与 A. W. Sprin 的《花岗石之城》	尊重城市自然特征，提出将生态原则用于城市绿地系统规划的许多方法
			景观生态学的崛起	将城市规划、风景园林、生态学、地理学紧密地结合在一起
可持续发展与新经济阶段	20 世纪 80 年代末以来	可持续发展成为人类发展的主题，寻求健康、安全、舒适的人居环境成为居民的共识	1990 年 David Gordon《绿色城市》城市空间的生态健康之路	开启了“绿色城市”运动
			生态城市的理念发展	强调绿色空间的生态营造，要求恢复退化土地、培育生物群落，增强生物多样性
			新城市主义运动	认为限定城市规模的最重要的因素是自然生态环境，并重视社区居民的意愿

八、批判与总结

1. 工业革命后的初步实践

工业革命后的 100 多年里，西方开始了重新探索理想城市的历程，从乌托邦到花园城、生态城，从回归自然到把自然引入城市，虽没有最终解决城市问题，但获得了人类生态意识上的进步，即人类认识到城市也是大自然的一部分。近代工业革命以来一大批有着强烈的职业精神和责任感的规划师用自己辛勤的工作为我们描绘了一幅幅城市理想的美好蓝图。但是，这些城市理论在追求一定的田园情结的过程中，由于时代理论发展的限制，存在着一些误区。主要有以下 3 点：

（1）缺乏对自然过程整体性的认识与维护

在进行城市规划时，不仅着眼于与城市关系密切的一个自然系统片段，如一片风景优美的天然林的维护，还要着眼于与这个自然系统片段关系密切的其他自然片段的维护。上面所陈述的各种规划理论，往往着眼于绿地、农田这些人工景观自然系统的布置。不仅维护成本高，而且缺乏自然的真正内涵。自然，不仅仅是绿色，真正的自然应该让人体会到“回归”的含义。

（2）设计脱离自然

不仅仅是缺乏对自然过程的认识，而且在城市景观的设计中，上述理论几乎很少强调对自然价值的利用，而是强调人工设计花园、绿地，突出人工对自然的改造。例如，一块湿地景观，在设计时按照一般的做法就有可能将其变成工整的绿地。前面已经提到，人工景观要维持其人类所希望的一种性质或面貌，必须依靠大量的投入，用经济的观点来衡量即是维护的经济成本较高。而如果让其保持湿地的特色，在此基础上进行设计，就会很大程度上降低经济成本。另外，这不仅仅是一个降低经济成本的问题，更是一个强调对自然价值和自然过程的尊重这个根本的问题。因为，这片湿地也许对城市中的一些鸟类、爬行类、两栖类、小型哺乳类等动物的生存有着不可或缺的意义。设计结合自然，这应是在新时期的田园情结的追求中所要强调的基本原则。

（3）人类面对工业化景观的被动反应

工业化使文化景观发展带有以下特点，即文化景观发展与人类自身直接利益相分离，工业化景观以自我催化形式恶性膨胀，人类的景观控制意识失灵；人为引入的景观元素在物质构成上大多为人工合成物，不利于自然过程的同化，并对其有抑制作用；由于上述特点，人文景观迅速取代、分隔和“毒化”自然景观，使之结构上解体、功能上日趋瘫痪；同时，也使人类自身的生存受到威胁。由于这些特点，决定了工业化时代的景观设计将是一种对工业化景观的对抗活动和被动反应。如，逃避城市加速了城市恶性膨胀；纽约的中央公园、英美诸国的绿地系统和城市绿带、各种形式的公园和街头绿地，都是“被动抵抗”的产物，是在文化景观基相中人工引入的拟自然的景观元素。

2. 城市规划的转变

在现代主义发展之初，城市规划有着工程化与建筑学的倾向，被称为“唯美”和“城市美学”阶段，在这一阶段，城市环境等同于绘画，城市规划更加关注于街道和立面的外在表象。20 世纪 20 年代和 30 年代，随着地理学的发展，规划体系包括总体规划、分区规划和土地利用规划等规划手段。在这一时期，规划者把城市看作是彼此分离的部分，除了吉迪斯（Geddes）以外，规划人员只注重城市环境的实体性，而不是环境的生物性。这时的规划是以二维平面和文字的形式表达出来，集中在土地利用、密度管理、功能分区划分等方面。20 世纪 60 年代和 70 年代，随着城市内部矛盾与冲突的增多，规划者创造了包括生物和生态思想方法在内的规划体系，规划系统也相应地转变为政策规划、全面规划、系统规划、合作规划和管理规划等规划体系，规划作为一种公平的协调员的姿态出现。在这一时期，虽然规划所关注的重点仍然是土地利用和道路交通，但是它更加注重于解决环境与发展、效率与公平、私人利益与公共利益之间的冲突。

如果说早期的现代规划理想是为了创造良好的城市生存环境，它根植于对健康、道路以及其他公共设施的理解，那么 20 世纪的规划已经发展成为一个更加宏大的体系，它包括交通、住房、工业、商业、绿化、农业与其他的土地利用在内的许多内容。这种综合性规划的初衷是好的，但是，“技术教条主义”的科学方法却带来了很多负面影响。例如，城市的住宅区、工业区、公园等部分的严重分离，公园成为专属的林地，林荫道成为城市美化和绿化的专用林地、环状公路将城市与乡村严格分离开来，并且切断了生物的迁徙通道等等。当前，随着生态主义，可持续发展观的提出，规划的重心正在向以环境为中心的方向发展，并且各国都对规划进行了显著的再调整。很多国家已经形成了包括环境保护、环境影响评价在内的综合环境规划体系，如英国的城市与环境规划、日本的综合环境规划等。

3. 城市自然理想追求的转变

同城市规划与土地利用规划的发展相伴随，人们对城市与自然相结合的理想也在不断发展。在工业化早期，面对工业化引起各种环境问题，霍华德提出了“田园城市”理论，开辟了通向城市自然理想的新道路。其后，沙里宁的有机疏散理论、艾伯克隆比的绿带体系、以及赖特的“广亩城市”、柯布西埃的“机械城市”等概念的提出，都体现了人们对城市自然理想的不懈追求。但是，应该看到，霍华德等人的理论并没有考虑到自然内在过程的重要性，田园城市仍然是一种工业化同自然硬性结合的结果，“广亩城市”和“有机疏散”城市也是建立在对自然土地的大量消耗基础上的发展，“机械城市”则是以大量人工绿化装点机械的巨大尺度的城市环境。这样的城市发展对原生自然过程的破坏是不言而喻的。在这一时期，只有吉迪斯看到了作为生态整体的自然环境的重要性。作为一个规划者和区域规划理论的倡导者，吉迪斯提出了区域和城市规划的生态、城市进化理论和生活图示等问题。吉迪斯的理论虽然是在花园城市理论基础上发展起来的，但他更加重视城市发展同周围地区的环境相结合，并将其作为一个生态整体来看待。霍华德和吉迪斯都是对未来产生深刻影响的人物，所不同的是，霍华德的花园城市理论影响了未来的新城和卫星城的建设，而吉迪斯的思想影响到了包括芒福德、麦克哈格等人的城市自然观。在他之后，芒福德提出通过区域生态调查的方法来“超越机器主义的发展观，创造新的生态和社会环境”；麦克哈格则通过对东西方自然观的比较，提出了“因循自然的设计”的城市规划方法。目前，“麦克哈格式”的规划方法由于其解决城市与自然之间矛盾的卓越能力而越来越受到人们的重视，并且随着GIS系统引入到规划之中，他的叠图式的土地分析方法正在变得简便与可行。当前，随着发展观从人类中心主义向着人类与自然平等的方向发展，结合自然的城市发展理论正在从早期的机械融合观转变为有机结合观，并向着因循自然规律的方向发展。

第四节　中国城市绿地发展历程及其研究进展

一、近现代以前的东方“天人合一”理论

在对古代山水城市营建思想形成发展和典型实践的研究基础之上，可将中国古代山水城市营建思想的传统精髓初步归纳为天人合一的哲学思想、持续发展的生态意识、融入自然的心态追求，因地制宜的形态法则、相辅相成的技术措施5大方面。其中天人合一的哲学思想既是我国古代山水城市营建的重要特色，也是生态意识、心态追求、形态法则以及技术措施的思想源泉[106]。

1. 天人合一的哲学思想

“天人合一”是中国哲学史上一个非常重要的命题，是中国文化、中国哲学的基本精神，是中国哲学对天人关系的总体认识。人类从自然山林空间走向集聚，走向城市空间，从没有忘记对绿色生存环境的追求。中国古代城市以其独特的形式格局、思想意蕴而流放异彩，为人瞩目。从本质上说，它们除受制于地域、民族、气候、制度及历史等因素外，更是“天人合一”哲学思想的体现。中国古人在营建活动中，始终恪守“天人合一”的传统思想，尊重自然、合于天地几乎成了人们自觉的审美意识。追求天、地、人三者和谐如一，成

为营建企望达到的一个理想境界。对中国古代城市规划建设有着深刻的影响，成为古代山水城市营建的思想根源。

2. 持续发展的生态意识

维育环境的生态保护意识，与自然亲和、依山临水而居、山—水—城市和谐融为一体、强调对城市自然环境的保护正是源于原始宗教意识中这种对自然的依赖、感恩与敬畏心理。这也是历史上“天人合一”思想长盛不衰的重要原因。追求持续发展的适度开发理念，换成今天的说法，就是要根据具体的用地条件，科学地确定城市开发强度，处理好“人—城市—环境”三者的有机关系，使之和谐发展。当前举世推崇与追求的可持续发展观，可以从此找到思想的滥觞。

3. 融入自然的心态追求

怡情于山水之间、物境与意境关联是“天人合一”这种思想的影响，更突出地体现人们对于山水怡情的追求。

4. 因地制宜的形态法则

我国古代十分重视因地制宜地营建城市，其最早、最著名的论断是管仲在《管子·乘马》中提出的“因天材，就地利，城郭不必中规矩，道路不必中准绳”的见解。这一见解强调城市规划建设应充分结合地利条件，城市型制务必视地形的实际情况而定，不必强求形式上的规整。这对突出城市个性特色，摒弃单一的城市格局，有着积极的意义，也是古代崇尚自然的传统观念的集中体现。因地制宜的形态法则对于中国古代山水城市营建思想的影响尤为突出，具体表现在两个层面：因地制宜的整体形态运筹、因地制宜的城市要素安排。

5. 相辅相成的技术措施

我国古代山水城市营建思想的实现，以及大量形态各异的山水城市长期存续发展，还有一个重要的因素，就是具有丰富而成熟的技术措施，即独树一帜的风水技术、崇尚自然的园林技术和防范未然的防御技术。风水技术为城市发展选择优越的自然山水条件，园林技术是强化城市山水特色的具体手段，而防御技术则是山水城市长治久安的根本保障。它们三者既别具一格，又相辅相成，共同支撑着古代山水城市营建思想的发展。以“天人合一”思想为基石，以风水学和园林学为支柱的中国古代城市绿色空间理论与传统的山水诗画紧密结合，构筑了中国独有的山水城市格局。与自然相互融洽的广大乡村地区就是城市的重要组成部分，将城乡土地与自然资源统筹安排，限制城市无限制的扩张，保护不可再生的自然资源，把城市建设组织融合到大自然的天然网络中去，达到城乡融合，回归自然的目的。这不仅是古代先哲的城建理论，也是现代城建思想所要倡导的。

二、近现代的混沌发展时期

自1840年鸦片战争后，中国沦为半封建半殖民地。内外矛盾的交错，东西方文明开始了冲突与磨合。西方机械唯物主义观点喧嚣尘上，崇尚自然被推崇物质所代替。而西方城市规划理论与风景园林理论也开始引入国内，比如1868年最先在上海出现了公共花园（今黄浦公园）和外滩公园成为城市公园在中国的开端。南京和上海也在19世纪20至40年代制订大都市规划，如程世抚、钟耀华、陈占祥、金经昌等前辈1848年编制的《上海都市计划》便采用了当时国外流行的有机疏散、大绿化带环城的思路（柴锡贤，1999）。新中国成立后，人民政府对旧有城市进行了大量改建。但是在经过了初期的经济恢复期后，一次次的政治运动（如大跃进、十年动乱等）使得城市绿地建设经历了一条恢复—混乱—破坏之路[107]。在1950年的城市规划第一个春天到来后，开始全面地学习前苏联模式。

三、改革开放以来快速发展阶段

1. 20世纪80年代建设与破坏并行期

改革开放以后，各学科百废待兴，城市规划、风景园林等纷纷恢复了科研教育建设的职能，并且凭借与其他国家进行科技交流的机会引入国外先进思想，建立相应的科研机构。这时各地方的园林科研院所及大专院校将城市绿地系统作为自身研究的一个重要领域，而且大多重视景观、园技和园艺，强调人均公共绿地面积和绿化覆盖率等定额指标，着眼于城市公园、居住区、单位附属绿地、道路及防护绿地的分类设计[108-109]。1985年合肥市的环城绿带结合环城公园的规划建设，在我国开创了以环串块的绿地系统先河，提出人与自然环境的有机联系的最佳途径是开敞式城市园林化；北京提出“分散集团式”城市布局原则；上海则按“小、散、匀”发展中心城公共绿地，建设区间楔形绿地，重视专有绿地，开辟市郊绿化网络实施全市园林绿化系统规划（闻美英，1985）。这些都是有益的规划尝试。另一方面，在马世骏[110-111]提出“社会—经济—自然复合生态系统”的理论后，生态学的理论开始逐步融入城市建设规划，尤其是城市绿地系统规划中。

在城市绿化建设得到恢复和发展的同时，由于整个80年代都处于中国政治体制和经济体制的转型期，城市的经济结构、社会结构均发生了深刻的变化，对城市规划也提出许多新的课题。特别是城市土地有偿使用制度实施后，城市规划的环境及形式不同以往，其自身在一次次的冲突、磨合、调整中不断发展[112]。不成熟的城市规划、政府长官意识、投资方的利益驱动的合力往往使城市建设行为体现出极端利益性、局部性和短期性，加之城市建设资金缺口较大，使不少地方城市绿色空间处于城市规划的边缘位置而不被重视，许多绿色空间开始被蚕食。

2. 20世纪80年代末90年代初的过渡期

1989年颁布了《中华人民共和国城市规划法》从法律上保证了城市绿色空间规划在城市规划中的一席之地。同年著名科学家钱学森先生首次提出“山水城市”的概念。1992年国务院又颁布了《城市绿化条例》，对城市绿化的规划建设、保护管理以及罚则做出了明文规定。1990年同济大学与上海市园林管理局合作的《上海市浦东新区环境绿化系统规划》把城市生态绿化置于“社会—人口—经济—环境—资源”这一城市发展的大系统中加以考虑。初步摸索了城市生态绿化系统规划总体框架，并制定规划指标。刘滨谊在此工作基础上提出了城市生态绿化规划空间模式（图2-19）[113]。

尽管如此，在90年代初期，面对多元化的高速发展，城市规划猝不及防。建设用地管理失控，一直处于城市空间边缘地位的绿色空间便首当其冲遭到破坏，严重损害了城市生态环境与景观。另一方面“城市美化运动”在中国找到了自己的土壤。为美化而美化，以人工取代天然，不仅耗费了有限的城建资金，而且破坏了城市的有机结构，湮灭了地方精神，自然与生态过程也受到摧残。因此理论的先行与实践的滞后并行是20世纪90年代初期过渡性的特点。

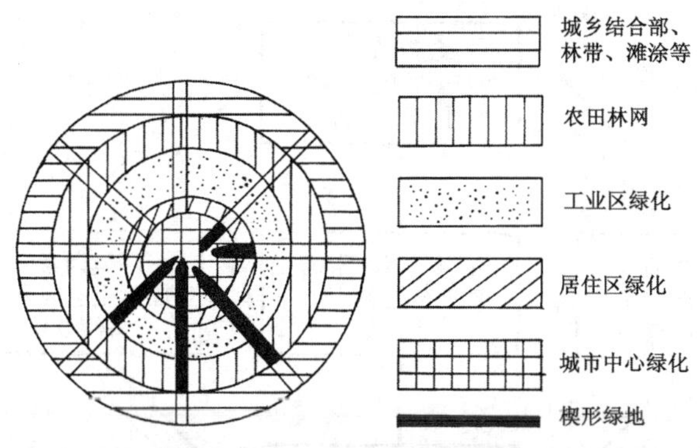

图 2-19 城市生态绿化规划空间模式

（资料来源：刘滨谊，城市生态绿化系统规划初探）

3. 20 世纪 90 年代以来城市绿地系统规划及建设的高潮期

正当城市规划与风景园林学界在新的社会环境中机遇与挑战并存之时，随着综合国力的增强，中国开始逐步并入国际化的轨道。源于 20 世纪 80 年代末期的可持续发展思潮从一开始就为我国的生态学者所接纳，1993 年中国率先在全球制定《21 世纪议程》。随着可持续发展研究的深入，生态主义在国内学术界掀起热潮，生态学界、地理学界开始用自己独到的视角来审视城市绿色空间问题。与此同时，城市生态环境整治、城市形象塑造成为新时期城市建设工作的重点（戴逢，段险峰，1999）。

地理学者除保持了一贯侧重的自然资源分析传统之外，还大胆地借鉴了景观生态学的原理与手法，在可持续发展理论的指引下，从区域的视角加以规划研究。把地理学的调查手段和城市规划的设计理念综合起来规划城市绿地系统。

生态学家则在环境保护规划的基础上延伸出生态规划，从城市生态学的角度研究城市生态系统。中国科学院的王如松等提出了可持续城市的科学基础——复合生态系统，并以城市生态工程作为城市生态调整的方法[114]。城市绿地系统作为城市生态系统中与非生物环境以及动物、微生物环境有着密切联系的亚系统就被摆到了研究工作的前台[115]。同时，在新的生态城市建设中更是将绿化建设视为城乡生态化进程的重要途径。

随着学科间的交叉、融合，生态学理论被引入指导城市绿地系统规划研究和实践。多方面的合力引发了中国城市绿地系统规划与建设的高潮（图 2-20）。

这时期城市规划和风景园林学者一如既往地成为主力军。在多学科的推动下，从 90 年代开始我国城市生态规划与设计取得长足的进步，可持续城市、生态城市、绿色城市、山水城市、花园城市、园林城市等诸多能表现城市生态趋向的词汇成为城市的发展目标。这又反过来推动了城市生态环境，特别是城市绿地的研究。汪菊渊（1993）认为随着城市的迅速发展，不仅要研究城市的景物规划，而且要研究区域、国土的大地景物规划——大地园林化规划，从而将园林的尺度延伸到了大地景观。而吴良镛[116]、李敏[117]从创建良好人类聚居环境空间形态的角度出发，将大地园林化纳入了人居环境科学的理论框架，认为它是园林学科发展中高于传统园林学和城市绿化的第三个层次，是绿色空间规划思想的拓展，是有中国特色的区域规划思想。姜林[118]（1992）介绍了以土地的生态适宜度分析和土地的承载力分析为核心的土地利用的生态规划方法；索奎霖[119]（1994）提出了生态系统绿化法，提出应

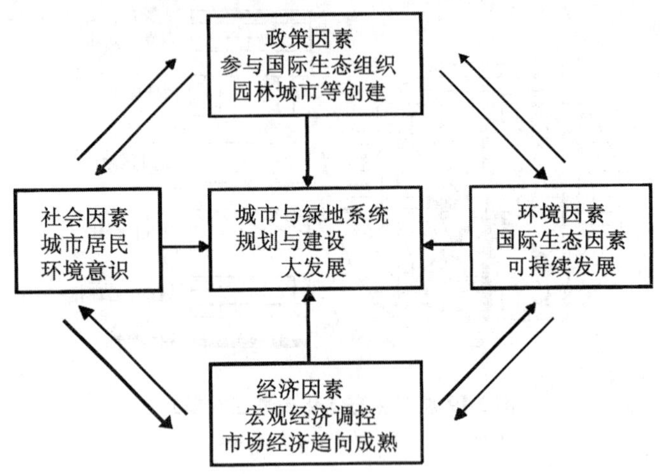

图 2-20　20 世纪 90 年代中国城市绿地系统建设模型机制

有“针对性”地布置每一块“生态绿地”；黄凤茹[120]（1998）运用景观生态学原理，对城市景观和城市规划提出了新思路；吴人韦（1998a[121]，1998b[122]，1998c[123]，1999[124]，2000[125]）则从生物多样性、塑造城市风貌以及支持城市生态建设三个方面对城市绿地系统规划作了专题研究，并对国外城市绿地的发展历程进行了理论回顾，还研究了国内城市绿地分类。唐东芹（1999[126]，2001[127]）等就景观生态学与城市园林绿化的关系作了探讨，阐述了可供借鉴的规划设计原则，并提出了结合其原理进行研究规划设计的方法、途径及定量测度指标。张庆费（1999[128]，2001[129]，2002[130]）则在探讨城市绿地系统生物多样性保护的基础上，研究了城市生态绿化的建设原则，提出建立城市生态绿色网络并构建其框架。徐波、赵峰等[131]提出了开展城市绿地控制性规划并开始在实践中摸索经验，而在参与国家标准《城市绿地分类标准》过程中也对“公共绿地”和“公园”这一分歧焦点进行思索。王绍增，李敏（2001a[132]，20Olb[133]）、余琪（1998）[134]将城市绿地延伸到城市开放（开敞）空间，研究其生态机理，刘立立和刘滨谊（1996）[135]也提出以绿脉为先导的城市空间布局。王浩、赵永艳（2000）[136]总结了现行城市绿地系统规划理论与方法及出现的相应问题，阐述了生态园林的产生背景，提出生态园林规划概念并指出现行生态园林方面研究的局限及不足，对生态园林规划方法进行了探讨。苏俏云（2000）[137]提出以人为本的绿地系统规划建设，创造真正意义的人居环境。徐波（2002）[138]提出应该从法规的角度明确城市绿地系统规划作为城市总体规划阶段的专项规划这一基本定位。贾俊（2004）[139]初步探讨了市域绿地系统规划编制的障碍性因素及对策。石崧、宁越敏（2005）[140]提出新的都市区绿地系统概念，结合欧洲的规划经验，提出都市区绿地系统是平衡大都市区空间结构基本要素的观点。刘滨谊等（2005）[141]总结了近 10 年中国学者对城市绿地系统的研究，并指出不足。王亚军等（2006）[142]对城市绿地系统结构布局规划的功能性进行了分析。王保忠等(2006)[143]总结了目前城市绿地研究的主要方向以及特征，概括了城市绿地效益、信息技术应用、评价指标体系、植物造景、结构功能、开敞空间、绿地管理等主要领域的研究进展，阐述了城市绿地系统规划的理念、内容、布局及措施，指出了 21 世纪城市绿地的发展趋势。

随着城市绿地受到越来越多的关注，诸多学者开展了对绿地的功能效益的研究，并对其进行评价。王丽荣等（1998）[144]运用景观生态学的原理和方法，对广州市城市绿地景观的异质性进行了分析；黄晓莺等（1998）[145]进行的“城市生存环境绿色量值群的研究”，以绿化三维量为例，结合上海、合肥的实例分析，提出了5类40项绿色量指标，全面、综合地反映和衡量绿色环境的生态、游憩、审美等功能和环境质量与生活质量；陈自新、苏雪痕等（1998）[146]完成了“北京城市园林绿化生态效益”的项目，为今后城市绿地系统的规划工作提供重要的参考。索奎霖（1999）则从面积、位置、效率三方面考察城市绿地的生态效益。张万钧（1999）、管东生（2000）均从生态、经济、社会三方面研究了城市公共绿地的综合效益。张浩和王祥荣（2001）[147]探讨城市绿地的三维生态特征及其生态功能。

在绿地评价方面胡玥（1994）[148]最早将AHP法和模糊评价结合，构成了评价城市绿地综合效益的AHP模糊评价法。魏斌等（1997）[149]对传统的四项城市绿地生态效果评价指标加以改进，增加了景观异质性和景观均一性指标，这实际上是景观生态学在绿地评价中的应用。周廷刚等（1999）[150]将模糊综合评判和模糊聚类分析融合运用于城市绿地系统景观生态综合评价中。周坚华（2001）[151]从绿化三维量（简称“绿量”）着手研究城市绿化与环境的定量关系，从而建立了城市生态环境评价系统。刘滨谊、姜允芳（2002）[152]分析中国目前城市绿地系统规划指标存在问题，探讨建立城市绿地系统指标体系确定的原则和指标体系，提出以绿量率为代表的生态、立体绿化的新观念。侯碧清（2004）[153]以湖南株洲市城市绿地系统为研究对象，运用景观生态学的原理和方法，对株洲城市绿地系统进行综合评价，提出株洲市城市绿化建设建议。

在微观层面众多的学者对绿地率和绿化覆盖率统计技术、绿地系统碳的存储、绿地的释氧固碳及降温增湿滞尘作用、对SO_2的净化、城市绿地复合开发（垂直绿化、地下空间开发、屋面绿化等）、城市森林、草坪质量、攀缘植物应用、树种碳氧平衡差异、居住区绿地对细菌含量影响、绿地与微生物关系等纷繁复杂的问题开展了大量的研究，处理了海量数据，取得了丰硕的成果。

与理论上的蓬勃发展对应的是实践中的方兴未艾。自1992年开展的“国家园林城市”创建活动取得很好的成绩。深圳、南京、无锡、桂林等城市纷纷提出建设“生态园林城市”、“山水生态园林城市”等目标。加之建设部要求全国各城市完成城市绿地系统规划的编制和修订工作，其必然的结果就是城市绿地系统规划受到空前的重视。北京、上海、广州、深圳、厦门、中山等诸多城市从自身的城市规模、性质、自然环境特点出发进行了绿地系统规划的专向研究，取得了斐然的成绩。其中上海、深圳的城市绿化无论是在规划理念上还是在实践中均达到了较高水平，应被视为现阶段我国城市绿地系统研究的代表。如上海在城乡一体化的基础上建好环、楔、廊、园结合的绿化系统，并且将生态大绿圈规划、中心城区绿化规划、城乡绿色通道和楔型绿地规划、生物多样性保护规划作为开创上海绿化新局面的有效途径，提出了上海绿化的6个特色[154][155]。杨文悦和陈伟廉（1999a[156]，1999b[157]）对上海中心城区提出依据服务半径合理布局绿地。严玲璋等（1999，2001）针对上海市绿地建设的问题提出建设开放的绿色网络（绿廊）系统，认为应关注自然湿地和上海多元化的文化内涵，应用生态学原理将“自然引入城市”。吴伟[158]结合“上海浦东新区环境绿化系统规划”的实践，阐述了生态思想和城市生态理论对城市规划的影响；况平（1995）[159]利用GIS等计算机技术，将适宜度分析方法应用于绿地系统规划实践；董雅文[160]以南京市为例，进行了城市生态的氧平衡研究；蔡雨亭等（1997）[161]基于城市可持续发展与生态建设的观点，以仪征市为例，探讨了发展中工业城市生态绿地建设的一些主要问题。王祥荣（1999[162]，2000[163]）则认为应以生态学原理为指导，走绿地的生态建设之路，并对绿地建设与管理的对策加以研究。吴人韦（2000）[164]从城市绿地系统的生态问题入手，探讨城市绿地系统规划的生态目标，提出城市绿地系统支持城市生态建设的结构条件，进而结合深圳城市绿地系统规划实践，探讨相应的规划措施。杨峥屏（2001[165]，2006[166]）以珠海市中心城区为例，运用景观生态学原理，分析城市生态绿地系统规划的生态方法并探讨珠海市中心城区生态绿地系统结构优化的对策及城市公共空间系统建设研究。汪殿蓓等（2002）[167]阐述了中山市城市绿地系统的生物多样性特色及新的发展思路，可为珠江三角洲地区其他城市的绿地系统规划提供参考和借鉴。刘慧林（2002）[168]结合中山市城市规划的实践，介绍中山市水系、绿地系统规划的思想理论基础、编制的程序、内容及其实施情况，探索城市可持续发展的模式。王浩，徐雁南（2003）[169]对南京绿地系统结构提出战略性意见。尹仕美等（2005）[170]探讨以生态城市为导向的绿地系统规划，创建了“灰绿线”制度，并在温州市城市绿地系统规划中实践。朱鹏、姚亦锋（2005）[171]以常州市新北区为例，探讨景观生态学在城市绿地系统规划中的应用。王浩（2005[172]，2006[173]）从自然、文化、社会等方面论述了城市绿地系统对城市特色的多元体现。束晨阳（2006）[174]通过对蓬莱市城市绿地系统规划案例的分析总结，提出了当前城市绿地系统规划需要注重的发展方向，并探讨了城市绿地系统规划与城市规划的关系。

总之，城市绿地系统建设理论研究是园林学科的重要组成部分，研究进展表明近年来大地园林化与城乡一体化的绿地系统规划概念更加清晰；认识到园林城市仅仅是我国城市发展过程的阶段性目标；开敞空间优先规划的理论得到重视；强调了绿地景观生态元素在构成城市景观中的重要性；承认文化在绿地景观建设中的积极意义；认识到绿地景观中保护生物多样性的重要作用并开展了研究等等。但是绿地系统规划在中国呈现明显的区际差异。东部沿海地区，如上海、深圳、广州等经济实力和规划实力雄厚的城市从规划理念到规划手法已经在逐步与国际并轨。而中西部除了一些中心城市注重绿色空间建设外，中小城市理论和技术准备还是不足。在另一方面，由于很多地方绿色空间的生态经济循环还没有建立，导致绿色浪潮下的灰色暗流潜动，虚建设实破坏、假建设真破坏、边建设边破坏可谓层出不穷。其次绿地系统规划的地域性特色和中心老城区绿地系统提升手段和方式还有待加强。

四、我国城市绿地系统规划发展背景与现状

1. 历史沿革

《中国大百科全书·建筑园林城市规划卷》指出：“园林学的研究范围是随着社会生活和科学技术的发展而不断扩大的，目前包括传统园林学、城市绿化和大地景物规划三个层次。……城市绿化学科是研究（园林）绿化在城市建设中的作用，确定城市绿地定额指标，规划设计城市园林绿地系统，……”[175]。

我国的绿地系统规划是20世纪50年代从前苏联学习过来的。扩大到城郊一体，包含全部绿地类型在内的专项规划，是我国的独创。编制城市绿地系统规划需要熟练应用大量法规、标准、规范。改革开放以后，国家把城市作为带动经济发展的中心，城市建设和城市规划得到了重视，城市绿地系统规划的实践和理论都有较大发展。1989年全国人民代表大会

常委会通过了《城市规划法》第 19 条规定城市总体规划应当包括绿地系统专业规划[176]。1992 年建设部提出创建国家园林城市，编制城市绿地系统规划是申报园林城市的必要条件之一。有关城市园林绿地分类、规划指标、规划编制方法等方面，已经出台了一批法规和标准、规范。2002 年，建设部印发了《城市绿地系统规划编制纲要（试行）》，使得城市绿地系统规划的编制有章可循。当前，城市绿地系统规划的研究工作仍是风景园林学科的重点课题之一。

2. 两种城市绿地系统规划

一种是根据《城市规划法》，作为城市总体规划的一个专业规划，是城市总体规划文本的组成部分。《城市规划法》中提到“系统”的只有交通体系、河湖系统和绿地系统。这种绿地系统规划的范围是城市规划建设用地，规划的绿地类型是依照国家标准《城市用地分类与规划建设用地标准》中的“绿地 G”，包含公共绿地和生产防护绿地两个中类。这种绿地系统规划的作用是指导编制下一个层次的详细规划，作为城市规划管理和划定“绿线”的依据。经过批准后具有法律效力。这种城市绿地系统规划在规划覆盖范围和绿地类型方面，还不能满足申报和创建国家园林城市的要求。

另一种是根据建设部《城市绿地系统规划编制纲要（试行）》［建城（2002）240 号］单独编制的专项规划。这种城市绿地系统规划（专项规划）的覆盖范围是全市域，规划的绿地类型是《城市绿地分类标准》包含的全部绿地类型，即：公园绿地、生产绿地、防护绿地、附属绿地（含居住绿地、公共设施绿地、工业绿地、仓储绿地、对外交通绿地、道路绿地、市政设施绿地、特殊绿地 8 个中类）和其他绿地。这种绿地系统规划符合申报和创建国家园林城市的要求。但是必须和城市总体规划协调，纳入城市总体规划，经过批准后才具有法律效力。《城市绿地系统规划编制纲要（试行）》的出台，标志着我国城市绿地系统规划编制工作由“自由化”向规范化、制度化转变。“纲要”在我国城市规划建设的历史上第一次以部门规章的形式规定了城市绿地系统规划的基本定位、主要任务和成果要求，明确指出“依法批准的规划文本和规划图则具有同等法律效力”，这无疑将极有力地推动我国城市绿地的规划和建设。

3. 规划性质与深度

无论是根据《城市规划法》编制的绿地系统专业规划，还是根据《城市绿地系统规划编制纲要（试行）》编制的专项规划，都属于总体规划阶段，它们的性质是解决全局性、战略性的问题。如规划的年限、范围、原则、目标、总绿量、人均指标、布局结构等问题，从宏观的角度全面控制城市绿地的保护和开发。

我国现有的城市绿地系统规划，往往只停留在总体规划阶段，或者直接进入修建性详细规划和设计阶段，至于分区规划和控制性详细规划则很少进行。由于绿地总体规划只是从宏观的角度全面控制城市绿地的建设和发展，使得规划管理人员在制定具体的实施规划方案时，面对尺度较大的城市，总体比例又很小的总图而无法严格控制管理[177]，因而造成绿地系统规划（总体规划）与绿地管理和设计建设相脱节。在微观层面，总绿量和人均指标如何分配落实到每一块城市用地，使绿地规划的目标得以实现；具体到每一块绿地划定绿线，确保规划的绿地不被侵占；每种类型绿地的数量、比例、植物种类和数量、设施、园林艺术风格的指导性规划建议等方面，属于总体规划阶段的城市绿地系统规划在内容和深度上还达不到这个要求。

绿地控制性规划正是在这一背景下产生并发展的，它是以城市总体规划、城市分区规划、城市控制性详细规划和城市绿地系统（总体）规划为依据，详细规定了各类用地中的绿地控制指标和其他绿地规划管理要素[178]。在1/1000～1/5000比例尺的图幅上，对规划用地制订了一系列有关绿地建设的规定性和引导性的指标，规划的深度和城市控制性详细规划一致。将绿地总体规划的意图通过一系列的指标反映在城市用地的每一地块上，更加便于城市规划管理者操作。同时绿地控制性规划也强调了城市绿地建设是一个渐进的发展过程，更好的为不同时期在不同地段上的绿地建设提供了保证。在进行城市规划管理时，绿地控制性规划和城市控制性详规可以配套使用，更有利于城市绿地系统规划的实施。这种方法还在探索阶段，如果在大量应用的基础上总结经验，建立法规，将为城市绿地的规划、建设与管理走向规范化、法制化迈出重要的一步，为城市绿地的建设和发展提供有力的保障。

4. 编制城市绿地系统规划的工作方式

城市绿地系统规划，不论是专业规划还是专项规划，都是城市规划的组成部分。编制规划的主体是政府，具体操作最好是由园林部门和城市规划部门合作。园林部门对当地园林绿化的历史、现状和需求比较熟悉，城市规划部门对城市整体情况和编制规划的操作规程比较熟悉。两者合作，能充分发挥各自的长处。在编制的过程中，自始至终要贯彻政府组织、专家指导、部门合作、公众参与、科学决策、依法办事的方针。当然也可以通过国内招标或委托有经验的大设计院来做，但也要贯彻上述的工作方式，并且和当地有关方面密切配合。

5. 绿地系统规划体系的缺失和补偿

城市化加速期中往往存在着一个令人遗憾的现象——城市自发或主导地大面积拓展，此时各个系统（交通、基础设施、生态和景观保护等）的有效控制未能跟上，当城市化发展到一定程度，人们具备了对这些系统的认识高度和控制能力时，为时已晚，只能做成本更高而效果有限的补救，城市绿化便是其中之一。城市绿地系统规划得到了人们越来越多的重视，改变了长期以来城市绿地系统规划处于纸上谈兵的状况，绿地系统规划不再只是所谓的“见缝插绿”，也不再只是城市总体规划图纸的“衬景”或“底色”了。绿地是建设城市生态和改善人居环境质量的重要载体，就目前的规划体系而言，绿地系统规划应该是解决城市生态和人居环境问题最贴切的技术手段。然而，在规划研究与实践的过程中仍然存在着一些问题，需要在今后的工作中加以改正和完善。从现实的情形来看，作好新一轮的理论支撑和技术体系的准备还相当不足，表现在：

（1）城市规划的对应关系未理顺

国务院2001年全国城市绿化工作会议将城市绿地系统规划从城市总体规划的专项规划，提升为城市规划体系中一个重要的组成部分和相对独立、必须完成的强制性内容，并要求全国大中城市全面铺开新一轮的城市绿地系统规划编制和修编工作，规划成果要报各级人大审查通过后严格执行。然而城市绿地系统规划与城市总体规划的关系仍没有理顺。通常是城市绿地系统规划服从于城市总体规划，这对提高整个城市系统生态机能的作用是有限的。从生态学观点来看，城市的形态结构、规模应取决于生态系统的承载力。我们在城市布局时，应首先考虑的是什么样的生态环境能承载多大规模的城市，而不是考虑建设多大规模的城市需要多少绿地。应该在对自然资源承载力综合研究的基础上，通过对绿地布局的整体控制和调整，在为城市环境提供充分绿化支持的同时，也为将来城市的发展留足空间。

（2）规划层次化约束，有范围层次无内容实质

城市绿地系统规划研究和实践工作的范围存在局限性，目前我国城市绿地系统规划研究和实践工作所涉及的内容主要是城市建成区内的各类园林绿地，而对建成区以外的其他绿地缺乏全面、系统的了解。研究表明，只有建立城乡一体化的城市绿地系统，才能有助于整个城市环境质量的改善。

（3）“点、线、面相结合”理论建制滞后

新中国成立50多年以来，我国的城市景观与绿地系统规划理论和实践一直发展比较缓慢，受“建筑优先、绿地填空”的规划理念影响，城市规划界对城市绿地系统的研究非常少，绿地系统规划更多的被认为是园林部门应该考虑的问题[179]。理论的主体基本沿用20世纪50年代初全面学习苏联时所引入的城市游憩绿地的规划方法和一些构图的原则，特别是“点、线、面相结合”的行政指导方针，多年来一直作为城市绿地系统规划的主要布局原则，实际上这不是规划的科学规律，而是建设和管理的必然结果。近年来，这一布局原则进一步演变为类似“环、块、点、楔、网状绿地相结合”等抽象的绿地布局模式，在“绿心、绿楔、绿轴”大而化之的帽子下，城市真正需要的绿地和休憩空间节节退让，不断被蚕食。绿地系统规划在整个规划体系中具有的广泛性、综合性、基础性和长期性的特征，被长期忽略。

（4）“绿地指标调控法”技术体系薄弱

在具体的规划编制工作中，绿地系统规划通常的技术路线是在城市的工业、居住、商贸、行政、交通等功能分区的用地规划基本定局后，再把国标和地方关于各类绿地的绿化率和有关规范的绿化要求罗列一遍，最后是以完成“人均公共绿地面积”、“城市绿地率”和“绿化覆盖率”这三项指标为目标，但这些指标由于统计的模糊性以及不同城市的统计口径问题，可比性和可复核性非常差，根本无法反映城市绿地建设丰缺的实际情况，反倒成为各个城市应付各种检查“心照不宣”的一个手段。究其根源，“绿地指标调控法”是沿袭和套用长期以来林业考核的经验，作为计划经济时代的产物，在过去的几十年里没能发挥实效，在建设市场经济的今天，更不能保证绿地的真正落实。其中真正有意义的是“城市绿地率”这一指标，作为在城市用地平衡中争取绿地的一种计算手法，它可以为规划人员对区域各类用地比例合适与否，提供一个大致判断依据。

绿地定量化研究的缺乏，当今城市绿地系统规划研究中从事城市绿地系统规划定量化研究的较少。然而，要使有限的绿地面积发挥最佳的生态效益，就只有通过合理的绿地布局、种植结构的改善和合理的树种选择，才能达到提高绿地生态效益的目的。不同的城市由于所处的地理位置、城市结构和城市规模的不同和在植物种类方面的差异，对其他城市的同类经验只能借鉴，而不应全部照搬应用。以一个城市为单元的这一领域的系统研究已日益显得重要。

（5）规划、建设、养护三分离，操作平台缺失

绿地作为城市中一个有生命力的公益设施，从规划、建设到养护环环相扣，需要全面的策划、系统的管理和科学的养护，这一过程的“无缝拼接”，对于城市绿地的最终实现至关重要。目前我国园林绿地的规划、建设、养护三分离的管理模式，导致了行业和部门之间的认识和管理机制常有出入。一方面难以监督城市各项绿地的实施情况、察觉和制止侵占绿地

等行为；另一方面由于部门之间各自分管行业较多造成的职能交叉、政出多门，很容易造成对宝贵的生态资源空间的不科学利用甚至是“滥用”，并在一定程度上造成公共投资和管理的巨大浪费。

（6）规划与实践中人为因素的问题

有些地方在规划过程中只是一味地追求图面效果，追求所谓的“点线面相结合”，而实际上并未真正从空间、景观结构的角度去考虑城市绿地的布局；有些地方城市绿地的规划、建设与管理脱钩，绿地被侵占、被蚕食。这些虽然只是极个别的现象，但也应引起足够的重视，加强规划人员素质的培养，加强城市绿地的建设、管理的立法工作，确保城市绿地系统规划工作能顺利进行。

（7）政府投资和市场运作并存的新形势，对新的行业特征的漠视

改革开放以来，我国城市的绿化事业格局发生了巨大的演变，并逐渐形成了许多新的行业特征，如绿化建设投资由计划经济下的政府单一渠道转向多元化，相应地绿化生产、维护和管理也由计划管理转向市场运作，最重要的变化是土地的级差地租全面成为调控城市经济和房地产业的一个重要手段，城市绿化建设已经不只是一个能够产生社会效益的公益事业，还是一项能够创造经济效益的基础产业。加强城市绿化建设，增加公共绿地不仅可以为苗木、花卉、草皮等园艺产业开拓广阔的市场，带动一个庞大的绿色产业，更重要的是能够直接提升周边物业和商业的土地价值，从而改变城市绿地投资和收益的传统经营模式。针对行业发展的新特征，绿地系统规划还没有及时提出新的理论和管理策略，导致绿地系统规划的时效性和指导意义非常有限。为此，建设部提出城市绿地系统规划探索新的历史时期下绿地系统规划的理论、技术路线的改革问题。对此理解为：人口稠密、人地关系高度紧张的城市，快速的城市化使其面临着比其他城市更严峻的挑战，先行一步的市场经济使城市各种绿色空间在急于最快找到利润的时代更显脆弱，因而具有更广泛的现实意义。

回顾中国千年的绿色空间发展历程，可以说走过了一条“立—破—立”的道路。在经历了城市建设高速发展初期的迷茫和错乱后，近些年来政界、学界、居民等多方已经对城市绿色空间营造达成共识。国内绿色空间研究与建设的大体脉络是：①在研究对象上，个体的绿色元素到整体的生态控制；②在研究方法上，从单一向综合，从理论到方法与工程技术相结合；③在研究思路上，从纯自然到人与自然结合研究；④在学科发展上，从单一的风景园林到城市规划、生态、地理等多学科介入，从单纯的规划设计到心理、文化、经济与环境的整合；⑤在与国外交流上，从闭关锁国到中西贯通、包融兼济。

从中国一些成功的案例看，21 世纪中国城市绿地系统规划应重拾古典文化“天人合一”的人地观，结合西方先进的规划理念，利用相关学科的交叉融合，多层面地研究城市自然基底和历史文脉，在生态学原则指导下使城市空间结构与城市绿地系统交融互通。

第五节　生态规划设计与生态园林理论

一、生态学理论的指导作用

城市绿地系统生态建设的内涵在于应用生态学的原理和方法来指导城市绿地系统的规划与工程建设工作；利用绿色植被特有的生态功能和景观功能，创造出既能改善城市生态环境

质量，又能满足人们生理和心理需要的生态系统和植物景观；同时根据城市的河湖水系、自然地形地貌和建筑景观的要求进行生态园林建设，达到生态上的科学性、功能上的综合性、布局上的艺术性、经济上的合理性和风格上的地方性。

1. 生态平衡理论

生态平衡的含义是指处于顶极稳定状态的生态系统，此时系统内的结构的功能相互适应与协调，能量的输入与输出之间达到相对平衡，系统的整体效果最佳。在城市绿地系统的生态建设中，应特别强调绿地系统的结构、布局形式与自然地形地貌和河湖水系的协调，以及与城市功能分区的关系和谐，着眼于整个城市生态环境进行规划布局。使城市绿地不仅布局合理，而且把自然引入城市，以维护城市的生态平衡。近年来，我国不少城市如北京、合肥、南京、深圳等，已开始了城郊结合、扩大城市绿地面积的立体生态建设途径的探索。

2. 生态位理论

在城市绿地系统的生态建设中，绿化植物的选择与配置至关重要，它实际上取决于生态位的配置，直接关系到绿地系统生态功能的发挥与景观美学价值的高低。生态位概念体现了物种在生态系统中的功能作用以及它在时间和空间中的地位，反映了物种与物种之间、物种与环境之间的关系。运用生态位原理进行绿地景观设计，包含以下5个方面：第一，在植物配置上，运用自然界植物生态位原理，对设计对象的植物之间的生态关系进行合理搭配，从而构成一个优势互补、相对稳定的植物群落；第二，利用植物不同的生物学习性与生态学特性，在不同地段上布置不同的植物群落，以达到对污染空气、污染水体的最大衰减作用；第三，景观元素的有机利用上，构成景观小品的素材很多，景观设计时要充分利用，工业废弃地的废铜烂铁有可能成为景观中的亮点，关键是合理有效地利用；第四，对于拥有良好的生产生态位的城市，改善其生活生态位则是景观设计的重点；第五，生活生态位的改善是促进生产生态位改善的推动力。

3. 节约资源的原理

对设计的正确理解，就是以最小的资源代价追求理想的景观效果。地球上的自然资源分可再生资源（如水、森林、动物等）和不可再生资源（如石油、煤等）。要实现人类生存环境的可持续发展必须对不可再生资源加以保护和节约使用。即使是可再生资源，其再生能力也是有限的，对它们的使用需要采用保本取息的方式，而不是杀鸡取卵的方式。因此，对于自然生态系统的生态学保护思想，为景观设计提出了四条节约资源的有效途径：保护（protect）、减量（reduce）、再用（reuse）、再生（regenerative）。设计的目的，实际上就是合理有效利用资源的问题。面对日益紧缺的资源与环境，作为景观设计的主要素材植物、土地、山体、水体、建筑、景观小品等等，均需要从节约资源成本的角度进行考虑。与没有一个通常意义上的可实施的设计不考虑经济预算一样，没有一个可实施的景观设计可以不考虑生态代价，包括资源的消耗，污染的产生以及栖息地的丧失。景观设计，必须节约资源。

通俗地讲，节约型城市园林绿地就是“以最少的用地、最少的用水、最少的财政拨款、选择对周围生态环境最少干扰的绿化模式”（仇保兴，2006）。广义地讲，节约型城市园林绿地就是生态化的城市绿地，也是可持续的绿地；这样的绿地设计称为可持续景观设计或生态设计。必须从科学发展观、建设节约型社会的政治高度，从中国国情特别是目前面临严峻的人地关系的客观事实和危机意识，以及从建设和谐社会和城市居民的切身利益出发，来认识和开展节约型园林绿化。

4. 恢复生态学理论

恢复生态学是研究生态系统退化的原因，退化生态系统恢复与重建的技术和方法及其生态学过程和机理的学科。城市是高度退化与胁迫的生态系统，绿地景观建设是人类活动高度干扰状态下的景观重建与生态修复的实践活动。目前，对自然生态恢复的研究与应用已形成了较为完整的方法和技术体系，而对自然生态、经济生态、人文生态恢复的融合机理的恢复理论研究相对缓慢，特别是人类严重胁迫下的城市生态系统的植被建造与生态恢复的理论研究更少。生态恢复常常要借鉴群落生态构建、地带性植被、潜在植被和生态演替等理论。生态恢复包含改建、重建、改造、再植等含义。生态恢复的标准主要体现在：生态系统组成多样性（生物和非生物组成）、生态结构和生态功能以及这三者在不同时空尺度上的耦合来体现。其中，生态服务功能的提高与维持生态系统健康运行是生态恢复的基本标准。绿地系统建设是指极度破碎化的生态系统的植被恢复与景观重建。从城市规划入手，严格实施开敞空间优先的规划思想是实施成本约束、效益约束、尺度约束的城市生态恢复的理想途径，也是未来大型工程项目建设时生态恢复应该遵守的准则。

5. 生物多样性保护理论

生物多样性是当前一个得到世界关注的问题，是可持续发展的一个重要前提。因为，任何一个生物种群都不可能脱离开其他生物种群单独存在。绿地景观建设，为了保证系统的稳定和提高系统的效益，必须提高绿地景观中的生物多样性；绿地景观规划，必须充分考虑人工生物群落的多样性生存环境。保护生物多样性的根本是保持和维护乡土生物与生境的多样性，对这一问题，绿地规划应在 4 个层面上有所作为，即：保持有效数量的乡土动植物种群；保护各种类型及多种演替阶段的生态系统；尊重各种生态过程及自然的干扰；利用城市庞大的建筑群形成的丰富多样的小气候，营建丰富多样的植物群落。自然保护区、风景区、城市绿地是世界上生物多样性保护的最后堡垒，规划中应将生物多样性保护作为最重要的设计指标。

6. 景观生态学理论

景观生态学是近年来发展起来的一个生态学分支，它以整个景观为研究对象，着重研究景观中自然资源的异质性。着重体现在景观结构、景观功能、景观动态、景观结构等方面。其中，与绿地景观关系最为密切的为斑块—廊道—基质原理。

7. 整体性和系统性理论

系统论是绿地景观规划的重要指导原理之一。著名生态学家马世骏教授曾提出过生态系统的基本原则，就是“整体、协调、循环、再生”。其中，所谓的整体，实际就是指生态的“系统”性而言的。城市绿地，必须构建相互联系的网络才能体现系统的整体功能。绿地景观规划、建造过程中一个重要任务就是如何通过整体结构的协调而实现人工生态系统的高效能。绿地景观就是要组织各城市绿地单元体构成有机联系的网络系统，使之以新的整体出现在城市生态系统中。

8. 环境承载力原理

环境承载力指某一环境状态和结构，在不发生对人类生存发展有害变化的前提下，所能承受的人类社会作用的能力。具体体现在规模、强度和速度上，其三者的限度，是环境本身具有的有限自我调节能力的量度。

二、生态设计理论

1. 生态设计的起源与发展

随着环境的日益恶化，以研究人类与自然间的相互作用及动态平衡为出发点的生态设计思想开始形成并迅速发展。由于种种原因，近现代景园设计的生态思想发展最早和最快的始终是以美国为代表的欧美发达国家和地区，并由此引发和推动世界其他地区生态设计的演变和发展。从 19 世纪下半叶至今，西方景园的生态设计思想先后出现了 4 种倾向，即：

自然设计——与传统的规则式设计相对应，通过植物群落设计和地形起伏处理，从形式上表现自然，立足于将自然引入城市的人工环境。

乡土化设计——通过对基地及其周围环境中植被状况和自然史的调查研究，使设计切合当地的自然条件并反映当地的景观特色。

保护性设计——对区域的生态因子和生态关系进行科学的研究分析，通过合理设计减少对自然的破坏，以保护现状良好的生态系统。

恢复性设计——在设计中运用种种科技手段来恢复已遭破坏的生态环境。

纵观近现代西方景园生态设计思想的发展，有两个特点发人深省：一是景园建筑师对社会问题的敏感性及责任感；二是其勇于及时运用最新生态科学成果的大胆创新精神。正因为这样，西方景园生态设计思想才得以不断更新发展。

2. 生态设计的概念与内涵

参照 Sim Van der Ryn 和 Stuart Cown（1996）的定义：任何与生态过程相协调，尽量使其对环境的破坏影响达到最小的设计形式都称为生态设计，这种协调意味着设计尊重物种多样性，减少对资源的剥夺，保持营养和水循环，维持植物生境和动物栖息地的质量，以有助于改善人居环境及生态系统的健康[180]。生态设计不是某个职业或学科所特有的，它是一种与自然相作用和相协调的方式，景观设计学以生态思维为其核心，其一，强调对生态过程的组织和条理；其二，强调艺术和美的表达和再现。以西蒙·范·迪·瑞恩（Sim Van der Ryn）和斯图亚特·考恩（Stusrt Cowan）（1996）提出的生态设计原理为框架，结合 John Lyle 等提出的人类生态系统设计和再生设计原理、Robert Thayer 等提出的可持续景观和视觉生态原理以及生态城市的原理，并进一步结合目前国际景观和城市设计的动态，俞孔坚等(2001)[181]认为城市生态设计一般包括以下基本原理：地方性、保护与节约自然资本、让自然做功。景观的生态化设计不是一种奢侈，而是必须；生态化设计是一个过程，而不是产品；生态化设计更是一种伦理；生态设计应该是经济的，也必须是美的。

三、生态规划理论

生态规划是运用系统科学、生态学、经济学和各种社会、自然、信息、经验，规划、调节和改造区域各种复杂的系统关系，在区域现有的各种机遇与挑战条件下探求效益最大化，风险最小化的可行性对策所进行的安排。生态规划致力于各要素间生态关系的构建及维持、平衡和发展，并认为区域生态平衡与区域生态发展是现代化与可持续发展的基础。生态规划首先强调协调性，即强调经济、人口、资源、环境的协调发展，这是规划的关键所在；其次强调区域性，这是因为生态问题的发生、发展及解决都是在一定区域展开的，生态规划是以特定的区域为依据，设计人工化环境在区域内的布局和利用；第三强调层次性，区域生态系统是个庞大的网状、多级、多层次的大系统，从而决定其规划有明显的层次性。城市生态规划的目标总的来说可分为 5 个方面[182]：

①根据不同城市的人口规模与生产规模，不断完善和扩大城市基础设施与公用福利设施，以满足人民生活水平和现代化水平增长的需要。

②对海滨、河滨、森林公园、山林等优美的自然景观，优良历史文化遗产，具有重要历史意义、革命意义、科学和艺术价值的文物古迹，具有民族风格和地方色彩的传统建筑与街道，要妥善保护和运用现代技术提高其景观的质量。

③根据各行业对环境的不同影响，合理确定功能分区与交通联系，对生产与生活造成的三废、噪音、余热、农药残毒、放射性与电磁污染要限制在最小程度。

④对各种自然灾害与人为灾害要采取生态防范工程与社会安全措施，使各种灾害的程度减少到最小程度。

⑤社会经济高效发展，即同时取得好的经济效益与生态环境效益。

四、生态园林理论

1. 传统园林与现代园林

（1）传统园林

传统园林分东方园林、西亚园林及欧洲园林 3 大系统。以中国为代表的东方园林以自然山水、植物与人工山水、植物栽培与建筑相结合为特色；西亚园林以花园和教堂园林而著称；欧洲园林以意大利、法国、英国等为代表，以规则式风格为主，自然风景配置为辅[183]（表 2-3）。

表 2-3　世界传统园林风格比较

类别	英国园林	法国园林	中国园林	日本园林
园林 风格	自然风景园 改造自然	古典主义精神 改造自然	自然山水园 模仿和浓缩自然	枯山水园（回游式） 净化自然

（2）现代园林

18 世纪中叶，欧洲许多大城市出现了公园，大多数面积较大，一般位于城市中心。现代城市绿地创始于美国，“美国园林之父” F. L. Olmsted 于 1858 年规划的纽约中央公园，开始把绿地作为改造城市环境的重要手段。此后，他又规划了波士顿（1892）和华盛顿的公园系统，开始将公园、滨河绿地、林荫道连接形成城市绿地系统。世界各国纷纷模仿，大力发展城市公共绿地。由此可见，现代园林绿地以公园为主体，与城市绿化、生态环境、区域生态不断融合，成为城市总体规划的一部分[184]。

2. 生态园林的内涵

生态园林是生态城市的基础，也是园林建设的发展方向，是实现城市可持续发展不可或缺的重要条件。我国园林和生态领域研究工作者在 20 世纪 80 年代初，根据我国城市园林建设特点，从美化城市环境，改善城市生态条件的目的下提出了生态园林的想法。“生态园林”的理念开始提出并在实践中加以实施，并取得了一定的成功经验。生态园林是中国园林工作者创建的跨世纪城市园林理论，是制订城市绿化方针和政策的重要依据。运用生态园林观点，重新认识园林绿化的三个效益，是一门园林经济学，是具有中国特色城市园林模式。但是“生态园林”一词确切定义及内容究竟是什么？许多人甚至园林工作者对这一概念也并不完全清楚。生态园林作为一种用生态观看待城市绿化的思维方式，既不能作为一种综合开发利用的思维模式又不能形成一种经营利用制度，则是一种思维观念，一种园林绿化生态化的观念。生态园林应有3个方面的内涵：

①具有园林的观赏性，能创造景观，美化环境，为人们提供休憩、游览和文体生活的环境；

②具有改善环境的生态效应性，通过植物的光合、蒸腾、吸收和吸附作用，调节小气候，吸收固定环境中的有害物质，衰减噪音，防风降尘，维护生态平衡，改善城市生活环境；

③具有生态结构的合理性，它应具有合理的时间结构、空间结构和营养结构与周围环境一起组成和谐的统一体。

只有具备了这3个方面内涵的园林才能称其为生态园林。建设生态园林的原则是用尽可能少的投入，生产更多的生物产品为社会公益服务。生态园林规划设计的指导思想是抓住生态园林的主要任务、目标、核心和原则，自觉地遵循生态学原理、城市生态学原理、生态园林原则和植物群落学原则，规划设计园林绿化系统。生态园林规划设计要应用多种学科理论，使生态园林理论研究和实践内容逐步广泛与深入。

3. 城市生态园林的特征

（1）公共性

城市生态园林的建设，要求在整个城市的地域上，包括城区、郊区、近郊区、远郊区，形成绿色网络体系，发挥良好的生态环境效益，为城市居民提供生产、工作、生活、学习环境所需要的使用价值。在总体上园林绿化是以植物为主体的生态系统，它所产生综合功能，都属于非对抗性的，因为绿地或绿化带所产生的生态效益具有同时供应使用价值的功能，在供应一个人使用的同时，还能供应其他许多人使用，而且可以在同一时间，同一场所，大家同等使用，获得同样的使用价值，满足同样的生存、享用等需求。

（2）无界性

生态园林从客观上打破了城市园林绿化的狭隘小圈子、小范围的概念，在范围上远远超过局限于公园、风景名胜区、自然保护区的传统观念，它还涉及到社会单位绿化、城市郊区森林、农田林网、苗圃等所有能起到调节城市生态环境的绿色植物群落，实行城市大环境一体化绿化建设，实现绿化改善和提高生态环境的战略目标，形成“点、线、面、网、片”的生态园林体系，逐步向国土治理，使之“大地园林化”，使园林绿化建设成为人类环境工程中具有相对独立性的一个体系。

（3）调节性（协调性）

生态园林从微观的角度研究那些能起到调节城市生态环境作用的绿色植物群落，发挥园林绿化的多种功能和综合效益，如怎样利用植物净化城市大气、改善小气候，防尘、防风、减弱噪音，缓解城市热岛效应，保护土壤、水系，保护自然景观；如何使绿色植物为居民创造安静、舒适、优美、有益健康的环境；如何使绿色植物能显示季相变化，把建筑衬托得更美观；如何使生态景观、建筑景观、文化景观既统一又富于变化等。

（4）潜在的地域性

每个景观的历史是唯一的，具有潜在的地域性，这其中包括复杂的地理、文化特性。近年来随着中外文化交流的增多，受国外园林景观设计的影响，在我国的一些园林景观设计中，出现了无视文化背景多样性而盲目的仿古、仿洋热潮，同一模式的景观随处可见，这样的设计不仅不利于文化多样性和景观多样性的保护，而且也不能适应现代人们对景观异质性的要求。

（5）继承性

园林景观不仅表现一种现有的生态状况，同时是对历史的记录，具有延续的价值和继承性，我们继承了上辈留下的景观，又将以怎样的方式传给后代呢？国外许多城市已开展对历史文化景观的研究和保护工作。我国具有悠久的历史和文化，但许多传统的历史文化景观并没有进行有效的研究和保护。今天的园林景观同样是历史景观的一部分，将什么样的景观延续和发展下去是一个值得深思的问题。

（6）动态性

景观的结构和功能随时间的推移发生变化，园林景观无论在生态系统上，还是在它所代表的文化上都是在不断地变化。园林的演化格局通过揭示其生态阶段、文化阶段和重大的历史事件表现出来，而且长期的园林景观格局通过一定历史阶段的文化以及重大事件的发生会使之轨迹发生变化。因此必须了解园林景观空间与时间的联系，缺乏对园林历史以及引导景观演变过程的了解，就无法预见未来景观的变化。环境是历史的产物，规划本身也会成为特定景观的历史过程，因此需要从历史的角度分析自然与文化的关系，以整体性为基础，用动态的方法考虑景观格局、过程的过去和现在，同时在不同水平的空间层次上预测未来发展趋势，对不可避免的景观变化作出解释和对策，从而保持生态系统的动态平衡。通过对园林景观变化的认真分析与理解，才能创造出符合历史发展趋势的科学的规划结果，从而使园林景观在传递文化和美学信息等方面发挥更大的作用。

综上可以看出，人类居住环境空间形态的绿色之旅证实绿色空间是所有城市维持“天地人关系”的物质载体纽带和市民接触自然的主要场所，城市绿色空间思想实质上反映了人与自然的关系。城市绿色空间建设与城市建设一脉相承，与城市整体的规划建设密不可分，这一特点在近现代表现得尤为突出。从早期的园林营造到与城市规划的交汇，直至今天生态学、地理学思想的融入，城市绿色空间与城市空间结构日趋融合、一脉相承。

城市建设过程中的生态思想也经历了生态自发—生态失落—生态觉醒—生态自觉几个阶段，反映了人与自然的关系从尊重顺应到征服破坏到保护利用直至上升到和谐共处，这种变化反映了不同历史时期人类对理想人居环境的探求过程。随着社会经济的发展进步，城市发展的价值取向在经历了早期的自然为本、人为用、城市为体的“自然本体论”和人为本、城市为体、自然为用的“人文本体论”后，已经开始转向人、生物、非生物环境为基，城市为体，人与自然互用，人与自然均衡整合为本的“生态本体论”。可见人与自然的生态纽带始终是引导城市产生、发展和成熟的机制所在。因此，城市理论也要实现从“建筑优先”向“整体优先”和“生态优先”转变。城市与环境之间的关系其实质是人类社会与生物圈之间的联系，这是城市生态思想的本质所在。解决城市问题需要生态学思想，而城市相关理论的发展也需要生态思想的介入，城市从进入生态学者视野的那一天开始就成为了生态学研究的前沿阵地。在此背景下，探析生态园林城市自然生态要素在城市空间结构中的作用和其应有的地位，寻求建立对城市整体空间结构具有先导作用的自然生态化体系，并使之成为重新整合城市生态系统的关键要素，具有十分重要的现实意义。

第三章　生态园林城市规划的基本应用要素

对规划要素的把握是保证科学规划的前提，从辩证唯物主义世界观出发，将生态园林城市规划的基本应用要素归结为精神和物质的两大方面，其中精神方面包括观念要素和文化要素，物质方面包括自然要素和人工环境要素。观念要素包括自然观、文化观、城市观等；人文要素包括文化、社会、政治、经济等；自然要素包括大自然的各种主要客体环境要素，分为有形要素（地理区位、地形、地貌、山体河湖、植被树种等）和无形要素（气候等）；人工环境要素包括城市形态、功能、建筑物、景观等要素。

第一节　观念要素研究

观念从广义上讲是人类对自身存在的一般认识和看法。存在决定意识，意识反过来指导存在行为。沙里宁说“让我看看你的城市，就知道这里的人们在追求什么。”一方面表明了城市是人类观念的物化表现，另一方面说明人类对城市发生的巨大影响。

1. 适应空间和生态的自然观

自然观的问题应该属于文化观念范畴，人类自然观的形成、发展和演变不但直接影响到城市建设与自然环境的关系，而且也影响我们在未来城市中对自然环境结构的理解。自然观对中国传统城市的选址、城市内部空间结构都具有深刻的影响。如，风水学说对中国传统城市的布局产生过重要影响（图 3-1）[185]。

图 3-1　风水观中的最佳选址示意图

现代的科学技术发展，使改造自然的能力和手段增强，征服自然并充分利用、开发资源的自然观引导着城市的建设和发展，同时也造成了许多消极结果。可持续发展战略的提出使城市建设的自然观重新受到重视，并得到了进一步的发展。可以概括为以下几种类型：强调城市结构对自然环境的适应、城市与环境的共生、开拓新的空间生存环境、进化自然观扩展新生境。

综上所述，把自然观提高到一个新的水平上，同样也将把城市组成引向一个新的境界——一种城市自然环境形成高度有序协同的组织结构，人们用“智能圈”、“盖娅系统”、“超有机体”以及其他未来的概念来形容这一境界。城市空间的发展“具有”并且“需要”自然环境结构，这种“人与自然”的古老课题，随着人类对自然界认识的加深，其概念与形式也有新的发展，相应城市空间发展的自然环境结构也将表现为多种新的形式。

2. 以人为本的城市观

人的生存不仅需要自然生态环境，还需要人文环境（文态环境），如果离开了人的主体谈生态环境，就失去了最主要的意义，这就是以人为本思想[186]。以人为本是城市环境建设、评价的基本标尺，是照顾公众利益的主要手段之一。生态园林城市规划与建设所处理的对象是城市中一切与“人”相关的环境问题。城市中空间、环境的塑造着重于人的尺度与感受，其最终目的在于反映、包容、支持人的活动。其价值在于使平常性、公共性的市民活动能在此城市空间中产生、活跃，这也是城市空间建设的最终意义。

3. 发扬文化的文化观

城市文化是一种强大的力量，“城市的贡献和作用，在于它能保存、流传和发展社会文化”。这一点，历史上如此，证明今日亦复如此，著名的通都大邑，都有其辉煌的历史文化传统。现在整个中国向现代化迈进，面临着社会经济的巨大变革，新与旧的交替，东西方文化的交融与碰撞；旧的秩序和价值观念在解体，新的在酝酿，一切都是如此地急剧，一时难以定型，但是发扬文化是城市特色体现的灵魂所在。

4. 经济实效的现实观

经济效益不是单纯的金钱概念，在节约人力与自然资源这方面它应尽可能地把发挥社会效益和环境效益结合在一起，对生态环境的破坏减少到最低程度，并注意及时进行恢复、补偿工作。

5. 保护环境资源的发展观

可持续发展观的提出是20世纪60年代以来对城市发展和环境保护的自省，是对人类未来发展的关切。而生态园林城市规划理论的宗旨与此观念相契合，它是一种保护环境资源的发展观。这一观念不仅意味着对自然资源的保护，而且更重要的是对“文化资源”的保护，一种对城市形式意义以及对城市历史的保护。

6. 整合环境的设计观

城市环境具有4个方面的属性，即整体性、复杂性、历史性和多元性[187]。生态园林城市的规划是一种整体环境的规划，它是设计观念和设计眼界的提高，需要用整合环境的设计观和理念去把握规划。就是要整合不同专业的分野与隔阂，整合不同的专业内容，处理整体的不可分割的城市环境。这也就带来了规划工作的困难，同时也带来了特色。如图3-2反映了自然环境—人工环境—行为环境的关系。这些都需要多学科、多视角的规划参与。

第二节　人文要素研究

人文要素研究的内容主要包括城市文化要素、社会要素、政治要素和经济要素，因为这是城市形态的内在条件，这里只是指出有这几方面的要素要求。其中侧重城市文化要素，对于城市社会、经济和政治要素是宏观的和复杂的，在城市总体规划中有深刻的分析，可借鉴并进一步探讨。

1. 文化要素

一个健康的城市成长需要有过去的表征、历史的痕迹才能使人们在生活价值观中找到自己的定位，从而更容易去认同城市的价值。尤其在当代信息高度发达的世界中，要保持一个地区、一个民族的特色将变得相当困难。因此，城市环境的文化意义就显得尤为珍贵。每个区域、每个城市都存在着深层次的历史与文化差异，它们的空间结构关系、肌理、形态特征都蕴涵着人们在此长期生活的行为方式和文化积淀，因此城市与空间形成了文化意义和空间秩序。空间的文化特色主要表现为一方面其空间物质形态积淀和延续了历史的文化，另一方面它又随居民整体观念和社会文化的变迁而发展。空间结构形成后又反过来影响生活在其中的居民行为方式和文化价值观念。上述观点要求将城市空间看作是时刻进行新陈代谢的、有生命的机体，将空间的发展看作是一种内在的在原机体上的生长。

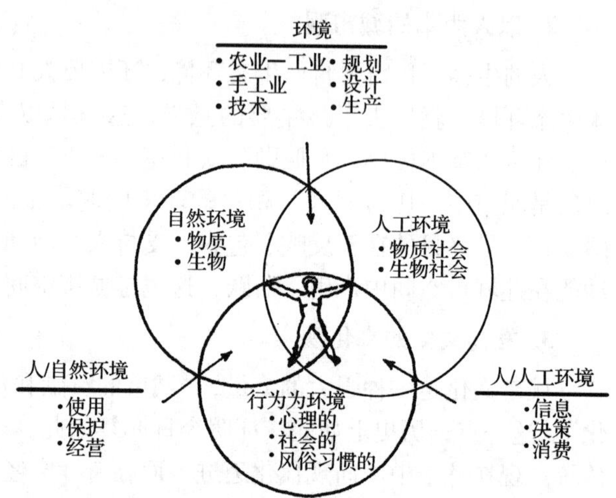

图 3-2　自然环境—人工环境—行为环境的关系

文化要素主要包括城市精神要素、场所、特色、遗迹、历史、活力、行为准则等要素。

（1）精神要素

精神要素是民族之间、地域之间、文化之间和人的生活方式之间的本质区别要素，是人们信念与地域特征的结合产物，所谓“一方水土养一方人”，城市精神就是这种综合体。它既表达了人的价值取向和精神状态，也体现了物质文明的综合水平，是一种隐性要素。城市精神是贯穿历史的主线，每个城市的发展都是一部历史，昭示了城市精神的形成过程。精神要素主要包括：符号性要素、理念要素、价值观要素。

（2）场所要素

场所指人与环境相互作用的关系范围，不仅包括静态的地点含义，更包含了人的活动及其与环境间的作用状态。对不同地域、地理条件下的自然辩证适应，城市结构形态均有其各自的特色。所以研究场所对我们认识城市，促进其发展，塑造更多适应人生活的城市空间，意义重大。

（3）特征要素

我国大多数城市都是在传统城镇基础上发展而来，从城市的空间结构和城市肌理中可以寻找到城市空间发展的文脉和历史发展的轨迹。在这些隐形的遗产中，新老空间在结构上可以找到发展的结合部。对一些古城的历史文化地段、独特的自然环境以及空间要素，如广场、街道和历史性建筑等应采取整体特征与风貌保护，使新老空间在同一地区共生一体，不破坏原有的整体结构，这是对显形历史遗产的直接发扬与延续。齐康教授曾指出："城市文化的特点，某种意义上是不同历史时期的不同管理者、规划者和设计者素质的综合反映。"作为城市文化而言，特征是表现其主要结构和性质并区别于其他的明显性要素，是地域、文化、人群、传统等因素的综合精华。不同地域的城市有不同的文化特质，如北京的四合院、客家土楼，显示出不同地域的文化气质。不同的文化背景亦造就不同的城市特色，如纽约崇尚资本，城市表现为规整街道、摩天大楼和庞大的城市公园，而东京珍惜土地资源，城市表现为高密度的肌理，拥挤的街道和繁忙的交通。发掘城市中富于特质的文化要素并发扬光大，不仅可以增加城市的可识别性，而且可以使市民增加归属感和自豪感，从而促进城市的多样性和潜力的发展。

（4）历史和遗迹要素

历史与文化从来就不可分割，历史通过文化加以传承，文化通过历史积淀、发展，只是历史更偏重过去的记载。遗迹是历史的片段和佐证，它以物质形态诠释历史，作为历史和遗迹形态的文化不仅应当得到保护，更应当与今天的城市空间环境有机地融合起来，使其在当下的人文环境中得到再生。具有以下功能：

①优化城市总体形象的功能。城市形象包括建筑质量、环境质量、服务质量和商业氛围等，是政治、经济、文化等方面的综合反映，丰富的历史文化是城市环境质量的内涵之一。城市"天生"就具有积累、聚合、选择、发展文化的功能，各类文化在城市时空交汇点冲突碰撞，铸就了丰富多彩的城市文化，形成了各具特色的城市个性。凡是历史文化名城都具有鲜明的个性，这是许多工业城市再过100年都望尘莫及的，因为许多新兴工业城市往往只是工业区、生活区、商业区的组合，难以形成丰富的文化内涵、亲切感和独特的魅力。每座城市都有自己的地域文化背景，研究发掘和切实保护好属于当地城市的"特色文化"，无疑有利于提高城市品位，向世人展示自己的特色文化，进一步优化城市整体形象。

②开发城市潜在资源的功能。从巴塞罗那的"西班牙村"、圣地亚哥的"文化村"，到潍坊的风筝、曲阜的孔府家酒，可以体会到，历史文化是一种潜在的生产力和巨大的经济资源。我国绝大部分城市都拥有丰富而又独特的自然景观、人文景观，只要认真加以挖掘和开发，就能产生巨大的经济效益和社会效益。任何一座历史文化名城甚至一个村落和街区，它们能历经沧桑遗存下来就证明了它们具有真实的潜力，就看你如何发掘和保护它；人类的大多数生存地和栖息场所都有无穷的潜力可挖。

③满足群众精神需求的功能。人活着有多种层次的需求，除了物质生活的满足之外，更需要文化的、精神的享受。在城市发展中有两条不悖的宗旨：要成为充满生机和活力的生产流通城市；要成为富有特色和情趣的旅游文化城市。

（5）城市活力要素

文化活力是指那些能刺激人的精神生活、在一定范围内使其一直保持动态并不断健康地自适应的因素，如创意、发现、交流、矛盾、碰撞等文化现象。城市活力一方面是指上述纯文化活力因素，另一方是指城市生活的多元化因素和城市形态的多样性因素，如市民活动方式、内容的多元化，城市经济模式的多元化和城市商业形态的多样化，城市空间环境的多元化形态和多样可选择性等等。

2. 社会要素

社会是人和其生存的环境关系的总和。社会要素范围广泛，涉及社会、政治、经济、文化诸多方面，但是与城市空间有关的要素主要集中在文化的变迁对空间的影响；社会行为对空间结构的影响；社会问题与空间发展相互关系等方面。

3. 政治要素

从历史维度就空间环境资源分配及城市型制而言，城市是政治主张和利益的物化形式。虽然城市规划决不是政治，随着时代的进步，其技术含量也日趋丰富，但从城市规划的发生及组织执行过程来看，它依然与社会政治文化和经济利益有着不可分割的密切关系，甚至可以说不通过一定的政治手段，城市规划就无法有效操作，因为它是关于人类生活形态、生活品质的应用科学。从技术角度讲，城市规划的问题提出、组织研究设计过程、操作实施、反馈大都由行政途径组织完成，所以政治性要素不仅对城市发展起很大作用，而且对城市规划本身也具有操作上的技术指导意义。涉及从城市规划政治性要素各环节的主要有机构组织、公众参与信息反馈系统、社会公正和法制环境等因素。

4. 经济要素

城市发展需要经济基础做强大后盾。涉及城市的经济研究主要是研究城市经济及其发展规律。如财政税收、土地管理、投资来源方向、投入产出效率及综合效益、就业率等问题的研究。生态园林城市规划理论要求不再停留在城市物质环境品质的塑造上，更重要的是对城市建设发展整合起到一定的宏观策动作用，使经济效益和社会效益、精神文明和物质文明达到了和谐同步。

第三节　自然要素研究

自然要素对城市的发生、发展和壮大提供重要的基础，制约着城市的性质和规模，决定着城市的发展方向、形态、结构和功能；也孕育和塑造了城市的特色和魅力，深刻地影响了城市居民的生活、生产方式和习俗。城市的生态环境由自然环境与建筑在其基础上的人工环境所组成。生态园林城市规划与建设就是要利用与改造自然环境，使城市的人工环境与自然环境相适应、相融洽。

城市所处的自然条件特色是城市空间特征的主要因素之一。不同的气候产生不同的建筑形式和组群形态，形成各自的空间特征。就城市的个体而言，其空间结构、形态方面的特征也多产生于自然环境。城市与河流、湖泊、海岸、港湾、山脉、高地、森林、植被等特殊地形、地貌结合，形成独特的城市景观，如苏州、威尼斯的水网城，常熟的青山半入城，重庆的山城、广州的云山珠水城等。城市中心自然生态条件同时又是城市空间环境质量的体现，城市中的绿地、水面、阳光、空气等自然环境质量是城市空间质量的重要标志。我们把自然环境看作是限制城市设计的“边界条件”。在山区的城市，很难建成一片开阔的中心广场；在沙漠的城市，也很难做到全城浓荫如盖。可是，正是自然条件的这些限制，带来了形成城市设计特色的可能性，这是事物的两面性。例如，山区城市沿坡蜿蜒的道路，从山顶俯视全城的景观，形成了平原城市无法形成的景色；西部沙漠城市大量生土建筑的房屋，封闭的庭院，也是南方城市没有的特色。所以，大到城市布局，小到每个居住组团或步行街，都与当地地形地貌、气候、植被等密切有关。

规划中通常所要考虑的城市自然环境要素有：地质地貌、气候与大气、水文与水资源以及动植物环境等。下面将分项简述这些城市自然环境要素的特征、可能的隐患以及规划中应注意的问题。需要说明的是，对城市生态环境的考虑不仅仅限于选择城市发展空间的阶段，而应贯穿于整个城市的规划与管理过程之中。

1. 地质地貌要素

自然地貌是内外合力相互作用的产物，它是城市建设和扩展的基础和背景。城市地域形状完全是适应地形而发展起来，是在原地貌特征的基础上施加人工影响的结果。城市的地域扩展、布局和形态结构，明显受到城市地貌环境特别是地貌类型的控制和影响，反映出对地貌形态的不同利用方式。

（1）地质条件

城市长期存在并持续发展，稳定、安全、适宜的地质条件是一个关键因素。因为适宜的地质条件是城市生态环境存在和稳定的基本因素，是城市建设的基础。通常影响城市建设用地选择的地质条件主要有工程地质条件、水文地质条件和地质构造。

（2）地形地貌

在自然及人工条件的作用下，不同地区的地球表而存在明显的差异，体现为形态的起伏、物质组成的变化以及整体动态演变的过程，这就是地形地貌。它作为地球表层系统的下垫面，构成了城市存在与发展的基础。由于人类对自然地形地貌的改变，城市地貌通常是自然地貌与人工地貌的复合体。按照人类活动对地貌影响程度的不同，城市地貌又被分为自然成因地貌、人工成因地貌以及混合成因地貌。从严格意义上来说，城市地貌就是混合成因地貌，它是人工成因地貌叠加在自然成因地貌上的结果。人们建设城市只能顺其自然，因地制宜，保持其固有风貌，这就造就了地域性特色城市的基石。如山水甲天下的桂林，以其如画的山水构成了桂林独特的城市景观；大连、青岛则凭着倚山傍海的地理优势，形成风光秀丽的滨海城市[188]。

（3）山岳要素

城市靠山、环山、含山，不仅可形成良好的生态环境，为市民提供休闲活动场地，而且有特色的地形起伏、山峦形态还可以成为方向指认的标志。山岳的自然植被为城市增添了生气，增加了城市的绿地面积。山区的鸟瞰视点是俯视市容及远眺风景的地方，也常常就是风景区的焦点所在。

远山往往构成一个城市的天际线和背景，在这条起伏的曲线上，城市本身的外轮廓线应该也是高低有致的。中国古代山水画在“平远式”的画面中，往往把塔作为城市轮廓线的制高点，在背景上则配上错落的远山。今天城市的外轮廓线，城中心往往有高层建筑形成中心，与郊区独立或零星的高层建筑呼应，与远山的天际线构成完整的画面。在城市用地范围内的近山，一般坡度较缓，山坡上则可建造条形或台阶式建筑，由此反映出“山城”的特色。国外城市设计理论认为，每个城市的市中心都应该有一个处于支配地位的构图中心为“冠”（crown）。上文所说中国城市的塔，就是这类构图中心。

（4）地质地貌与城市的规划建设

城市规划中分析研究地质地貌的最主要的目的就是要在选择和确定城市建设用地的过程中做到避害趋利，因地制宜。在城市结构的确定以及内部各功能布局的过程中有意识地保留和利用部分自然地貌，使之与城市的人工地貌融为一体，既减少了城市对自然生态环境的影响，也改善了城市内部的生态环境。事实上，我国传统风水学说中的合理成分也正是体现在如何为城市在自然环境中选择一个安全、稳定、可持续的场所这一方面的学说。

地质条件对城市规划的影响主要体现在，城市用地要尽可能避开地质断裂带、溶洞、人工采空区等有缺陷的地质构造；选择地基承载力适于城市建设，地下水储量丰富、水质良好且不影响建筑基础等地下构筑物安全、耐久的地区。

地形对城市布局、结构和空间布局的影响主要体现在，地面的起伏程度（如山体、丘陵）、河流走向等限制并诱导城市用地的范围、规模、形态和发展方向。通常平原地区的城市用地由于在发展过程中较少受到地形的限制，多呈连绵发展的态势；而位于山区、丘陵地带的城市，由于自然地形的制约，城市用地多呈分片、分区的组团式结构。在有地形起伏的地区，如果城市规划可以因地制宜、深入分析，还有可能充分利用当地地形地貌上的特征，构筑无论是整体结构、还是艺术风貌均具有特色的城市形态。

2. 气候与大气要素

城市的气候除了大气环流和海陆位置不同所形成的大气候外，在较小的地区范围还存在地方气候与小气候。在城市地区，由于城市所造成的大气下垫面层的改变，以及城市与外界的温差所形成的热力差异，将促使某些气象要素的变化，而出现了“城市气候”的特征[189]。气候对城市规划与建设的影响是多方面的。

（1）城市的气候条件

城市气候是在城市所在区域气候的背景下，受人类活动所形成的一种独特的局部气候。如果说城市的地质地貌条件形成了城市存在的下部基层的话，那么城市气候就是城市上部生态环境的重要组成因素。城市气候包括太阳辐射、大气气温、风向与湍流、降水与湿度等诸多因素，对城市的形态、布局、建筑物的设计均有直接或间接的影响。例如，城市的主导风向直接影响到城市内部各类用地之间的布局关系以及城市的整体形态等。

由于城市气候是某个地区的特定气候与人类活动对气候所施加影响的叠加结果，因此呈现出不同于该地区自然气候的某些特征。可归纳为：城市下垫面性质发生了变化、大气成分改变、人为热释放形成城市热岛。

研究与分析城市气候的目的就在于掌握城市气候的特征和规律，在规划中减少不利气候的成因因素，尽量减少城市气候所带来的负面影响。城市的气候条件可大致分为城市风环境、城市热环境以及降水与湿度 3 个方面。

（2）城市风环境

城市地区的风环境对城市的结构、功能布局等都有着直接的影响。同时，城市中的建筑物等从地表面突起的物体又人为地改变了城市地区风环境的特征，进而影响到城市环境质量、生存舒适程度等。通常，在自然界风速达到一定程度时，城市中的建筑物等有减缓风速的作用。此外，城市中由于建筑物的高耸、密集等因素致使城市中的不同地区形成独特的局部气候，如街道风、峡谷风、涡流等。风分 4 种类型：除了大家熟知的盛行风即主导风，还有城市所在区域的局地环境风，如海陆风、山谷风等；城乡热力场的差异形成的城市热岛环境，俗称城市风；城市内建筑物与街道受热不均匀所产生的小环流又称街道风（或由于建筑物对气流的机械阻碍作用而使气流发生改变）。

城市规划中多采用按照气象统计资料，编绘累年风向频率和平均风速统计表以及累年风向频率和平均风速图的做法，直观地表达特定城市的风环境特征，被形象地称为“风玫瑰图”（图 3-3）。由于城市风环境与城市排放大气污染物的扩散机理直接相关，因此，风向频率与平均风速又被用来描述风对扩散大气污染物的作用，即风向频率与平均风速之比被定义为“污染系数”。该数值越大表示城市在这一方位上可能受到的污染程度越重，反之亦然。

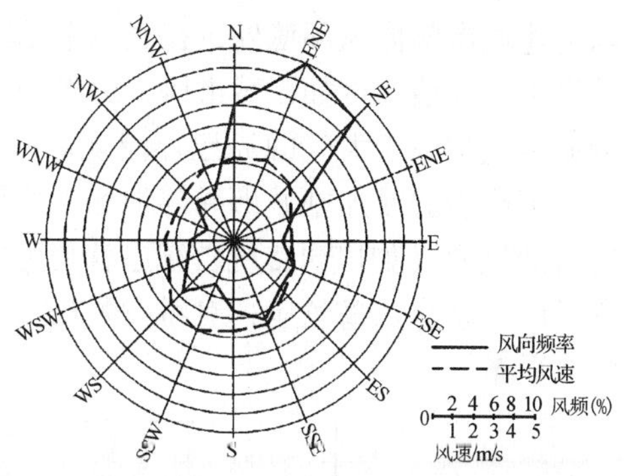

图 3-3　累年风向频率与平均风速（风玫瑰）图

（资料来源：李德华主编．城市规划原理［M］．北京：中国建筑工业出版社，2001.）

在城市规划与建设中，为防止工厂等可能向大气中集中排出污染物的污染源对居住区等生活用地造成污染，通常根据当地的风向频率和平均风速的具体状况对各类城市用地做出合理的布局。一般根据主导风向的有无、数量、方位等，尽可能将有污染的产业类用地布置在生活居住用地的下风向，或将二者平行于主导风向。另外，在一些平均风速较低、常年处于微风或静风状态的城市，除留意微风或静风条件下大气污染物扩散的特点外，还可以在规划中将主导风向上的迎风地区保留为绿地等开敞空间，形成城市中的“风道”，依靠自然风力加速城市大气污染物的扩散和飘移（图 3-4）。

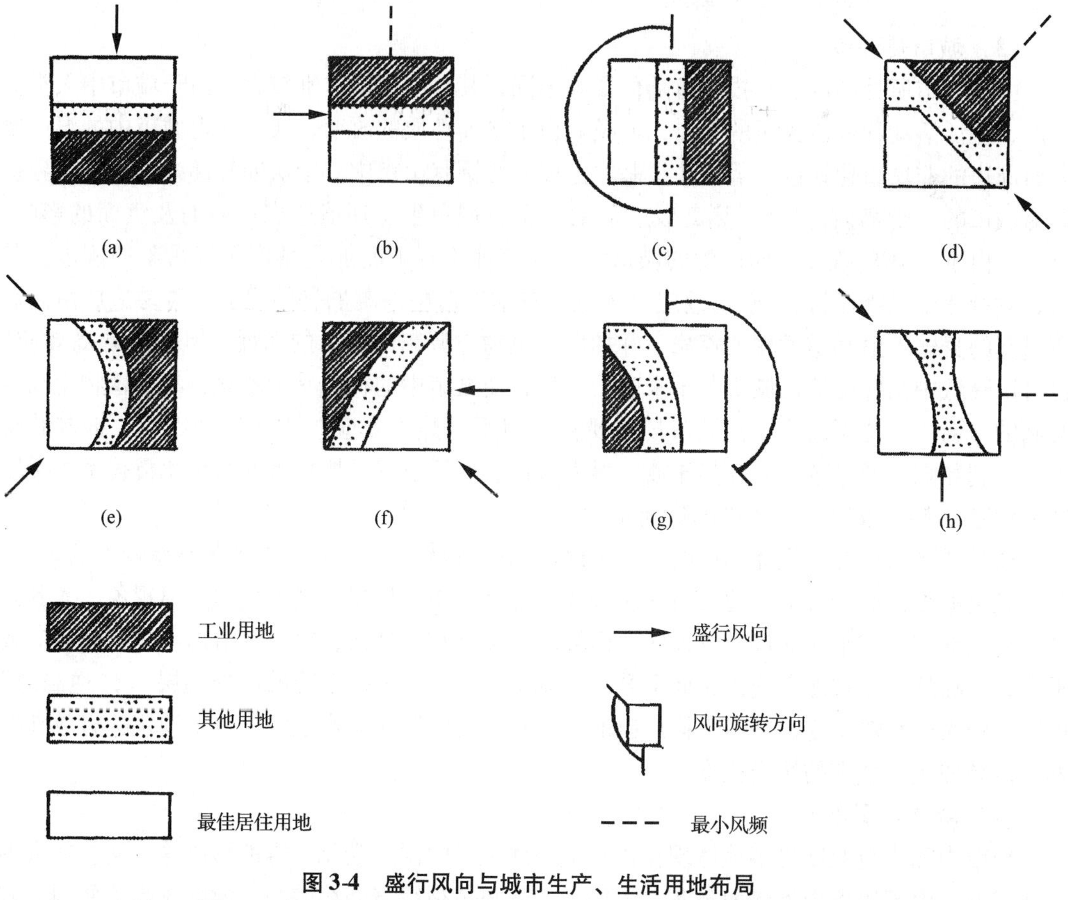

(a)　(b)　(c)　(d)

(e)　(f)　(g)　(h)

工业用地　盛行风向

其他用地　风向旋转方向

最佳居住用地　最小风频

图 3-4　盛行风向与城市生产、生活用地布局

（资料来源：谭纵波著．城市规划［M］．北京：清华大学出版社，2005.）

除上述城市整体风环境外，在城市中或城市外部特定的地形地貌条件下，还会形成局部的独特城市风环境。例如，城市风、山谷风、海陆风以及城市局部地区的大气环流等。这些局部的城市风均属于大气的局地环流现象，如果在规划中没有给予充分的重视和足够的考虑，就有可能引起或加剧城市局部地区的大气污染（图 3-5）。规划中应调节引导利用城市生活所需的风向（如广州传统竹统屋就是利用街道风进行小气流调节）；加大城乡组团间绿化隔离措施，防止热岛效应；对污染源在主导风向上采取物理障碍衰减措施，从而提高城市整体空气质量。

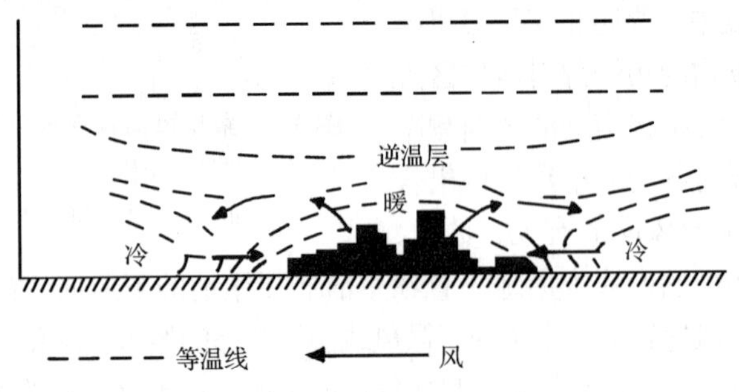

图 3-5　城市的大气环流示意图

（3）城市热环境

由于城市所处纬度、海拔、海陆位置等不同，其环境温度差别较大。由于城市中人类的生产、生活活动释放出大量的热量，以及城市下垫面性质的改变，通常使得城市中的温度要高出周边的非城市化地区，等温曲线基本上以同心圆状由市中心依次向外递减，这种现象被称为城市的“热岛效应”。“热岛效应”的产生对城市生态环境造成正面的及负面的影响。首先，由于“热岛效应”而产生的城市大气环流现象有可能加重城市大气污染的程度。其次，对低纬度城市而言，“热岛效应”加剧了夏季城市中高温酷暑的程度，容易造成由高温所引起的身体不适和诱发相关疾病，并加大建筑物空调制冷能源的消耗。但是“热岛效应”也可以降低中高纬度地区城市冬季采暖的能耗，使城市中的积雪易于融化，易于植物生长等有利的一面。由此可以看出：城市规划要善于利用“热岛效应”中的有利因素，抑制其带来的不利影响，通过减少人为热排放、增大城市表面反射率、增加水面与绿化覆盖率等手段部分消除“热岛效应”所带来的负面影响。

通常，城市中的温度随高度的上升呈逐步递减的状态。但在冬季昼夜温差较大的地区，在夜晚晴朗无云的天气下，地面散热冷却较上部空气快，形成上暖下冷的逆温现象。尤其是在山谷盆地或山前平原交接带等地区，山坡冷却速度较平地快，冷空气沿山坡下沉至谷底或平地，较暖的空气被冷空气排挤而上升，在城市上空形成上暖下冷的“逆温层”。“逆温层”形成后的大气相对稳定，城市中排放出的大气污染物滞留在城市上空，得不到快速有效地扩散，极易加重对城市的污染程度。

（4）降水与湿度

城市中降水与湿度更多地体现在接近地表面大气的湿度变化、雾的形成等方面。在大多数情况下，由于城市中下垫面坚实、不保水、各类植被覆盖面积较小、温度较高等原因，城市中的地表蒸发量与植被蒸腾量较小，绝对湿度与相对湿度均小于其周边地区，形成所谓的

"干岛效应"。但在夜间静风或小风天气，城市"热岛效应"较强的情况下，也会出现城市中水汽含量大于其周边地区的"城市湿岛"或称"凝露湿岛"现象。城市中大量矿物燃烧所形成的颗粒悬浮物极易成为水汽凝结的凝结核。同时城市"热岛效应"所造成的较大温差容易在城市上空形成云层或在近地空气中形成雾。城市中的大雾不但会阻碍视线、妨碍交通、造成事故，而且往往会与空气中的粉尘、二氧化硫等污染物混合危及人体的呼吸系统。此外，由于城市中大量燃烧矿物燃料，大气中含有大量二氧化硫、氮氧化物等，这些物质在一定条件下发生化学反应，生成"酸雨"。

3. 水文与水资源要素

（1）城市生态环境需水

城市生态环境需水是指维持城市自然生态系统合理的结构、高效的功能和顺畅的过程，以及生态系统健康所需要的一定水质标准下的水量，体现为城市自然生态系统一定的水分结构和水分生态位，并参与生态水文循环的全过程。按照流域生态环境需水划分标准，可将城市生态系统划分为包括城市绿地和城市湿地两部分，分别属于流域旱地生态系统和流域湿地生态系统[190]。城市生态环境需水的影响因素表现在城市属性的各个方面，主要可分为自然因素和社会因素两大类。不同属性、不同类别的因素对城市生态环境需水的影响见表 3-1。

表 3-1 城市生态环境需水影响因素分析

属性	类别	对城市生态环境需水的影响	影响途径
自然因素	地形地貌	影响城市景观的组织、绿地的布局、河湖的形态与面积等	间接
	气候气象	影响城市的蒸散条件、植被的生长状况等，如生长期的长短	间接
	水文地质	影响河湖的水量平衡、渗漏补给，以及水环境状况等，如济南的石灰岩形成的多泉现象	间接
	植被区系与类型	影响绿化植物类型的选择，如南方城市多为常绿植物，北方城市多为落叶植物；影响需水的强度，如湿生植物、中生植物和旱生植物对水分需求的差别	间接
	土壤类型	影响植被的类型与生长状况，以及改良土壤需水，如东营的盐碱地	间接、直接
	水资源状况	影响需水主体的数量和质量、水环境状况以及需水标准的设定	直接
	绿地植被	影响绿地系统的需水	直接
	河湖湿地状况	影响河湖、湿地系统的需水	直接
	地下水位	影响地下水的补充量	直接
社会因素	行政级别及城市职能与性质	影响城市生态环境质量、需水主体的数量以及需水标准的设定	间接
	生态环境规划	反映规划目标对生态环境需水的影响，规划时段和布局对其时空属性的影响	间接
	城市人口与面积	反映人口和面积对需水主体的需求程度	间接
	城市污染状况	水污染状况直接影响河湖的自净需水，大气污染则对绿地植被的种类和数量有更大的要求	直接 间接
	经济发展状况	影响需水主体（绿地和湿地系统等）建设的经济支撑能力	间接
	社会心理需求与人类审美意识	影响需水主体的类型与质量，如对绿地景观和水体景观建设的影响	间接
	技术力量与管理水平	影响需水主体建设与管理的技术支撑能力	间接

（2）水系因素

水是使城市面貌生动活泼的最主要的因素之一，故而滨水城市或地区较易形成动人的城市效果。人们对大面积的水面往往比较重视，不但较注意与城市面貌相结合，也较注意对水体的保护，而往往忽视小河小塘。实际上小面积水不但能美化环境，而且对改善小气候，组织排水都有好处。我国江南水乡的“小桥流水人家”就是利用小河、小港的优秀典范。城市水系是活的城市生态和文化灵魂，通常具有以下功能（表3-2）：

表3-2 城市河流在城市建设中的生态功能

生态功能	城市河流的生态功能介绍
栖息地功能	为植物和动物（包括人类）的正常生命活动提供空间及必需的要素，维持生命系统和生态结构的稳定与平衡
通道功能	作为能量、物质和生物流动的通路，为收集、转运河水和沉积物服务，实现城市水循环及相关的物质能量流动
调节水量功能	城市河流由于两岸植被和土壤的调蓄作用，雨季涵养雨水（洪水），旱季逐步利用，可以缓解城市的旱涝灾害
调节气候功能	城市河流水的高热容性、流动性以及河道风的流畅性，对减弱城市热岛应具有明显的促进作用
自净和屏障功能	河流水体具有净化环境或同化污染物质的功效，水生植物可对污染物质进行吸收或分解，最大程度地减少污物转移、减少水体污染
休闲娱乐和文化功能	河流水体与沿岸景观在时空上的动态结合，为人们带来视觉及精神上的享受与满足；城市河流的自然特性提高了城市景观多样性和居民生活适宜度，提供居民休闲娱乐、亲近自然的场所

泄洪排涝作用：城市“现代化”的负面影响之一是城市不透水地表面积不断地增加，这一趋势严重地削弱了地表注蓄、植物拦截和土壤下渗。一方面使地下水的补给日益不足，另一方面也使地表径流量逐年提高。城市水系更多地负担起蓄积雨水、分流下渗、调节行洪、提高水蒸发量、缓解热岛效应等方面的功能。这些功能决不是目前城市中广泛采用的管道排水能取代的。

历史文化的沉淀场所：大多数的历史城市都是先有河，后有城，许多城市的历史是沉淀在河道上。例如，北京所有的河流都可以找到历史的古迹和典故，例如哪个码头是慈禧太后或某个皇帝用过的、发生过什么重大历史事件，等。许多城市因水而建，也因水而具有“灵气”，更有一些原本没有水面的城市，为了创造“灵气”而人工修造出一系列的水面，如澳大利亚首都堪培拉的格里芬湖就是一例。

城市的水上交通线和防护地带：自古以来，内河船运由于低成本、高可靠性、安全性和可观赏性，始终得到商家的重视。英国许多地方近几年还纷纷疏通古代运河以供城市间输送游客和农产品所需。此外，城市水系又是城市各组团之间的天然隔离带。在古代，所谓的护城河就具有保护城市、阻隔敌人的功能。在人口日益稠密的现代城市中，城市水系与绿带公园一起构成了城市优美的公共隔离空间。

最经济的廉价消解净化城市污染物的场所：城市水系实际上是天然的城市污水降解净化

场所。如果按照生态的方式而不仅仅是按水利的要求修建城市水系，使水面与岸边的生态系统相连接，就可以将水系改造为“城市之肾”，大大增强对污水的自然降解能力。

城市生态最重要的组成部分，生物多样性集中表达的地方：同时，作为均质人工城市中的异质斑块，一旦与城市绿地系统相互连接，使野生动物可以通过廊道在斑块间进行迁徙，就可以提高城市生态系统整体抗风险的能力。

休闲旅游功能：城市水系往往是一个城市最美好的公共空间，是人工建筑之中反映自然景观、乡村风貌的主要场所。这就是为什么中国古代造园艺术中水景的处理都讲究师法自然、“虽由人作，宛自天开”的原因。如同美国学者理查德·瑞吉斯在《生态城——建设与自然平衡的人居环境》一书中所描述的那样：“……城市中到处都有水体，有小溪、瀑布和雕刻精细的鱼梯，有自然的，也有人工的，在公共空间和建筑的组合中成为视线的焦点。”[191]。

城市的应急救助系统：发生火灾，城市水系的储存用水就可以用于救灾；如果出现自来水污染，就可以用地表水，它是城市生活生产用水的备用系统。

4. 动植物要素

植被系统的重要特征是植物的地域性，它随着环境条件的不同，如气候、降雨、土壤、地形而呈现不同的差别，例如在我国不同的地理位置下分布着不同的植物：针叶林、阔叶林、疏林、灌丛、荫生矮林、旱生灌丛、灌木草原、草甸和草本沼泽。在自然植被系统中，群落是植物存在的重要形态，而演替和适应是植被系统的主要演化过程。原有的林地、草地、农业用地被城市发展的硬质地面、建筑以及其他城市设施所替代，在这一过程中，原生植被不断被削减，城市以人工绿化、草地、行道树等较为单一的植物种类来置换自然植被，行使自然植物群落的物理功能。因此对于城市新扩大的植被，应仔细考虑种植形式是孤植、群植，还是行植；并要考虑树种选择，树木生长习惯是否与当地环境相符，是否和该地点的气氛相宜，新植树木的外形如何，不同季节有何变化，成熟或衰老后又有何改变，这些都是规划要把握的工作内容。植物是有生命的景观，要把握植被设计，使之迅速形成一个能自动更新的稳定体系。城市化的发展引起动物的消亡是显而易见的，城市的发展是通过对自然植被系统的破坏来影响动物系统的。

第四节　人工环境要素

1. 城市形态要素

城市形态是形成城市整体、逻辑的秩序，是城市空间系统生长的基础，也是构筑城市整体空间格局特色的基础。其实《马丘比丘宪章》早就指出：“一个城市的个性和特征是其形体结构和社会发展的结果”。城市发展根据其基本规律，在规模、区位、次序和自组织方式上依据不同的自然地理、社会、经济、文化和科学技术水平条件，产生不同的组合形式，从而形成千姿百态的城市形态，是城市生活的固化表现。从物质空间构成角度来看，城市形态及其特征主要是通过以下要素来被人感知的：城市结构形态、空间场所、联系路径、景观与观察者的关系、城市轮廓线、边缘、区域、标志、节点、人口等。对这些要素的研究，可以从整体上把握城市的形态特征，有利于新旧城市形态的适应性融合以及新建城市形态的系统性和完整性塑造。

2. 城市功能要素

城市必须是各种功能的综合体，生活、工作、购物、宗教、娱乐及公共活动——它们应合理地相互邻近。城市功能要素范围很广，但其综合性能水平是城市功能的衡量标准。综合可以反映出公共性和多样性，从而增强城市、社区的个性。场所若具备综合的功能，便能使人兴奋、有精神，从而积极思考和交往。对城市基本功能性要素的适应是对人自己基本需求的适应，它是关于人的切身利益的，也是城市生活活力的基本性能要素。

3. 城市道路交通设施要素

城市显性运动系统是由人流、车流、物流组成的，是城市生活体的动脉。传统城市概念是建立在步行系统上的，是以人的尺度为依据，具有封闭性、内向性，静态、方式单一等特点，其整体结构意象性较为明确。现代城市概念则是建立在汽车运动的基础之上，具有开放性和外向性、动态、方式复杂的特征。现代城市的交通系统由于其在现代经济生活中独特的地位，其轨迹——道路便成为现代城市的主要结构表现要素，影响着城市结构形态和社会的发展。城市交通有机有序是今日之城市设计的关键课题之一。按交通方式来划分城市运动流的主要成分的话，应分为交通运输、非机动车、人行和助障系统等方面，代表城市的主要交通方式。在策略上应该保护尊重人行交通，疏导控制大型物流交通，提倡公共交通、控制私有交通，重视交通转换节点，形成交通层系网络，建立适应和融合城市空间结构和肌理的丰富多样的城市交通体系。

4. 城市建筑与环境设施要素

建筑是构成城市聚落的基本实体单元，更是建成环境的主要物质要素。不同的自然地理气候条件产生不同的建筑技术和特色材料以及不同的空间结构类型；不同的文化理念、风俗习惯带来不同的建筑组合方式和形态风格，从而造成了各不相同的城市形态和肌理特征。建筑形态是形成城市结构肌理形态景观特征的极其重要的因素。反过来，城市的发展又会带来建筑的变异：城市功能的变迁会导致建筑性质的变迁；城市结构的改变会影响建筑的环境价值；城市人口、密度的增减，会影响建筑的规模和集合方式；城市生活方式的不同会影响建筑空间构成和组织等等。城市环境设施要素主要指除建筑以外的构筑物及其他设施。研究建筑与环境设施要素，主要是探讨如何与绿色空间体系相融合。

综上所述，生态园林城市规划的基本应用要素见表3-3。

表3-3　生态园林城市规划的基本应用要素

一级分类	二级分类	三级分类	四级分类
精神方面	观念要素	适应空间和生态的自然观	—
		以人为本的城市观	—
		发扬文化的文化观	—
		经济实效的现实观	—
		保护环境资源的发展观	—
		整合环境的设计观	—

（续表）

一级分类	二级分类	三级分类	四级分类
精神方面	人文要素	文化要素	精神要素、场所要素、特征要素、历史和遗迹要素、城市活力要素等
		社会要素	—
		政治要素	—
		经济要素	—
物质方面	自然要素	地质地貌要素	地质条件、地形地貌、山岳要素
		气候与大气要素	城市的气候条件、城市风环境、城市热环境、降水与湿度
		水文与水资源要素	城市生态环境需水、水系因素
		动植物要素	—
	人工环境要素	城市形态要素	—
		城市功能要素	—
		城市道路交通设施要素	—
		城市建筑与环境设施要素	—

第四章　生态园林城市规划与建设理论研究

生态园林城市规划与建设的任务是在认识和把握自然规律和社会准则的基础上，合理地保护与利用自然资源，维护城市生态环境的平衡。具体来说，就是从保护自然生态环境与建设城市生态环境两方面着手，合理选择适于开展城市建设的自然生态环境，同时着力营造城市内部的人工生态环境，通过生态园林建设、环境污染防治、减灾措施等手段提高城市生态环境质量。通过合理的规划，城市在发展的过程中就有可能做到对外尽量降低对自然生态环境的影响，对内实现自然环境与人工环境的有机融合，最终形成城乡一体化的城乡关系和城市体系，这种城乡一体化的田园城市也是近代城市发展过程中不断追求的一个梦想。

第一节　与城市总体规划理论的辩证关系

一、可持续的规划体系的发展趋势

从城市发展规划的历史上可以看出，用以指导城市发展的规划体系是一个不断补充新元素、不断调整的发展过程，目前它正从早期单一的规划体系向多元化方向发展，而且随着可持续发展观的介入，规划体系已经从“社会—经济”重心转移到了“社会—环境”重心上来。从可持续发展的城市目标体系来看，城市的可持续性应当包括这样一些内容：同代人之间的公平、代际间的公平（包括社会平等、地域平等和管理平等）、不可再生资源的最小利用、自然环境的保护（以及在其环境容量范围内生活）、经济的可行性与多样性、社区的自力更生、社会成员的幸福、人类基本需要的满足[192]。面对这些城市可持续性的要求，需要重新审视我们当前的城市发展规划，当前的城市发展规划体系还不能体现环境建设的所有要求；规划系统过于单一化，还需要其他许多相关规划体系的参与。

在城市的发展中，不仅需要有完善的社会经济与物质环境规划，而且还要满足城市中其他的公共利益的发展需求，如清洁空气的需求、安静的城市空间的需求、丰富的城市植被的需求、方便的城市休闲娱乐需求、城市野生动物的需求、城市生物多样性的需求、城市水域与水源涵养控制的需求、优美视觉景观的需求、社会文化的需求等，以及这些公共利益在未来的城市发展中得到保护与扩大的需求，这些都需要相关的多元规划的参与（图4-1）。

作为引导、控制城市发展的规划系统还缺少应有的环境约束机制，不能引导城市向着有利于自然生态的方向发展。其中最为关键的就是环境的约束机制和多元的规划体系的建立，这是引导城市与自然有序发展的保证。从环境约束机制来看，城市的空间扩展必须有相应的约束存在，这在很多发达国家都有过深刻的教训，因为自由发展的道路是建立在对自然资源、自然生态的大量消耗之上的发展，而有约束的发展道路，即通过生态调查、土地等自然

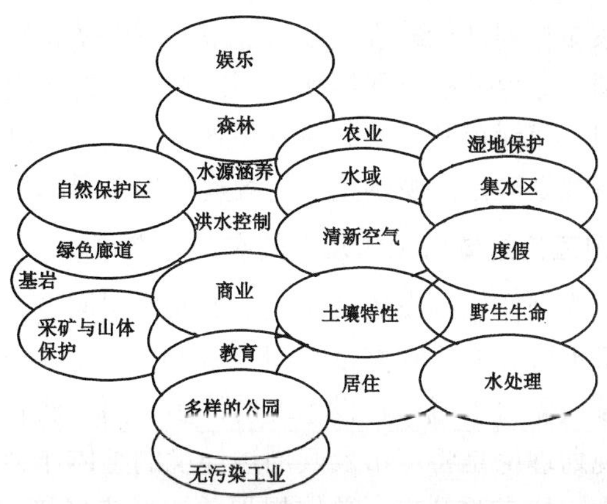

图 4-1　城市多利益需求状态示意图

生态的分析以及环境管理等策略约束城市的发展方向，才能引导城市与自然融合，只是这条道路更加艰苦，它需要更多细致的工作、更多方面的参与以及更多管理策略的实施[193]。

从多元的规划体系来看，为满足城市可持续发展的需求，在指导城市发展的规划体系中还应当补充这样一些相关的规划元素。如因循自然地理特征和生态特征的土地形式规划；保持城市水域空间、水域生态和洪泛控制的水域空间规划；提供城市自然生态和生物繁荣的生物栖息地规划；保持城市清新空气、控制城市热岛效应的城市空气规划；以及城市生态园林规划、城市开敞空间规划、城市视觉景观规划等等。而这些规划都同城市的发展规划有着广泛的联系（表 4-1）。

表 4-1　多元的城市规划示意表

相关规划类型	规划主体目标或内容
土地形式规划	保护和提高城市土地利用形式等
水域空间规划	提供水域空间保护、水上交通、水上娱乐等
生物栖息地规划	保护和提高自然和半自然的栖息地空间等
空气规划	保护氧源地和提供新鲜空气
绿色空间规划	绿色网络体系规划
空间规划	保护和创造良好的空间形式
天际线规划	保护和创造城市独特的天际线
视觉景观规划	创造良好的风景和视觉景观
城市生态园林规划	城市生态园林规划体系的建立，创造城市生态园林化环境

二、与城市总体规划的适应关系

1. 生态园林城市规划理论是可持续规划的目的之一

现行的规划体系是在总结历史的经验教训过程中发展完善而来的，对于指导城市的有序发展起到了巨大的作用。但是作为指导城市的社会和经济发展的系统，它并未把对自然生态的尊重放在首位。因此，必须改变以往单一目的的规划体系，在指导城市发展的规划体系中还需要更多的规划要素参与其中，如社会过程规划、开敞空间体系规划、景观规划等等，只有这些多目的的规划体系参与到现行的规划系统之中，才能使得整体规划系统得到完善，更加充满生机与活力。特别是绿色开敞空间体系规划的加入，对于引导城市走向与自然和谐的发展道路起到关键的作用，而绿色开敞空间体系规划又是生态园林城市规划理论的一个主要侧面，因此生态园林城市规划理论反映的是可持续规划的多目的之一。

2. 生态园林城市规划理论是城市总体规划的有益补充

从生态园林城市相关规划作用的发挥及实践上的操作层面看，城市规划与生态园林城市规划理论是紧密结合、密不可分的。它们都要研究社会发展、关注生态、关注历史文脉等，它们之间交叉、重叠的领域涵盖了城市建设系统的许多方面，两者统一于一个完整的规划过程之中。生态园林城市规划理论是将城市及其周边环境的整体作为研究对象，以城市总体规划为基础和指导，又作为它的有益补充。总体规划关注城市经济、社会发展的战略与原则；生态园林城市规划理论旨在为城市生态空间发展与城市整体环境的和谐制定发展框架与控制导则。从这个意义上说，二者都是站在全局的高度，为城市发展制定总体思路与目标，只是二者各有侧重，总体规划更强调土地使用在经济上的合理性，生态园林城市规划理论则注重城市生态空间的整体和谐，二者相得益彰，在城市发展中缺一不可。如果说城市规划侧重研究人类聚居的物质形态和社会经济作用，那么生态园林城市规划理论则是更自觉、谦逊地从人类与其聚居全息环境的生态关系入手，更广泛地探讨两者之间及其自身的互动作用关系，从中探寻一种客观上的动态平衡。

还要指出的是，生态园林城市的规划目标不在于提供一种理想化的终极空间形式，其最重要的核心作用是在于提供一种符合城市发展的具有适应性和可控性的城市生态空间模式与整体框架。在此框架指导下，与城市经营、管理相结合，政府可以在宏观上把握城市生态空间发展的方向、步骤与时序，使之达到整体和谐、有序、健康发展的目标，在这个主导框架规范控制之下，每个具体地块的建设又具有相当的灵活性，在不违背基本原则的前提下可以适当变化和调整，以适应市场和城市在新形势下发展的需要。

3. 生态园林城市规划理论以城市总体规划为指导

生态园林城市规划理论以城市总体规划为指导主要体现在：

（1）城市性质

城市性质是空间环境建设的指导核心，建设与城市性质相适应的空间格局与环境风貌，是生态园林城市规划的基本任务之一。如工业城市、旅游城市，其城市空间格局的要求不同，其城市空间形象面貌也是不同的。

（2）城市规模

总体规划确定的用地规模，也就界定了生态园林城市相关规划的控制范围，需要指出的是，生态园林城市相关规划不仅要考虑城市建设用地范围，更要考虑城市的周边自然环境。

（3）城市发展方向

生态园林城市生态空间发展框架及生态空间发展模式须充分研究总体规划确定的城市发展方向，并协调该发展方向。

（4）城市基本功能格局与路网框架

对总体规划确定的城市基本功能格局与路网框架，生态园林城市相关规划在原则尊重的前提下，对其进行深化与优化。比较理想的做法是，生态园林城市相关规划在总体规划大纲基本确定后就开始介入，二者相互反馈、补充，将生态园林城市的空间景观框架纳入到总体规划的功能布局之中（表4-2）。

表4-2　城市规划理论与生态园林城市规划理论比较分析

对比要素	城市规划理论	生态园林城市规划理论
目标	对城市的政治、经济、文化及物质建设进行综合调控	提高城市空间环境质量，从而提高人的生活质量
研究对象	城市土地的开发、利用和控制	城市体形、空间和环境形态及人的行为感受
研究重点	总体战略布局与经济区域发展计划、城市结构	城市的视觉景观、环境形态、城市文化
应用学科	经济学、政治学、地理学、社会学、生态学、法学、工程学等	风景园林学、建筑学、社会学、生态学、心理学、美学、行为科学、园艺学等
研究人员	以规划师为主的多学科专家合作	以规划师为主的多学科专家合作
委托者	政府机构	政府机构
实施时间	具有阶段性，时间跨度长	具有阶段性，时间跨度长，体现为发展过程
设计思路	现状—问题—功能—规划	功能—空间—城市生态环境
成果表达方式	政策、法令、条例、规划方案以文字为主	政策、准则、设计方案、图文并茂

第二节　生态园林城市建设机理分析

一、生态园林城市建设的含义

生态园林城市建设是“三个文明”的统一。生态园林城市文明程度的体现应包括：物质文明（生产和生活方式的现代化程度、基础设施和社会福利的完善程度）、精神文明（价值观念、精神信仰、伦理道德、社会风尚及责任感）和生态文明（环境伦理、生态意识、行为导向、奉献参与）。也就是说，生态园林城市的可持续发展应包括3方面的含义：一是城市的物质文明的发展，表现为人均国民生产总值和国民收入的增长；二是城市的精神文明的发展，表现为城市人口的教育、文化、卫生等人均占有水平的提高；三是城市的生态文明的发展，表现为城市生态环境的优化和人与环境关系的协调。这是一个多维的、综合的发展过程。

综合众多理论研究和生态园林城市建设相关的社会实践的经验，本文认为生态园林城市建设的含义如下：生态园林城市建设是在一定的地域空间范围实施的以城市化与生态化为导向，并且二者科学结合的区域或城市建设活动。生态园林城市建设对于处在不同的社会经济发展水平和不同的生态环境条件背景下区域发展和城市建设都具有积极的意义。一方面对于城市化而言，意味着更加注重生态环境、自然、资源等方面的非生产性建设，更加注重城市化过程中的“自然生态化、社会人文化、居住环境宜人化、环境的清洁友好”等非物质性，消费性的方面，强调城市发展中的“以人为本”的原则，提高和丰富城市发展的内涵。另一方面对于生态建设而言，需要与区域城市化进程相融合。生态园林城市建设，并非仅仅是“城市生态建设”，生态园林城市建设注重在城市发展、建设、文化等过程中融入生态意识、生态因素，是环境与发展的科学结合。

二、生态园林城市建设的动力机制

生态园林城市建设的动力，按照划分的角度可以分为：外部驱动力和内部驱动力、社会经济驱动力和生态环境需求驱动力。可以从不同的角度和层面去审视和思考，本书主要从后两者层次进行分析，即城市化和生态化。城市化和生态化是生态园林城市建设的最强大、最直接的推动力，是生态园林城市建设的重要途径，也是生态园林城市建设的重要目标。生态园林城市建设与城市化、生态化是互为因果，互为目的，协同促进的复合关系。

1. 城市化与生态园林城市建设

城市化与生态园林城市建设具有密切的关系，生态园林城市建设的过程也是城市化的过程，而城市化也是生态园林城市建设的重要途径和支撑。

（1）城市化是区域和城市发展的重要动力和途径

城市化是区域发展的必经过程。城市是不同区域范围的发展中心，城市化水平的地域差异决定于各地区不同的经济与社会发展水平[194]。没有城市化，就不可能实现现代化。对于非城市区域来说，是一个逐步非农化的过程；对于城市地区，则意味着空间的扩张和发展层次和质量的提升。因此，城市化是区域发展的必然和城市演化的动态过程。城市化是一种社会生产力提升的过程，其作为区域社会经济发展的必由之路，具有重要的社会经济含义：城市化具有更高的社会经济效应，同时也是城市发展水平提高和质量提升的过程。

城市化水平滞后是制约经济发展与增长的重要原因，经济的快速增长需要城市化的不断推进。目前低城市化水平的中国，必将迎接和推进城市化的浪潮[195]。城市化是发展的必然趋势和过程，面临着容纳农村富余劳动力的巨大压力。一方面，导致原有城市规模的扩大和城市人口的急剧增长；另一方面，必然要有大量新的城市产生。这种数量和质量发展型的城市化，密切关系着耕地安全问题、资源和能源消耗，生态环境压力。因此，城市化对区域和城市的生态环境构成严峻的挑战。城市化的模式和方式也对资源环境构成巨大的压力。例如：不少国家和城市城市化发展到一定阶段，出现城市发展的郊区化现象，这样大量人口的工作地和居住地在城区与郊外分离而造成通勤需求大增，在公共交通不发达也不完善的情况下，往往会引发的私家车高潮，也会引起城区环境质量恶化和石油等资源高消费的问题。我国同时面临着数量型与质量型城市化的双重任务，这是城市文明的象征，也是时代对城市化的新的要求[196]。

城市化推进，一方面消除城乡二元结构，是实现城乡一体化的重要途径；同时城市化是城市区经济持续发展的需要。城乡融合、城市持续发展，这些都是生态园林城市建设的基本原则。低水平城市化，往往伴随着严重的城乡二元结构，它不仅造成城乡经济社会二元结构，同时也是生态环境二元结构的重要原因，往往导致资源环境的低效率使用和滥用，我国的生态环境污染形势面临着从城市向农村蔓延扩散的趋势。同样，生态园林城市建设的程度也和城市问题的解决力度密切相关。在经济水平较落后的阶段，生态园林城市建设的社会效益体现为以最低的环境生态成本使得人民群众过上小康的生活，实现社会稳定；在社会经济发展的较高阶段，生态园林城市建设效益具体表现为改善城市环境、治理城市污染、为城市居民提供休憩空间、提高公众的生态福利水平。抛开经济发展阶段，生态园林城市建设在社会实践中是难以付诸实施的。因此生态园林城市建设必须紧密结合城市化这一社会发展的必然过程，以城市化积极推进生态园林城市建设。

（2）城市化是生态环境建设的重要支撑

尽管生态环境这一大困境在相当大程度上来自于城市化的负面效应。但是在满足一定的社会经济目标的情况下，生态建设需要城市化在经济、技术和空间集约化、制度和政策调控等方面支撑。贫困是环境保护的最大敌人，也是生态问题的最大敌人。城市化是人口的高度集中，也是生产和生活的集中，城市化进程的推进，是生产力飞跃的过程，为地域空间上环境基础设施建设提供了资金和技术上的可能。城市化不仅对生态园林城市建设存在大量积极共进协同发展的相互关系，同时也会存在一系列的负相关联系。不少国家和地区的经验表明，城市化的过程同时也是都伴随着资源的高消耗和环境质量下降、生态破坏等过程，产生了独特的"城市问题"。城市问题产生的根源来自：城市生态系统是一个自组织系统，其演替的目标在于整体功能的完善，而不是其分组织的增长，其中某一组织的增长必须服从整体功能的需要。因此，要选择科学的城市化模式和方案，使区域城市化不仅经济发展，而且长期持续，同时具有良好的生态效益。

2. 生态化与生态园林城市建设

城市生态化是实现城市社会—经济—自然复合生态系统整体协调而达到一种稳定有序状态的演进过程。而区域生态化，则具有更加广泛的整体含义，从空间尺度上，由市区拓展到了城市乡村系统。生态化强调发展的生态转型的长期性、广泛性、综合性，为生态园林城市建设提供了一个客观、科学的实践途径。生态化是生态园林城市建设的重要过程与途径，也是生态园林城市建设的主要目标。尽管"生态"从概念上可以泛化而无所不包，但是不可以没有中心和重点，在生态园林城市建设过程中，需要侧重自然生态的因素。

（1）生态化是生态园林城市建设的基础与需求

生态化是区域发展不可或缺的基本条件、是公众的生活需求，是企业发展的需求，是政府服务的重要内容，是持续生存和发展的需求。对于城市而言，走生态化发展道路是实现城市可持续发展，走出"城市病"困境的必然选择，是提高人居环境质量，维护全球生存与发展的迫切要求，变革势在必行[197]。

对于农村等非城市区域而言，生态化是发展的新机遇。在某种程度上作为后发展区域的非城市地区，生态化是一种后发优势，可以避免重蹈先行者的"先污染，后治理"的覆辙，具有生态与经济的多重含义。对于公众的生活而言：从某种角度上说，公众的消费需求是不断推动社会发展的动力之一，而消费需求不仅包括物质需求、精神文化需求，也包括生态环境需求。生态环境需求，分为两个层次：一个层次是生存性环境需求；另一个层次是发展享受性生态需求[198]。生态需求是人类最基本的生存需求，在人类活动的扰动作用较小时，生态供给条件相对于人们的生态需求不存在稀缺问题，但是随着活动范围的扩大和强度的增加生态日益稀缺，危及我们赖以生存的基本条件越来越成为稀缺资源，生态环境需求逐步上升为难以满足的享受型需求。从人类经济社会的可持续发展来讲，生态环境需求既是最基本的生存需求，也是重要的享受需求和发展需求。而且随着经济水平提高，人们对生活质量水平更加注重，对清洁的空气、绿色食品等生态型需求更加强烈，迫切需要转变传统的重生产轻生活的城市发展战略。对于企业的发展而言：从现实情况来看，生态逐渐成为产品、企业、城市乃至国家的重要的竞争的维度。生态环境意识对经济的导向作用将越来越大，中国也必将适应发展的潮流，走上生态环境导向型经济的发展道路。对于政府工作职能而言：政府职能的重要内容之一就是维护区域的长期稳定和发展，生态安全是区域发展的重要基础条件。

一方面政府的公共政策对生态环境具有重大的影响，另外一方面许多生态问题有赖于政府解决。传统的城市发展战略较少考虑“生态环境需求”问题，随着新的发展观和生态政绩等发展转型，政府在区域生态城市建设领域将发挥愈来愈积极重要的作用。

（2）生态化是生态园林城市建设的主旨目标和保障

生态园林城市建设的重要目标就是实现区域生态与社会经济的可持续发展。发展的生态转型即生态化是解决发展阶段性问题的重要途径，不同的发展阶段呈现出不同的环境问题。将社会经济的发展过程与生态维护与建设过程有机结合起来，使得生态与社会经济一体化同步协调发展更加具有现实性。

生态化是生态园林城市建设的重要保障。传统的发展观，往往注重经济增长的目标，但是同时在发展过程中也产生生态环境恶化、资源短缺、生物多样性锐减等一系列的问题。区域生态环境具有整体性、有限性、不可逆性、隐显性、持续性和灾害扩大性等特点。同时，生态系统存在着承载力，自然资源、环境对人类的活动强度和规模的容纳能力有一定的极限。生态化促使围绕生态园林城市发展目标的各项建设活动，真正符合生态园林城市的原则，避免各类“伪生态”行为，保证生态园林城市目标的科学实施。在区域和城市发展中需要积极地开展生态园林城市规划理论研究，开展自然生态化和社会生态化等生态化措施来提高生态园林城市建设能力，这是建设生态园林城市的重要内容和实现生态园林城市建设目标的重要途径。

第三节　理论内涵、形态与理念特征

一、理论内涵

1. “关系”的规划

生态园林城市规划理论体现的是“关系”的规划，是站在城市外部俯瞰全局，将城市及其周边自然环境视为一个整体，将城市看成由各功能区组成的一个有机整体。生态园林城市规划与建设要处理以下3大关系：

（1）城市与自然环境的关系

城市有明确的边界（从飞机上往下看，城市像原野中的一堆堆人工聚集物，又像一座座海上的岛屿），与自然环境相区隔；从另一个角度看，城市又是自然环境的一部分。城市处在特定的自然环境中，所谓“一方水土养一方人”。同样，特定的环境也塑造了城市特有的品质特征（城市的特色主要取决于两个方面：一是特定的自然环境，二是特定的历史文化）。

处理城市与自然环境的关系，目标是使城市与自然有机交融、和谐共生、相互促进、相得益彰，在这方面，城市总体规划存在“先天不足”。当前总体规划的编制程序是根据建设用地评价，将城市土地划分为适宜建设，不适宜建设和经改造后可以建设3大类，再根据人口预测结果确定城市建设范围，确定用地规模，然后在可建设用地上进行土地利用规划，而城市的自然环境元素如水面、湿地、山体等因为是“非建设用地”则被忽略，使得城市与自然环境之间被一条人为的界限所割裂。从而导致在城市整体层面上造成城市与自然的隔离，城市成为了真正意义上的“孤岛”，也正因为对自身所处自然环境的忽略，导致了城市特色的丧失，滨水的、内陆的、山地的、平原的，所有城市规划出来都如出一炉："方格路网＋功能分区"。甚至由于规范的规定，使得所有城市路网道路间距都是相同的，因此我们会看到同样尺度的方格网覆盖到一个个本来特色各异的城市之上，更有甚者，为了保证道路方格网的形成，不惜搬山填河，而正是这种"整齐划一"地按照统一的规范和程序制定的规划，造成了"千城一面"的局面。生态园林城市规划与建设力图避免这种情况，首先从建立城市与自然的和谐共生关系开始，将城市融入自然，将自然导入城市，使二者和谐共生，有机交融。

（2）整合城市内部各功能区的关系

城市的格局、空间形态肌理都是历史发展不断积累的产物，城市的不同功能片区承担着不同的职能，也由于各自不同的空间性质而呈现出不同的风貌特征。为了维护城市总体形象和谐、鲜明，具有自身独特气质和空间风貌，生态园林城市规划与建设要站在全局的高度，整合、协调各功能片区的关系，做到既保持内在的连续性、统一性，又能体现跳跃性、特色性，在城市整体风貌和城市特色形象凸显的同时，确保城市生态空间的控制性、和谐性、特色性和先导性。生态园林城市规划理论整合、协调城市内部各功能区的关系主要包括：根据城市定位的要求，结合城市现状风貌，合理确定城市的生态空间风貌，并确定各功能区风貌风格控制原则；根据城市生态空间整体框架的要求，充分尊重城市各功能片区的格局特征，分析城市空间发展趋势，通过恰当的结构组织形式，将各片区有机整合到城市生态空间发展整体框架之中。

如果上面提到的建构城市与外部自然环境的结构称为生态空间发展框架的"外部体系"，则这种将城市内部各功能片区加以组织的结构可称为生态空间发展框架的"内部体系"（如城市中轴线和自然文化轴线），内部体系和外部体系共同形成了生态空间发展的整体框架。

（3）把握空间发展近期与远期的关系

生态园林城市规划与建设不仅要提出城市生态空间发展的整体框架，更要把握城市空间发展的时序，处理好城市生态空间发展近期与远期的关系，找到符合城市实际的生态空间发展模式。任何城市都有自身发展的历史过程，必须认识到，总体规划所控制的20年，也是城市发展过程中的一个阶段而不是城市发展的终结，因此对于城市生态空间的发展必须要有历史的眼光和发展的眼光，进行动态的分析与判断。只有清晰地掌握了城市每一发展阶段的特征和动力机制，才能清楚地看到今天城市所处的阶段以及未来发展的趋势，由此确定符合城市实际的发展模式，才能真正把握城市生态空间发展的步骤和时序，合理安排，处理好城市发展近期与远期的关系。

2. "适应"的规划

生态园林城市规划与建设是以保证城市整体有机感和延续性为前提，以具体的城市问题和城市中的人为规划服务对象，以激发城市多样性、提高城市活力为目标。它是多学科共同作用的领域，工作范围不仅涉及城市的物质环境规划和控制，还涉及城市生活的经济、社会和政策管理等各个方面。城市是人与自然环境、社会文化氛围、物质形体空间及其形成运作机制的复合表现，既有具象的视觉特征，又有非物态的品味特征，而生态园林城市规划与建设则是对这三者的适应性规划：对人与自然环境的适应、对城市整体社会文化氛围的适应和对城市物质形体空间的适应。具有适应性的系统规划才是生态园林城市规划与建设的完整内涵，只有这样才可能实现其系统的目标。

（1）适应人与自然环境需要

环境是人类21世纪发展战略的主题，重视环境、保护环境和合理地利用环境是人类生存必须遵守的规则，如何认识环境对人类生活所蕴含的价值是实现生态园林城市规划与建设中环境的价值效应乃至人类环境战略目标的关键。现代城市规划中对自然环境进行保护与再生的价值主要体现在经济价值、心理价值和社会价值3个方面。生态园林城市规划与建设的环境策略目标是保持和合理利用自然生态环境，继承和保护城市历史环境，努力协调人与自然关系，多方位在现代生活环境中融入历史文化元素。

（2）适应城市整体社会文化氛围

任何一座有历史的城市都有特定的社会文化氛围，它们在一定程度上虽然难以用具体物质加以表达，但却不难体会与感触。同样高楼林立、街道纵横的都市，在北京你能体会到中华传统文化雄浑的震撼，作为古老而又年轻的国都，它始终给你以庄严与肃穆之感，在这之后却又是令人回味悠长的老北京亲切的人际交往，传统与现代就是这样在延续与融汇中形成了特有的京派文化；而在上海，你感触到的是一个中西合璧式的世界文化博物馆，这里始终走在中国新潮经济与文化模式的前列，这座城市似乎更加务实，这就是人们谈论的海派文化。显然生态园林城市规划与建设如果对此文化背景不加以区分，采用单一的规划手法，必然造成城市空间特色的丧失和社会文化肌理的破坏。即使是规划一座崭新的城市，从一开始就着力于社会文化氛围的确立、研究与营造，也自然是最有决定意义的步骤。

所谓对城市整体社会文化氛围的适应是一种偏重于软件的形象研究与策划，它表现在规划思想中对传统文化和现代经济生活的理解、尊重与把握，表现在规划手法中对原有社会文化元素的有机组合，表现在规划操作中对其形成机制的促成。目前这大多是社会学者致力的工作，遗憾的是社会学者与城市规划师在此层面缺乏必要的合作。

（3）适应城市形体空间

这是我们日常接触最多的层面，它偏重于对城市形态形体的研究与适应。但显然这是城市整体社会文化氛围的下一层次，是其部分内容的物质表现过程。必须从区域的角度构筑合理的区域——城市空间环境；从城市总体内部格局上寻求解决新旧冲突的途径，以城市中各具特色的局部风貌地段烘托城市整体的社会文化氛围。

二、理论形态

生态园林城市规划与建设是一种观念和意识，同时更是一项具体的工作和实践。生态园林城市的规划观念就是指规划的环境观和空间观。所谓环境观是指将“人—环境”进行整体研究，关注环境的生态属性，关注环境给人的生理与心理感受，关注环境的地域社会特征与文脉的传承，建立历史与现代的新型关系，创造环境的场所感、归属感与幸福感。空间观即关注城市空间的三维特征，在城市三维空间层面将城市规划的原则、意图以深化和完善。作为城市规划的深化和补充，在城市建设中发挥越来越重要的作用。

1. 作为一种观念

首先它表明了一种环境态度，蕴含了特定时期社会的价值观念和城市理想，这种态度引导控制城市空间、环境建设的潜在力量。因此具有认识论和方法论意义。

2. 作为一种公共政策

城市这一复杂的形式是由许多动机各异甚至矛盾的演变在长时间内创造出来的。生态园林城市规划与建设的部分内容就是辨别这些不同阶层使用者的环境需求，评价环境发挥作用的程度，然后逐一改变以满足使用者的需求。因此，生态园林城市规划建设是一个多元参与决策的公共过程、提供专业技术来支持市民对城市空间、环境的想法，并通过专业协作，落实到可操作的内容。因此，生态园林城市规划与建设体现的是一项公共策略，是一个公共参与的规划设计过程，体现公众的基本权利与价值。

3. 作为一种制度

把生态园林城市规划与建设作为一种制度确立，有助于把改善、提高城市环境的工作作为一种常规化的内容，并提高了规划操作的法制地位。制度实行的目的在于衔接城市规划和建筑管理，弥补城市规划控制的缺陷和不足。它确定了城市环境的长远目标，保持城市环境政策的连续性，通过规划规范的控制，提高整体环境品质。

4. 作为一项管理策略

生态园林城市管理的内容与规划内容相比较，更具有现实意义。生态园林城市规划与建设必须超越单一的工程规划和建设活动，与管理层相结合，通过反映城市发展策略和市民生活需求的政策、标准来管理城市空间环境与形体环境的品质。

5. 作为一种技术手段

生态园林城市规划与建设一方面以提高城市环境质量和职能效率为动态目标；另一方面，又强调以人为本的“人本主义”精神。它既强调城市规划中的系统的现象和整体的形式，又关注具体场所和环境的表达。所以，一方面规划侧重各种关系的组合、联接和渗透，是一种整合状态的系统规划；另一方面，又具有艺术创作的特征，以视觉秩序为媒介，容纳历史与文化，表现时代精神与地方性，并结合人的感知经验，建立起具有整体结构性特征与易于识别的城市意象和氛围。同时，生态园林城市规划与建设也是地方化的一个现实途径。所以，生态园林城市规划与建设既是理性的，又是艺术的，它具有自身独特的环境分析方法和评价规则，是建立在系统分析环境及对其作用评价基础上的，达到在共性中寻找个性表现。

三、理念特征

1. 概念与结构控制理念

生态园林城市规划与控制是规划能够付诸实施的重要保证，也是完善城市规划管理的重要程序。目标，指人类活动的动机和意志，或指用计划和行动争取来的将来的状况。生态园林城市规划控制目标也就是规划要达到的目标。生态园林城市规划与建设的功能目标、美学目标常常是物质的、可度量的；而经济目标、社会目标是非物质的、不可度量的。因此，根据目标的性质和控制的深度，从宏观到微观，从抽象到具体，可以把规划与建设控制的内容分为概念控制、结构控制和要素控制 3 个方面。

（1）概念控制

就规划控制目标的性质而言，许多是非物质的、不可度量的标准和准则，很难落实到具体的控制内容，规划管理人员只能通过对“设计概念”的把握和对“目标”的描述加以判断、评价和引导。在这个意义上，“概念控制”是非常重要的。

（2）结构控制

“结构”是城市规划和生态园林城市规划理论所共同关注的内容，是联系两者的桥梁。城市规划的任务是对城市发展进行结构性控制，而生态园林城市规划与建设寻求的是具有生态、活力和特征的城市结构；城市规划所研究的城市结构重在“效率”，而生态园林城市规划理论所研究的结构重在“功能和特征”，并通过对城市形态中表现性元素的驾驭和控制来对城市结构进行补充和完善。结构控制是对城市功能结构、空间形态形成过程中的结构性元素的控制，是保证城市功能有机运转和形成城市形态个性特征的关键，是概念控制的具体化。结构控制的内容包括城市功能结构（平面网络）和城市空间结构（空间网络）两方面的内容。

（3）要素控制

要素控制是对塑造城市生态空间特色的一些关键的、表现性要素进行控制。这些要素控制通常是具有限定性的作用，一般都具有保护性功能特征。

2. 整体协调发展理念

社会经济发展背景的巨大变迁使区际、区内各要素之间的联系空前密切，作用也更为强烈，区域内任何地区的发展建设都会对其他地区产生影响。因此，生态园林城市规划与建设必须突破传统观念上封闭的行政区界限的束缚，着眼于区域整体利益的维护和实现，促进区域整体协调发展。但是新时期整体协调理念不同于计划经济体制下“高度指令+强烈干预”所达到整体性的模式，而应是一种“共识”型、“契约”型，强调不同行政区域之间及区域内城镇之间和城乡之间的相互协调；强调自上而下与自下而上的整体协调发展。为了保证整个城市的生态协调发展，除了考虑城市化区域空间以外，也要将农村空间、生态空间等作为重要的规划对象。生态园林城市规划与建设应从原来着重考虑城镇“点”和交通“线”，走向兼顾市域“面”的阶段。需要考虑的原则有：

（1）整体性原则

整体性原则是生态园林城市规划理论中最首要的原则。地域整体性指城市地区与周围自然地域的景观体系是整体的，规划应从区域入手维护景观的整体格局与自然演进过程的连续性。景观资源整体性强调城市景观是由一系列生态系统（景观单元）组成的，生态流在各个景观之间以及与外界生态背景进行交流，城市景观单元之间及与外界景观资源的交流应达到社会、经济和环境三者的整体效益优化。规划的根本目的就是利用各种规划设计手段形成有机和谐的城市整体。在城市整体性中，包括城市精神和物质层次上的整体性，即城市文化和社区的整体意识以及城市结构上的整体性。前者在现代社会中可以通过公众参与过程来形成社会文化意识；而城市意象是市民对城市建成环境的深层文化要求。而要形成城市整体物质结构，需要对城市建设活动进行统一控制和管理，协调各部分的发展利益和关系。

（2）延续性原则

延续性原则是对整体性原则的补充，有助于形成城市整体性。城市的延续性包括时间（历史）、空间（物质环境）和文化的延续性。生态园林城市规划与建设的目的就是不割裂城市的历史，使新的城市建设与所处环境相适应，对已建成环境持续维护和整治，以达到城市新旧物质元素的协调共处。这样城市是处于有机的生长过程中，在达到城市时、空延续的同时，也维护了城市居民的深层文化意识，达到了城市整体的延续。

（3）多样性原则

多样性原则是规划中最重要的动态影响因素。具有有机整体和谐感的城市必然是个多样化的城市。在规划研究中所考虑的城市多样性包括：物质环境多样性、经济多样性、社会利益多样性、文化多样性、管理多样性。因此要求多样化的规划方法，以促进和产生城市各类多样性。

（4）地方性原则

强调地方景观特色的保留，地方文化精神的延续。注重乡土植物和动物多样性的保护与发展，节制引用外来物种，避免片面追求奇花异木而对乡土物种的毁坏。

（5）过程原则

主要表现为规划工作的终结性（城市规划工作没有最终结果，只有针对不同时间的阶段性成果）、长期性（城市建设本身就是长期的行为，城市规划工作也是一种持续的过程）、反馈性和互动性（随时对新的问题和情况作出反应，并指导后续工作）。还包括对自然条件、社会发展现状和发展要求的主动适应过程。

3. 综合要素统筹考虑理念

以经济增长为主要目标的规划模式忽视了对生态环境和社会公正的关注。如今，人们已直接感受到漠视环境成本所带来的昂贵代价，以及城市社会化问题的严重性。城镇体系规划走出以经济为惟一目标的误区，以科学发展观为指导，建构基于经济、社会、环境、技术等多元价值目标的规划是城市开敞空间体系规划的客观需要和必然趋势。这就要求重塑生态园林城市的景观要素，要具有以人为本的城市观、适应空间和生态的自然观、保护环境资源的发展观、整合环境的设计观、发扬文化的文化观、经济实效的现实观来整合规划要素。具体要做到以下几个方面：

（1）强化自然要素在城市景观形态中的主导作用，保护作为城市景观核心的自然要素，强调自然环境因素对城市形态的限制作用，重新认识自然景观生态系统的作用，如建立城市生态绿地空间与气候、山地系统、河流系统、林地系统、动植物群落的关系；

（2）统筹人工环境要素，塑造城建特色；

（3）对城市深层文化结构的认识：城市深层文化结构研究的是城市文化对城市整体形态和城市物质结构的控制作用，因此要整合文化要素，体现人文特色。如，凯文·林奇从市民认知角度谈到了城市意象的生成，1960 年出版的《城市意象》（*The Image of the City*）一书的主题是：美好的城市是一个市民共识的城市。而市民明了城市环境的方法是潜意识的，但也是共通的，城市设计者应发掘这些市民对城市环境的“共识”。

（4）促进宜人空间的创造：保留有价值地段，集中利用自然地形形成中心公园、绿地或儿童游戏场等宜人的空间，为公众提供休闲、游憩场所。增加人与人接触、交流的场所。

（5）追求城市特色环境品质：宜人的城市空间也只是城市整体环境的一部分，要创造富有特色的形态环境，必须将规划整体融合在城市空间体系中。

4. 城市开敞空间管制理念

“空间管制”是实现开敞空间体系由虚调控型规划转向实调控型规划的关键“砝码”。在市场经济环境下，空间管制如同法规、税收等，是市政府掌握为数不多而行之有效的调节经济、社会、环境可持续发展的重要手段。在当今环境中，生态园林城市作为一种空间地域的生态化建设，它不再是仅仅被动地对社会经济发展计划进行地域上的落实，而且更重要的是通过“空间准入”规则来主动对社会经济发展进行必要的调控，修正其中不合理的部分。即从统筹区域的角度来确定市域中有些地方应该优先发展，而有些地方因生态、环境等原因不应该进行大规模建设，成为控制建设地区等等。以此为城市及各城镇的发展方向和规模提供有效的生态参考依据。

5. 有限目标理念

城市是一个受时代背景变化强烈影响的复杂巨系统，尤其在当今区域内要素流动快速而又复杂的背景下，生态园林城市规划理论研究只能是有限目标的规划，必须对能真正发挥作用的内容进行规划，从而提高规划的编制效率与可操作性。从现阶段看，生态园林城市规划理论存在以下主要目标：

（1）从市域层面确定城市自然生态化和社会生态化发展战略；

（2）进行宏观整体结构规划，提倡技术型和战略型相结合的城市生态规划，达到规划战略与战术的融合；

（3）合理规划生态空间，确定开敞空间体系要素，并建立完善的开敞空间系统；

（4）确定保护区域生态环境、自然和人文景观以及历史文化遗产的原则和措施；

（5）确定合理的城市生态指标体系；

（6）建立合理的游憩体系、防灾体系、景观体系等。

6. 科学指标体系理念

目前虽然许多城市提出要建设生态园林城市，但是并没完善的指标体系来指导生态园林城市的建设；城市在发展过程中享用生态资源，并对生态系统进行还原和修复，但这些都缺乏科学理论指导。不仅要定性研究生态园林城市的建设，而且要对其进行定量指标体系的研究。鉴于目前对城市生态系统的研究和认识还处于“雏形期”；城市在运行过程中享用其生态系统提供的产品和服务，以及应对其做的补偿和补偿过程规律还很缺乏基本的认识；城市要建立起一个“具有稳定可靠的生态安全保障体系”，还需要有个漫长的过程。用建立评价指标体系的方法引导城市向“生态园林城市”方向发展是可取的。该指标体系应是动态发展的，原则的；不同城市具有不同的生态系统特征，还应该有特征型的相关指标；不宜急于命名建成“生态园林城市”，关键是要推动生态园林城市的建设实践过程和内容。

第四节　生态园林城市规划与建设的价值取向与目标系统

一、生态园林城市规划与建设的价值取向

一般意义上的目标是指人类活动的动机和意义。生态园林城市规划与建设的目标可以概括为“改进人的空间环境质量，从而改进人的生活质量”。直接目标在于创造适用、舒适、宜人的富有特色的城市空间环境，以满足人们物质、精神生活不断提高的多样需求。换句话说，是要从改善空间环境质量入手，保证城市社会生产、生活活动得以高效、优质地运行。间接目标则是通过改善城市的环境形象，达到吸引投资、购物、旅游、工作，进而促进城市

的经济发展与振兴的目的。不同的城市可以根据其特点和要求制定具有个性的特定目标，目标的方向其实就是价值取向，生态园林城市规划与建设的价值取向由以下5个方面组成：

1. 功能目标价值取向

规划与建设要为人们创造一个舒适宜人、方便高效、丰富多样的城市生活空间，建立和谐的、具有认同感和个性特征的生态环境，以激发人们对环境的保护和关心。

2. 生态目标价值取向

规划与建设应有效保护和利用自然资源，保护原有的自然景观风貌，强化自然景观特征；注重人工开发和自然环境的协调发展，维持城市生态平衡，为城市可持续发展奠定基础。钱学森指出："研究城市生态已成为当今世界的紧迫任务和研究热点，建立生态平衡的城市环境，重新回归自然成了人们梦寐以求的目标和理想。"

3. 文化目标价值取向

规划与建设应创造适应城市的文化环境，包括保护历史环境，维护城市中的名胜、古迹，维护和合理开发利用城市中有历史意象的街道和建筑，保存传统活动的特征，强调民俗活动景观；构筑人文性空间，宣扬传统文化和地域文化，创造独具风格符合人性的城市空间。

4. 美学目标价值取向

"美是组成物体各要素之间的和谐关系的体现"，规划应赋予城市空间美感，增进城市的认同感和可识别性、可欣赏性、可意象性。

5. 经济目标价值取向

规划与建设通过改善城市形象和环境品质，促进投资、购物、旅游、就业等活动的发生。

二、生态园林城市规划与建设的目标系统

1. 推动并完善城市生态化进程

走生态化发展道路，建设生态园林城市是城市发展历史的必然趋势，生态园林城市是城市生态化发展的必然结果。就目前城市的发展水平，许多城市还没有达到城市生态化发展的起步阶段，仍在继续重蹈传统工业化的发展老路。城市的发展面临两种选择。第一种选择是继续走传统工业化发展道路，生产和生活方式不发生根本改变，最多只进行适当的调整。第二种选择是对传统发展模式进行根本性变革，探索一条合理的城市生态化发展之路。第一种选择是危险的，"边发展、边治理"或"先发展、后治理"使人的"生存危机"无法从根本上解决甚至拖延解决，使付出的代价越来越大，到最后可供选择的余地也越来越小。尽管城市在生态化的发展中面临更多挑战，我们应该也必须选择第二种。建设生态园林城市离不开前瞻性的思想和理论指导，更离不开各行各业人们生态园林城市价值观的建立和创造性的工作方法、手段、技术的应用。城市社会发展将从工业社会、后工业社会转向生态社会，从工业化发展模式转向生态化发展模式。

（1）城市生态化内涵及其特征

生态园林城市是指各种主客体要素处于高效、有机协同状态的城市复合生态系统，具有和谐、高效、安全、健康等特征。城市生态化的实质就是从可持续发展的高度，协调人与

人、人与自然的相互关系，实现城市“社会—经济—自然”复合生态系统的整体协调，进而达到一种稳定和有序状态的演替过程[199]。在这里，“生态化”已经超出了单纯的生物学含义，是综合的、整体的概念，蕴含社会、经济、自然复合生态的内容，强调社会、经济、自然协调发展和整体优化。即实现人与自然共同演进、和谐发展、共生共荣，它是可持续发展模式。生态化是城市生态可持续发展的核心内容，也是生态园林城市的标志。

城市生态化主要表现为社会生态化、经济生态化和环境（自然）生态化3方面，体现在生态意识、生产方式、消费观念、环境保护、生态修复、政策法规等全方位的根本转变上[200]。在三者的关系中，自然生态化是基础，经济生态化是条件，社会生态化是目标。社会生态化表现为人们有自觉的生态意识和环境价值观，生活质量、人口素质及健康水平与社会进步、经济发展相适应，有一个保障人人平等、自由、教育、人权和免受暴力的社会环境；经济生态化表现为采用可持续的生产、消费、交通和住区发展模式，实现清洁生产和文明消费，对经济增长，不仅重视增长数量，更追求质量的提高，提高资源的再生和综合利用水平；自然生态化表现为发展以保护自然为基础，与环境的承载能力相协调，自然环境及其演进过程得到最大限度的保护，合理利用一切自然资源和保护生命支持系统，开发建设活动始终保持在环境承载能力之内（图4-2）。

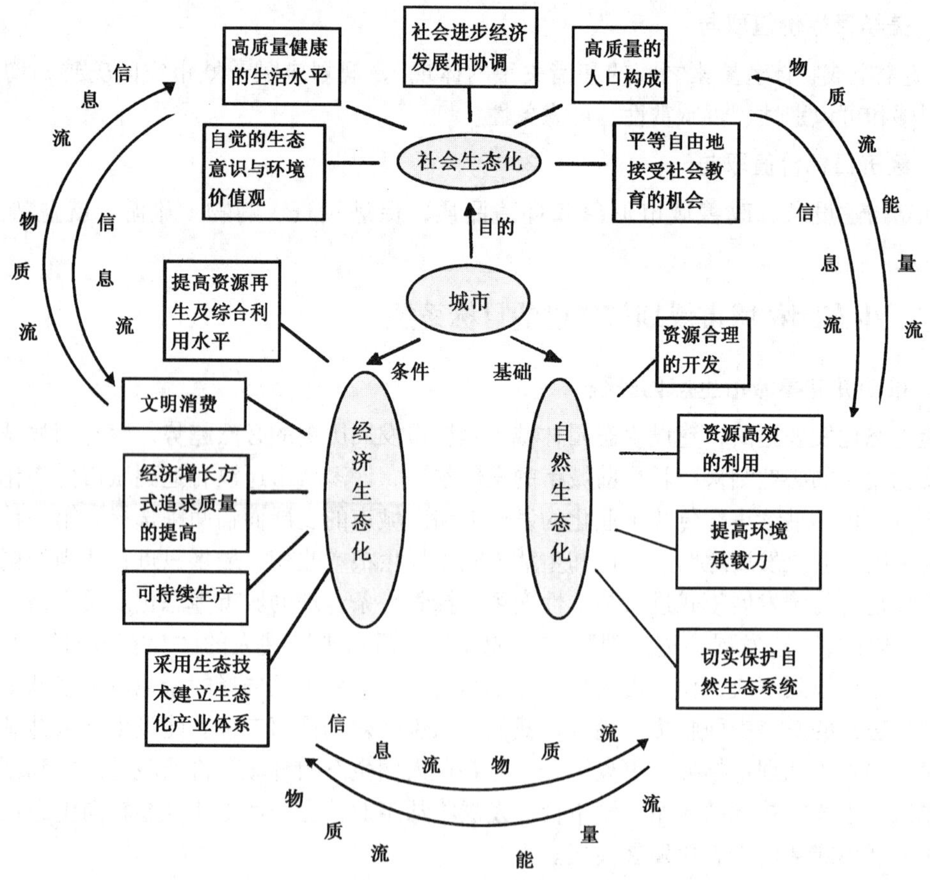

图4-2 城市社会—经济—自然复合生态系统示意图

城市生态化建设中具有人文特点，城市生态化建设是以人为本的科学发展观思想的具体体现，所以生态化建设要充分反映人文特色。如生态建设与传统文化的关系、绿化景观与人文景观的协调、地域特色文化在绿化景观中的彰显。相对于自然生态系统而言，城市生态系统是更直接的为居民提供服务的，所以，既要充分体现人的需要，也要通过绿色文化的传播赢得人的支持。

（2）生态园林城市实现生态化的主导途径

城市结构与城市功能相互依存，城市结构的演变引起城市功能的转换，而城市功能的转换又在一定程度上和范围内引起城市结构的演变。这是结构和功能相互作用的结果，也是其相互作用的条件。只有当城市结构处于“生态化”的良好状态之中，城市复合系统才具有良好的生产、生活和还原功能，具备自组织、自催化的竞争序主导城市发展，以及自调节和自抑制的共生序，以保证城市的持续稳定。因此，从结构与功能的关系看，生态园林城市规划与建设的核心是实现结构和功能的“生态化”（图 4-3）。

城市结构生态化：生态园林城市的功能依附和源于城市结构，城市功能的强弱，城市竞争力的大小，根本在于城市结构是否合理和先进。城市功能实现生态化的前提就是城市结构实现生态化。生态园林城市功能建设规划的着力点也在于城市结构生态化建设规划。因此，生态园林城市结构生态化是生态园林城市规划与建设的基础和前提。刘天齐等认为：城市生态规划的出发点和归宿是促进和保持城市生态系统的良性循环。要改善城市生态系统的状态就必须从调整城市生态系统的结构入手，调控城市生态系统结构是城市生态规划的首要内容[201]。陶松龄指出：城市问题集中体现在城市现有的陈旧设施和过时的结构与城市现代功能之间的大矛盾上[202]。因此，实现城市结构生态化是生态园林城市规划与建设的首要核心任务。

城市结构具有复杂性和多样性，但是无论从城市生态学的角度考察还是从我国的生态园林城市建设发展水平看，我国生态园林城市结构生态化首先应从实体结构生态化开始，然后才能逐步实现高层次的城市社会等的生态化。

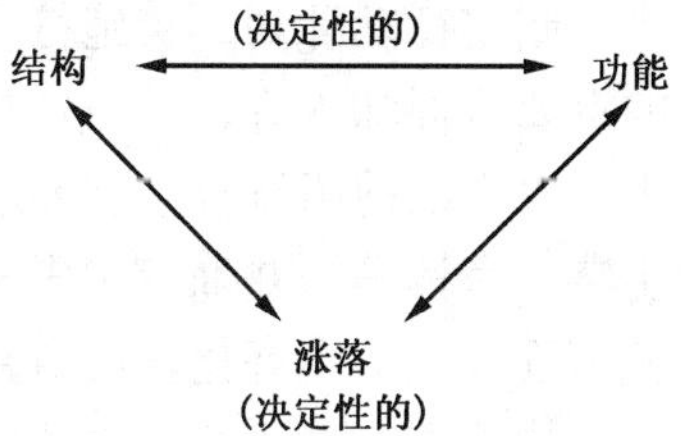

图 4-3　结构和功能关系图

城市功能生态化：传统的城市功能主要有城市政治功能、经济功能、社会功能、文化功能、生态功能等[203]。但是结合生态园林城市的内涵、特征及中国现行的行政管理模式，本文认为生态园林城市功能具有更为广泛的含义，其功能主要包括产业、社会、人居、交通、水域、园林、景观和生态环境 8 大类功能。其中，社会、产业、人居、交通为城市实体功能；水域、园林、景观和生态环境为生态服务功能；生态园林城市功能生态化就是指生态产业、生态人居、生态交通、生态园林、生态水域、生态景观、生态环境和生态社会 8 大类功能的全面生态化。生态园林与生态水域是生态环境和生态景观的外在表现。

（3）生态园林城市生态化策略

生态园林城市要走生态化发展之路，这标志着城市由传统的唯经济开发模式向复合生态开发模式转变，是一种新的城市发展观，这意味着一场破旧立新的社会变革，因为它不仅涉及到城市物质环境的生态建设、生态恢复，还涉及到价值观念、生活方式、政策法规等方面的根本性转变。我国是发展中国家，综合国力、科技水平、人口素质、意识观念与发达国家相比有很大差距，这些因素都将影响到城市生态化发展。底子薄、人口多的国情决定了必须开辟一条非传统式又非西方化的“中国特色”城市生态化发展之路，建设生态园林城市推进可持续发展。为实现城市发展的“生态化”，必须加强城市生态规划、城市生态园林规划和城市生态环境规划等等，其规划不仅仅局限于将生态学原理应用于城市环境规划中，而是将其思想渗透于城市发展和建设各个方面，使城市规划（及城市发展相关规划）“生态化”，既考虑到现今的生态关系和生态质量，又要考虑到城市未来的生态关系和质量，以使城市生态系统健康、持续发展。以下是对促进生态园林城市生态化发展的几点建议。

树立科学理念、提高生态意识：树立科学的规划新理念，即：整体协调发展理念、综合要素统筹考虑理念、有限目标理念、城市开敞空间管制理念、科学指标体系理念。要以生态原理为指导，以人为本，以现代城市发展的物质资本、知识资本、环境资本为支撑，以系统论为方法，以生态建设、生态安全、生态文明为主题，以可持续发展为目标，以景观营造为主，强调绿积量、绿量与精品理念，突出城市个性化特色，构造完善的城郊结合的城市景观生态系统，实现局部景观个性化、廊道景观花园化、整体景观生态化，生态健全、人与自然和谐的生态园林城市。

生态文明的文明观，其内涵包括生态安全观、可持续发展观、生态生产力观、生态哲学观、生态道德观、生态行为观，充分体现了时代文明的特征。实现城市生态化发展，必须宣传、普及生态意识，倡导生态价值观、生态文明的文明观，使公众特别是领导决策层的观念转变过来，树立人与人、人与自然和谐的生态价值观。只有改变原有的价值观，人们的态度和行为才会改变。自觉的生态意识是实现城市生态化发展的关键。实现城市发展的“生态化”是一个繁杂的系统工程，无论规划方法还是规划实施过程的生态化都只是其中的一个环节，全面的城市生态化发展需要全社会的积极参与。

制定行动计划，实施符合城市生态化发展的政策：城市生态化应作为生态园林城市发展的重要目标和内容，并与《中国21世纪议程》结合起来，把这种思想贯彻到政策、计划中去。改变以前不符合生态要求的政策、计划，制定城市各领域、各行业生态化发展的战略、步骤、目标等，并确定优先发展领域，制定一系列鼓励政策，加快城市生态化发展步伐，使城市逐步走上生态化发展道路。

加强生态立法并设立适应城市生态化发展的职能机构：建立适应城市生态化发展的法规综合体系，使城市生态化发展法律化、制度化，是保证其战略、政策顺利实施的有效途径，这样城市生态化发展得到法律保证，有法可依，对不符合生态化发展的行为采取必要的行政和经济手段，保证计划的顺利实施。在城市各机构中可通过联合设立综合的、跨部门的生态化发展管理决策机构，组织、协调、监督城市生态化发展战略的实施。同时也作为城市生态化发展的宣传、咨询、交流和推广中心。

重视生态技术的开发与应用：凡是破坏生态平衡，导致环境污染、社会异化、经济非持续发展的技术，都是与生态化发展相违背的。解决的根本出路在于依靠现代科学技术，结合生态学原理创造新的技术形式——生态技术。城市生态化发展必须重视增加科技投入，研制、开发生态技术、生态工艺，积极选择“适宜技术”，推广生态产业，保证发展过程低（无）污、低（无）废、低耗，提高资源循环利用率，逐步走上清洁生产、绿色消费之路，是实现城市生态化的基础。

重视城市间和区域间的合作：城市仅仅注重自身繁荣，而掠夺外界资源或将污染转嫁于周边地区都是与生态化发展背道而驰的。城市间、区域间乃至国家间必须加强合作，建立公平的伙伴关系，技术与资源共享，形成互惠共生的网络系统，城市在发展过程中应承担相应的义务和责任，确保在其管辖范围内或在其控制下的活动不致损害其他城市的利益。

城市生态化发展的规划应对：首先，明确“生态规划”和“规划环评”的合理定位，建立“双重约束”下的城市规划体系。需要在现行城市发展规划体系中明确生态规划的先导地位，作为编制城市发展相关规划重要依据的一部综合性规划。在此基础上，进一步规范城市生态规划的功能、基本内容、技术方法、实施框架，实现生态规划与现行规划体系中相关规划的有效衔接。同时，对相关规划的实施进行环境影响评价，通过规划环评与生态规划的“双重约束”，保障城市规划和发展的生态化转型。

其次，全面融合生态思想和环保要求，实现城市规划与生态规划和规划环评的主动对接。实现城市规划的生态化，不仅需要借助外力的约束，更需要城市规划自身的完善，这就要求城市规划要注重从以下方面融合生态思想和环保要求。一是要关注城市与自然环境的协调与配合；二是控制城市合理规模与环境容量；三是加强生态园林城市绿地系统规划与实施力度；四是完善城市环境基础设施建设。

2. 构建城市生态景观体系

（1）生态景观的概念

生态景观是社会—经济—自然复合生态系统的多维生态网络，包括自然景观（地理格局、水文过程、气候条件、生物活力）、经济景观（能源、交通、基础设施、土地利用、产业过程）、人文景观（人口、体制、文化、历史、风俗、风尚、伦理、信仰等）的格局、过程和功能的多维耦合，是由物理的、化学的、生物的、区域的、社会的、经济的及文化的组分在时、空、量、构、序范畴上相互作用形成的人与自然的复合生态网络。它不仅包括有形的地理和生物景观，还包括了无形的个体与整体、内部与外部、过去和未来以及主观与客观间的系统生态联系。它强调人类生态系统内部与外部环境之间的和谐，系统结构和功能的耦合，过去、现在和未来发展的关联，以及天、地、人之间的融洽性[204]。

（2）生态景观的特点

城市作为一个复杂的社会—经济—自然复合生态系统，其中包含各种构成要素，共同作用形成具有当地特色的人居环境，而一个人居环境舒适的城市，其生态景观具有以下几个特性：

和谐性：即结构与功能，内环境与外环境，形与神，客观实体与主观感受，物理联系与生态关系的和谐程度。

整体性：生态园林城市兼顾社会、经济和环境三者的整体效益，具有地理、水文、生态系统及文化传统的空间及时间连续性、完整性和一致性，强调人类与自然系统在一定时空整体协调的新秩序下寻求发展。

多样性：是生物圈特有的生态现象，体现在景观、生态系统、物种、社会、产业及文化的多样性。

畅达性：和谐的生态园林城市则表现出城市内部以及与外部系统之间物质、能量、信息的交换能顺利通畅，无障碍。

安全性：在城市的气候、地形、资源供给、环境健康及生理和心理影响上具有很强的安全性。

可持续性：城市生态系统具有较强的自组织自调节机能，满足城市的健康、协调、持续发展。

（3）生态景观规划建设的主要内容

景观规划研究的是自然、生态和地理等实体，综合了所有自然和人类的格局和过程。景观通过其结构和功能的相互作用而体现出异质性，从而形成不同的景观特色[205]。因而如何构建合理的生态园林城市景观生态系统空间结构，保持景观要素在结构和功能上的多样性，构筑具有浓郁地方特色的生态园林城市景观，充分发挥景观的生产功效、经济价值、资源价值和美学价值，是生态园林城市功能生态化建设的重要内容。主要包括：

①规划理念的调整，树立“整体景观”理念（“整体景观”理念是指城市景观规划不能仅仅着眼于城市的某个景点的规划与保护，而是要从城市整体景观功能出发，包括产业布局、人居景观、交通景观、水域景观、自然景观、人文历史遗迹等多种景观效应相互融合，共同塑造出一个具有城市特质的城市景观生态格局的理念），突出城市整体景观功能，尊重城市景观的个性化、多样性、和谐性原则；

②景观生态格局的构建，即在已有自然景观和人文景观的基础上，以生态景观建设和保护为重心，研究建立具有地方特色的，与产业、人居、交通、水域等功能相融合的城市“整体景观”生态格局构架；

③景观生态支持网络的构建，即研究建立功能完善、运行健康，保障各种景观生态流输入输出的连续畅通，维持景观生态平衡和环境良性循环的景观生态支撑网络，尤其是城市组团绿化隔离带建设规划；

④生态景观的评价指标和考核标准体系的构建。

（4）生态园林城市生态景观体系构建途径

强化生态园林绿地系统规划与建设：生态园林城市是城市发展的理想目标，作为在生态园林城市中起生态缓解作用的绿地系统规划更具有挑战性和科学技术含量。作为城市发展理想模式的生态园林城市具有城市生态建设参考的普遍意义，那么生态园林城市绿地系统规划也将成为各城市建设的重要指导因素；在我国有相当多的城市正在朝着这个方向发展，并具备成为生态园林城市的潜力，为这些城市提供一定的研究成果，作为其他城市生态建设的参考，具有重要的现实意义。

进行生态园林建设规划不仅仅是绿化城市，更重要的是改善城市生态环境、创造优美的生活环境、改善城市的投资环境、提升城市品位、建设生态景观，从而促进城市社会和经济的可持续发展。生态园林建设规划的主要内容有：

规划理念——“显露自然、尊重生物多样性”与“以人为本”的有机结合；

生态园林体系的构建——完善城市生态园林绿地系统规划，充分保护和利用城市自然风貌，保护好城市水体和山体，构建生态园林城市绿地体系；

生态园林布局体系结构规划——完善城市生态园林绿地系统结构规划，达到规划的战略性与战术性相结合；

生物多样性保护与生态园林——充分挖掘和利用城市特有的自然生态、环境资源，将保持和完善生物多样性与生态园林的规划、建设有机结合；

生态园林建设考核指标体系的构建——注重近期规划研究，确立合理的指标体系，既可为生态园林建设提供目标和方向，同时又可为规划方案的实施分解和操作提供依托。

从区域出发对城市的生态环境与景观建设进行综合研究：区域生态条件的改变使城市的生态环境尤为敏感、脆弱。在周边森林和水体等生态支持系统调节能力下降的情况下，热岛效应加剧、裸露土地面积增多，造成沙尘暴天气、空气质量下降，降水多形成地表径流快速流失造成河流缺乏水分涵养、断流时间延长、水体自净能力下降，并且土壤和有机质流失严重，土质下降。景观问题由生态环境状况而产生，景观建设对生态环境保护也发挥着重要的作用。因此，从区域出发对城市的生态环境与景观建设进行综合研究具有重要的意义。

实现城市生态景观环境建设的4个转变：生态园林城市生态景观环境建设要实现以下4个转变：

第一，从物理空间的需求上升到人的生活质量的需求。城市生态景观环境的不断改善，是城市居民生活质量提高后的必然要求，也是经济发展的必然趋势。这是因为，一方面，随着居民生活质量的不断提高，必然对环境的质量提出新的要求，希望能有一个清洁、宁静和舒适的居住环境；另一方面，市民的社会觉悟提高后，人们会更加注重人类与自然的和谐共存[206]。因此，生态园林城市是21世纪城市的发展新方向。

第二，从污染治理的需求上升到人的生理和心理健康需求。当代城市生态观念由单纯的自然美环境取向趋于更新的全面生态化，包括自然生态、社会经济生态和历史文化生态的平衡、协调发展。城市生态景观建设应包括两项内容：一是推进具有真正生态特征的城市环境建设，恢复和改造遭受污染和破坏的城市生态环境；二是对现有的城市经济社会模式实行生态化改造，主动探索适合我国国情的、适合经济社会与环境相协调的发展之路[207]。

第三，从城市绿化需求上升到生态服务功能需求。城市生态景观建设是一个循序渐进的过程，但是目前大多数的城市都存在“急进化”问题，这一问题突出表现在城市绿化方面。一是片面通过大量种植草坪提高城市绿化率，影响了城市绿地综合生态效益的发挥。二是搞速成“森林型生态城市”，这必将对一些乡村、山区的生态环境造成严重破坏。提高城市绿化率无疑是好事，但应以真正科学的方法和平和的心态来从容建设，防止生态园林城市建设中的“急功近利”思想。城市绿地建设还应改变过去那种“见缝插绿”的保守观念，把重点放在建设大型生态绿地、环城绿地、大型交通绿地以及居住区绿地上，强调城市绿地的连通性、城郊绿地的结合性、景观与生态的共融性[208]。

第四，从面向形象的城市美化上升到面向过程的城市可持续性发展。现代城市生态观已经超越了保护环境即城市建设与环境保护协调的层次，它融合了社会、文化、历史、经济等因素，向更加全面的方向发展。我们所追求不仅是“清水、绿地”这些形态上和形象上的目标，还应是城市生态功能的健全，以及这些功能的充分发挥，更重要的是建立一种良性的生态机制，使城市的生态形象和生态功能统一起来、协调一致，以功能反映形象，从而使城市真正走上经济、社会与生态协调发展和可持续发展的道路。

兼顾人文生态景观的建设：生态景观体系构建必须兼顾人文生态景观的建设，具体方式如下：

提高人工廊道的景观效果。人工廊道主要指人工修建的铁路、公路及其他通道。一般人工廊道两侧建筑较多，需精心布置廊道绿化，营造多树种、复层绿化带，提高林木密度，实行乔、灌、草结合，与两侧建筑共同形成错落有致的景观效果。

城市总体结构布局要合理。营造自然景观优美、建筑风貌时尚新颖、生态调控功能完善的城市分区。同时，要改造旧城区，保护古建筑，运用都市里的村庄、城市中的乡村、民居度假村、生态公园模式改造“城中村”，发展绿色社区[209]；完善城市商务区和各种服务系统，优化交通网络，密切城市各组团的联系，满足居民的多元交通方式需求，形成具有亲和力和凝聚力的最佳生态人居环境。

完善和强化城市建筑密集区景观的建设。城市景观是具有大量的、规则的人工景观要素，如大楼、街道、绿化带、商业区、文教区、工业区、仓储区等，是各种人造景观的高度集合[210]。一个城市景观生态功能的优劣，不仅要使各功能区能充分发挥其作用，还要使各功能区在空间上的组合搭配合理，协调不同功能区的物流、能流的输入和输出的效率。在城市规划和建设中则应精心设计建筑群体的空间构成，注意对城市建筑物的数量、轮廓、色彩、材料等的控制，对城市人文景观加以控制，保持城市流畅的轮廓线和特色，同时，要合理布局斑块和廊道，精心营造城市绿色生态空间系统，以达到人文环境与自然环境的完美融合。

第五节　生态园林城市评价指标体系

“生态园林城市”作为一种发展目标，应当具有一定的衡量标准和评价指标。只有这样，“生态园林城市”才能由一个相对笼统的概念成为一种比较明确的目标。由于生态园林城市是一个综合性很强的概念，生态园林城市的研究及其建设实践要涉及多学科、多角度、多要素，故其衡量标准和评价指标的确定也将是一个非常复杂的过程，标准和指标本身也应该是相当复杂和综合性的。而且生态园林城市的衡量标准和评价指标还面临着地域性和阶段性的问题，在不同的地域条件，对生态园林城市的衡量和评价标准也会有所不同。

一、生态园林城市评价及评价标准分析

1. 生态园林城市评价的实质

生态园林城市的创建标准从不同侧面反映了生态园林城市的价值取向和目标，生态园林城市的综合指标体系，包括可度量的（measurable）即定量和不可度量的（immeasurable）即定性两大类指标。定量与定性的结合比较全面地反映了生态园林城市的整体水平和状态，但生态园林城市整体和谐性不是由各指标的平均状况决定的，在评价的过程中，即使评价的生态综合指数或评价值很高，但是若有一项指标未达到标准，则表明其整体功能、结构或关系仍将是不协调的。尤其是定量分析部分，重要的环节就是评价指标、指标体系、评价方法等一系列问题。

2. 评价的指标与指标体系

（1）指标

英文“indicator”来自拉丁文“indicare”，具有揭示、指明、宣布或者使公众了解等涵义。它是帮助人们理解事物如何随时间发生变化的定量化信息。反映总体现象的特定概念和具体数值[211]。

指标由指标名称和具体数值构成，指标名称表明所研究现象数值方面的科学概念，即性

质的规定性。依据指标名称所反映的社会经济内容，通过统计工作所获得的统计数字就是指标数值。因此，指标是数与量的统一。由此可见，如要应用指标认识和说明现象的特征，就必须把反映总体现象的特定概念和具体数值结合起来。

指标是说明总体数量特征的统计范畴，它包括可以用数值来表示的客观指标和不能直接用数字来表示的主观指标。主观指标反映公众对客观事物或现象的感受、愿望和态度。一般不能直接取得指标数值，使用时与要通过统计调查收集资料比较并将其量化。如居民对社会治安状况的评价、居民对交通出行状况的评价等都是主观指标，其指标值的取得取决于人们的主观感受。由于生态园林城市评价指标体系不是单纯的经济指标，还涉及公众的主观感受等，因此包含许多主观指标。

每一个指标都是从一个方面反映评价对象某方面的信息，需要采用一定的方法对指标进行筛选，构造适当的指标体系，以尽可能选用尽可能少的有代表性的指标，科学正确地反映出评价对象的情况。

（2）指标体系

任何指标都是从数量方面说明一定社会总体现象某种属性或特征的，它的语言是数字。通过一个具体的统计指标，可以说明一个简单事实，反映总体现象的一个侧面或某一侧面的某一特征。要反映被研究总体的全貌，就必须把一系列相互联系的数量指标和质量指标结合在一起，就需要用到指标体系[212]。

如果把若干有联系的指标结合在一起，就可以从多方面认识和说明一个比较复杂现象的许多特征及其规律。因此，要刻画总体现象的多方面特征，就必须把一系列相互联系的数量指标和质量指标结合在一起加以运用。为此，通常指标不是一个一个孤立地存在的，它总是作为一个体系建立起来并发挥作用的。凡是客观存在的、相互联系的若干个指标所组成的一个整体，就称之为指标体系，它是由一系列相互联系、相互制约的指标组成的科学的、完整的总体。

（3）指标体系结构

指标体系的基本结构反映了指标之间的相互关系。最简单的指标体系是多个指标的集合，指标之间除了同属于一个集合之外，相互之间没有其他关系，各个指标都可以直观地对所属系统进行评价，没有必要对它们进行综合。

除了简单的指标集合外，较常用的指标体系是树形结构。树形结构不同层面的指标之间具有从属关系，下一层次的指标从属于上一层次并以此类推，最后的指标是位于树状结构顶端的综合指标。这种结构有助于指标之间的分类，指标之间的关系也较清楚，是比较常用的一种结构。复杂系统的评价往往采用网络状的指标结构。该结构更适合于描述现实世界事物之间复杂的联系。一般要从多个准则出发来综合评价系统的状态。因此，复杂系统的指标体系大多表现为复杂的结构。

（4）指标选取的原则

连续性：选取的指标都应该相对稳定，可以通过一定的途径、一定的方法进行调查，具有不同的区域、时间上的连续性。

可比性：选取的每一个指标都应该是确定的，可在不同的范围内定量比较，应该尽量利用现有的规范的统计数据，化为有确切意义的无量纲的指标，以便于比较分析研究。

定量性：指标体系的每一条指标都应定量。这是适应建立评价模型、进行数学处理的需要。

区域性：生态园林城市建设总是在一定的区域的范围内进行的，因此在原有的基本的评价基础上，充分体现地区特色，以便全面衡量建设区域的经济、社会与自然环境的协调状况。

动态性：生态园林城市目标不是静态的目标，而是随着社会的发展而不断发展、变化，其内涵也会更加丰富，内容将更加广泛，标准也更加严格和科学。指标的设计与选取，不但要反映生态园林城市某一时点上的水平，还应包含反映生态园林城市动态发展演变趋势的指标。

全面性：指标体系应该在不同层次、不同方面反映出城市化、生态化、生态园林城市建设能力的属性、特征。

二、国家生态园林城市标准（暂行）分析

1. 一般性要求

《国家生态园林城市标准》（暂行）包括 7 项一般性要求和 3 个方面的 19 项基本指标，涉及到城市规划、建设和管理各个方面。其一般性要求反映了城市人与自然、生态环境治理、生活环境改善的各个侧面。一般性要求如下：

（1）应用生态学与系统学原理来规划建设城市，城市性质、功能、发展目标定位准确，编制了科学的城市绿地系统规划并纳入了城市总体规划，制定了完整的城市生态发展战略、措施和行动计划。城市功能协调，符合生态平衡要求；城市发展与布局结构合理，形成了与区域生态系统相协调的城市发展形态和城乡一体化的城镇发展体系。

（2）城市与区域协调发展，有良好的市域生态环境，形成了完整的城市绿地系统。自然地貌、植被、水系、湿地等生态敏感区域得到了有效保护，绿地分布合理，生物多样性趋于丰富。大气环境、水系环境良好，并具有良好的气流循环，热岛效应较低。

（3）城市人文景观和自然景观和谐融通，继承城市传统文化，保持城市原有的历史风貌，保护历史文化和自然遗产，保持地形地貌、河流水系的自然形态，具有独特的城市人文、自然景观。

（4）城市各项基础设施完善。城市供水、燃气、供热、供电、通讯、交通等设施完备、高效、稳定，市民生活工作环境清洁安全，生产、生活污染物得到有效处理。城市交通系统运行高效，开展创建绿色交通示范城市活动，落实优先发展公共交通政策。城市建筑（包括住宅建设）广泛采用了建筑节能、节水技术，普遍应用了低能耗环保建筑材料。

（5）具有良好的城市生活环境。城市公共卫生设施完善，达到了较高污染控制水平，建立了相应的危机处理机制。市民能够普遍享受健康服务。城市具有完备的公园、文化、体育等各种娱乐和休闲场所。住宅小区、社区的建设功能俱全、环境优良。居民对本市的生态环境有较高的满意度。

（6）社会各界和普通市民能够积极参与涉及公共利益政策和措施的制定和实施。对城市生态建设、环保措施具有较高的参与度。

（7）模范执行国家和地方有关城市规划、生态环境保护法律法规，持续改善生态环境和生活环境。3 年内无重大环境污染和生态破坏事件、无重大破坏绿化成果行为、无重大基础设施事故。

2. 基本指标分析

（1）基本指标

国家生态园林城市标准基本指标的城市生态环境、城市生活环境和城市基础设施3个方面的19项基本指标见表4-3：

表4-3　国家生态园林城市标准基本指标表

目标层	序号	指标	标准值
城市生态环境指标	1	综合物种指数	≥0.5
	2	本地植物指数	≥0.7
	3	建成区道路广场用地中透水面积的比重	≥50%
	4	城市热岛效应程度（℃）	≤2.5
	5	建成区绿化覆盖率（%）	≥45
	6	建成区人均公共绿地（m^2）	≥12
	7	建成区绿地率（%）	≥38
城市生活环境指标	8	空气污染指数小于等于100的天数/年	≥300
	9	城市水环境功能区水质达标率（%）	100
	10	城市管网水水质年综合合格率（%）	100
	11	环境噪声达标区覆盖率（%）	≥95
	12	公众对城市生态环境的满意度（%）	≥85
城市基础设施指标	13	城市基础设施系统完好率（%）	≥85
	14	自来水普及率（%）	100，实现24小时供水
	15	城市污水处理率（%）	≥70
	16	再生水利用率（%）	≥30
	17	生活垃圾无害化处理率（%）	≥90
	18	万人拥有病床数（张/万人）	≥90
	19	主次干道平均车速	≥40km/h

（2）基本指标分析

城市地域存差异，一个标准难衡量：由于我国地域广阔、不同城市存在地域、环境、气候、特殊环境状况和实际情况等差异，不同地区对实现“指标”的程度将会有较大的差别，对个别“特殊标准”可以进行适度调整。例如，“建成区绿化覆盖率”和“综合物种指数”两项，对于南方和北方应该有所区别；用一个标准衡量、评选生态园林城市不公平、不合适，建议可考虑以秦岭、淮河为线，按南北设置考核指标体系。

部分指标过高，短期内难以达到：在现在的形势下，三项指标难达标，建议修改《国家生态园林城市标准》（暂行）规定：城市再生水利用率≥30%，拥有病床数需要达到90张/万人，城市主次干道平均车速≥40km/h。

对于生态园林城市标准中“主次干道平均车速≥40km/h”的要求，由于指标体系中没有明确具体的测量指标，考核方式也欠明确。现在在一些大中城市，塞车是常见现象，尤其是上下班高峰。建议将“城市主次干道平均车速≥40km/h”改为“城市主次干道平峰期平均车速≥40km/h”更为合理，以利于提高该项指标监测计算的可操作性。

拥有病床数需要达到90张/万人，此标准定得过高，按照各个省市自己制定的卫生规划发展的病床数作为考核目标更合理。增加“千人平均拥有体育设施数量”，创建生态园林城市的本意是让市民的身体素质强健，增加体育设施，使市民的体质得到提升。但是是否会引起一些城市为创建达标而盲目上马体育中心、体育场馆，而影响城市本身的规划，建议将平均拥有体育设施还是拥有体育场地细化。

城市再生水利用在国内刚刚起步。南北相比，北方缺水可以从再生水利用上节约水资源，加大开发的力度。但南方本身水资源丰富，不存在缺水的问题，将大量资金投入城市再生水利用，还不如投入综合水环境治理和污水处理。

应加入环保新内容：创建国家“生态园林城市”是一项新生事物，是社会发展的客观需要和历史发展的必然选择，是落实科学发展观的实际行动，在全国引起了巨大的反响，在实践的过程中可以不断扩展和丰富其内容。

例如：关于“循环经济”与“节约型园林绿化”，大力发展循环经济，建设节约型城市是当前城市建设的热点工作。深圳在生态园林城市建设过程中，进行了一些有益的探索，如生活垃圾焚烧处理，利用热能发电；再生资源回收利用；推动太阳能利用等多个领域取得丰硕成果。

关于加强化肥、农药污染的控制，提倡施用高效、低毒、低残留的农药，尤其是生物性农药，减少城市面源污染，在这方面也在不断的探索。建议将这些内容充实到标准的一般性要求中，以便更好引导生态园林城市的创建工作。

指标体系向影响质量方面适度倾斜：“生态园林城市”是在“园林城市”的基础上提出的，建设“园林城市”时，要求建成区人均绿化面积要达到7～9m^2，现在大幅提高到12m^2，岂不是建成区要推倒重来。“创建”生态园林城市“关键是提高城市绿地的质量、生态效应，提高园林建设的档次，相关部门不应该只是单纯的植树种草，应该在建设园林时模拟地带性植被类型，形成多种类、复层次结构，使园林生态效应最大化。

指标的相对性：有些指标不是单个城市能够左右的，如水环境治理，大江大河一般跨省、跨市、跨流域，它们的治理不是一个城市的问题，如果只讲100%达标，对一些创建城市而言不科学、不公平。

（3）与卫生城市、环保模范城市主要指标对比

从表4-4对比可以看出，生态园林城市与卫生城市、环保模范城市评比的侧重点不同，生态园林城市以生态自然为核心，辐射生产和生活指标。其实都是要求城市在环境优化、经济发展的同时，追求人与自然的最大化和谐。

表 4-4　国家生态园林城市基本指标与卫生城市、环保城市对比表

目标层	序号	指标	生态园林城市	卫生城市	环保模范城市
城市生态环境指标	1	综合物种指数	≥0.5	—	—
	2	本地植物指数	≥0.7	—	—
	3	建成区道路广场用地中透水面积的比重	≥50%	—	—
	4	城市热岛效应程度（℃）	≤2.5	—	—
	5	建成区绿化覆盖率（%）	≥45	≥36	≥35
	6	建成区人均公共绿地（m^2）	≥12	≥7.5	—
	7	建成区绿地率（%）	≥38	≥31	—
		受保护地区面积占国土面积比例	—	—	≥10
城市生活环境指标	8	空气污染指数小于等于100的天数/年	≥300	—	—
	9	城市水环境功能区水质达标率（%）	100	—	100，且市区内无劣V类水体。
		集中式饮用水水源地水质达标率（%）	—	—	≥96
	10	城市管网水水质年综合合格率（%）	100	—	—
	11	环境噪声达标区覆盖率（%）	≥95	—	区域环境噪声平均值≤60dB(A)，交通干线噪声平均值≤70dB(A)
	12	公众对城市生态环境的满意度（%）	≥85	居民对卫生满意率≥90	公众对城市环保满意率≥85
城市基础设施指标	13	城市基础设施系统完好率（%）	≥85	—	—
	14	自来水普及率（%）	100，实现24小时供水	—	—
	15	城市污水处理率（%）	≥70	≥50	≥80
	16	再生水利用率（%）	≥30	—	缺水城市污水再生利用率20
	17	生活垃圾无害化处理率（%）	≥90	≥80	≥85
	18	万人拥有病床数（张/万人）	≥90	—	—
	19	城市主次干道平峰期平均车速	≥40km/h	—	—
		工业固体废物处置利用率（%）	—	—	≥90
		危险废物处置率（%）	—	—	100

注：上表中序号对应生态园林城市基本指标序号

三、生态园林城市衡量标准——定性标准

“生态园林城市”比“园林城市”多了“生态”两个字，但是创建的理念、创建的内涵、创建的措施都明显上了一个档次，上了一个台阶，就是要用更加环保、更加生态、人与自然更加和谐的模式，来提升城市的品质。对于“生态园林城市”的标准，有这样的基本认识：

第一，生态园林城市的本质特征是“和谐的人居环境”，生态园林城市的衡量标准必须紧紧围绕着生态园林城市的这一本质特征；

第二，“生态园林城市”的核心思想是系统的自然观、“以人为本”的社会观和生态经济观，衡量“生态园林城市”的标准要充分体现这些思想；

第三，标准要尽可能客观全面，不能有失偏颇，要包括城市生态系统自然环境的主要方面；

第四，标准既要明确又要有一定的灵活性，要是非分明，可以做出基本的判断，但不存在截然的标准，也就是说不存在一个固定的、惟一的标准；

第五，“生态园林城市”的标准不能进行“1+1=2”或“2-1=1”等简单的数学运算。个别标准可以有一个比较明确的数量要求，如绿化覆盖率、绿地率等，但这些数量要求仍然只是相对的，也不是“放之四海而皆准”的标准。根据这些基本认识以及生态园林城市的概念和基本性质，并参考其他有关的城市评价体系，将“生态园林城市”的衡量标准分为 3 个大的方面，每个方面又具体包括一些较详细的评价标准。

1. 自然生态标准

生态园林城市的自然生态标准，就是对生态园林城市自然环境方面的要求，也就是人们常说的“将自然融入城市，将城市融入自然”。这也是生态园林城市的核心标准方面，包括两个方面，一是合理保护和利用城市中及其周边的自然环境，二是通过改变（规划与建设）城市及其周边的自然环境要素（如气候、地貌、水文、土壤、植被等）改善城市的自然生态环境，使城市的自然生态环境更加适于人类居住。具体有以下几个方面的标准：

（1）应用生态学与系统学原理来规划建设城市，城市性质、功能、发展目标定位准确，编制了科学的城市绿地系统规划并纳入了城市总体规划，制定了完整的城市生态发展战略、措施和行动计划。城市功能协调，符合生态平衡要求；城市发展与布局结构合理，形成了与区域生态系统相协调的城市发展形态和城乡一体化的城镇发展体系。

（2）城市与区域协调发展，有良好的市域生态环境，形成了完整的城市绿地系统。自然地貌、植被、水系、湿地等生态敏感区域得到了有效保护，绿地分布合理，生物多样性趋于丰富。大气环境、水系环境良好，并具有良好的气流循环，热岛效应较低。

（3）模范执行国家和地方有关城市规划、生态环境保护法律法规，持续改善生态环境和生活环境。3 年内无重大环境污染和生态破坏事件、无重大破坏绿化成果行为、无重大基础设施事故。

（4）人与其他生物友好共生，人随时可与自然接近，将自然融于城市之中。使城市具有较强的自我组织、自我调节、自我净化能力，符合生态平衡的要求，城市生态系统可以持续健康运转。

2. 社会与文化生态标准

（1）城市人文景观和自然景观和谐融通，继承城市传统文化，保持城市原有的历史风貌，保护历史文化和自然遗产，保持地形地貌、河流水系的自然形态，具有独特的城市人文、自然景观。

（2）城市各项基础设施完善。城市供水、燃气、供热、供电、通讯、交通等设施完备、高效、稳定，市民生活工作环境清洁安全，生产、生活污染物得到有效处理。城市交通系统运行高效，开展创建绿色交通示范城市活动，落实优先发展公交政策。城市建筑（包括住宅建设）广泛采用了建筑节能、节水技术，普遍应用了低能耗环保建筑材料。

（3）具有良好的城市生活环境。城市公共卫生设施完善，达到了较高污染控制水平，建立了相应的危机处理机制。市民能够普遍享受健康服务。城市具有完备的公园、文化、体育等各种娱乐和休闲场所。住宅小区、社区的建设功能俱全、环境优良。居民对本市的生态环境有较高的满意度。

（4）社会各界和普通市民能够积极参与涉及公共利益政策和措施的制定和实施。对城市生态建设、环保措施具有较高的参与度。居民有自觉的生态意识。包括资源意识、环境意识、可持续发展观等，并以此来规范各自的行为，实现“人创造环境，环境陶冶人”的良性循环，促进人类自身的进化。

3. 经济生态标准

“生态园林城市”的经济生态标准，总体上讲，就是综合效益最高。简单地说就是“高效”、“节约”和“少污染”。具体可考虑以下指标。

（1）从宏观经济上看，生态园林城市也要求具有合理的产业结构，并实现产业的生态化。从三个产业的总体结构来看，一般应是第三产业＞第二产业＞第一产业的倒金字塔式结构。

（2）保护并高效利用一切自然资源与能源，建设生态社区，注重清洁能源（如太阳能、风能、沼气等）的使用和资源的重复循环利用，实现清洁生产和文明消费，特别是要发展回收和重复利用水资源的系统。

（3）关于“循环经济”，大力发展循环经济，建设节约型城市和“节约型园林绿化”，可利用生活垃圾焚烧处理，利用热能发电；再生资源回收利用；推动太阳能利用等多个领域取得丰硕成果。

（4）提倡生态农业，加强化肥、农药污染的控制，提倡施用高效、低毒、低残留的农药，尤其是生物性农药，减少城市面源污染。

《国家生态园林城市标准》（暂行）包括7项一般性要求和3个方面的19项基本指标，涉及到城市规划、建设和管理各个方面。其中7项一般性要求已经结合上面“生态园林城市衡量标准——定性分析”的自然生态标准、社会与文化生态标准、经济生态标准有所采纳并分类表述。以上3大方面12项标准，从不同侧面反映了生态园林城市的衡量标准，也是进行生态园林城市设计与建设的目标和价值取向。创建生态园林城市就是要依据上述标准去调解和改善城市内部的各种不合理的生态关系，提高城市生态系统的自我调控能力，实现可持续发展。

四、生态园林城市评价指标体系——定量标准

1. 考核指标探讨

由于生态园林城市标准刚刚提出，我国各城市存在地理气候条件、特殊环境状况和实际情况等差异，综合上面分析，建议分：必备指标、主要指标和发展指标进行考核。同时也按城市生态化的3个侧面，即自然生态化、社会生态化和经济生态化对指标系统完善。

（1）必备指标

体现国家“生态园林城市”核心内容、必须达标的“必备指标”；

（2）主要指标

达到标准值90%即可视为达标的“主要指标”，即在园林城市基础上新增的指标（除再生水利用率、万人拥有病床数外），但需承诺制定发展计划，在规定时间内全面达到标准；

（3）发展指标

目前国内刚起步发展或与实际情况差距较大的指标，创建城市制订发展计划，并已在各个城市不断试点发展推进的可以作为“发展指标”，即再生水利用率和万人拥有病床数指标。

但是生态园林城市随着社会的发展而发展，是一个“动态目标”，在城市的发展和建设之中，生态园林城市的内涵与评价标准也随着理论的深入和实践的展开，而不断深化、拓展、发展。今后扩充国家“生态园林城市”内涵，新增的指标也可列入“发展指标”，这样可以保证国家“生态园林城市”标准指标体系有良好的发展弹性。

2. 评价基本指标体系设计

生态园林城市是生态城市的一个阶段，它的发展方向必然是生态城市，所以对生态园林城市基本指标体系的设计应该朝着生态城市的方向迈进，从城市生态化的3个侧面自然生态化、社会生态化和经济生态化3个方面对它提出必备指标、主要指标和发展指标，构建生态园林城市基本指标体系，对指标系统完善（表4-5）。

表4-5 国家生态园林城市标准指标体系表

一级系统	二级系统	序号	指标	标准值	指标类别
自然生态化支持系统	城市生态环境指标	1	综合物种指数	≥0.5	A
		2	本地植物指数	≥0.7	A
		3	建成区道路广场用地中透水面积的比重	≥50%	A
		4	城市热岛效应程度（℃）	≤2.5	A
		5	建成区绿化覆盖率（%）	≥45	A
		6	建成区人均公共绿地（m^2）	≥12	A
		7	建成区绿地率（%）	≥38	A
		8	绿地面积年递增率（%）	与建成区扩展面积对应增加绿地	C
		9	森林覆盖率（%）	参考国家林业规定	B
		10	受保护地区站国土面积比例（自然及人文景观资源）（%）	≥10	B
		11	化肥使用强度（折纯）	待定	C
		12	农药使用强度（折纯）	待定	C
		13	退化土地恢复治理率（%）	待定	C
社会生态化支持系统	城市生活环境指标	14	空气污染指数小于等于100的天数/年	≥300	A
		15	城市水环境功能区水质达标率（%）	100	A
		16	集中式饮用水水源地水质达标率	≥96	B
		17	城市管网水水质年综合合格率（%）	100	A
		18	环境噪声达标区覆盖率（%）	≥95	A
		19	公众对城市生态环境的满意度（%）	≥85	A
		20	环境保护宣传教育普及率（%）	≥85	B
		21	城市清洁能源使用率	≥50	B
		22	主要污染物排放强度	待定	C

（续）

一级系统	二级系统	序号	指标	标准值	指标类别
社会生态化支持系统	城市基础设施指标	23	城市基础设施系统完好率（%）	≥85	A
		24	自来水普及率（%）	100，实现 24 小时供水	A
		25	城市污水处理率（%）	≥70	A
		26	再生水利用率（%）	≥30	B
		27	生活垃圾无害化处理率（%）	≥90	A
		28	万人拥有病床数（张/万人）	≥90	B
		29	主次干道平均车速	≥40km/h	A
		30	千人平均拥有体育设施数量	待定	B
		31	工业固体废物处置利用率（%）	≥90	C
		32	危险废物处置率（%）	100	C
		33	城市化水平（%）	按国家平均水平	C
		34	人均道路面积（m^2）	按城市规划水平	C
经济生态化支持系统	经济水平	35	人均 GDP（元）	参考国内先进值	C
	经济结构	36	第三产业 GDP 比例	参考国内先进值	C
	资源利用率	37	单位 GDP 水耗（m^3/万元）	参考国内先进值	C
		38	单位 GDP 能耗（吨标煤/万元）	参考国内先进值	C

注：必备指标代码 A，主要指标代码为 B，发展指标代码为 C。

第五章 生态园林城市规划实现途径

这里探讨的生态园林城市规划实现途径，主要是针对城市自然生态化的规划与建设提出一种合理的规划途径，并真正使之与城市总体规划相衔接、反馈协调城市总体规划，使城市自然生态化环境实现最终优化。因此，其涉及的规划内容主要是基于自然演化规律的城市空间扩展规划、城市生态园林规划（绿地系统和绿色开敞空间规划等）、城市生物多样性规划、城市生态环境规划等与生态实体相关联的自然生态化内容。

第一节 从生态学出发的规划设计理论体系的建立

城市景观涉及自然、人文、社会多个方面，是一个综合的多学科研究领域。从生态学角度出发的研究是其中重要内容之一，这方面的意义在当今追求可持续发展和强调生态环境保护的背景下尤为重要。

一、城市规划设计与生态学思想

1. 城市规划设计的生态思维

城市作为人类聚居方式的集中体现，是复杂的人类生态系统，也是生态研究的重要内容。人们必须对城市规划的思维方式进行更新与转变，从物理方法走向生态学方法，从机械思维走向生态思维。有学者认为，生态思维的主要特征是系统思想、共生思想和演替思想。因此，城市规划的生态思维包含了以下观点[213]：

（1）城市生态系统观

城市生态系统观认为，城市是由相互关联的复杂网络组成的有机整体，城市中的一切单元都是内在联系的，并且城市是变化着的有秩序的功能整体，永恒的变化是第一位的，宏观有序是第二位的。

（2）城市“稳态经济”观

建立“稳态经济观”最重要的是要将城市经济纳入自然生态系统和人类社会系统中去，使城市经济的发展既能保护生态环境，又能满足全体人民的物质需求。经济活动应建立在遵循生态规律的基础上，改变不考虑社会成本和环境成本，盲目地追求国民生产总值增长的“病态经济”，改变简单以人均 GDP 作为社会经济福利增长的标志，提倡绿色 GDP。

（3）城市发展适度观

城市发展适度观强调城市对自然界的作用应加以限定和节制，城市发展要维持在资源和环境的承受能力范围之内，以不破坏自然实体的整体特征及其要素之间的相互依存为前提。

（4）城市与自然共生观

为实现城市与自然共生，城市规划应增加城市生态用地的比例，提高城市的自然度（指城市中自然景观的丰富程度，自然地域占城市用地比例等），最大限度满足城市人类的生态需求。

（5）城市有机更新观

城市如同一个有机体，具有生长、发育、衰老、更新等新陈代谢过程，而且时刻在进行。城市规划设计应仔细研究城市的历史，探索生活于其中的人们的场所行为和场所精神，在规划设计中表达和保持这种内容，以保持城市历史的延续性。

（6）城市生态设计观

生态设计是按照自然环境存在的原则和规律设计人类的居住形式和环境，其最低目标是在目前的技术水平条件下设计一种物质和能源消耗较少的生活方式。

2. 城市规划设计的生态审美

传统西方美学是建立在主客二分的哲学模式和征服自然的文化观念之上的，如西方几何化园林就是基于对自然改造、征服的美的理解。生态审美是在当代生态文化观念影响下对审美现象的再认识。它不只是对外在自然美的发现，而是以生态观念为价值取向，把自身和周围的生态环境与生态过程作为审美对象而形成的审美意识。李泽厚曾说过："美的产生要具备两个方面的条件，即外在自然的人化和内在自然的人化"。而生态美则反映了人的内在自然与外在自然的和谐统一关系，表现了一种由生态平衡产生的秩序感，一种生命和谐的意境和生机盎然的氛围。因此，生态审美具有以下特征：强调自然、追求生命力、体现多样和平等原则、注重人的生活与文化。

二、规划设计目标与层次

1. 规划设计目标

从生态学出发的城市景观规划设计通过建立区域与城市的生态系统观念，对景观资源、生态要素和生态过程进行分析，通过跨学科多专业的研究，谋求城市地区人工与自然景观的良好融合，生态要素的合理循环、流动，资源的最优利用，建立自然生态化规划体系，从而达到以下目标：

（1）探讨城市景观规划设计的生态适宜途径，从而使生态保护、景观塑造与城市建设等方面能在一个协调机制中进行，做到环境、社会、经济的效益统一，创造可持续的人类环境。

（3）通过研究景观资源各要素的自然生态过程与整体格局，保护并健全其生态机制，建立区域景观生态格局，并寻找存在于地形、植被等自然要素及其空间格局之中的特有的自然适应形式和景观特征。

（3）重构生态链结，优化景观格局，使人居环境建设及社会经济活动与自然生态格局、过程相一致，塑造良好城市景观和环境质量，满足生活、生产等各种要求。

2. 规划设计层次

（1）宏观层次

宏观层次主要是对区域尺度整体景观的研究，包括城市景观、城郊景观、管理景观及周围区域的天然景观等，为下一层面的不同类型的景观规划设计提供基础。宏观层次研究较多以市域或县域行政区划或城市的经济辐射范围为范围，区域层面的景观规划遵循生态内在机制，以生态格局与过程的完整连续为原则，一般根据当地生态系统功能与格局所要求的空间范围而建立。

（2）中观层次

中观层次研究范围包括城市建成区及周边郊区的总体景观，以城市规划区为范围，包括城市景观、城郊景观、农田、水系及山脉等。以市域景观生态格局为基础，保持市域自然生态格局在城市地区的连续性，并在城市内部进行景观生态综合建设。

（3）微观层次

城市建成区是以人工设施环境为主的景观镶嵌体。这一层次以宏观与中观的生态格层为基础，通过对建成区景观的空间要素、结构、功能等进行分析，与旧城改造、新区开发相结合，增加自然要素，改善人工环境生态质量。内容包括街道、广场、绿地及公园等地段的景观设计。

三、规划设计的生态途径

1. 建立人居环境的生态平衡机制

自古以来，人居环境建设对周围区域的自然生态环境有很大的影响，是人类对自然环境不断占领与改造的一个过程。而区域也对城市的生态安全发挥重要作用。因此，针对区域的自然生态条件，要了解其演化过程，尊重自然格局，保护对维持生态安全至关重要的因素与部分，进而认识生态平衡的内在机制，使城市建设地区纳入这一生态体系。一方面，人居环境的生存依赖于区域自然生态系统提供物质与能量。另一方面，健全的生态系统是人居环境景观的重要构成要素，生态倒退形成的荒山秃岭、水土流失、局部气候恶化都对人居环境的建设与生存构成不利的影响，形成了人居环境的生态不安全因素，也形成了低劣的环境景观。因此，生态安全不仅是自然生态系统生存与发展的需要，也是人居环境建设的必要条件，生态园林城市规划与建设应力图维持规划区域及城市的生态安全机制。

2. 区域景观规划设计生态途径

（1）明确区域景观规划范围

根据当地自然环境地理特征和生态建设重点，在自然生态格局的基础上确立区域层面生态系统的范围，与行政和经济方面的区划进行协调。

（2）建构区域景观生态格局

区域景观生态格局的建构可以为城市提供符合生态机制的景观框架。包括区域生态廊道系统的建构，如河流、山脉等自然廊道与道路、水渠人工廊道，保持其各自完整性，确保生态流的合理运转；进行廊道结点建设，保护生态种源及联结，保护不同生态系统组成的斑块与基质的自然格局关系；对景观生态格局进行分析，寻找其中的问题及与城市的关系，并进行格局重构。

（3）进行宏观生态过程分析，保持其连续性，并与生态格局相协调

生态过程指发生在景观元素之间的各种“生态流”，景观元素通过广泛的各种“流”对另外的景观元素施加影响。

（4）进行区域专项生态建设规划研究

如生态林业建设，生态农业建设，生态工业规划，生态旅游发展规划等，综合考虑生态建设与生产生活的进行。

（5）运用景观设计理论，进行区域大地景观艺术考虑

将大尺度地形、地貌、植被及水体景观与城市整体形态进行有机结合，并寻找其中特有的自然适应形式和美学特征，形成区域景观特色。

3. 城市景观规划设计生态途径

针对城市景观规划设计的生态适宜途径在于尽量增加城市中的自然组分，增强城市景观异质性，以平衡城市生态收支，提高环境质量，消除过多人工硬质环境的不利影响，形成景观生态综合建设模式。城市景观规划设计生态适宜途径主要包括：

（1）进行土地生态规划，保护城市生态敏感区与生态战略点：确定城市建设的适宜用地与适宜利用方式，建立生态保护区，如饮用水源地、野生动物栖息地等。

（2）以“开敞优先”原则进行生态绿地与开敞空间系统规划：使城市内部绿地与外界林地系统保持连续，保持大环境的生态格局在城市地区的连续与完整，同时增加城市环境的自然组分和异质性斑块。

（3）建设城市生态廊道系统：包括以河流为主的蓝道和以绿化为主的绿道，保持城市内部的各种自然与人工生态流的连续。

（4）进行景观美感评价与总体层面的城市设计，建立城市景观体系：包括景观分区与景观轴，城市空间节点，界面与高度视线设计，夜景、游憩及步行系统等。

4. 地段景观规划设计生态途径

针对具体的城市地段，在景观规划设计中也应尽量提高“自然”组分在城市用地构成中的比重，进行生态适宜技术层面考虑：

（1）进行环境影响评价：根据地段的自然环境特点预测规划对周围的影响，制定对策。

（2）进行城市绿地、公园及滨水区具体环境景观设计：结合区域与城市生态绿地系统与廊道系统，提高各种绿地的生态功能，用廊道相互连通，构成绿地网络。

（3）进行河流水质治理和污染治理。

（4）发展生态适宜技术：如乡土绿化种类、种植方法及环境清洁工程、生物保护等。

（5）“以人为本”，进行城市公共空间具体设计：如广场、道路设计等。

第二节　基于自然演化规律的城市空间扩展

一、城市空间扩展与自然演化

1. 生态、城市与自然平衡

自然的演化是自然地理系统和生态系统相交织的发展过程。在这一过程中，自然地理条件决定了生态系统的演化方向，而生物与环境之间相互作用的过程又决定了自然地理发展的外在面貌。当前城市建设所产生的环境问题，其实质是破坏了自然界物质之间相互作用的过程，王如松在《城市生态调控方法》中把它总结为：“流”或“过程”的失调、“网”或结

构的失调、“序”或功能的失调[214]。因此，城市的合理发展应当顺应自然生态的过程，协调城市与环境的相互关系，遵循生态的基本原则，如循环再生原则、协调共生原则、持续自生原则。生态的运作过程是自然演化的结果和基本原则，城市的生态化运作过程也就是符合自然演化规律的城市化过程。

2. 自然演化与城市空间扩展

城市空间扩展与自然演化的反向发展特征是自工业革命以来大多数急剧发展的城市所面临的艰巨问题。这种问题产生的根源来自于城市发展的基本动力和人们对于城市发展所持的观点。当前的城市空间扩展通常是以人口和经济的发展为基本的驱动力，城市发展的一切原则、目标、手段和方法通常围绕着它们来设定，因而由此所产生的城市物质环境也体现出相应的特征。当前的城市空间扩展所突出的是经济与社会的发展，这是城市发展的基本要求。事实上，城市的社会发展目标也包含着自然环境的发展，但是，目标设定的含蓄性往往在实践中容易被人口和经济发展的压力所掩盖。当前，可持续的发展观的提出为城市空间扩展树立了城市与自然共同发展的思想观念。要想将城市发展纳入到自然演化的轨道之中，必须首先明确城市发展与自然演化的关系是怎么样的？然后在实践中逐步将城市的空间扩展、人口发展、经济发展和社会发展共同纳人到自然演进的轨道之中。正如麦克哈格所说“自然现象是相互作用的发展过程，各种自然规律的反映，而这些自然现象为人类提供了使用的机遇和限制…”[215]。

二、城市空间扩展与自然演化的外在特征

河流、山地、林地系统，以及它们与平原的交接带是与城市发展相关的区域，也是维持整个陆地系统稳定的关键区域。因此，本文对于自然演化外在过程的讨论主要集中在对这3种自然形态和它们的边界带的研究上。

1. 城市空间扩展与河流系统

在城市的空间扩展过程中，流域内的冲积平原、洪积平原与洪泛滩地等也往往成为城市发展的首选用地。世界上大部分城市也都依托于河流而得到发展，如巴黎的塞纳河、伦敦的泰晤士河、鹿特丹的马斯河、汉堡的易北河、纽约的哈得逊河等都穿城而过；另外中国的南京、武汉、北京、上海、重庆、沈阳等众多城市也都依托于河流而得到壮大。一方面，城市为获得方便的供水与便利的交通，尽量在靠近河流的地方建设城市；另一方面，城市化过程是一个快速发展变化的非平稳过程，城市化的发展直接或间接地改变着城市水环境，河道的裁弯取直、硬化、渠化等，改变了天然河流的自然形态；城市不透水表面的扩展，侵占了河流系统的活动空间，生态环境遭破坏；城市化、工业化的结果，产生大量废弃物，污染河流水环境，破坏城市水生态系统平衡，使水域生态功能降低。城市空间发展又不断简化复杂的河流网络系统（干流、支流、湿地、湖泊等），即使仅存的部分干支流水体也在城市堤岸、水坝、人工取直的作用之下失去了它们的流动、补充与调蓄的功能[216]。

城市发展与河流系统自然演化的关系主要在于这样几个方面：

（1）城市空间扩展对河流水量的影响

城市化过程中，城市天然水系中支流与小河道的消失削弱了河道的蓄洪能力，加快了地表径流速度、缩短了汇流时间，导致暴雨后干流河道水量快速增加和地表积水现象，丰水期

城市洪涝灾害的发生频率与强度呈现逐渐增加趋势[217]。城市空间扩展的显著特征就是城市以大片不渗水表面代替了自然状态之下的可渗水表面。随着城市范围的扩大，由于大片不渗水地表和城市快速排水系统的影响，河水水量也随之快速上涨，河流就越加膨胀，洪峰的尺度也显著提高。据研究，不透水地面增加 2 倍，洪水量也大致增加 2 倍，汇流时间则缩短 6/7[218]。当城市化过程将自然土地全部置换成不渗水地面时，这种水量变化及其破坏性作用最为强烈。它们随着河流上游中心城市数量的增加而越加严重。而由上游城市化所带来的问题在河流的下游解决起来也更加困难，代价也更加高昂。它需要较大的排水道，加固河岸，保护下游已经城市化的洪泛平原，但也因此带来了对自然河塘、沼泽、植被以及野生生命栖居地的大规模破坏。

（2）城市空间扩展对河流调蓄带的影响

在城市的空间扩展过程中，城市发展的目标体系往往忽略河流调蓄系统对河流自然演化的影响。因而当对城市"不重要"的支流、湖泊和湿地等河流调蓄带影响到城市的发展时，往往以牺牲这些土地与河流的自然功能为城市发展的代价。这在当前的城市建设中表现尤其突出。

支流水系：在城市发展中，很多城市都将次要的支流水系填埋掉，或以涵管的形式埋入地下。但是由于水量平衡的关系，支流水系在蓄积洪水、提供行洪空间、调节干流洪水到来的时间差等方面起到了重要的作用，而每减少一条支流，就相当于将相同的水量注入到干流之中，同时减少了同等水量的调蓄能力。在中国城建史上，很多城市都利用支流水系的蓄水特性来解决城市排水和洪涝灾害的问题，如北京紫禁城的护城河，南京的护城河、秦淮河和金川河。

湖泊：为扩大城市用地的需要，往往通过围垦湖泊、排干湿地与沼泽水分等来扩大城市用地。例如，南京直到 20 世纪 50 年代南京市内仍有大小湖泊、水塘 300 余个，为蓄积雨水和补充地下水起到巨大作用。但到 90 年代末只剩下几个公园中的著名湖泊，众多的池塘、小湖全部填为城市的不渗水地面。目前，由于玄武湖同长江联系微弱，湖水失去冲刷，水质下降明显，调蓄作用消失；另外由于地面的蓄水性下降，南京市区在雨季里常面临着城市积水和河道洪水流量增加的危害。

湿地：在自然演化中，湿地系统维持着地下水补给、地下水排泄、洪水控制、水质控制、沉积物的稳定、营养物的滞留和去除及转化、鱼类栖息地、野生生物栖息地和生物量的生产和输出等重要功能。目前在我国，湿地系统的具体界定和分类保护尚不完善，但是随着城市的发展，当前的湿地系统正在不断减少是一个不争的事实。

（3）城市空间扩展对河流形态的影响

城市化过程中，许多支流小河道由于城市用地的扩展而被侵占缩窄或以涵管的形式埋入地下，河流长度、面积缩小，河流的数量也在持续减少。城市的发展必然涉及到洪水的防治问题，因此几乎在所有的干流水体沿岸都有堤岸的存在，或者人为地将自由弯曲的河岸弄直。在自然状态之下，河流的冲积作用会使河流中夹带的泥沙与有机质等物质沉积在河漫滩之上，并同河漫滩、自然堤、河阶地等形成复杂的生态平衡与物理平衡关系。现在由于受堤岸建设、人为缩减湖面以及不可能有新湖泊诞生等因素影响，大量的河水和泥沙无处宣泄，必然冲击河流堤岸，对沿岸城市发展造成潜在危害。

（4）城市空间扩展对洪泛滩地的影响

在河流附近的城市化发展通常有 3 种选择：在洪泛滩地上发展建设城市、在 10～100 年一遇洪水的河谷阶地上建设城市、在高地之上建设城市。洪泛滩地由于土地平整肥沃，交通运输方便，水源供应充足，景色宜人，居住方便等原因，长期以来就是人们的居住场所（这同当时的取水条件与交通条件相关）。但是，随着洪泛滩地上城市用地的扩展、人口密度的增加，各种人工建造物占据了行洪的空间，为扩大城市用地而进行的回填建设也同样减小了河流流动的空间，在径流量相同的条件下，城市化之后的滩地明显提高了洪水水位。

（5）城市水坝与流域生态的关系

城市水坝的建设是对水体流动性影响最大的水利工程。它在拦蓄洪水、提供电力、增加灌溉、提高航运等方面起到了积极的作用。但是水坝的建设也带来了流域内生态环境的改变，如土壤肥力下降、洪泛滩地丧失、自然的蓄水与排水能力下降、洪水危害增大等。因此，至今学术界对于高坝的生态效益始终存在着分歧意见。

（6）城市发展中河流系统自然生态控制方向

引入“以人为本”的河流规划设计理念：以往传统的城市河流设计以满足人类的社会和经济需求为目标，导致目前城市河流生态功能的丧失。因此，现代的城市河流规划应突破传统的设计思路，体现“以人为本”的设计理念[219]，并在此基础上开展城市河流的生态化建设，促进人与自然和谐共处。

尊重河流演变规律，保持河流的自然特性：天然河流的各种地貌类型如曲流、深潭、浅滩、河漫滩、积水沼地等，是自然流水过程长期作用的结果，减弱下游河段的洪水压力，减小下游洪峰流量，对水量调节贡献巨大。此外，城市内原有的湖泊、洼地及自然河岸等渗透性表面，具有很高的透水性，对水量也具有较好的调节功能。多样化的河流地貌造就了多样化的生物生境，为生物群落多样性的保持创造了条件，所以在城市河流建设中保留一定的自然地域、保持河流的蜿蜒曲折性以及河流断面形态的多样性是非常必要的。

对于城市防洪，国际上非常重视“堵疏结合、蓄泄并重”的治水理念；尊重自然规律，给河流必要的空间，增加河流的过水断面，给洪水以出路，这是现代防洪规划的新理念。与自然相和谐的有效的河流管理策略必须尊重河流演变的规律[220]。因此，我国今后的城市防洪应采取尊重自然、与洪水和谐相处的方式，重视保留市内原有的河流、湖泊及洼地等。

因地制宜，建设生态河堤：从现代河流治理思想看，“渠化”、“硬化”是一种不明智的河流治理法，而保持自然是当今国际上通用的治理准则，所以建设生态河堤是现代城市河流整治的大势所趋。生态河堤以“保护、创造生物良好的生存环境与自然景观”为建设前提，在考虑具有一定强度、安全性和耐久性的同时，充分考虑生态效果，把河堤改造成水体和土体、水体和生物相互涵养，适合生物生长的仿自然状态[221]。

河流是自然要素之一，是城市内流动的生态组分和重要功能区，城市化的快速发展给天然河流带来了诸多不利的影响，已经引起了人们的广泛关注。以往传统的河流治理方法给河流的生态结构和功能带来了严重损害，因此如何从生态学的角度整治河流、维持城市河流的自然特性已经成为评价河流治理成功与否的关键。现代的城市河流整治应以保护、修复生态环境为前提，利用河流系统自身的特性缓解旱涝灾害并利用河道本身以及水生生物的自净功能改善水质，这是城市河流治理研究的新方向，所以我国的城市河道整治应吸取国外河流整治的前车之鉴，建设生态型的城市河道。建设生态型城市河道，对恢复并保持城市生态系统的稳定和良性循环具有积极的推动作用，是既保护生态环境又进行河流整治的有益尝试，是人与自然和谐相处的具体体现，对城市及其资源与环境的可持续发展具有重要的意义。

河流系统自然演化的外在现象表现为干、支流水系、沼泽、湖泊、湿地、旱地、林地、滩地、阶地、平原、高地等自然环境，当把这些自然环境的外在现象分开来考虑，在现有的技术条件下，它们都可以被转化为城市的发展用地。在这里只能提出影响自然演化的一些具体的控制措施或方向（见表5-1）。

表5-1　城市发展中河流系统自然生态控制方向

河流系统	控制方向与措施
土地分类	科学区分河谷地、滩地、林地、自然堤、阶地与高地、砂地、蓄水土层、不蓄水土层等不同的土地类型，并作出相应的分类管理
洪泛滩地	50年一遇的洪泛平原上应禁止建设，保持洪泛地的自然发育，规划成为沿河林地、农业用地
河谷	河谷地区应禁止建设，保持自然植被与自然状况
闸坝	闸坝等场地和它们的贮水地区应禁止建设，保持流域内一定的集水区比例
含水土层	正确区分城市土壤的类型，在含水土层上应有选择地建设，以确保地下水的补充
不含水土层	可以建设
林地	所有森林、林地和灌木林地等自然发育完善的区域应禁止建设，以涵养水源、维持区域水量
湿地	湿地系统应经过科学考察与分类加以保护，结合湿地建设城市公园、野生生物保护地，在林地等休闲娱乐场所，以恢复湿地"生态之肾"的功能。另外，借鉴国外经验，可以在社区、公园等地设置人工湿地，以维持生态平衡
支流	尽量减小支流水系的填埋和利用，以确保支流的蓄洪、分洪能力
河岸	城市河流每边应保持足够的自然状态的土地（麦克哈格认为应为6018m）[222]，允许河岸与冲积平原自然发育，被保留的自然河岸作为公园、林地和城市景观农业用地需要
河床	尽可能保持自然状态的河岸与河床，不应被混凝土等不渗水介质所取代，以保持河流同地下水、滩地、湿地的联系
古河道	古河道是河水曾经经行的区域，也是泄洪和补给地下水、植物生长的重要区域。应结合城市绿化进行保护和利用，在有可能的情况下，结合湿地理论、生态理论恢复古河道的蓄水功能
湖泊	保持现有湖泊面积，不允许围垦和排干，以保持湖区的生态效益和蓄水能力。在有可能的情况下尽量恢复历史上湖泊的面积与形状（如杭州西湖扩容计划，"西湖西进"从某种意义上讲，并不是要扩建西湖，而是对西湖历史面貌的还原和恢复）
湖岸	由于不可能再有新的湖泊产生，因此必须保护现有湖泊面积，并在湖泊沿岸保持足够的自然堤岸，同时注意清理湖泊的淤积，保持湖泊的水容量
阶地	保护有森林覆盖的河谷阶地，没有森林覆盖的阶地应做植树造林处理，防止水土流失
河网	城市内部形成同河网结合的点、线、面和网状绿化，并设置足够比例的集水区、人造湿地等，完善自然的补充、调蓄和涵养的功能
空气	沿河岸设置带状绿化空间，维持河流与滩地的自然发育过程，将清新的空气引入城市
改变河道	人工对河流的裁弯取直应符合河水流动的自然规律，不应随意裁减河流
高地	城市建设应尽量选择旱地、洪水百年不遇的滩地、平原和空旷的高地等对河流系统影响较小的地方
集水区	应当在城市土地利用规划中引入集水区的概念，每个社区、社区公园、城市公园等按比例设置集水区，以涵养地下水、蓄积雨水水量
城市排水系统	自然的净化是由植物、土壤来完成的，城市污水必须经过人工处理后才能排入河流之中。城市排水系统应当把污水与雨水分开排放并引入最高污染量的概念，以彻底解决污水净化问题，并充分利用林地、公园等自然土地的自净功能
城市表土	在城市建设中和建成环境中，减少裸露表土的存在。通过绿化和组织园林来减少城市的水土流失数量，从而减缓河道的沉积物含量
渗水表面	城市发展应尽量减少不渗水表面面积，结合停车场、道路、公园、绿地、集水区、行道树等增加可渗水表面，充分利用建筑屋面、地面、公园、绿地等组织雨水的蓄积

2. 城市空间扩展与山地（丘陵）系统

山地是山岭、山间谷地、山间盆地和丘陵的总称。山地的形态要素包括山顶、山坡和山麓。丘陵是山地与平原之间的一种过渡性地貌类型，一般相对高度不超过100m，流水和风化作用最为强烈。一般来说，除高原地区外，城市发展的用地通常选择低山的阶地、谷地、山间盆地，以及低丘陵地带等山地与平原的交接地带。因此，本文着重探讨低山地（丘陵）系统。

（1）城市空间扩展与区域空气的关系

随着多山地区的城市化发展，原来的城市内部工业区正通过空间置换迁移到城市周边地区，甚至山地之上。但是由于没有充分考虑山地的局地气候和山谷风的影响，这种空间置换使得城市空气污染变得更加严重，甚至超过平原城市、海边城市的污染程度。这是因为随着多山地区城市的发展，自然山地和谷地的下垫面条件发生了巨大变化，人工热源和污染源不断增多，而城市建筑、街道的布置又阻挡了常年盛行风的流动，从而在城市下部的空气层中产生近地逆温层，晚间来自山坡的下沉气流（山风）与地形性接地逆温层结合在一起，在城市上空就形成了笼罩城市的高浓度的大气污染与热岛效应。例如，重庆市常年被雾气所笼罩，成为我国著名的雾都；南京市降雨呈酸化[223]。山谷风是山地（丘陵）地区经常出现的现象，它同地区的主导风、季风一道构成了区域的小气候环境，是城市选址与建设的一个重要因素[224]。因此，多山城市的规划与建设应当将山谷风和常年季风的流动方向结合起来统一考虑。

（2）城市空间扩展与生态稳定性的关系

多山地区的城市在向山地和丘陵地区寻找发展用地的时候，城市通常选择3种发展形式，一是利用山地和丘陵的坡地建设新的城市空间；二是削平山地来创造新的平坦土地；三是削减山体并将其包围在城市建筑、街道内部，失去与周围山体的联系。我国自古就认为断山、孤山和童山为不吉之山。山体破坏对地区生态环境的改变主要表现在：

改变了平衡的风动力关系和水动力关系：城市与山水相依附的特征构成了城市发展初期的良好的生态条件和水动力条件。如西北向的山体阻挡了冷风的进入，而南向水口山则带来了温润的西南风；另外山地南坡温暖的土温有利于区域生态的稳定。而城市对山体的破坏形成“气散而不聚”的局面，造成了区域生态环境的破坏，如区域的降水、气温、生物等的改变。

改变了地下水与溪流补充关系：山地与山地植被所吸纳的雨水下渗到土层之中，经历了由山麓—山前倾斜平原—低平原沼泽地带（溪谷地带）—蒸发的循环过程，最终再由降雨返回到山地之中，因此，我国古代认为“山水依附，犹骨与血”。当山体和山体植被遭破坏之后，溪流与地下水的补充减少，引起溪流干枯甚至丧失。

山地的生物多样性丧失：第一，直接开发山地地区引起原生生物消失；第二，通过公路、建筑以及其他城市设施包围山体，破坏边界，使其成为与周围环境失去联系的“孤山”，在孤山中生物迁徙与过境通道被破坏，从而引起物种逐渐灭亡；第三，大量的原生山林被次生林以及幼林所替代，多样性的生存环境被简化为人工林地破坏了动物生存的适宜环境，植物群落的改变引起动物系统食物关系的变化，最终动物种群灭亡。

（3）城市空间扩展与山地植被的关系

山地植被是山地自然演化的一部分，我国古代认为“草木为山之皮毛”，它保护山体不被风和水侵蚀。但是，随着城市的空间扩展，人们不断对山地植被进行砍伐，使得原本植被茂密的山体成为人为的“童山”，对生态环境造成严重的后果，如坡地裸露，土地流失，山地蓄水性下降，区域调温、降水、清洁空气的作用消失，生物多样性丧失等。

(4) 城市发展中山地（丘陵）系统自然生态控制方向

从分析中可以看出，多山地区的生态稳定性同区域内的山体、丘陵、水系、植被、动物等自然状况密不可分，这些地区对城市发展的制约也十分明显，因此从人与自然协调发展的角度出发，对山地系统提出自然生态控制方向（表5-2)。

表5-2 城市发展中山地（丘陵）系统自然生态控制方向

山地系统	控制方向与措施
脉系	保持山体的脉络联系，以利于生物循环和水循环的畅通
高差	大型山体不应被破坏，高差超过15～20m的山坡地不做推平处理[225]
地质	考察山体的地质条件，禁止坡脚与坡积裙的开发，防止山体滑坡
孤山	低矮的孤山、孤丘等地可以适当加以利用
童山	对坡地裸露的山坡地进行植被建设
断山	自然形成的断山由于地质的不稳定性，不宜建设，保留自然状态；尽量减少人为造成的断山，必要时以隧道连通（如南京的富贵山隧道）
用地选择	强烈褶皱带、古河道、矿藏采空区、大型水库下游、洪水淹没区、平原与山地结合部等等，一般不宜选为城市用地，或不布置重要的建筑物
坡地植被	注意保护坡地以及坡地植被，不做大型开发建设，防止水土流失
边界	加强山地平原的边界地带和边缘敏感区的保护
生物通道	完善坡地植被与平原林地、城市绿化网络的连接，以确保生物通道的畅通
空气	制定城市空气清洁规划，城市建筑与街道的布置考虑山谷风和常年季风的影响，同时依靠河流网络和绿化网络引导城市风向流动
溪流	制定山林保护规划、山地溪流恢复规划、恢复山水相依的自然演化特征
水土保持	执行国家《开发建设项目水土保持方案管理办法》
土地评价	制定多山地区的山地评价图，区分等级、脉系、边界、坡度、地质、土壤、植被、动物等山地条件
生物多样性	制定山体的生物多样性保持规划
自然保护区	城市山体可以作为城市自然保护区加以限制开发
渗漏	坡地的建设应加强渗漏水的保护，以防止侵入岩层引起山体滑坡
视觉景观	制定视觉景观规划。山体也是城市景观的一部分，古代对山脉起伏与联系的认识实际上也包括视觉景观的合理内核在内。现代城市空间扩展应当结合视觉景观规划来合理发展

3. 城市空间扩展与林地系统

林地自然生态作用主要有：与土壤相互作用，保持水土，活化土壤；与地下水相互作用，涵养地下水；与河流系统相互作用，保持持续而稳定的河水流量与流速；与山地系统相互作用，保土护坡，防止水土流失，提供了多样化的生物环境与大气系统相互作用，净化空气、保持区域雨量平衡，促进区域气候的稳定等等。在城市空间扩展的同时恢复林地的自然生态过程显得尤为重要。很多城市已经进行这方面的尝试，如上海的城市森林计划、北京的环城绿带规划等。但是，当前的城市林地建设还不能与城市空间扩展同步发展，仍然具有盲目性和见缝插针的特征。从整体自然演化的角度看，为保持自然与城市同步发展，城市林地系统应当包含以下方面：为保持河流、溪谷与地下水而设置的林地（水源涵养林）；为保护城市自然环境的边界而设置的林地（自然边界林）；为改善城市下垫面条件而设置的林地（环境保护林）；为保护物种多样性而设置的林地（物种保持林）；为生产需要而设置的林地（经济生产林）等。

（1）水源涵养林

随着城市的发展，人们对于能够涵养水源，控制河水流量的水源涵养林破坏巨大，特别是对在河流的上游与河流沿岸的林地破坏严重。目前我国有300多个城市缺水，急需建设水源涵养林以保持地下水与河流水量。另外，当前很多的城市都因水源涵养林的破坏而导致城市的溪流、泉水枯竭，如南京的古清溪、栖霞寺古泉、济南的趵突泉等。据测算，每公顷水源涵养林可蓄水200~400t，因此，水源涵养林起到了“雨季吸水、旱季补水”的天然水库作用。在城市空间扩展过程中制定水源涵养林的建设规划与保护规划十分必要。

（2）自然边界林

城市发展与自然演化关系最为密切的就是各自然系统之间的边界地带，如水陆交接带、山地平原交接带、山谷地带、城乡交接带等地方。这些自然边界因为有着良好的土地利用性，因而也通常成为城市空间扩展的首选用地，受城市发展的干扰最大。但是，自然系统交接的边界通常是边缘效应的发生地和极度敏感区，它具有维持自然系统稳定的关键作用。目前，南京由于城市发展需要而开发五台山山体，建造了高层住宅，使北侧山体岩石完全裸露，几乎与地面成为垂直状态，严重威胁着周围的安全。近来，市政府为保护山体，建设城市公园而斥巨资购回了北侧部分已经破坏了的山体，其经济代价和生态代价都十分高昂。在城市空间扩展过程中，自然边界林地应当包括水湿地、水陆交接地、山坡与平原交接地、城乡交接地区、林地与草原交接地、山地与山地间交接地、海岸滩地等自然交接地带。另外，城市周边地带、乡村周边地带的自然边界林还起到了防风、防沙、防止水土流失、增加农业产量的多重作用。

（3）环境保护林

城市空间扩展所形成的下垫面粗糙度远高于自然土地，因而导致城市上空大气稳定度差，空气湍流强度大，空气中的颗粒与污染物垂直稀释和扩散，形成城市热岛。另外，“温室效应”是由城市发展引起的二氧化碳排放量增加造成的，但这仅是问题的一个方面，其根本原因也就是城市发展对森林系统的破坏。据测算，$1hm^2$ 的阔叶林，1天可以吸收1t二氧化碳，释放0.73t氧气，可供1000人呼吸；城市中平均每人只要有 $10m^2$ 的森林绿地面积，就可全部吸收掉呼出的二氧化碳，考虑工厂、汽车等因素，实际人均需要 $30 \sim 40m^2$ 的森林绿地[226]。其他诸如空气污染、噪声隔离、空气净化等也需要环境保护林的建设。

因此城市的空间扩展应当为环境保护林规划出足够的发展空间，并做到与城市建设同步发展。环境保护林应设置在有污染的交通线沿线（交通隔离林）、工业区周围（环工业区林地）、社区之间（环社区林地）、居住区周围（区间林地）、市区之间（环城林地）等维护隔离林带。这些隔离林能够有效地减轻空气污染和噪声污染，但是要想改变城市的下垫面条件还需要规划建筑的顶面、墙面与护坡地带的绿化体系。

（4）物种保持林

城市用地扩大的需要大量破坏了原生的自然林地，城市内部林地建设的物种单一化与人工化并不具有多样的物种基因库的功能。因此，在城市空间扩展的同时，设定物种保持林的范围与面积，并充分利用城市内部的绿化系统建设物种保持林是目前亟需解决的问题。从城市空间扩展来看，物种保持林应包括以原生天然林地为主的自然生态保护区（植物园、森林公园、野生动物保护区、天然地质公园、名胜古迹风景区、自然风景区、狩猎林区等）和以天然林与景观林相交织的公园林地（城市公园、体育公园、纪念公园、动物园等）。其中自然保护区的林地为非生产性的林地，应严格加以保护，减少人类干扰。公园林地则应加大野生林地范围，并在彼此之间通过绿化廊道加以沟通。

（5）经济生产林

城市经济生产林应包括以生产木材、果品、花卉以及农、牧、渔等产品为主的林地、绿地和水域等，以及以林副产品、药材、蚕桑为主的林地、果园、苗圃、花圃、草场、菜地、农田、鱼塘等绿地。城市经济生产林既可以单独设置，也可以同其他林地相结合加以考虑，并划分相应的受保护区和生产经营区的面积与比例，坚持“永续林业”的原则，维持林地的生态环境。

事实上，水源涵养林、自然边界林、环境保护林、物种保持林与经济生产林都是生态林地的组成部分之一，但它们并不是彼此分离的孤立林地，而是相互交叉重合、互相联系的整体林地系统。在本文中，对城市林地进行划分，是为了能够更加明确城市发展中林地空间对整体自然生态环境的作用，也因而在城市发展规划中为林地设置出相应的发展空间，以确保城市与自然共同发展，最终实现可持续发展的目的。

三、城市空间扩展与自然演化的内在过程

1. 城市空间扩展与水循环

（1）城市水循环过程

在城市的空间扩展过程中，人们对水循环的利用存在着非常矛盾的地方：一方面，城市设施每一次扩大都需要从自然界中提取大量的水分；另一方面，城市将用过的水以对自然无用的状态决速排泄到河流和湖泊之中，产生补给差异。在这一过程中，城市对自然水体演化的影响关键在于两个方面：供水与排水。在城市化过程中，自然的水量平衡被水的输送、蓄水池的人工存水以及城市管道供给系统人为削减；自然因素的吸收、容纳和净化功能被城市的快速排水管道所替代。

（2）城市空间扩展影响水量分配

随着城市的不断发展，城市以沥青和混凝土代替了原有的土壤，以建筑代替了自然的树木、集水地和湖泊，以暴雨排水系统代替了自然水系的河流和小溪。在自然界中，基本上不存在水的快速排放问题，它只是向地下自然地渗透。而自然环境被城市的硬质所覆盖之后，城市的降水大约有85%由建筑的屋顶、铺砌的路面快速地排放掉，只有15%被街道、建筑、屋顶、墙面以及软质铺砌地面吸收。城市对于自然雨水的吸收和地下水的补偿十分稀少。

（3）城市空间扩展改变水质

在城市空间扩展过程中，城市化的发展对水质的影响是通过水土流失和水环境污染造成的。据统计城市化地区的河水沉积量比非城市地区沉积量多出几百倍，而每年使河床升高、河道扩大的沉积物相当于非城市化地区5年沉积物的总量[227]。水质因为大量有机质沉积造成水体的富营养化以及水环境平衡的破坏，来自于城市污水和清洁系统的水流进一步加重了

水质的污染。

2. 城市空间扩展与城市植被

(1) 城市空间扩展破坏并重新组织自然植被

对于自然植被系统来说，城市化的发展创造了一个完全不同于它的原生环境的新的植物环境。一方面，由于城市的高度人工化特征，自然生长植物群落不可能有足够的时间再次通过适应、演替和进化来形成稳定的群落。另一方面，城市以人工绿化、草地、行道树等较为单一的植物种类来置换自然植被，行使自然植物群落的物理功能。原来自然植物群落中可被利用的部分等以公园的形式加以再次利用。但因人为的、有目的的改造而遭到不同程度的破坏，自然群落处于脆弱的重新组织状态。

(2) 城市空间扩展以非本土植被替代乡土植被

通常情况下，城市发展同本土植物的大量减少是相伴随的过程。在这一过程中，为满足城市的环境与文化的要求，许多城市植物种类都是经过“科学”的分类和选择才得以种植的。城市所选择的植物必须具备这样几个条件：第一，必须能够经过不断地培植和驯化来适应当地的环境条件；第二，必须符合一定的美学要求；第三，快速成活，生长寿命长。城市环境通常是由有限的几个物种不断通过“扦插”和“移植”来满足城市绿化和美化的要求。在这一过程中，层次丰富的本土植物群落被逐渐清除，代之以经过“选择”的外来植物种类。

(3) 城市空间扩展使城市植被陷入非可持续维持

简化的植被系统除了具有美化和净化城市环境的功能之外，其系统内部的自循环、自维持和自净化的功能作用都不再存在。因此，人工化的城市植被系统虽然部分改善了城市物理环境，美化了城市，但这种美学与物理环境的追求是以高消费和高度浪费为代价的过程，因而也是非生态和非可持续的过程。从可持续性的角度来看城市的绿化应当像自然植物群落的演化过程学习。

(4) 城市空间扩展简化自然植物群落

在城市化过程中，城市仍然有少量的自然化植物群落存在，它通常呈现两种特征：原生的植物群落和经再次的适应与演替过程而形成的植物群落。

3. 城市空间扩展与城市动物

城市的发展是通过对自然植被系统的破坏来影响动物系统的。在城市中引起自然动物消失的原因主要有3个：一是城市植被减少，并且不具有野生化特征。一方面，城市成“点”和“面”的孤立绿化方式缺少同天然植被系统的连接；另一方面，现有的呈带状的绿化体系由于过于“干净”而缺乏植物群落的自然功能。二是动物迁徙通道被城市道路、建筑与城市设施所切断，动物得不到迁徙与交流。三是城市居民对野生动物的恐惧，导致城市动物的单一化。前两者都同野生动物的生活特性有关，而后者则是缺乏对野生动物的了解。

四、基于自然演化规律的城市空间扩展的规划思考

1. 在规划中考虑自然演化规律的重要性

当一个单体项目违背自然规律建设时，其对自然的危害相对很小，但如果一整座城市的建设，甚至所有的城市建设都不考虑对自然的影响的话，那么，其积聚起来的后果就是惊人

的。从城市发展与自然进化的关系辨析中可以看出，自然演化的内在过程与外在过程、自然系统与自然因素是相统一的，山脉、水体、植被、动物、气候等是相互联系的整体。当前所出现的各种环境问题，如洪旱灾频发、森林减少、生物缺失、地下水位下降等都同城市的空间扩展直接相关，正是城市对自然资源的不合理利用造成了自然演化过程的改变和自然环境的衰退。在没有认识到自然演化的必要性之前，随着城市范围的不断扩大，以及城市区、城市带以及特大城市带的出现，这种自然环境的衰退会更加严重。能否对城市的空间扩展与自然演化的相互关系有正确的理解是城市与自然可持续发展的关键。

现代环境观念和生态思想指出，自然既需要保护，更需要发展，也就是在城市的发展过程中，按照自然演化的规律来保护对自然最为敏感的天然土地，同时按生态原则来发展城市的自然环境，将保护与发展相结合实现城市与自然共同发展的理想。而实现这一切的前提，是规划观念的转变、规划方法的改进和多元规划体系的建立。

2. 自然演化在规划中的体现

（1）自然演化与城市景观规划

当前城市发展应当首先保护最有价值的自然区域和自然环境，其次将城市发展的一切内容，如空间、文化、社会、经济、管理等有机地融入到自然过程之中，从而实现城市与自然的协同发展[228]。为实现这样的目标，应当遵循自然的延续性、城市发展的有限性、城市的有机发展、城市景观的多价值和多学科融合等原则。在规划中，把自然演化的观念引入城市水域规划、城市空气规划、城市生物多样性规划、雨水保持规划、流域控制规划、污水处理与排放规划等，是实现景观自然生态的理性化思维方式。但规划中，也不能视自然为不可改变的事物，从而走上自然中心主义的道路，而是要使人类的利益在自然系统中与所有生物的利益通过相互依存的关系协调为一个有机整体[229]。

（2）自然演化与城市生态背景

生态化的城市是当前世界城市发展的主要方向。对于一个生态园林城市的建设，存在着重要的两个方面：第一，实现城市内部生态化的运作过程；第二，实现生态园林城市与区域的、大范围的生态背景的联系。而在这两者中，城市与所处的生态背景的关系是实现生态园林城市的前提条件，因为，只有城市所在区域生态环境稳定，城市才能得到稳定发展。因此，在实现生态园林城市的道路上，人们必须首先认识到城市区域是镶嵌在较大的生态系统之中、并同大系统保持生态联系的环境体系，而城市发展的一切手段，如土地保持、娱乐休闲、经济建设以及城市空间扩展等都应当首先考虑城市所处的生态背景，并设想其建成后的生态前景。因此，一个城市与生态背景的关系应当是“一个以自然过程为中心，栖息在自然之中的，为人类栖居而建设的较大生态社区”[230]。

3. 自然演化与城市合理发展

据统计，中国的城市由于无节制的蔓延式发展，尽管城市人口的增幅较快，但随着城市面积的不断增加，人均城市用地面积也在迅速增加[231]。适合于居住的城市只能从人性的、紧密的和“足够”的概念中产生。城市发展无视自然环境承载能力和自然演化的限制，面积无限扩大，造成土地的大量侵蚀；现有城市内部的空间发展潜力没有得到充分挖掘，建成区的密度分配不合理，造成建成区土地浪费严重，城市空间扩展的效率丧失；随着城市向外不断扩展，城市内部的环境不断衰落，建成区的吸引力和公众对内城的信心不断下降是导致城市生态环境无序的主要因素。从更深的层面上看，城市蔓延的主要原因是“以人定地”的线性化思维造成的[232]。因此，要限定城市增长的边界，促进城市内部紧密化、高效率发展，恢复建成区的生态能力和吸引力。

从中西城市密度的比较中可以看出，中国的城市完全有能力，也必须进一步提高城市建成区的密度，实现紧密化的发展。在一定限度之内建设紧密化的城市并不意味着城市的不发展，而是意味着城市内部潜力的挖掘和再塑造过程，这是一种内敛式的、尊重自然的发展方式。从城市与自然的关系可以看出，建成区的生态能力和吸引力恢复要靠内城自然环境和自然状态的恢复来实现。以往我们对城市内部自然环境的认识是片面化的，新的自然观认为“自然应当普遍存在于我们的周围”，不论是城市的公园、林地，还是城市中的山体、河流和小溪等，它们都应当以自然的状态存在于城市之中，而不仅是存在于自然保护区或郊野公园之中。这种城市自然的恢复不仅能够增加城市的吸引力，更重要的是通过自然生态的恢复与创造来提高城市环境的承载能力，促进紧密化的发展。

4. 基于自然演化规律的生态化规划控制引导

对自然演化的认识要求首先着眼于对城市—自然关系和自然生态系统的保护，从而确定城市空间有机化扩展的基础。这里探讨的基于自然演化规律的规划控制主要包括交通系统、排水方式、开敞空间的组织、自然生态的恢复等问题[233]。

（1）城市开敞空间组织与建设引导

后面将探讨开敞空间和绿色开敞空间规划的问题，这里简单做控制性引导介绍（表5-3）。

表5-3 城市开敞空间发展控制引导

序号	涵盖的主要问题
01	将自然敏感区、洪泛滩地、湿地、池塘、湖泊、高渗透性土地、易冲蚀土地等组织成为城市的开敞空间，使其发挥自然的功能，不受城市发展的影响
02	将城市山丘地、盆地、溪谷地、水源地、河流边界地组织成城市的开敞空间
03	城市开敞空间的组织应当考虑城市空气的引导，结合水面、山谷形式等组织开敞空间，引导清新空气进入城市
04	应探索城市的公园体系，建立街区公园、社区公园、综合公园、商业公园、工业公园、专类公园，应当有组织地加以建设
05	探索开敞空间之间的连接廊道，通过园林化、生态化、人文化道路的组织、步行与自行车路的组织来有效地连接城市绿网，形成自然中的城市
06	探索利用开敞空间组织城市雨水的排放，注意结合自然的洼地、池塘或人工挖掘的盆地等形成雨水集留区，减少雨水进入干流河道的机会，同时补充地下水，灌溉城市植被
07	沿河流沿线、湖泊沿岸、山体坡脚等地区建立自然边界的开敞空间，使自然成为多价值用途的体现，并保护自然系统不受城市发展的破坏
08	探索阻止城市蔓延的带状绿化体系，并使其成为环城生态林地系统
09	组织城市内部的绿地系统，并使其同城市周边的林地相连接
10	组织环工业区的开敞空间林地，防治工业区对城市环境的污染，同时形成工业公园
11	探索城市屋面和墙面的绿化方法，将屋顶和不重要的建筑用绿化覆盖起来
12	将快速道路、人行道路和社区道路等组织成园林化、生态化、人文化道路，尝试建立供慢跑和散步用的园林道路

（2）城市的蓄水与排水生态化引导

从自然的角度看，以往城市发展对水资源的组织利用还存在很多问题，这其中既包括对水的认识问题，也包括规划部门、水利部门、环境部门、绿化部门的相互协调问题。应当将各专业部门对水资源的认识统一在城市空间扩展的规划之中，不论城市的建筑、街道、公园，还是城市的排水系统都应当统一考虑水资源问题。笔者认为，因循自然的城市应当解决这样一些水资源问题（见表5-4）：

表 5-4　城市水资源发展控制引导

序号	涵盖的主要问题
01	通过调查来探索影响城市的最关键的水资源问题，如洪泛、水污染、水供给、水的排放等，特别应当注意易受洪泛地区和易污染地区
02	保护城市最重要的水资源，既包括现在使用的水资源，也包括未来潜在可以利用的水资源
03	在河流上游的水源地区和下游的洪泛滩地、湿地等地区建设新的公园或开敞空间，促进水源保护林和边界林的发展，加强洪水蓄存能力和地下水吸收能力
04	将新的有污染工业、污物处理场以及其他污染性强的城市空间远离水源地、洪泛滩地、地下水回灌区以及其他近水地区安置
05	鼓励和促进洪泛滩地等易受洪水地区和其他自然敏感地区的工业、商业和居住空间迁出这些地区，恢复这些土地的自然状态和自然功能
06	在地下水回灌区、高渗透性土壤地区、湖泊和池塘地区、支流和小溪以及城市林地等有利于吸收雨水的地区尝试建立自然化的雨水排放和净化系统，以缓解洪水压力，提供地下水补偿
07	在每个社区、街区乃至每个城市探索建立污水的回收处理和重复利用的设施，减少水资源的浪费
08	逐渐恢复被埋入地下或以涵管形式置入地下的原有水系，增加水面的可见性和可达性
09	逐渐恢复河道、护岸和水边地带的自然状态，组织生态化的河流边界空间
10	探索城市建筑的屋顶、广场、停车场、园林道路等的雨水集留办法，在低渗水土壤地区设置地下渗井，加强雨水对地下的补充
11	探索建设和施工过程中的水土流失的防止办法，阻止因城市发展而造成的水土流失，减少进入河道的沉积物质
12	充分利用城市水面的美学特征，组织城市景观

（3）城市道路交通生态化引导

作为城市空间扩展的基础和发展框架，城市的道路交通负担着许多功能。目前我国道路交通的比例普遍偏低，同发达国家的20%～30%相比，目前我国的城市交通仅为10%，预计今后将达到20%～25%。因此城市交通的可持续发展是今后城市需要解决的一个重要问题。目前影响我国城市道路可持续发展的因素有很多，其中最重要的城市道路交通的效率低下、能源消耗，污染、噪声等的持续增加，城市交通的不渗水表面造成的水土流失、暴雨排水等问题。因此，要求城市道路交通生态建设要考虑这样一些问题（见表5-5）：

表 5-5 城市道路交通发展控制引导

序号	涵盖的主要问题
01	将道路用地范围扩大，使道路沿线的自然环境，如河流、水塘、乡土树木、山丘等包括进道路用地范围，以保护自然资源，提高环境价值
02	提高道路交通的效率。目前普遍认为，道路交通的主要目的是提高城市的通行效率，而沿街众多的店面、自行车及人行路带来了复杂的通行交叉问题，从而导致道路的基本效率丧失，这是以私有商业利益取代了交通的公共利益的行为
03	区分城市道路系统，减少交叉口的产生。目前随着私人汽车的出现，城市应当建立包括高速道路、快速交通干道、街区道路、社区道路、步行与自行车道路等分级化道路系统。所有道路都应以园林化、生态化、人文化道路发展方向为目标
04	结合中国的实际情况，应加强城市公共交通的发展，控制私有汽车的数量，发展包括地铁、轻轨在内的城市公交系统，以减少能源消耗和污染的产生
05	控制城市交通的噪声产生
06	随着紧密化城市的发展，应尝试建立城市步行交通体系，并以园林化步行系统连接城市的居住区、商业区和工业区等区域
07	尝试采用可透水性道路（如可透水路面、停车场、人行道等），以减少地面雨水排放
08	在中国，新发展的城市应当尝试建立自行车和行人的专用道路，将快速交通与低速交通相分离，并结合城市开敞空间建立城市“蓝道”和“绿道”网络的交通框架

（4）城市次生自然环境生态化引导

生态园林城市景观并不单单追求自然环境的优美，体现的是一种广义的整体的生态观。城市景观中的自然环境表现为次生的特色——“城市是人类改造自然最强烈、最彻底的地方。城市中的一切实体，几乎都有人工的痕迹，城市中的自然环境，也都是经过人工的改造而成为次生的自然环境”[234]。自然中可见到人工的雕琢，人工中又可感受到自然的气息，人工与自然交相辉映，共成一体。城市次生自然环境中的“土地”包括自然状态的土地，绿地与硬地相互交织的铺地，及硬质地面。新的生态设计形式应以场所的自然过程为依据，依据场所中的阳光、地形、水、风、土壤、植被及能量等。设计的过程就是将这些带有场所特征的自然因素结合在设计之中，从而维护场所的健康（表 5-6）。

表 5-6 城市次生自然环境生态化引导

序号	涵盖的主要问题
01	尽量保护城市中的自然土地以促进植物群落生长的稳定性
02	采用半透型地面铺装，在视觉及触觉上最大限度地感受城市中的自然
03	透水、透气性人工铺装应是城市硬质景观设计的发展趋势
04	保护有利于生物多样性的大面积水域
05	增加开放型绿地形态
06	人工生态绿地技术
07	城市生态立体绿化系统
08	地方性，保护与节约自然资本
09	承认大自然对人类的伟大贡献，对人工过度干预自然的生态补偿
10	从生态量走向生态质的变化

（5）城市动植物的生态化引导

自然化的植被系统和动物系统应当作为城市的基础设施之一，受到重视。对它们之间关系的有效组织是它们可持续发展的保证，也是城市可持续发展的保证。因此，城市动植物的生态化发展应当解决这样一些问题（见表5-7）：

表5-7　城市动植物的生态化发展控制引导

序号	涵盖的主要问题
01	探索影响当前城市植物群落发展的最关键的问题，寻求解决的办法
02	植物的进化是有一定的时间跨度的，应当为植物群落的进化及其持续自生制定相应时间跨度的规划
03	探索行道树的可行的发展战略、行道树的美化和生态化结合的可持续发展战略
04	探索城市草地的可持续发展规划，将美化和生态化的草地管理结合起来
05	开敞空间和公园的绿化应当逐步实现自生长和自维持的植被体系，并探索相应的建设与管理技术
06	生态化的植被体系离不开生物多样性的存在，城市植被体系应当为动物生存和迁徙，陆生动物、鸟类和昆虫等的生存制定相应规划和管理技术
07	探索适应于不同公园和土地形式的植被系统，实现城市植被的多样化与本土化，以使得植被同区域水质、土壤、气候等自然条件相适应
08	保持原生植物群落和再生植物群落不受到人类发展的破坏，制定保护区规划，以保持其独特的植物特征和客观特征
09	探索能够促进区域气候和空气质量的植被形式和空间规划，以引导清新空气进入城市
10	探索能够保持水源、控制洪泛、稳定坡体、促进生物栖息和生物多样性的城市植物群落规划
11	将城市绿化规划同土地利用规划结合起来，使自然植被真正成为一个完整的系统
12	自然化的植被系统涉及到病虫害的防治问题，探索生态化的虫害防治办法（如鸟类、天敌等的防治办法），以减少杀虫剂对土地的污染
13	在野生动物与人类不冲突的地方探索建立城市野生动物栖息地
14	在城市废弃地等地方探索发展新的动物栖息地，增加城市动物栖息地的多样性
15	在沿铁路、快速交通道路、环城道路、溪谷地、河流边界、废弃的铁路线等线性路线的沿途建立动物迁徙和栖息廊道，并通过绿网将动物栖息地连接起来，将城市内部的栖息地同外部的栖息地连接起来

第三节　城市生态园林规划

一、城市园林复合生态系统

我国自20世纪80年代初马世骏、王如松提出社会—经济—自然复合生态系统理论和相应的生态规划方法以来，我国各类复合生态系统的应用研究及单项理论研究均取得了长足进展，但对城市生态园林复合生态系统规划发展研究一直是个薄弱环节。城市园林生态系统内部是由生物系统和环境系统组成的，生物系统包括生产者、消费者和分解者，环境系统包括太阳辐射以及各种有机及无机成分，各成分依附于系统而存在。系统各成分之间或子系统之间，通过能流、物质流、信息流而有机地联系起来，通过相互制约、相互作用形成一个有机的整体。同时园林又是以人的活动为主体的开放性系统，是一个由人类活动的社会属性、经济属性以及自然过程的相互关系构成的社会—经济—自然复合生态系统。

城市园林复合生态系统可持续发展包括自然生态环境、社会和经济的可持续性。虽然持续性一词屡见报端，但到目前为止，还没有一个明确的对生态园林持续利用的理论，大多数人认为可持续的园林应该是满足经济增长、生态合理、反映社会文化的景观。因此生态园林景观持续性是社会、经济、生态、文化结合的体现。由于现代农业实践、城市化扩展和商业性开发等人类活动在造福人类自身的同时，也威胁着生态园林的持续利用。针对如何合理利用生态园林景观并保持其可持续性，有人提出在经济持续性的基础上，实现社会持续性，最终实现生态的持续性。经济持续性是指用最小的资源成本和投资获得最大的经济效益和社会效益，社会持续性是指在不破坏生态环境的前提下，适度、合理、充分的开发利用旅游资源，达到再生性、创新性和多样性的开发目标，并体现文化理念。生态持续性就是在一定限度内维持生态系统的结构和功能，保持其自行调节和正常循环水平并增加生态系统适应性和稳定性。

二、城市生态园林规划设计的内容

城市园林复合生态系统是社会因素、经济因素与自然地理资源有机结合的半人工生态系统。与其他研究领域相比，城市园林复合生态系统除了学术性以外，还有很强的实践性、综合性，涉及面很广。一般认为城市生态园林建设由生态规划、生态设计和生态管理 3 大部分组成，其中规划设计是至关重要的环节，与园林生物多样性保护、景观资源的利用、生态服务功能发挥以及园林经济效益有着最直接的关系，对园林的结构和功能的发挥具有非常重要的影响，是城市园林复合生态系统可持续发展的基础。但目前许多研究多为理论探讨，可操作性不强，而且到目前尚无一致公认的确切的关于生态园林规划设计的定义。我们认为，生态园林规划设计是在遵循自然规律的基础上，通过人类的作用，以生物学、生态学、美学、社会经济技术和工程学原理及理论为依据，建立技术上适当、经济上可行、社会能够接受的有益于人们生存和生活的半人工生态系统，以各种规划设计方法为手段，进行整体规划，建立城市景观资源优化利用的空间结构，并提出相应的建设方案，实现园林复合生态系统的整体优化和系统的可持续发展。

1. 城市生态园林规划设计的目标

从国内外园林生态规划设计的理论研究和建设实践来看，城市生态园林规划设计的目标如下：

（1）观赏性和艺术性：城市园林首先应该体现美学价值，提高景观质量，充分发挥园林在美化市容，丰富城市景观方面的作用。

（2）改善生态环境：充分发挥园林生态服务功能，包括调节小气候，防风降尘，减轻噪音，吸收并转化环境中的有害物质，净化空气和水体，维护生态平衡等。

（3）合理的生态位：通过生物群落的合理配置，能够满足各种生物的生态位要求，从而形成合理的时空和营养结构，最大限度地保护物种多样性，并与周围环境组成和谐的统一体。

（4）系统化：生态园林的规划与设计要具有系统化的思维，形成系统化的体系，保证合理生态化和生态位的科学建立。

（5）科普教育性：许多园林实践表明，科普教育是园林非常重要的一个方面。

（6）文化性：园林生态规划设计同样要体现一定的文化内涵与地域特色。

（7）环保节能性：在园林道路、铺装等用材方面，利用接近自然的无污染材质，满足最佳使用性能以及节约资源和能源消耗，减少环境污染等特点。园林建筑中，充分利用太阳能，减少对环境的破坏等。

（8）园林的适宜性：人是园林使用的主体，园林应该满足对人的安全性、保健性、舒适性和易达性等要求。

2. 城市生态园林规划设计依据的原则

城市生态园林规划设计应以可持续发展理论、生态学理论、系统学理论等为指导，既要维护好人类生存环境，又要满足人们的使用需求，根据城市园林生态规划设计的内涵及目标，要作好城市园林生态规划设计，应当遵循如下原则：①整体优化原则；②协调共生原则；③环境敏感区保护优先原则；④景观地域性与文化性原则；⑤生态平衡原则；⑥生物多样性保护原则；⑦生态美学原则；⑧最适功能原则；⑨可持续发展原则。

3. 生态园林的空间尺度

园林的空间尺度是指园林的空间纬度，一般用空间分辨率和空间范围来描述，可以表示对细节的把握能力和对整体的概括能力，尺度越小，对细节的把握能力越强，而对整体的概括能力越弱。不同的空间尺度对于物种多样性分布、景观的空间关系以及管理都不同，因此生态园林景观的空间尺度划分非常重要。生态园林景观至少可以划分为3种空间尺度，一是社区或独立的生境，面积较小，有相同的植物结构（地点尺度）；二是一系列的生境或多个社区（地方尺度）；三是大的地理区域（区域尺度）。生态园林中的许多事件和过程包括相关研究、规划设计都与一定的空间尺度相联系，不同的尺度与之相关的研究及规划设计内容也存在差异。一般不同的问题只能在不同的尺度上加以研究，其研究结果也只能在相应的尺度上应用，研究结果的尺度外推是目前景观生态学研究的重要内容（表5-8）。

表5-8 生态园林景观的尺度及其相关内容

规划类型	经常出现的一些关键词
区域规划	研究，自然保护，发展，经济，人口统计学，社会学，政策，土地利用，模型，区域图，图表，统计等
景观规划	研究，廊道，面积，景观生态，空间模型，美景度，抗干扰能力，持续性，环境影响评价，格局，交互作用，保护，土地利用，GIS，区域图，图表等
景观设计（大尺度）	景观生态，研究，格局，改变，新的设计，CAD，模型，区域图，植被，制图，图表等
景观设计（小尺度）	艺术，形式，形状，改变，新的设计，CAD，规划，制图，技巧，详细资料，景观技术，建筑，植物栽培，排水，供水，维护等等

4. 城市生态园林规划理论涉及的主要内容

城市生态园林景观生态规划主要包括环境敏感区的保护规划、生态绿地空间规划、园林景观外貌与园林建筑规划等。在城市生态园林规划中应首先做好环境敏感区的保护规划，生态绿地空间布局规划直接影响生态园林景观的效果以及生物多样性的分布，生态园林景观外貌与园林建筑规划对提高生态园林景观质量具有非常重要的作用。

在生态园林规划的基础上，进行详细的设计是直接关系到生态园林景观成败的关键环节，特别在城市园林这种绿地尺度较小的环境中，设计尤为重要。城市园林生态设计是指设计与自然生态过程相协调，不仅要考虑对园林使用者达到最优化设计，同时要考虑对自然环境最优化设计，尽可能地保护环境或恢复环境，使其对环境的破坏达到最小，同时为人们创造满足视觉景观美、内涵丰富、有益健康、令人愉快和安全的环境，达到合理利用资源和满足人们需要的目的。结合我国生态园林建设的实际情况，园林生态设计的主要方法包括城市园林的视觉景观形象设计、体现地域文化与特征、城市园林的环境生态效应的体现（包括保护生物多样性、建立多样性生境、合理利用边缘效应、创造适宜大小的面积、保持种群一定的数量、城市自然景观的保护与重建、结合地域自然条件等）、达到园林的适宜性（安全性、可达性、舒适性）。

5. 城市生态园林理论与建设的未来发展趋势

（1）多学科理论的融合与科技的渗透

城市生态园林规划与建设涉及到风景学、生态学、植物学、园艺学、环保学、林学、美学等多门学科，只有加强多学科的广泛联合与指导，实现从理论到实践的多学科交叉与渗透，才能实现社会、经济及环境的协调发展，使物质、能量、信息高效利用，从而达到生态系统的良性循环。因此，除生态学外，加强多学科的广泛联合与指导是未来城市园林建设的必然趋势。

（2）高质重的景观与良好的自然生态环境共存

生态园林以自然环境为出发点，遵从自然规律，利用自然地形地貌等环境特征，在发挥植物生态效益的同时，体现了美学价值，并充分发挥生态园林在美化市容，丰富城市景观方面的作用。为人们提供优美、适宜的生存环境是生态园林能够持续发展的基础之一。因此，重视自然生态环境的同时，提高景观质量是生态园林发展的必然结果。

（3）更加重视生物多样性的保育

城市生态园林生物多样性直接影响到城市生态园林的结构和功能，预示着城市生态园林的发展潜力和未来。因此，生态园林绿化要最大限度地利用城市空间，在创造多样性景观的同时，达到生物多样性保育的目的，使园林生态系统形成良性的生态循环。这样不仅改善城市生态环境，创造适宜的城市空间，而且实现人与自然的有机结合。

（4）地方文化和地域特征将得到进一步的体现

每个景观的历史是惟一的，具有潜在的地域性，这其中包括复杂的地理、文化特性。生态园林是文化的一部分，其艺术布局更由于文化的不同而存在差别，因而各地的园林都具有自己的特点，同时也逐步重视发展各自的园林地域特色，以适应各地的自然条件和文化特点。

（5）生态园林为公众服务，公众参与园林各环节的建设

生态园林从产生到发展的很长一段时间，是属于国家统治者和上层人士所有，只是在近200年来发展了城市公园，后来又发展了国家公园，才逐步扩大到了公众使用范围。为公众服务，这是城市生态园林今后努力的方向，也是必然的发展趋势，它体现着社会的进步和人性的发展。同时，公众的积极参与也是城市生态园林建设可持续发展的基础，从规划设计、方案实施到建成后的维护与管理等环节的有效实施都离不开公众的自觉维护和参与，随着社会的进步以及人们对城市生态园林认识程度的提高，必将有越来越多的公众参与到城市生态园林的建设和维护中。

第四节　构建以绿地系统为核心的绿色开敞空间系统

前文已经指出，我国生态园林城市结构生态化首先应从实体结构生态化开始，然后才能逐步实现高层次的城市社会等的生态化，而实体结构生态化是以自然生态化为基础背景的。城市地区的景观生态功能由控制城市环境质量的自然组分的数量和质量、空间布局和动态控制能力3个方面来表示。因此，可以从提高城市的自然组分构成的数量与质量、人工与自然组分的交融布局以及生态功能的发挥等方面进行城市的景观与自然生态化综合规划建设。

一、城市开敞空间概念

1. 空间的涵义

关于空间的研究历史悠久，它几乎是人类最关心和经久不衰的探索与研究的内容之一。从不同层面上来说，空间具有不同的涵义，而本文所讨论的空间限定为城市聚落的物质形态，还包含着与其相关群落的空间理念、意义及各种活动的空间结构在地域上的呈现。城市空间在城市中所处位置不同，其功能也不同，产生不同的空间形态，造就了丰富的城市肌理，主要可归纳为以下6种：街道空间形态、广场空间形态、建筑负空间形态、节点空间形态、绿地空间形态、天然廊道空间形态[235]。城市空间形态具有主观性、多样性、与功能分区统一性、与民族地域的密切性、与文化历史的关联性、与自然环境的协调性等特征。

2. 城市空间结构

城市尽管其内部构成及表现形态纷繁复杂，但其空间组织模式本质上是取决于其物质空间环境与在该环境中人的社会、经济、文化活动的相互作用。如果将城市看作是在一定地域范围内集中的社会、经济、文化活动的有机统一体，城市空间结构则是上述活动内容的载体。正如没有一种理论能完全解释城市这一复杂的适应性系统一样，城市空间结构同样是一个跨学科的研究对象。由于各个学科的研究角度不同，因此要全面地理解城市空间结构必须从主要学科的视角解析入手，才能形成其完整的概念框架。

（1）城市空间结构的学科解析

长久以来，地理学和城市规划学均从各自的视角对其进行了深入的研究。地理学和城市规划学对于城市空间结构的解释正在出现融合的趋势。

以研究在不同地理环境下，城市形成发展、组合分布和空间结构变化规律为己任的城市地理学，其最古老和最核心的研究领域之一就是城市空间结构。从20世纪70年代以前的实证主义，到70～80年代行为主义、人文主义、新韦伯主义、和结构主义的兴起，以及近十几年来多元解释论思想的萌芽，地理学者对城市空间结构进行了全方位的研究和探索。地理意义上的城市空间结构分析更多涉及与城市功能活动有关的地域结构变迁。

与地理学相比，城市规划更倾向于关注城市的实体空间，以规划的角度看，由城市形体环境组成的外部空间即为城市空间，它是与实体相对的城市设计和建筑设计要素。此后又综合了地理学空间元素与心理学中知觉等概念，衍生出“场所”概念。城市规划学则将城市空间结构作为城市存在的理性抽象，更多地是强调空间场所的概念，偏重于视觉艺术及形体秩序的城市形式分析。

（2）城市空间结构的概念解析

城市空间结构是指城市各功能区的地理位置及其分布特征的组合关系，它是城市功能组织在空间地域上的投影。它是城市各要素在一定空间范围内的分布、联结状态及其构成机制，或解释为城市各种物质的与非物质的要素，在城市成长过程中，在城市地域空间中所处的位置和在营运过程中的形态，以及形成这种位置和形态的原因。

3. 城市开敞空间内涵

开放空间（open space）在国内外学术界一直都是一个内涵丰富的概念，具有社会和自然的双重含义。它的定义随着时代的变迁，定义者的研究方向和看待问题角度的不同而不断地发展变化着。现代意义的城市开放概念出现于1877年英国制定的《大都市开放空间法》（*Metropolitan Open Space Act*）。英国在1906年制定的《开敞空间法》（*Open Space Act*）中将开敞空间定义为：不论是否有围墙环绕，其所占土地的1/20以上未被建筑物覆盖，其全部或剩余部分已建为庭园或供游憩使用，以及不曾任其荒芜的土地，均称开敞空间[236]。可见，当时英国把庭园或公园之类作为游憩使用的未被建筑覆盖的土地定为开敞空间。强调的是有休闲游憩功能的非建筑用地空间。英国学术界对开放空间的理解是“开放空间是指所有具有确定的及不受限制的公共通路并能用开放空间等级制度加以分类而不论其所有权如何的公共公园、共有地、杂草丛生的荒地及林地。”强调的是开放空间的自然属性、公共可达性和大众共享性。

在美国，认为开敞空间指城市内的一些还保持着自然景观的地域，或者自然景观得到恢复的地域，也就是游憩地、保护地、风景区，或为调节城市建设而保留下来的土地[237]。而1961年房屋法规定开敞空间是“城市区域内任何未开发或基本上未开发的土地，具有：①公园和娱乐用的价值；②土地及其他自然资源保护的价值；③历史或风景的价值。可见美国把那些已经决定按其自然状态加以利用的土地看作开敞空间。强调它的自然特征，把按自然状态加以使用的土地看作开放空间。美国规划界认为，“所谓的城市开放空间，指的是城市一些保持着自然景观的地域，或自然景观得到恢复的地域，也就是游憩地，保护地，风景区，或者是为调整城市建设而预留下来的用地。城市中尚未建设的土地并不都是开放空间。其具有娱乐价值、自然资源保护价值、历史文化价值、风景价值。[238]”同1961年的美国房屋法对开放空间的定义类似，强调的是有自然景观的环境空间。

波兰学者认为，“开放空间一方面指比较开阔较少封闭和空间限定因素少的空间，另一方面指向大众开放的为多数民众服务的空间，不仅指公园、绿地这些园林景观，而且城市的街道、广场、巷弄、庭院等都在其内。[239]”强调其功能在于协调城市环境，提供居民游憩场所，使城市环境更有活力。

日本规划界认为，“开放空间指的是城市的道路，河川运河等供公众使用的建筑场地以外的，没有被建筑物覆盖的空地。”强调的是城市中的非建筑用地空间，及城市的空地率。日本高原荣重把开放空间定义为：游憩活动，生活环境，保护步行者的安全，及整顿市容等具有公共需要的土地、水、大气为主的非建筑用空间且能保证永久性的空间。不论其所有权属于个人或集体。侧重于开放空间是公共的非建筑用空间和它的永久性的性质（表5-9）。

表 5-9　城市开敞空间概念表[240]

实例	形态	目的或用途
英国	建筑使用部分占 1/20 以下的住宅地（荒地除外）	庭院、游憩地
美国（1）	有自然环境的土地	游憩地、调整城市建设的土地
美国（2）	非建筑用地（空气、土地、水）	游憩地、风景、国有林、路旁林带
日本（1）	非建筑用地	公园、广场、体育场、动物园、植物园（道路、河川、运河除外）
日本（2）	非建筑用地	公园、竞技场、体育场、坟地、农耕地、树林地

克・亚历山大在《模式语言：城镇建筑结构》中对开敞空间的定义则是："任何使人感到舒适、具有自然的屏靠，并可看往更广阔空域的地方，均可以称之为开敞空间"。而麦克哈格则从生态角度认识到城市开敞空间的价值。认为大城市地区保留作为开敞空间的土地应按土地的自然演化过程（natural-process lands）来选择，即该土地应是内在的适合于"绿"的用途的。凯文・林奇认为，"只要是任何人可以在其间自由活动的空间就是开放空间，开放空间可分为两类：一类是属于城市外缘的自然土地；一类是属于城市内的户外区域，这些空间由大部分城市居民选择来从事个人或团体的活动。"凯文・林奇关于开放空间的定义强调了两点，一是公共可达性，共享性，即非少数人而是所有社会公众均可以方便进入享用；二是开放性，即空间的开敞性，非封闭性，应和周边区域环境相融通。王建国指出城市开放空间主要具有 4 个特征：开放性、可达性、大众性、功能性。这些对开放空间的定义虽然不尽相同，甚至差别很大，但是都强调了开放空间的自然特征，及游憩休闲的功能。余琪提出开放空间是指"城市或城市群中，在建筑实体之外的存在着的开敞的空间体，担负着城市多样的生活、活动、生物的自然消长、隔离避灾、通风导流以及限制城市无限蔓延等多重功能，包括绿地、江湖水体、待建与非待建敞地、农林地、滩池、山地、城市的广场和道路等空间。[241]"强调了开放空间是一个载体的概念，承载着自然界及人类的许多活动。因此，开敞空间的概念可以概括如下：①以自然为主的非建筑空间；②提供游憩活动、环境保护、步行者安全、以及塑造景观等需要的空间；③永久性的公共空间。

参照英、美等国的提法，认为所有在城市内及其周边地区能提供市民接触自然的场所均属开敞空间（严玲璋，2001），如此便赋予城市绿地系统以空间内涵。《城市绿地分类标准》中就将城市绿地译为 urban green space。事实上，这种空间内涵的提及主要是有别于建筑实体的概念，更侧重于绿地的功能性，注重空间的内在质量，关注其在协调城市与自然本底关系中所起的作用。应该承认，空间内涵的提出本身就包蕴了绿地生态的生态功能。由此可见城市绿地系统的概念也是一个从无到有、简单到复杂的逐渐发展过程（图 5-1）。

4. 城市开敞空间系统的内容与功能

城市开敞空间的建构是趋向于生态目标的努力，外部广阔的绿色自然空间可以以不同方式与形态深入城市非自然地域。城市开敞空间系统的建立对城市化加剧行进和城市建设高密度集聚而导致诸多环境问题的城市，具有重要的意义。

城市开敞空间包括河流、湖泊、山体、林地、农田等自然开敞空间，同时也指城市的广场、道路、公园、庭院等人工空间。对于开敞空间系统的内涵与构成及功能，国内外基本一

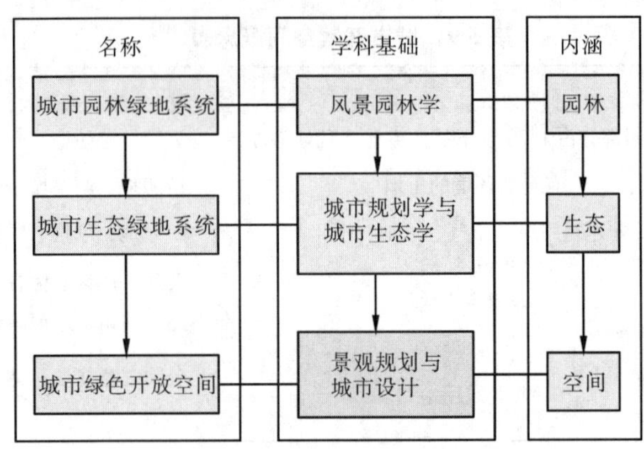

图 5-1　城市绿地系统的概念演替脉络图

致的认识是以绿色为主体的空间，具备有如下功能：①提供公共活动场所，有机组织城市空间和人的行为，行使文化、教育、游憩职能，提高城市生活环境的品质；②保存有生态学和景观意义的自然地景，增加城市景观异质性和多样性，协调人与自然环境的关系，限制建成区无节制蔓延；③作为许多野生动植物自然生长需要的生境，如栖息地、繁殖地、育雏地、觅食地和水源地等，起维持动物持久生存的源地作用；④作为气候通风导流的场所，平衡、改善生态环境，提高城市的防灾能力，体现城市地区“空气库”作用。

有学者认为，对高质量的城市生态环境的追求应以“开敞空间优先”（open space first）为原则进行城市建设，我国学者也早有以城市开敞空间来组织城市空间的研究。笔者认为：在进行城市规划用地空间布局时，不应只考虑人类所需要的用地的布局，而应把人类所不应使用的和保留的用地作为首要考虑，将开敞空间的规划与城市用地布局、土地利用规划、城市绿地系统规划以及景观和游憩体系规划相结合，提高到战略地位，从而体现其在生态、社会、文化、经济性等方面的功能。如，大伦敦规划对当时控制伦敦市区的自发性蔓延，改善混乱的城市环境，以及绿化、美化城市景观起到一定的作用。1990 年代以来，伦敦规划委员会（LPAC）将建立开敞空间系统作为一个绿色战略（green strategy），而不仅仅是一个公园体系。

二、城市绿地系统地位重构

在理论回顾时，可以看到西方城市规划理论的每一次突变都与城市绿色空间的发展密切相关。可见，城市绿地系统作为维系城市“天人关系”的纽带，在城市空间结构体系中理应有其特殊的地位。但现实的城市空间结构是以人及其社会经济要素的流转为中心而建构的，城市中至关重要的生物与环境的关系，被远远抛在了城市空间结构建构原则之外，导致城市的自然生态环境系统被人工系统的严整结构积压得支离破碎。重构城市绿地系统地位不是人为地调整城市空间结构体系，而是通过理论论证还原城市空间结构的现实面貌。

1. 边缘到核心变迁

正如前面所阐述的城市空间结构定义，它是城市各要素在一定空间范围内的分布、联结状态及其构成机制。我们生于城市并研究城市，首先要学会看城市，即通过对城市空间结构的深刻解析，来认识它们在其自然环境中的过去、现状及未来；充分理解其根植于自身的自然格局，固有的地域特征、历史感、人文精神及文化内涵。在此基础上，尊重和发扬这些特征，通过设计干预过程，引导城市有机体健康、协调发展。

从其表象上看，城市各组成物质要素实体和空间的形式、风格、布局等有形的表现各有规律，构成了城市空间形体结构。但从实质内涵而言，它是源自于城市结构形态不断适应变化着的城市时代功能的要求，由人类政治、经济、社会、文化活动在历史发展过程中交织作用的物化。即由“结构—功能”的矛盾运动，推动着新的城市结构形态的孕育、产生和发展。不同的时代，其矛盾运动的不同表现反映在地表空间上就是城市空间结构秩序的变迁，可以充分揭示城市空间结构形态的内在动力机制。重构城市绿地系统地位的核心就在于分析此种动力机制。张京祥和崔功豪（2000）将城市空间结构的增长归结为无意识的生长发展及有意识的人为控制两种力制约和引导的结果，即自组织与被组织。

如图5-2，随着城市进程的发展，城市绿地系统发生了“边缘—核心”的地位变迁。在前面国外城市绿色空间的发展历程分析中也可见证这一趋向。城市绿地系统由集中到分散、由分散到联系、由联系到融合，逐步走向网络连接、城郊融合的发展趋势。若从面积、连通性和动态控制3个条件来判定，城市绿地的面积占城区面积的比例普遍在25%～30%以上，绿色斑块和绿色通道构筑的绿地系统的连通程度又远较其他空间形式高（仅次于交通系统），更关键的是依据服务半径合理布局绿地的原则，城市绿地已均匀渗透到了城市地域空间的每个方向，从而将城市空间结构有机地统一起来。因此现代城市空间结构以城市绿地系统为先导的说法并不为过。用表格的形式来反映城市空间结构的变迁过程（表5-10）。从表中可以看出，城市绿地系统地位重构是人在满足了其对经济、物质、效益的追求后开始转向对自然、精神、环境追求的必然结果。

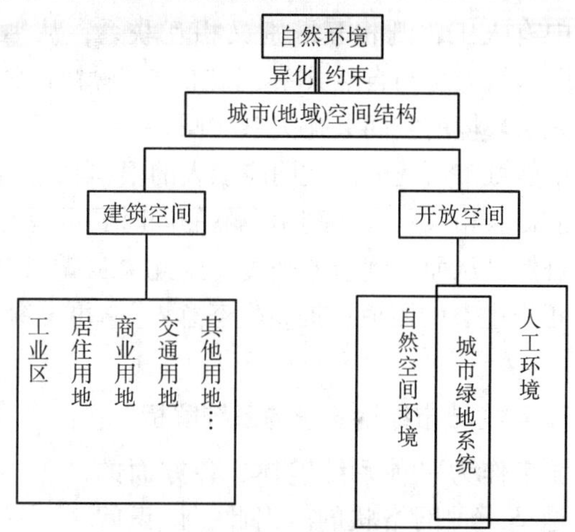

图5-2　城市空间结构体系——绿地系统沟通人工与自然环境

表5-10　城市空间结构变迁过程表

社会阶段	主导产业	交通方式	动力机制					主导空间
			政治	经济	技术	社会	自然	
前工业化	农业	步行—马车	+	–	–	–	–	居住区，政治宗教中心
工业集中	制造业	电车	·	+	+	–	–	工业区
工业分散	第三产业	汽车	–	+	+	·	·	商业娱乐区、办公区
后工业化	第三产业	高速公路	–	·	+	+	+	城市绿色空间

注：·代表较强，+代表强，–代表弱

城市绿地系统作为城市形态的重要识别因素之一，其面域的存在形式（片状绿地）本身就是城市文脉时间与空间的延续和再现，而其线性的存在形式（绿色通道）则在空间意义上将面域形式与其他城市空间形态（居住区、工业区等）结合成为一个整体。城市绿地系统的这种渗透联接作用，为城市居民所感知形成一定的意象结构，能够将源于建筑和城市局部存在的隐藏秩序外化，使“地方精神”趋于连续和完整。这也是城市绿地系统延续地方性、重塑城市风貌功能的体现。布局于城市意象结构位置上的城市绿化，因此而成为市民品味城市魅力的主要内容之一。如果再将中国古典的“天人合一”运用到现代城市环境中，也可以揭示上述城与绿的共生关系。合理的形态结构应为人工中有自然、自然中有人工，既相互区别又相互联系，从而共同构筑人工与自然共荣、城市与园林协调的人居环境。据此理论可以表述出城市绿地系统与人居环境的空间共扼关系（图 5-3）。

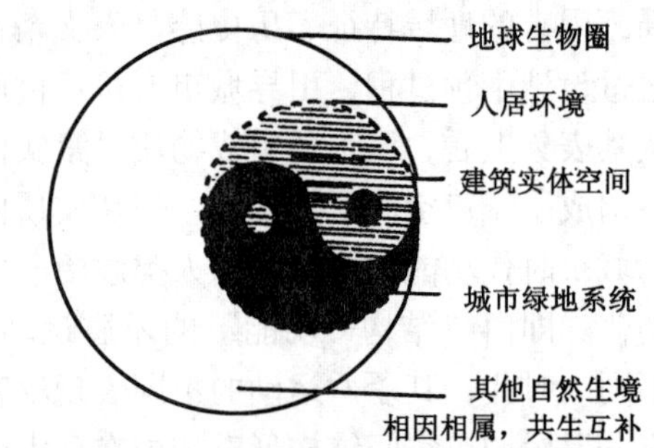

图 5-3　城市绿地系统与人居环境共扼关系图

（资料来源：李敏．城市绿地系统与人居环境规划［M］．中国建筑工业出版社．1999：46.）

虽然城市所代表的文明应以人的根本利益为目标，但人的发展不应以压制、破坏自然环境为前提。相反，人在利用自然的同时要重视对自然的保护，并且运用人的智慧人化自然，再现自然，从而达到新的平衡。因此吴良镛（1997）认为人居环境建设的五大原则之首便是“正视生态的困境，提高生态意识”。可见绿地系统对于城市空间结构的引领作用和积极意义。

2. 重构城市绿地系统的系统解析

城市作为一种系统整体，各方面的联系是呈一种网络状的。因此，认识问题、处理问题的方法也应当是以一种系统化的方式来进行。而经过地位重构的城市绿地系统与多样化的城市空间形态更紧密地联系在一起，也势必需要用多学科的理论剖析问题，从而构筑一个相互渗透、贯通的理论框架体系（图 5-4）。下面拟从几个主要的学科领域对其加以解析：

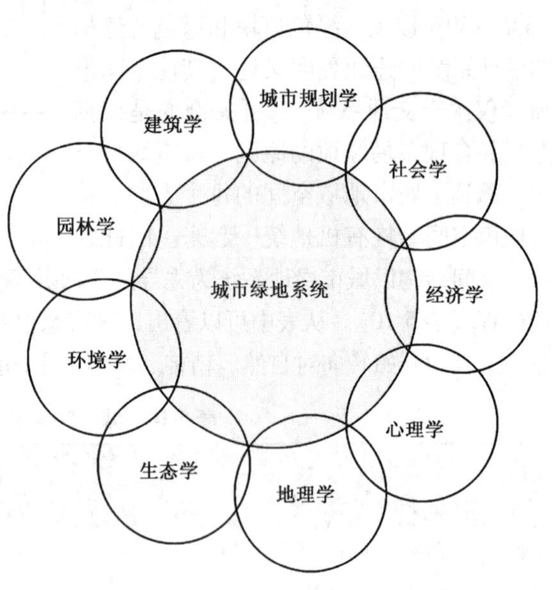

图 5-4　城市绿地系统的理论研究框架

（1）地理意义上的解析

地理学的解释主要是基于人文地理学，特别是城市地理学的理论。作为研究空间分异的地理学在这里提出了一个重要的观点，即：将城市作为一个“点”放在“区域”这样一个面上加以研究。因为城市作为高度集聚的空间，其生态足迹远远超过了自身的地域范围，它只有通过与外界的交流输入信息、能量、物质才能抵消自身内部产生的正熵值。这也是城市之所以是一个开放的空间系统的意义所在。20 世纪 90 年代以来，西方发达国家城市与区域空间的整体化发展趋势日益强化，表现为从圈层式的城市空间结构逐步走向网络化的区域城镇空间结构，城乡空间成为一个更为紧密的协调发展整体。我国也由于市场转型的成功过渡，使城市的腹地及横向联系地域范围的扩大，城市的交通、流通、信息和技术等中心的职能不断增强，城市与区域一体化发展趋势日益明显。但与以往不同的是，这种城乡之间的相互依赖不仅仅是一种经济上的联系，更主要的还是在生态上的互相保护。地理学理解的城市绿地已延伸到农、林、牧生产绿地和河道、江、湖、海，把郊区广阔的绿色空间作为城市绿地的有机组成部分和结构内容，在扩大城市化调整区内确保有优良的农田，使土地资源充分发挥其生态功能。即从中心城区走向整个城市区域，向城乡融合的生态绿地建设方向发展，在大范围、大空间中承担起整体人类生态系统的重任。

（2）生态意义上的解析

生态学认为绿色植物更是生态系统中的基础和核心，因为它们的存亡兴衰关系着地球生物圈和人类社会持续发展的问题，因此一直视其为重要的研究领域。但基于自然环境的生态学领域总缺少一种对城市发展及空间结构动因方面具有强有力解释功能的理论，随着 1980 年代以来可持续思想在全球的传播及被广为接受，城市生态系统要素在城市合理发展中的作用逐渐增强。城市绿地系统作为构成城市生态系统中惟一执行自然“纳污吐新”负反馈机制的子系统，已是优化环境保证系统稳定性的必要组成。在生态系统中，有机体必然表现为对所处环境的依存关系，不同的有机体或子系统之间呈现合作共存与互惠的现象，使系统整体功能和效率达到最优，从而使其保持最大的发展机会。这就是城市与自然关系的生态学解释。I. L. McHarg（1969）曾指出“适应环境方面的运动就是创造，适应也就能定义为创造，适应也就是生命的提高”。若将这种适应机制引入城市空间范畴，重点就是城市建筑空间对于自然环境的适应以创造适合地方物理环境和资源条件的舒适空间。因此城市空间结构的生态化能使空间系统的秩序提高，使城市空间结构获得更为平衡与协调的方式发展。从这种意义上说，空间的生态化，即城市绿地系统的营建便成为城市空间建设的主导方向，决定着城市的空间结构。

（3）城市规划意义上的解析

正如吴良镛（2001）所言：“城市的‘肺’已不再是公园绿地，而是城乡之间广阔的生态绿地。尤其在连绵城市带中，更要保护好生态绿地空间。”王建国（1997）从生态意义上将新的城市设计理念总结为绿色城市设计，即把握和运用自然生态的特点和规律，贯彻整体优先和生态优先的准则，创造一个人工环境与自然环境和谐共存的理想城市，其重要的设计途径就是创造一个整体连贯而有效的自然开敞绿地系统。这也是城市规划学界在新城市空间变革背景下在实践中做的尝试。

3. 对生态园林城市绿地系统地位重新认识

人们对环境质量的重视与日俱增，环境的好坏已直接与城市的发达程度挂钩，“园林城市”、“生态园林城市”、“生态城市”在当今的世界里就意味着文明城市，是城市先进化、现代化直接的衡量标准，成为大多数城市建设发展的美好梦想。解决城市生态环境问题是多方面的：生态材料的研究、绿色空间的开拓、大气污染治理、水域治理等等，要彻底改善生态环境实现美好理想必须各行各业联合起来共同努力。而绿地系统的规划和建设，在其中起着举足轻重的作用，绿地系统是城市生态系统趋于良性循环的调节器，是改善城市生态环境的关键环节。在城市规模膨胀，用地紧张的前提下，如何保证绿地生态系统中绿地的数量和质量，从而发挥绿地系统在整个城市生态系统中调节功能和作用，是各个城市都在面临的问题，实行绿地系统总量控制，构建绿色空间网络体系，充分挖掘城区内的绿化潜力，重视建成区内外绿量的同时增量，是从根本上解决问题的关键。将城市包围在绿色海洋之中，建立良好的城市生态系统；使城市的能流、物流收支平衡，系统循环运转顺畅。绿地系统规划正是从全局考虑，运用系统观念对城市各式各样的绿色空间进行整体布局规划，以达到宏观控制城市生态环境的目的。

生态园林城市是城市发展的理想目标，作为在生态园林城市中起生态缓解作用的绿地系统规划更具有挑战性和科学技术含量；生态园林城市具有城市生态建设参考的普遍意义，那么生态园林城市绿地系统规划也将成为各城市建设的重要指导因素；在我国有相当多的城市正在朝着这个方向发展，并具备成为生态园林城市的潜力，为这些城市提供一定的研究成果，作为其他城市生态建设的参考，具有极广普的现实意义。

三、城市绿色开敞空间的概念、特点与类型

1. 绿色开敞空间的概念

上一部分在城市空间结构体系中重新架构了城市绿地系统所应该具备的地位，但需强调的是引导城市空间结构的绿地系统应能为城市提供一定的生态秩序、并对城市具有最大意义上的渗透性、可达性和可亲近性。欧美等国家有学者认为绿地是开放空间的一种，有的学者甚至把其等同于开放空间。我国传统上的绿地概念，是从用地的外部形态来理解的，而忽略了绿地作为一个空间体的本质。绿色开敞空间不包括街道、巷弄、停车场等，仅指以自然景观为主要形态特征的开放空间。绿色开敞空间突破了狭义绿地的定义，将区域范围的开放空间作为改善生态的积极因素纳入城市，以增强城市绿化的支持，更好地解决城市生态问题。特别是中央对我国农村的重视，提出了“五个统筹”：统筹城乡发展、统筹区域发展、统筹经济社会发展、统筹人与自然和谐发展、统筹国内发展和对外开放，其核心就是社会、经济、环境可持续发展，建立科学的发展观。因此，在城乡二元对立结构日益向城乡一体化转变的过程中，城市绿色空间应该成为统筹城乡发展、统筹人与自然和谐发展、统筹区域发展的一个重要载体。

借鉴西方国家对城市开放空间100多年的理论研究与实践经验和我国近几十年来对开放空间、绿地的探索，结合当前城市的实际发展状况，笔者试图对绿色开敞空间作如下的界定：城市绿色开敞空间是指以土地、水、绿色植物为主要存在形态的非建筑用地空间，具有改善与保持生态环境，美化市容市貌，缓冲城市外围关系，提供公共休闲游憩场地或具有卫生防护等功能的城市空间；现代城市绿色开敞空间强调空间上的开放和对大多数人的开放，强调人类和生态环境的可持续发展及生物多样性；绿色开敞空间不再只是囿于高墙围合，表现个人喜恶，抒发个人情感的供少数贵族享用的后花园，也不再只是圈一小块地建起来的公园，而是一个开放的与城市环境融合在一起，能起生态调和作用的空间体系。绿色开敞空间主要具备以下功能：①维护、改善人居生态环境；②提供公共游憩场所；③保护文物古迹、历史遗产；④提高城市防灾、减灾的能力；⑤限制城市无限蔓延；⑥组织步行交通；⑦构造城市景观特性、体现城市文化氛围等。

2. 现代城市绿色开敞空间设计思想的特点

真正使当代城市绿色开敞空间有别于传统园林风格的是20世纪初，西方新艺术运动及

其引发的现代主义浪潮。朴实、实用、美观的功能主义占据了主导地位，为普通人提供普通但精良的设计是现代设计思想的特点，它没有试图以纪念碑式的形式或是以绚丽的外表，总是把设计的舒适和实用放在首位，总是试图改进现有的解决问题的方法，而不是期盼着新事物的出现。设计不追求前卫、精英化与视觉冲击的效果，而是着眼于内在的价值和使用功能，日常生活的需要是景观设计的出发点。然而在实用的同时，设计师常采用自然或有机的形式，以简洁、柔和的风格创造出富有诗意的园林景观[242]。现代绿色开敞空间强调为大众服务、注重人性化和生态效应，因此具有大众性和开放性的特点。

3. 现代城市绿色开敞空间体系的特点

（1）现代城市绿色开敞空间体系在区域范围内形成网络

现代城市绿色开敞空间体系由集中到分散，由分散到联系，由联系到融合，呈现出逐步走向网络连接，城郊融合的发展趋势。绿色开敞空间不仅作为城市的独立地块进行开发设计，而且作为一个大的综合系统来发展，每一地块有机地结合于一起，整体营造能保持自然过程整体性和连续性的动态绿色网络。因此，城市绿色开敞空间规划应着眼于区域规划层次。在区域规划中，把城市绿色开敞空间作为与城市经济发展和城市空间实体同等重要的要素来对待，将会在很大程度上避免今天城市所面临的困境。

（2）现代城市绿色开敞空间体系的空间形态多样化

在城市生态环境日趋严峻的今天，城市绿色开敞空间在构建城市形态方面的作用越来越来受到重视。世界各大城市根据自己的地理特点，规划设计了相应的绿色开敞空间格局。各国在具体实践中出现了一些比较典型的形态方式，这些空间形态是基于城市发展的多方面的考量与博弈，具有一定的借鉴意义。如环绕型的绿地空间形态（英国伦敦）、嵌合型的绿地空间形态（大哥本哈根指状规划）、核心型的绿地空间形态（荷兰的兰斯塔德地区）、带型的绿地空间形态（巴黎地区）。

4. 城市绿色开敞空间的类型

城市绿色开敞空间的类型从用地形态上可分为点状、线状、面状。传统的城市绿色开敞空间系统规划，常采用点线面相结合的布局方式，现代城市绿色开敞空间系统仍需坚持点线面相结合的布局原则，但应赋予新的内涵，要把城市绿色开敞空间视为有机整体，统筹安排绿地的类型、功能和形式，保证城市绿色开敞空间生态、游憩、教育功能的充分发挥，实现系统化布局体系。

“点”即块状绿色开敞空间，是城市绿色开敞空间系统的基本组成部分，也是其精华所在。“点”包括通常是大面积绿色开敞空间的各类城市公园、城市大广场、名胜古迹园林等和最接近居民、利用率最高的居住区公园、街头小游园、小广场及专有绿地。其中各类城市公园、城市大广场、名胜古迹园林等是城市标志性的景观场所，在城市绿色开敞空间系统中有着突出的地位。如纽约的中央公园，位于城市密集区域，是现代城市景观与自然生态环境融合的典范，既形成了城市的特色风貌，又为城市居民和游客提供了公共游憩场所。居住区公园、街头小游园、小广场等是城市绿色开敞空间中最常见最灵活的部分，也是最接近居民、利用率最高的绿地，最好呈均衡分布。我国的一些城市新区的城市景观相对于老城区得到了较大的改善，主要得益于在建造高层建筑的同时，规划建造了许多富有人情味、符合现代生活的居住区中心绿地、小广场、小游园，它们成为地方性的开放空间，不仅是居民活动的场所，有些也是上班族午餐时聚会、歇息的地方。

“线”即带状城市绿色开敞空间，包括绿色廊道和蓝色廊道。从形式和功能上看，其在城市生态系统中起着廊道的作用。结合城市道路、河流、城墙、高压走廊、通风走廊、防护地带等建立绿道和蓝道，连接各“点”状绿地，使城市绿色开敞空间具有良好的连接度。绿道和蓝道相结合，共同构成城市绿色开敞空间的脉络，并且对于城市空间结构的发展起到一定的引导作用。

“面”即城郊及区域广褒的自然景观背景。城市绿色开敞空间建设不再囿于城区范围，而是实施城乡一体化绿化战略，城市绿化拓展到城市郊区森林、农田、林网、果园和农田等能调节城市生态环境的植被。

四、目前我国城市绿色开敞空间所存在的问题

1. 宏观层次——忽视区域开敞空间，导致城市绿色开敞空间的整体性不足

当前，我国城市建成区内绿色开敞空间严重不足，绿地系统的相关指标均远远低于世界有关组织推荐的合理指标，绿地数量远远不足以维持城市碳氧平衡。与此同时，城市建筑容积率增大，城市厚度日渐增长，城市像摊大饼似的向外无序蔓延，城市周围的农业用地和水面等自然生境大量被建筑物和混凝土地面所取代，使得本来就极其有限的城市绿色开敞空间被囿于城市建成区之内，与区域自然景观彼此隔离、孤立，没有互相连通形成有机整体。直接导致了城市透气性堵塞，沉积于城市底层的污浊空气难以排出，不能发挥绿色开敞空间的生态效益和规模效益，不能缓解“五岛效应”（热岛、雨岛、干岛、闷岛、混浊岛）。

近年来，绿色开敞空间规划虽然在城市整体结构上考虑到区域，但是并未深入关注城区和区域共同的整体绿化效应，忽视区域层面，忽视城区与区域绿色开敞空间的关系。城市绿色开敞空间生态效应的发挥与其所在区域背景的区域绿化有着整体的关联性，要改善城市生态环境，必须借助区域自然景观，森林、农田、草地、景区等都作为生态改善的积极因素，纳入城市绿色开敞空间，从宏观层面上建构与城市总体结构密切相关的大面积自然开敞空间，增强对城区绿化的支持，使城区有一个良好的整体生态景观背景。重视城区绿色开敞空间与区域自然景观的配置与连通，以整体优化为原则，最大限度地将区域自然开敞空间直接引入城市，使区域自然景观与城区内的开敞空间构成连续的整体。最明显的益处之一就是使区域的新鲜空气得以进入城区，置换和稀释污浊空气。

2. 中观层次——城市绿色开敞空间零星分散，分布不均，连续性不足

随着城市化对土地的胁迫不断增加，城市景观高度破碎化，城市绿色开敞空间零星分散、分布不均、连续性不足、环境效能潜力不能充分发挥。在城市的非持续发展中，土地利用往往只注重能够取得直接利益并在短期内见效的设施建设，如城市商业区、道路网络等等，忽视城市绿色开敞空间，它们被排挤到城市的外围或面积极小的地块内，成为孤立的生态斑块，块与块之间缺乏联系。由于生境的隔离，物种之间缺乏必要的基因交流，品质在逐渐退化；植物的更新能力逐渐下降，绿地植物种类组成及群落结构趋于简单化，动物及微生物逐渐消失。长此以往，绿地对环境的适应性受到影响，从而造成严重损失。导致这种情况的主要原因是传统绿地的规划只注重面积指标与服务半径，使得绿地被置于总体用地规划的配角地位，由于不能形成连续性的绿色开敞空间，降低了绿地的功能和效益，削弱了其对城

市生态环境的改善作用。从系统的观点看，城市空间环境是一个整体，完整的城市开敞空间体系所起的效用远比几个开敞空间之和大得多，这就是系统整体的优化效应。

要创造最佳人居环境，关键在于绿色开敞空间的建设。近年来，各城市纷纷建造了一些城市公园、绿地、广场等等，但由于历史原因，这些绿地分布支离破碎，相互之间缺乏必要的联系，对城市整体而言，只不过是沙漠中的绿洲。有些城市绿化覆盖率虽然很高，但大片的绿地存在于山林及公园中，而供人们日常活动的广场、绿地不足，且各城区绿地发展极不平衡，新区较多，老城区严重缺乏。而且大多数的小城市目前仍然处于大建高楼，多修路的阶段，对开敞空间没有引起足够的重视，自然景观环境缩小、碎化加剧，绿色开敞空间生态功能降低。就简单的理解来说，城市公园绿地之间应以线性开敞空间如步行林荫带、绿色走廊、滨水绿地等相连，保持开敞空间的连续性，一个个开敞空间有机组合起来，就形成了连续的城市绿色开敞空间系统。

3. 微观层次——无视生态问题、混淆功能问题、追求形象问题

（1）生态问题

无视环境敏感区：建设生态园林早已成为一个时尚的名词，但是在园林建设中到底如何体现“生态性”，在许多从业人员心里并不完全清楚。因此城市绿地建设中出现了许多打着生态的旗号却违背基本生态规律的做法，突出体现在无视环境敏感区上。环境敏感区是对人类具有特殊价值或具潜在天然灾害之地区，依据资源特征与功能差异，环境敏感区可分为：生态敏感区、文化敏感区、资源生产敏感区和天然灾害敏感区。对城市景观来说，生态敏感区包括城市中的河流水系、滨水地区、山丘土丘、山峰海滩、特殊或稀有植物群落、部分野生动物栖息地等；文化景观敏感区指城市景观中具有特殊或重要历史、文化价值的地区，如文物古迹、革命遗址等；资源生产敏感区有城市水源涵养、新鲜空气补充、土壤维护、野生动物繁殖区；天然灾害敏感区包括城市可能发生洪患的滨水区、地质不稳定区、空气严重污染区等。环境敏感区往往极易因人类的不当开发活动而导致环境负效果，属脆弱地区。脆弱性与不可逆变化及稳定性的损失有关，因此应用系统的观点从区域环境和区域生态系统的角度考虑城市绿地规划设计所要体现的系统原则、自然原则和保护性原则。然而，许多城市对环境敏感区没有引起足够的重视。

以江苏省南京市为例：以玄武湖和紫金山为代表的自然保护型生态敏感区是两种不同生态系统的结合部，是生态环境条件变化最激烈和最易出现生态问题的地区，也是区域生态系统可持续发展及进行生态环境综合整治的关键地区，它的自然度高，易受破坏且不易恢复，应以保护为主。而目前金陵御花园的建设将城市的山水及人文文脉完全切断，同样，南京莫愁湖公园的自然湖面与秦淮河之间的生态联系也被高层住宅隔断，使得文脉、绿脉无法组合与延续。这种对城市环境敏感区域的不当开发行为势必会造成生态系统的破坏、自然灾害的发生和资源的耗竭，阻碍现代城市的可持续发展。因此，环境敏感区的规划与建设作为维系着城市的自然生态平衡，保证现代城市可持续发展的必要手段之一，应该引起广泛的重视。

城市绿色开敞空间功能单一，重景观、轻生态：长期以来，受古典主义园林，技术优先等思想的影响，城市绿色开敞空间设计实际上一直将植物当成城市的景观装饰来对待，绿化停留在空间视觉效果的层面上，重景观欣赏，轻生态保护，忽略了城市绿色开敞空间中动物、微生物的存在，绿地内植物配置形式单一，品种较少。如，前几年南京的主要行道树种之一的悬铃木就因品种的单一，曾发生大面积的病害而损失严重。而千篇一律的园林植物栽培表现了明显的人工化气息，绿化植物过分的人工雕琢，使城市中十分珍稀的自然生态信息对维护现代人的身心健康作用受到干扰，而且绿化过分依赖人工维护，维护投入量大。绿色开敞空间形式单调，绿化面积大，但绿量小，过分追求“一次成型”。因此，在城市中建设具有整体性、自稳性、生物多样性的绿色开敞空间系统至关重要。

城市绿色开敞空间在设计中表现出人工取代天然的倾向：在绿色开敞空间的设计上表现出人工取代天然、唯大、唯直、唯平的思想。盲目地堆山、填湖、砍伐山林、铲平山体、破坏植被、用外来名木取代乡土树种。然而，推掉的山林难以通过路边种上一两排树来弥补其生态效益，外来名木也存在着水土不服的问题。乡土植物具有更强的自然特性、适应性和本土特征，城市绿色开敞空间的营建，最好是以现有的林木为基础。美国风景园林界对世界最大的贡献之一是将自然原野地作为公园，但是这种思想却不被我们所接受[243]。

片面理解生物多样性：生物多样性是生物及由之构成的系统的总体变异性和多样性。物种多样性高也不一定表示生态系统最稳定，景观多样性高也可能意味着生境破碎化。片面理解生物多样性，不考虑树种的特征和本地区的立地条件随意引进新品种，不仅达不到预期的效果，而且会造成人力、物力和财力的巨大浪费。

（2）功能问题

城市绿色开敞空间的空间开放性不足，景观可达性低下：绿色开敞空间作为城市景观的一个组成部分，能方便地到达和平等地使用它们，是人们对城市绿色开敞空间的最基本要求。近年来为美化城市形象，很多城市开始投资兴建城市中心广场、景观大道和大草坪等绿色开敞空间，这些作为城市“客厅”性能的广场的确起到了美化城市环境和改善城市形象的作用。然而，这些开敞空间在城市中的位置，对于大多数居民而言，是一个需要刻意去感受的“舞台”，而不能融入人们的日常生活空间，人们希望能在身边触手可及的空间内和大自然有真实的交融。城市绿色开敞空间可达性的缺失，使这些空间的利用率偏低，失去了生活气息，而融入人们生活，融入周围环境的多样化的小公园、小广场、小绿地和散步道的建设却被忽视，结果是城市开敞空间成为城市形象的装饰而不是融于生活和环境的场所。提高绿色开敞空间的利用率，关键在于营建完善的绿色开敞空间布局体系，提高景观可达性。

忽视公园绿地的使用功能，忽视以人为本的原则和人的需要：公园绿地的功能较多，但就其主体而言，是给公众提供游憩的场所，其次才是生态、美化、防灾等功能，所以公园绿地应是具有一定活动内容和设施的集中绿地，必须具有一定数量的游憩康体设施，供居民游憩赏景及进行各类游憩活动。近年来城市建设中营造了大量的公园绿地，然而在片面追求绿地率的指导下，有些绿地仅着眼于城市空间的大尺度，而忽视了城市绿地满足市民休闲游憩的功能。首先是常常设置大面积的人工水面挤占休闲空间，将人的活动压缩在有限的范围内；其次，即使以绿化为主体的许多绿地也没有充分考虑人的使用需求。例如，大面积的草坪铺地为追求四季常绿的效果而选用娇贵草种，使本应提供为市民活动场所的草坪空间反而成了游憩活动的禁区；许多城市的广场常常只有少量的乔木配置于道路的两旁，即使有休息设施也只得置于露天之下，整个绿地被大面积的硬质铺装和低矮的草坪、花灌木所充斥着，平面效果似乎是挺大气，却找不到庇荫和休息的场所，结果当然是变成了摆设，起不到公园绿地应有的休闲游憩的功能。

混淆不同绿地的实际功能：城市园林绿地分为公园绿地、生产绿地、防护绿地、附属绿地和其他绿地 5 大类型，每一类绿地都有其特殊的功能，它们的功能不尽相同，规划设计手法也必然有所差异。现代园林随着现代建筑的发展，已经形成了注重形式与功能相结合的传统，而形式应建立在功能之上，并且力求简明与合乎目的。有的功能可以通过各类绿地互相结合实现，有的则需要专门的绿地类型来实现，设计者应根据不同绿地的类型和功能来考虑设计的原则、风格和树种配置的方式。在现代城市的绿化建设中，不注重绿地的实际位置与周边环境、混淆不同绿地的实际功能的情况时有发生。

例如，沈阳浑河防护堤坝生态绿地，不顾河流生态效应强制开发建设成住宅区，结果在水患中受灾；辽宁朝阳大凌河是季节性河流，不属于城市内河，气候干旱、土质差、水土流失严重，洪水和生态隐患显著，规划设计却是大模纹、精美栏杆，与生态性实用性极不协调；再如，江苏省江阴市的蓝燕石化是城市的污染源，按照绿地系统规划的要求，其南面的带状绿地是市区和工业区的交界处，应建设成以林地为主的防护绿地作为绿化隔离带，充分发挥其在防风固沙、减轻污染和净化环境等方面的作用，给城市营造相对舒适的小气候环境，然而现状却建成了公园绿地；南京长江二桥公园的设计，江北是金陵石化，每天排出大量的烟尘、废气，本应以防护绿地为主，而现在设计与建设则是以大面积硬质铺装和草坪为主的公园绿地。这种无视绿地的实际功能盲目进行景观建设的例子不胜枚举。

（3）形象问题

城市绿化景观是展示城市风貌特征的良好载体，是城市对外形象的窗口，也是城市文明程度、现代化程度的重要标志，应具有鲜明的形象特色。然而千篇一律、照搬模仿和追求档次、贪大求洋的做法使得城市景观建设步入“千城一面”的误区，难以彰显城市特色。

千篇一律、照搬模仿：快速的城市发展使得城市建设无视地方特点，模仿成风，许多城市的绿地景观雷同或相似，城市传统文化和城市特色丧失殆尽。许多设计对国内外园林的借鉴往往不切实际地“断章取义”或“断枝取杆”，即不问本地的气候、地貌等自然环境条件，也不顾当地独特的历史文化资源，只限于表面形态的誊写，而没有抓住真正的精神内涵。我国园林建设中出现过的草坪风、大树风、广场风、西洋风、热带风等，都是盲目照搬他人设计的结果。以草坪风为例：20 世纪 90 年代的中国，一时上下，从南到北，无不以种植草坪为时尚，有时甚至伐去浓郁的树林为代价，结果处处浓荫匝地被绿茵似毯所取代，既不生态又不中用。紧接着大树风一刮，城市新建绿地纷纷种上截干的秃头树，不惜以牺牲自然生态环境为代价。90 年代中期绿地设计引进了大量境外景观设计公司的参与，大范围的国际招标和设计竞赛给我国的园林设计界带来了全新的思路和手法，但在经过了初次的惊喜后，发现众多挂着不同国家著名设计师品牌的作品之间越来越雷同，难以显示出不同的风格区别，基本上都是采用大草坪、大水面、大自由曲线形式，设计寓意直白并且图面化，对待老建筑则采取拆大片留一点的策略……诸此种种致使许多新创造的园林绿地景观雷同、植被单一、千城一面、俗不可耐。

近年城市绿地建设中对人文精神内涵的追求，似乎还停留在宣传口号式的比拟层次。城市规划中提出建设“东方的威尼斯”、“中国的莱茵河”、“XX 的秦淮河”、“XX 的外滩”等口号也比比皆是。例如，江苏省邳州市，城市山水地貌特色明显，却提出了将大运河规划成上海黄浦江，古运河模仿苏州干将路，六宝河建设成扬州瘦西湖的设想。这些做法既没有考虑园林景观所处的环境条件和地域特色，更谈不上继承和发展我国古典园林的成功经验，致使城市个性丧失，特色全无。

从当代园林的发展历程看，与 20 世纪前半叶现代主义时期园林设计仅关注功能与形式语言相比，对意义的探索正越来越受到设计师们的关注，重视隐喻和象征等人文心理暗示与设计的意义在当今园林设计日趋普遍。特别是近期欧美有影响的作品，几乎都是从全球化视角反思地方文化特性的富有哲理、让人思考的设计。一个好的园林作品，或者说是任何在人居环境中扮演角色的园林设计，都应该尊重所处基地的文脉，尊重所处场所的精神。“拆出一片绿”的粗暴建设方式已经被逐渐屏弃，对历史的场所的尊重在园林设计的主题之中占据越来越大的份量。

追求档次、贪大求洋：在千篇一律地照搬模范他人景观建设的同时，城市绿地建设还存在着盲目追求景观的壮观气派、贪大求洋的做法，过于突出绿化对城市的装饰美化作用，绿化布局唯大是举，追求大尺度、大气派、大手笔、大色块，这也是导致目前城市绿地特色消失的重要原因。

“档次”原本是景观设计师应追求的设计理念。问题出在对“档次”的理解上，“档次”往往被理解为宏大的气派或用材的豪华考究，它意味着大量财力的投入。决策者往往在项目的开始便定了高调，而不管该场所在整个城市绿色开敞空间中的位置。这里面有两个问题：一是如此巨大的财力投入能否产生相应的社会效益？二是该场所是否真正具备“档次”的环境条件？我国是发展中国家，需要上档次和创作精品的景观毕竟不多，更多的景观需要用平常的心态去对待。以人工取代天然，设计模式单调、设计风格西化、尺度追求宏伟、构图追求严格的对称和规则、侧重硬质景观，忽视软质景观等都是追求档次、贪大求洋的具体表现。

例如，在城市公园的建设中，原本只需在原始水面周边种植一些湿生植物、草地就可以直接伸入水面，形成亲切、自然的景观。然而，很多设计师却要用混凝土作为衬底，毛石砌成驳岸，似乎显得高档、豪华、整齐划一，殊不知这不仅失去了原本自然的韵味，还增加了投资，降低了水体自身的清污能力，反而更容易被污染。

五、现代城市绿色开敞空间的规划设计策略

1. 宏观层次——规划利用区域开敞空间，加强城市绿色开敞空间的整体性

随着21世纪全球化、信息化时代的到来，全球呈现出全新的、开放的、动态的发展格局。城市逐步从封闭走向开放，人们意识到仅仅局限在狭小的市区范围内来谋求城市问题的解决已不能满足城市发展的需要，必须将城市置于更为广阔的区域里联系起来进行统筹规划。城市绿色开敞空间规划与建设将区域规划思想引入，宏观层次的绿色开敞空间规划已经成为一个区域发展的概念。

（1）加强城郊和城市各分区之间的绿色开敞空间规划

我国绝大多数城市仅靠城市内部的绿色开敞空间很难完全解决城市的生态问题，需借助其周围的大面积自然景观生态基质，从根本上改善人居环境质量。就城市空气的流通而言，城市存在两种主要的低空气流的交换，一是城市内部的冷源地区即绿色开敞空间，与城市热岛的局部环流，这说明城区绿化的重要性；二是从城郊与城市中心区的气流交换。这表明城市整体的空气质量在很大程度上取决于城市周边生态良性循环的冷源区即城郊的生态绿地状况，以自然景观为主的广大郊区具有巨大的生态效益，是城市生态环境质量改善的重要依托。城郊景观处于城市与自然的过渡区域，属于生态脆弱带，景观元素类型多样，镶嵌度高，既有自然景观又不断产生人为干扰景观，这些地区担负着诸如城市绿色隔离空间、城市

的门户、城市未来发展用地等功能。规划要尽量保护城郊自然景观，加强城郊自然景观与城区绿色开敞空间的衔接和连通，加强城区绿色开敞空间与区域自然景观基质的衔接和连通。

城郊地形丰富、自然条件较优越，拥有大片开放的自然景观带、纵横交错的河渠、众多的湖塘。可充分利用这些有利条件，从生态环境保护的角度出发，结合城郊旅游业，农业的发展，建立以水源保护区、自然风景区、森林公园、动物保护区、花圃苗圃等为主的大型绿色开敞空间；还可以在城郊发展生态农业、生态园艺，如种植果树、建设农田林网、进行林粮间作、湖塘养鱼等等。在主要河湖、公路、铁路等沿线开辟带状绿地，并使之与市区绿色开敞空间系统及区域整体生态景观基质贯通，将大地景观规划与城市绿色开敞空间建设紧密衔接和连通，逐渐建立多层次，多类型“点、线、面”相结合的城乡一体的绿色网络。如，大巴黎的森林面积2880km^2，占土地面积的24%，形成诸如凡尔赛宫、枫丹白露宫等著名郊区森林，使巴黎森林成为人与自然和谐共存的绿肺。

（2）构建完整的、相互联系的区域绿色开敞空间背景大框架

城市绿色开敞空间规划要打破以往囿于城市建设用地范围内的规划框架，从区域绿色开敞空间的整体性出发，在宏观层面上建构与城市总体结构密切相关的大面积自然开敞空间，增强城市绿化的支持，使城市可以有一个良好的整体生态景观背景。国内外城市绿色开敞空间建设的实践和有关研究已经表明，虽然城市绿色开敞空间在改善环境质量方面的功效显著，但就城市整体而言，相对封闭而范围又十分有限的以人工绿化为主的城市绿色开敞空间远远不足以改善整体城市环境质量。城市区域的范围比城市建设用地面积大得多，甚至是其好几倍，环绕着城市建成区，这个区域属于自然生态区，对城市生态环境起到补偿作用。将城市绿色开敞空间进行延伸，与区域范围内的风景林地，河湖水域，防护林带，山体丘陵，农田林场等相结合，最大程度将大自然直接引入城市，实现城市绿色开敞空间体系与外围生态环境的高度协调统一，为城市发展提供足够的生态空间。

根据地形条件及不同的生态要求，规划不同功能的生态绿地。例如，实施林网化的大面积农田；在城市的上风方向建立可以产生大量新鲜空气的森林带；以自然绿化为主，积极发展高效生态农业的风景保护区；实行封山育林，恢复山林植被，森林覆盖率在70%的水源涵养区；生物多样性极为丰富，被誉为“自然之肾”的湿地；提供乡土植物种苗的苗圃基地、植物园等等。通过城区绿色开敞空间、城郊绿色开敞空间、区域绿色开敞空间这种层层推进式的动态保护，促进城市内、外部物质与能量的交流与转换，从而缓冲城市内部环境质量压力，逐步实现城市生态平衡。

（3）依托于城市的自然脉络，通过绿楔、绿廊的设计将自然引入城市

城市建成区往往缺少绿色开敞空间，为缓解城市生态环境压力，J. O. 西蒙兹提出的方法是保护城市廊道，使自然空间和自然过程在进入城市地区时保持其连续性，它有利于城市的多样化和可持续发展，是创造丰富健康的城市环境的基础[244]。从自然生态环境出发，依托于城市的自然脉络——河流湖泊、丘地沟谷，以蓝道绿道组成的绿色廊道为纽带，将城区的公园、游园、专用绿地等绿地斑块与城市外围自然生态景观基质串联起来，加强市区绿色开敞空间与城郊自然景观的衔接和连通，使城市建设实体与城市次生自然环境及城郊原生自然环境构成紧密关联的共生关系，共同构成城市“绿地斑块—绿色廊道—生态基质”的生态绿色开敞空间网络格局，从而有效地避免城市无序蔓延，为形成合理的城市发展框架提供生态依据。

城市绿色开敞空间的开放性，不仅指围绕在城市周围的自然生态景观基质是一个开放的空间，而且这种开放的自然生态景观基质要通过楔状绿地、蓝道绿道把自然伸入城市之中，为改善生态环境服务，满足城市居民对郊区宜人环境的向往以及对游憩休闲的需求，使城市居民能够和大自然有着直接的、密切的联系。以合肥为例：合肥市西北、西南、东南分别被3个自然风景区所环抱：西郊风景区（包括蜀山森林公园、董铺水库、大房郑水库保护区），西南为紫蓬山风景区，东南为巢湖风景区。因此在城市东南、西北规划大片绿色开敞空间楔入城市，形成城市通风道，将城东南巢湖水面上的新鲜空气引入城市，将蜀山森林公园、董铺水库、大房郑水库保护区的自然风光延伸至市区[245]。

（4）依托生态廊道体系的建立，构建生态蓝道和绿道

蓝道、绿道的概念是从廊道延伸出来的。

蓝道（blue way）：蓝道是包含多样性空间和元素的以水域为主体的廊道。根据地表径流的流线，包括了自然地区的上游溪流，中下游河流、湿地、湖泊水库以及滨水区植被群落，还包括城市中的河道和滨水区。因此，水域廊道包含了以水、气候、土壤、动植物为主的自然系统，同时也是人类活动与设施的密集处，包含了以建筑设施与人为主的人工系统，是“自然—人工”相综合的生态系统。在生态学中称为“ecotone”，处于生态系统中的过渡地带，一般生态群落结构复杂、物种多样。

绿道（green way）：绿道是为车辆、步行者和野生动物迁徙提供的通道，是以植被为主的廊道。尺度可大可小，从林间小径、道路防护林到高速公路、铁路两侧的防护林带，以及城市近郊楔入山体及城市内的林荫大道等。绿道对生物多样性保护、平衡气候、涵养水分、防风固沙具有重要的生态价值。同时，具有良好的景观价值，连绵的山脉成为城市实体块面的有机部分和良好的绿色背景。在大多数的城市中，由于用地紧张，绿道建设不可能完全按理想的宽度和形式布置，应结合道路形成绿网。

城市道路与河道的设计应具有绿道和蓝道的概念，通过适当的设计可形成人工环境与自然环境相交融的良好景观。绿色廊道的规划设计要把生态保护放在首要地位，综合考虑休闲游憩和生态保护的关系。在我国城市用地十分紧张的情况下，绿色廊道尽量利用道路、河流和高压线走廊等来开辟建设，辅以部分专门开辟的绿楔，增加可操作性。如，美国华盛顿，通过廊道溪河将数十种零星分散的公园与郊外的野生生物群落地区直接联系起来，使野鸭等从郊邑大自然进入城市公园中，在城市发展的同时，实现了对生物物种的保护。

（5）未来城市的空间结构演变形式为构建区域绿色开敞空间框架提供了条件

工业化时代，大都市区空间结构的表现形式主要分为单核心的大都市区和多核心的大都市区。其交通围绕一个中心区来组织，而不是按不同等级的区域来组织，这是造成城市空间组织混乱，交通、人口拥挤、环境恶化的主要原因之一。多核心大都市区的优势明显强于单核心大都市区。随着通讯、交通设施的日益发达，市中心的位置只是一个选择而非必须，城市便有可能采用更松散、更开放的形式。从工业化时代到信息时代，大都市区的空间结构呈现有机集中，同时相对分散趋势，趋于由单中心到多中心，进而向网络模式的开放型空间结构转化。绿色开敞空间环绕分割城市的多个中心，多中心分散状的结构为城市提供了更美好的平衡和黏合。分散状的多中心城市空间结构为构建区域绿色开敞空间框架提供了先决条件。区域的绿色开敞空间框架将环绕和分隔各种不同用途的土地和活动节点，它提供背景、基础和呼吸的空间。同时当它被用于保护最好的景观属性的时候，它将赋予每个区域独特的

景观特征。

2. 中观层次——加强城市绿色开敞空间的连续性

城市绿色开敞空间系统是城市人文景观与自然生态景观协调发展的空间保障，是高度人工化的城市生态系统加强自身平衡能力的空间保障。在城市绿色开敞空间系统中与城市居民生产、生活关系最为密切的是城市建城区范围内的绿色开敞空间，这些不同类型、不同规模的绿色开敞空间一方面可以改善城市景观、维持生态平衡、为居民提供游憩场所，另一方面起到保护历史景观地带、构造城市景观特性及个性、营造纪念性场所、体现城市文化氛围等作用，并在居民对城市的认知中发挥重要作用。

（1）加强城市绿色开敞空间的连续性

为了达到城市开敞空间系统功能的最佳，必须从整体景观格局出发，加强城市绿色开敞空间的连续性，连续性是指连接散布于城市中的各类绿色开敞空间，共同组成一个完整的绿色开敞空间系统，把城市中每一处公园、街头小游园、居住区绿心、山地等通过林荫大道、景观道路、滨河绿带互相串联都纳入景观结构之中，建立一个动态景观结构体系。现代城市建设强度很高，城市空间被巨大的构筑物如高速干道、桥涵、堤坝等分割，切断了城市绿色开敞空间在物质形态和视觉上的联系，无情地破坏了城市里的野生动植物的廊道。必须考虑物种对生境的要求，恢复其自然生态过程的流通，通过绿色廊道连接起散布于城市中各种功能、类型、大小的绿色开敞空间，形成相互连通的绿色开敞空间的网络结构，从而建立基因、营养交换所必要的空间条件。

（2）结合历史文化要素建立绿色开敞空间

对历史文化内涵的追求一直是城市发展的重要目标，它能赋予城市个性特征，唤起城市居民的认同感和自豪感。结合历史文化要素建立绿色开敞空间，可以有效地保护历史文化遗产，延续历史文脉，体现文化传承，共同构筑城市的文化氛围，因此成为许多历史文化名城的城市开敞空间的组织形式。

结合历史文化遗产规划建设城市绿色开敞空间，绿地成为历史文化遗产与城市之间的缓冲区，使历史文化遗产本身具有一个较好的绿化保护环境。单幢的古老建筑或是雕刻等文化遗存，原址周围又无其他古迹，可以其为中心拓建为具有历史文化主题的小游园，如有可能，应尽可能多地保存与此相关的残骸或遗存，保留更多的历史信息。那种把古迹遗存以外的连带部分都清除干净的做法是不恰当的，这使得古迹成了单纯的装饰物，而失去了其一定的历史信息。旧城区的密度一般都较高，在城市更新中，结合对历史文化要素的保护，规划设计更多的开敞空间，既保护了历史文化遗产，又起到降低旧城人口和建筑密度的作用。在城市古城墙、护城河处设置环绕旧城区的城市绿色开敞空间系统，以唤起人们对旧城城市空间秩序的回忆。如，奥地利首都维也纳在原城墙位置修建了包括广场、绿地等在内的城市绿色开敞空间系统，对旧城保护、城市形象塑造及城市环境改善等方面都取得了很好的效果。保护古建筑和历史环境概念的引入，使城市绿色开敞空间设计的目标从一般性物质要素设计上升到传统文化的继承与现代文化的开拓的高度。

（3）加强城市绿色开敞空间的空间开放性与景观可达性，提高开敞空间利用程度

在现代城市中，公园绿地应成为人们日常生活环境的有机组成部分，公园形态将被开放的城市绿地所取代。孤立、封闭自守的公园正在渐渐走向开放，延伸到居住区、校园、社区、商业区、高新开发区等并与城郊自然景观基质相融合。人们希望能在身边的空间内和大

自然有真实的交融，规划建设融入人们生活与周围环境的多样化的开放式公园、小广场和散步道等开敞空间，城市绿色开敞空间不仅是城市形象的装饰而更应该是融于生活和环境的场所。根据我国国情，不一定强调完全开放供社会公共使用，但应该破除封建意识对人们思想的影响，拆除围墙，改用透视栏杆或围栏，强调在空间的视觉场中各类自然景观要素的和谐共存，构成连续的整体景观。

3. 微观层次——城市绿色开敞空间设计

（1）注重多功能融合的规划设计

现代城市绿色开敞空间的规划设计应在尊重自然环境的基础上进行，重视环境质量的提高，不是单纯的提倡“以人为本”，而常以野生动物，尤其是鸟类的出没状况作为衡量城市绿色开敞空间生态环境质量的重要标志。据研究，林地面积在接近 $24hm^2$ 时，林地内的鸟类的种类有显著的增长[246]。根据岛屿生物地理学理论，斑块的面积越大，其物种就越多，更有能力维持和保护基因的多样性。只有大型的绿色开敞空间才能维持林中物种的安全和健康，庇护大型动物并使之保持一定的种群数量。小斑块占地少，分布在城市景观中，有利于提高绿地景观多样性，同广大的区域自然开敞空间相连，对物种可以起到临时栖息地的作用。所以小型斑块可视为是大型斑块的补充，也具有一些大型斑块不具有的优势。城市绿色开敞空间布局应从绿色开敞空间的生态、游憩、教育、经济等多种功能出发，建立一种契合城市自然生态环境，体现城市景观格局的内在秩序，且具有自然生命力和空间引导作用的绿色开敞空间系统。

（2）增加绿色开敞空间面积

在我国人口、建筑密度大，交通繁忙的老城区，绿色开敞空间面积极少，可以通过在旧城更新中实施“搬迁辟绿、拆迁还绿、见缝插绿”的措施来扩展开敞空间，改善人居环境质量。在居住区规划建设时，通过适当提高居住密度，降低居住用地和交通用地的比例，以此降低人均土地消耗量，增大绿色开敞空间面积。在城市新区的土地规划中，可将居住、生产工作和休闲娱乐等不同的城市功能综合于一个区域，借助区域内高效便捷的道路网络，减少不必要的土地资源占用，以增加绿色开敞空间面积。而且可以形成多个具有复合功能的城市分区核心，从而避免城市单中心圈层式向外蔓延。这种措施所引导建设的城市空间和绿地结构与前面提到的“多中心的分散状”的城市结构不谋而合。

受损地、废弃地、污染地的生态恢复与重建是欧美大城市增加绿色开敞空间的热点，以可利用性和可达性作为前提条件，并特别重视维护野生动植物生境和发挥生态效益。如，德国北杜伊斯堡风景公园，面积 $200hm^2$ 的庞大的钢铁厂蜕变成了一个以自然再生为基础的生态公园[247]。广东中山岐江公园，凭借精心的设计成为优秀的景观作品[248]。

城市绿地与地下空间共同开发是增加绿色开敞空间面积的重要措施。结合人防，充分利用地下空间，将交通、停车和商业等用地转移至地下，地面上的空间作为绿地、广场、公园、非机动车绿色通道等来建设，以满足交通、自然环境、商业、人防等多种功能。如，上海人民广场结合地铁线的建设，在车站附近开发了地下商业空间，在广场的北面，建造了有近 600 个停车位的大型地下车库，而地面全为绿化空间，供人们休闲游憩。通过人民广场地下空间的开发利用，增加了此区的绿色开敞空间。将居住区的停车空间转入地下，是目前增加居住区绿色开敞空间行之有效的方法之一。而且让机动车和人同时使用该空间是开发和维持绿色开敞空间费用的好办法。旧金山在 1940 年首次倡导使用了这一方法，用地下停车场的收益来建设维护地面上的绿地。

（3）加强城市滨水区域的空间开放性

滨水区以水域为焦点，往往构成城市最具活力的开放性空间。滨水空间在用地横向上要保证水体与城市之间的视觉走廊的通透，临水界面建筑的密度和形式应保证视觉上的通透性。在滨水区适当降低建筑密度，将底层架空，使滨水区空间与城市内部空间相互渗透融合，不仅有利于形成视线走廊，保持开阔的视野，而且形成了良好的自然通风。在滨水空间的建筑、道路的布局上，应强调城市路网与滨水绿色开敞空间之间的通道的快速方便，使所有的人包括行动不便者均可步行或通过各种交通工具安全抵达滨水区和水体边缘，而不为道路或构筑物所阻隔。要使城市滨水区真正成为开放性空间，成为全体城市居民的公共财富，就必须防止各种使人们不能自由进人“圈地现象”，圈地过多会妨碍公众活动的自由性和连续性，妨碍形成整体优美的城市绿色开敞空间。

滨水绿色开敞空间应通过线性公园绿地、林荫大道、非机动车绿色通道等构成滨水开敞空间通往城市内部的联系通道，以使滨水景观带向城市内部延伸。用线性绿色开敞空间将滨水区联贯起来，保持自然环境的延续性，并在适当节点进行重点设计，拓展成广场、公园，将这些点线面结合，使滨水绿色开敞空间向城市扩散、渗透，与其他城市绿色开敞空间元素构成完整的系统。

（4）城市绿色开敞空间的绿化设计

在城市中建设具有整体性、自稳性、生物多样性的绿色开敞空间系统至关重要。植物群落的配置应兼顾观赏性和生态效果，以地带性植被类型为设计依据，配置生态性强、群落稳定、景色优美的植被。要多选用乡土植物，也称本土植物，广义的乡土植物可理解为，经过长期的自然选择及物种演替后，对某一特定地区有高度生态适用性的自然植物区系成分的总称。狭义的指，在当地自然植被中，观赏性状突出，或具有景观绿化功能的高等植物，它们是最能适应当地大气候生态环境的植物群体。乡土植物不仅适应性强，便于养护，植物群落相对稳定，且有利于发挥地方特色。绿量是城市绿地生态功能的基础，绿化不仅要提高绿地率，也要通过乔、灌、草、藤的复合群落结构，提高叶面积指数，创造适宜的小气候环境。同样，根据功能区和污染特征，选择耐污染和抗污染植物，发挥绿地对污染物的附着、吸收和同化等作用，降低污染程度，促进城市生态平衡。绿化还应重视绿地对人体的保健功能，发挥绿地植物抑菌、清新空气和释放芳香物质等功能，营造卫生保健的城市绿色开敞空间。

应用生态学理论和方法建设生态绿地是很重要的，如德国植物社会学家蒂克逊的理论要点是用地带性的、潜在的植物种，按“顶极群落”原理建成生态绿地。他的学生、国际生态学会会长、日本专家宫胁昭教授用20余年时间在全世界900个点实践该理论取得了成功，简称“宫胁法”。用这种方法建成的生态绿地具有“低成本、快速度、高效益”的优点，此法现已在北京、马鞍山、上海浦东新区试点。又如德国著名林学家嘎耶的“近自然林学说”现正成为欧盟林业发展的指导方向。他采用的“顶极群落”原理大体与蒂克逊类似。根据实践总结，绿地植被建植方式可以按如下顺序进行：明确绿地功能——确定绿地环境条件——确定可能的植物群落物种组成——确定可能的群落结构形式——植物群落的优化。通过这样分析，得到的植物群落结构与实际样地植物群落结构上的差异便构成了绿地结构修复的具体内容。

第五节　生态园林城市生物多样性保护体系

一、生物多样性保护体系建立的现实要求

1. 生态园林城市建设要求建立生物多样性保护体系

比较1992年与1996年《园林城市评选标准》，主要差异在于1996年的标准明确提出“改善城市生态环境，组成城市良性的气流循环，促使物种多样性趋于丰富”及“逐步推行按绿地生物量考核绿地质量”等生态方面的条目。《城市绿地系统规划编制纲要（试行）》明确规定要有专门一章来阐述生物多样性保护与建设规划，2002年发布了《建设部关于加强城市生物多样性保护工作的通知》[建城（2002）249号]，这表明城市规划、城市建设与生物多样性发生联系在我国城市也正在成为现实。该通知的主要特点包括：将生物多样性与改善城市人居环境联系起来；将生物多样性与划定国家生物多样性保护区结合起来；将生物多样性保护与绿化联系起来。2002年建设部关于加强城市生物多样性保护工作的通知从4个方面对生物多样性保护提出了建设思路。“生态园林城市”在“园林城市”评选的3大基本指标（人均公园绿地、绿地率、绿地覆盖率）都有所提高的基础上，提出“综合物种指数”、“本地植物指数”等一些具体的反映生物多样性的指标，形成《国家生态园林城市标准（暂行）》的城市生态环境指标部分。

2. 生态园林城市生态化的要求

城市生物多样性是城市环境的重要组成部分，更是城市环境、经济可持续发展的资源保障。城市生物多样性保护重在政府立法，贵在提高市民的保护意识，这是社会文明、经济繁荣、文化进步、环境优美的发展趋势。所以，建设生态园林城市生物多样性保护体系应成为未来城市建设环境质量评价的重要依据。走生态化发展道路，建设生态园林城市是城市发展历史的必然趋势，生态园林城市是城市生态化发展的必然结果。城市生态化主要表现为社会生态化、经济生态化和环境（自然）生态化3方面，而生物多样性是促进城市绿地自然化的基础，也是提高绿地生态系统功能的前提，是促进城市结构生态化和功能生态化的一个立足点。

二、生物多样性保护体系的主要内容

1. 明确城市生物多样性保护的层次要求

（1）规划层次的分类保护

城市绿地系统规划是一项涉及城乡景观、历史文化、生产力布局、土地资源有效利用等方面的生态性规划，编制规划的目的是希望能从纷繁杂乱的开发建设中找到有效保护自然环境，有效保护农业用地、保护乡村自然风貌、自然属性、自然资源以及野生生物栖息地的有效途径[249]。生态园林城市绿地系统规划从3个层次进行，分为市域大环境生态规划、规划区层次规划、规划建成区层次规划。所以针对生物多样性保护也必须建立基于城市绿地系统3个层次的城市生物多样性保护规划体系

（2）生物多样性层次的分类保护

生物多样性是指在一定时间内，一定地区（空间）所有生物物种及其变异和其生态系统组成的复杂性。通常包括3个不同层次及其相互关系的多样性：遗传多样性是指生物体内决定性状的遗传因子及其组合的多样性，包括同种的显著不同的种群或同一种群内的遗传变异；物种多样性是指一个区域内物种的多样化及其变化；生态系统多样性是指生物圈内生境、生物群落和生态过程的多样化以及生态系统内生境、生物群落和生物过程的多样性[250][251][252]。其中最重要的是物种多样性，只有物种多样了，才能实现遗传、生态系统多样，通过生物多样性的3个层次在城市绿地中的多样体现，增强城市的多样稳定，实现城市生态系统的动态平衡和城市总体的可持续发展。景观多样性是指不同生态系统融合的多样性，生物多样性的提高和稳定发展也有利于景观多样性的形成。

2. 通过规划系统达到生物多样性保护目标

通过规划系统达到生物多样性保护目标是规划体系建立的关键（见表5-11），从生物多样性目标、规划系统的措施与方式二个方面使生物多样性保护目标与城市生态绿地系统规划、土地使用规划相结合，通过规划系统的建立实现改善和提高生物多样性目标。

表5-11 生物多样性保护目标与规划系统关系表

序号	生物多样性保护目标	规划系统的措施与方式
1	全方位、多层次及系统化生物多样性保护体系的建立	形成市域大环境、城市规划区和城市建成区（中心城区）3个层次的城市生物多样性保护规划体系
2	在自然景观中改变生境的破碎和种间隔离现象，将种群和其生活环境加以连接，增强生物活动的网络和区域	城市生态绿地系统网络体系规划
3	保护目前重要的动植物自然生活环境区域，防止它们被进一步蚕食	自然场所与区域的维护和保护规划
4	维持当前重要的种群的存在，防止其进一步的散失	生物种类的维护和保护规划
5	识别和理解发展建设等规划对生物多样性的潜在的冲击	环境影响评估和预测规划
6	对野生动植物及其生活环境实现恢复和完善的目标	恢复和增进生物多样性
7	取得监测信息以判断有关野生生物及其生存环境	生物多样性监测规划

3. 建立城市生物多样性保护数量指标体系

生物多样性保护与建设的基本思路是：①摸清家底，奠定生物多样性保护与建设的基础。②加强本地植物物种保护、发掘与应用。③加强相邻气候带植物的引种与应用。④增加城市绿地系统植物群落的物种多样性，提倡拟自然的城市绿化植物群落配置，促进生物多样性资源的利用和保护。⑤进一步明确各类绿地生物物种多样性规划、建设和管理的要求。在具体保护中需规定保护的指标体系，明确的是建立物种数量的要求，只有实现物种数量的要求，才能进一步实现物种数量规模的提升，进而实现初步的生物多样性保护目标。如：规划市域大环境物种数量指标、城市规划区物种数量指标及城市建成区物种数量指标。特别是城市建成区各类绿地，即公园绿地、附属绿地、生产绿地、防护绿地、其他绿地。它们之间由于各自的特点而相互异质，但是各类绿地内部的异质程度远小于它们之间的异质性。对城市各类绿地的物种多样性规划建设指标有如下具体的控制（见表5-12）。

表 5-12 城市建成区各类绿地生物多样性保护具体控制指标表

绿地类型	生物多样性保护具体控制指标		
	公园类型	面积（hm^2）	物种数量
公园绿地	综合公园	面积 1 以上的	植物种类不低于 60 种
		面积 2 以上的	植物种类不低于 80 种
		面积 5 以上的	植物种类不低于 150 种
	专类公园	面积 0.5 以下的	植物种类不低于 20 种
		面积 1 以上的	植物种类不低于 40 种
		面积 2 以上的	植物种类不低于 60 种
		面积 5 以上的	植物种类不低于 100 种
	带状公园：带状公园主要有道路绿带和滨河绿带。滨河绿带在在植物选择上应体现滨水特征；道路绿带考虑抗逆性	面积 0.5 以下的	植物种类不低于 20 种
		面积 1 以上的	植物种类不低于 40 种
		面积 2 以上的	植物种类不低于 60 种
		面积 5 以上的	植物种类不低于 150 种
	社区公园	面积 0.5 以下的	植物种类不低于 20 种
		面积 1 以上的	植物种类不低于 40 种
		面积 2 以上的	植物种类不低于 60 种
		面积 5 以上的	植物种类不低于 100 种
	街旁绿地	面积 0.5 以下的	植物种类不低于 20 种
		面积 1 以上的	植物种类不低于 40 种
		面积 2 以上的	植物种类不低于 50 种
		面积以上的	植物种类不低于 80 种
生产绿地	生产绿地是绿化后备资源基地，引导城市植物绿化种类，应加强乡土树种的开发，在园林苗圃生产中，乡土树种比例应不低于 50%		
防护绿地	引导城市植物绿化种类，应加强乡土树种的开发，在园林苗圃生产中，乡土树种比例应不低于 50%。加强抗性专类品种的选择与应用		
附属绿地	由于单位性质的差别，绿地功能差异性大。面积 0.5hm^2 以下的，植物物种不低于 20 种；面积 1hm^2 以上的，植物物种不低于 30 种；面积 2hm^2 以上的，植物物种不低于 50 种；面积 5hm^2 以上的，植物物种不低于 60 种		
其他绿地	其他绿地一般是风景区、森林公园、郊野公园、山地等规模较大的生态绿地，原则上该类绿地植物物种种类应不低于 300 种		

注：应根据城市地理区域特征和植被特征进行数量指标设置

三、构建城市生物多样性保护体系的主要策略

1. 规划设计策略

城市绿化的一个主要内容就是恢复和重建城市物种多样性，城市绿化通过构建多样性景观，对城市整体空间进行生态合理配置。城市绿地作为城市自然生产力的主体，应成为城市生态系统的核心。这就要求做到以下几点：

（1）完善城市自然保护和生境营造手段技术

自然生态系统的特征和过程应被保留、维护或模仿，通过保护自然区域来维护自然演化过程，修建绿色廊道和暂息地，增加开敞空间和各生境斑块的连接度，减少城市内生物生存、迁移和分布的阻力，给生物提供更多的栖息地和更便利的生境空间，把城市建设对生态环境的干扰和破坏降低到最低程度。

（2）建立承载城市生物多样性的绿地系统

完善城市绿地规划布局，建立城市自然生态环境的协调有序结构。根据城市气候效应特征和居民生存环境质量要求，搞好城市绿化布局并进行城市绿化生态系统设计，提出城市功能区绿地面积分配、品种配置、种群或群落类型方案。同时应用景观生态学的"基底—廊道—斑块"理论，建设城市生态绿地网络系统。

（3）引入自然群落的结构机制，形成良好的群落结构

生态绿化应改变绿化的事后管理和末端管理为源头管理，改善种植结构，提高绿地自身的稳定性和抗逆性，应尽量选用与当地气候、土壤相适应的物种，构筑具有乡土特色和城市个性的绿色景观。

（4）提倡生态设计，建设生态园林

把生态规划与生态设计作为考核城市绿地系统规划层次与体系的重要指标，约束规划成果，达到规划引导建设的目的。

（5）构筑分层次保护体系

遵从生物多样性中系统多样性是基础、物种多样性是关键、遗传多样性潜在价值最高的约束机制，对城市生物多样性保护分层次进行。同时建立市域大环境、城市规划区和城市建成区 3 个保护层次，落实不同的保护内容。

2. 政策与法律策略

城市生物多样性保护重在法律、法规建设，贵在保护意识提高。在国民文化素养和环境意识不甚理想的我国，严格的法律法规对约束人们行为，实现生物多样性保护至为重要。我国法律中有关城市生物多样性保护内容微乎其微，这不能不说是政府、环境保护部门的一大责任，在已建立的法律法规中也存在缺陷，首先是体系上缺陷。目前还没有一部有关自然保护的综合性法律，可以说中国尚未建立一个完善的生物多样性保护立法体系[253]。其次，中国现行的关于生物多样性保护的法律法规是建立在自然资源法律体系上的，其构成主体是自然资源法，多为针对某一类生物资源的法律，其侧重为开发和利用，在保护和增值方面显得简单。第三是法律内容上的缺陷。主要是保护范围窄，违法者责任规定不清或制裁不当，还有就是行政执法程序规定不全。所以，今后国家更应该加强关于城市生物多样性保护方面的法制建设，增强市民对这方面的意识，从而使城市生物多样性保护工作落到实处。

3. 人文教育策略

在重视城市生物多样性保护法律法规建设的同时，还应着力加强人文环境建设。其指导思想是，让市民了解生物多样性是地球生命发展进化的产物，是大自然赋予人类的宝贵财富，也是人类起源、进化乃至生存的物质基础。从某种意义上看，保护生物多样性就是保护人类自己生存与发展，遗憾的是这些最基本的道理并不广为人知。从生态论理学的角度看待、善待生物多样性，尊重地球上各种生命形式，尊重其存在与发展的权利，培养热爱、崇

尚、尊重生物多样性的情感与保护意识，创造一个与自然界各种类生物和谐相处、互利共生的环境，有赖于教育水平和国民素质的提高。这一措施的实施可能会有困难，但它确是城市建设与生物多样性保护步入良性循环的有效途径。

第六节 生态园林城市环境保护与生态环境规划

一、城市污染物及其来源

1. 城市污染物及其危害

（1）城市大气污染及其危害

城市中对大气环境造成危害的污染物主要有两类：即固态颗粒污染物和气态污染物。

固态颗粒状污染物即通常所说的粉尘。根据其粒径的不同又分为降尘和飘尘。降尘由于重力作用，可很快地降至地面，其成分多数为燃烧不充分的碳颗粒。常见的烟筒、汽车尾气中冒出的黑烟中就含有大量的降尘。飘尘可长时间在空气中飘浮，主要来源于燃料燃烧和工业生产过程中的废弃物。由于长时间飘浮，容易通过呼吸道进入人体，引起疾病。

气态污染物以气体分子的形式存在。城市大气中的气态污染物种类较多，常见的主要气态污染物及其危害见表5-13。

（2）水体污染物

城市中的生产生活活动向江河湖泊中排放出大量的工业废水及生活污水。尤其是未经处理的污水，其中含有大量的各类污染物，污染自然水体，造成危害。城市水体中常见的污染物主要有有机物质污染、无机物质污染、有毒物质及重金属离子污染、“富营养化”污染、病原微生物污水污染、其他类型的污染。

表5-13 城市中常见气态污染物及其危害

污染物类型	成因及可能造成的危害
二氧化硫	与雨水结合生成硫酸或亚硫酸。对人体黏膜产生强烈刺激，可引起哮喘等疾病。对建筑物、金属等有较强的腐蚀作用
氮氧化物	氮氧化物含多种氧化物，构成污染的主要是一氧化氮与二氧化氮，二氧化 氮可导致呼吸系统与神经系统的疾病，致癌，并抑制植物的生长。通过光化学作用，氮氧化物还会造成二次污染
一氧化碳	主要来源于汽车尾气和化石燃料的燃烧。因不溶于水，长时期停留在大气中（2~3年），可使人体组织出现缺氧状况，诱发贫血、心脏病、呼吸道感染等疾病
氟及其化合物	可导致呼吸道疾病、骨质疏松等疾病
氯气	易溶于水产生盐酸和次氯酸，可引发呼吸道疾病，腐蚀金属表面，影响植物生长等
光化学烟雾	来自工业生产及汽车尾气中的氮氧化物和碳化氢，经太阳紫外线照射，可引起毒性很大的浅蓝色烟雾（光化学烟雾）。其主要成分为臭氧、醛类、过氧乙酰硝酸酯、烷基硝酸盐、酮等，对人体黏膜、呼吸道有强烈刺激作用

（3）固体废物污染

城市固体废物包括：来自冶金、燃料、化工等工业的固体废物（废渣）；采矿废石、选矿尾矿等矿业固体废物；含有有机物和无机物的生活垃圾；含自大量浓缩有害物质的废水处理渣（污泥）。

（4）城市噪声污染

在城市中，伴随工业生产、建筑施工、交通运输、商业活动等往往产生各种令人厌恶的噪声，影响居民的休息、工作甚至是健康。高分贝的持续噪声可使人出现烦躁、耳鸣、眩晕、恶心、呕吐等症状，长期处在噪声环境中可造成听力减退、噪声性耳聋等疾病。

（5）城市中的其他污染

水域、矿床、宇宙射线等天然放射性物质的辐射源，以及医用射线源、原子能工业的各种放射性废弃物、核武器试验甚至核电站的事故等人工辐射源均有可能对城市生态环境造成不同程度危害。由于人类用肉体感官无法察觉辐射的存在，且辐射对生物影响的过程漫长，其危害往往容易被忽视。此外，城市中还存在电磁污染、光污染等。

2. 城市污染物的来源

在城市中，产生上述各种污染物的来源较广，往往同一类污染物质来源于不同的发生源。要做到对污染源的控制，首先要掌握各种污染源的状况及特点，以便在环境保护规划中做到有的放矢。按照社会经济运行的种类，污染源可大致分为以下几大类：

（1）工业污染源

工业生产过程中所排放的废气、废水、废渣被称为“三废”，是工业污染的主要形式。规划中需要针对城市主导工业及其污染物的情况进行调查，配合工艺改造、添置除污设备等措施，有效控制工业排放污染对城市的影响。

（2）交通污染源

城市中的交通污染主要来源于排放的尾气以及交通噪声。在发达国家以及国内经济发达的大城市中，各种机动车辆尾气对城市大气环境所造成的污染甚至超过了工业。而在一部分中小城市中，不含铅汽油的使用尚未普及，也是造成环境污染的重要原因。另外，各类机动车、列车在行驶过程中，或与地面、铁轨摩擦，或鸣笛响号发出各种声响，形成城市噪声。

（3）生活污染源

城市中居民的日常生活也会产生大量的排烟、污水、垃圾和噪声等。城市中密集的生活居住环境加剧了这些污染物的排放强度和相互之间的影响。城市中的生活污染主要集中生活用煤污染、生活废水污染、生活垃圾污染、生活噪声污染。

（4）其他污染

除上述城市中的各类污染外，现代农业中农药化肥的大量、不当使用也造成对整个生态环境的污染，并通过食物链进而影响到城市。农作物秸秆、树木落叶的焚烧有时也会造成大气污染。此外，随着高尔夫运动在国内的逐渐普及和推广，位于城市周边的高尔夫球场往往因为杀虫剂、除草剂的大量使用而对附近水体造成污染，并间接地影响到城市环境。

二、城市环境污染对策与环境保护规划

城市环境污染对策是城市政府为应对城市环境污染所采取的方针政策和具体措施，通常具体体现为城市环境保护规划的主要内容。环境保护规划是城市政府部门（环保局等）所编制的单项规划，其主要内容通常纳入城市总体规划的专项规划中。

1. 城市污染综合治理

城市中的工业生产、市民生活、交通等排放大量的有害环境的废气、污水和垃圾，造成

了城市生态环境的恶化，不但影响到市民正常的生活，而且危及人类的健康和生存环境。可以说城市是环境污染的始作俑者，也是最直接的最大的受害者。在西方工业化国家中，工业革命后的城市污染状况不断恶化，尤其是在第二次世界大战结束后的20世纪40年代至60年代，环境问题凸现。这一状况促使人类开始对城市生态环境问题进行认真的思考，同时陆续采取了从制定法律到采用新技术的一系列对策。在20世纪70年代后，西方工业化国家中的环境污染状况逐步得到了改善。

同西方工业化国家的情况基本相同，我国的环境污染问题也首先发生在城市中。从20世纪70年代中期开始，我国陆续开展了城市污染源治理、工业污染综合防治等工作，在收到一定成效的同时，也暴露出单纯工业污染治理的局限性。对此，我国在20世纪80年代开始调整城市环境保护战略，提出“城市环境综合整治”的新思路和新政策。其核心思想是把城市环境看作一个受多种因素影响和控制的系统，认为：改善城市环境必须通过城市功能区的合理规划和城市基础设施的重大改进以及对城市污染进行集中整治等多种方式来实现。也就是说：城市环境污染的防治及城市生态环境质量的提高，不但需要通过技术手段来控制、减少污染物的排放，更需要从城市整体布局上按照城市环境保护的要求，确定合理的城市结构，处理好城市中各功能区之间的关系，同时，建设具有汇集、处理污染物能力的城市基础设施。由此可以看出，科学、合理的城市规划对达到治理城市环境污染的目的、创造良好的城市生态环境至关重要。

2. 城市大气污染综合治理

城市大气污染的成因较为复杂，必须依靠综合的手段从各个方面减少污染物的排放量，降低污染物对城市的影响。通常，城市大气污染综合整治措施主要有以下几个方面：

（1）合理利用大气容量

对城市中排出的废气，在一定范围内大气自身具有一定的自净功能，如稀释扩散、降雨洗涤、氧化还原等。如在城市规划建设中，注意城市的主导风向和特定的风环境，并据此安排和调整工业布局，就有可能使污染物向大气中扩散、自净的过程避开城市人口密集地区，减少对城市的影响。

（2）集中控制重要污染源

除汽车尾气排放、居民生活用燃料的燃烧外，城市大气污染中的相当一部分是由工业生产和能源供给所产生的。因此，可以通过调整工业结构、改变能源结构、集中供热、发展新型能源等手段，重点解决污染物集中排放点的问题；同时，对居民生活用燃料所造成的污染也可以通过采用低硫煤、煤气化、天然气化等措施加以改善。

（3）依靠技术手段降低污染物排放量

对污染物集中排放设施，通常采用吸收、吸附、过滤、中和及除却等多种技术手段，减少排放废气中的有害物质及粉尘，有效控制污染源的污染物排放总量。

（4）发展植物净化

结合城市绿地系统规划，使主要污染源与城市其他功能区之间保持一定的空间距离。同时选用对空气污染具有较强净化能力的树种，利用一部分绿化植物可吸收有害气体、净化空气的特点，达到空气净化的目的。

由此可以看出，城市规划在城市大气污染治理方面是可以大有作为的。

3. 城市水污染综合治理

与城市大气污染物排放后难以控制和汇集不同，城市污水可通过城市排水系统、污水处理厂等城市基础设施对其进行流向控制、汇集和有效的处理。城市水污染综合整治措施主要有以下几个方面：

（1）合理利用水环境容量

科学利用水体的自净功能和水环境容量，结合工业布局调整和下水管网建设调整污染负荷分布，结合城市基础设施建设，注意城市用水的取用和城市污水排放的上下游关系。

（2）节约用水、加强废水利用

在工业生产中尽可能采用用水的闭路循环系统，使废水循环利用，减少废水排出量。在有条件或水资源严重短缺的城市，可考虑建设城市中水系统。

（3）强化污水治理

对城市生活污水和工业废水要分别对待。工业污水要尽可能与其他城市污水分流，事先进行单独处理后再排入城市污水系统。随着城市经济的不断发展和城市水体污染状况的日益严重，城市污水处理厂已经成为必不可少的基础设施之一。

（4）排水系统的规划

城市排水系统是城市污水治理中的重要环节，也是城市基础设施的重要组成部分。合理的污水、雨水排水系统的规划设计和建设可提高污水治理的效果，降低治理成本。

（5）流域污染的防治与水源保护

城市不是孤立存在的，在河流流域中，往往对一个城市来说的下游恰恰是另一个城市的上游。因此，对于河流流域污染的治理，不能单独依靠某个城市或一部分城市的努力。在流域污染的防治中，除需要对流域中每个城市的排污总量、浓度等进行控制外，必要时还可以考虑建设区域性大规模联合污水处理厂等设施。此外，在以地表水为主要水源的流域中，划定水源保护区，保护好城市用水尤其是饮用水水质也是流域污染防治工作的重要任务。

4. 城市固体废弃物污染综合治理

城市固体废弃物的处理占用大量的土地空间，如果处理不当，还有可能引起堆放填埋地区的二次污染。城市中的固体废弃物可大致分为：工业固体废弃物、有毒有害固体废弃物和城市垃圾。在进行治理时可根据其不同的特点采用不同的方法。

（1）一般工业固体废弃物

一般工业固体废弃物的成分较为复杂，既有金属也有非金属，既有无机物也有有机物。对于一般工业固体废弃物处理的上选之策就是实现其再生资源化，一种工业的废渣很可能是另一种工业的原材料，因此一些工业固体废弃物被戏称为“放错地点的原料”。

（2）有毒有害固体废弃物

对于有毒、易燃、有腐蚀性或传染疾病的有毒有害固体废弃物，通常采用焚化、化学处理（如中和、氧化还原等）及生物处理的方法使其无害化，或者选择地质、水文条件稳定，远离人口稠密地区的地点进行安全存放。

（3）城市垃圾

城市垃圾主要由被废弃的动植物、食品、衣物、家具、废纸等有机物以及各种玻璃、金属器皿等无机物所组成的生活垃圾和建筑垃圾所组成。无害化、减量化及资源化是城市垃圾综合整治的主要目标。通常采用卫生填埋、焚烧、回收利用等手段对城市垃圾进行处理。其中以垃圾分拣、回收为核心的综合利用是处理城市垃圾的首选手段。城市垃圾的清扫、收集、运输和处理通常作为城市环境卫生规划纳入城市规划中。除对城市垃圾收集点、转运站、焚烧厂等处理设施做出安排外，通常城市规划还在规划区范围内（包括专门为此划定的“飞地”）选择适当场所作为固体废弃物或垃圾焚化残灰的填埋场所。

5. 城市噪声污染综合治理

产生城市噪声的来源众多，结构复杂，给噪声防治工作带来一定的难度。根据造成噪声污染的主要环节是噪声源、传声途径和接收者受保护状态的原理，在防治中分别采取相应的对策。

（1）控制噪声源

通过降低声源噪声发射功率，采用吸声、隔声、减震、隔震等措施减少噪声发声源对外界的噪声辐射程度，或采用某些政策措施控制不必要的噪声产生，如禁止汽车在市区内鸣笛等。

（2）控制噪声传播途径

通过增加声源距离、控制噪声传播方向、利用天然隔声屏障或建立人工隔声屏障，采用有利于限制噪声传播的规划布局等措施，有效地削减噪声到达接收者的传播途径。城市规划可在这方面起到积极和关键的作用。例如，可以通过在工业区与居住区之间、交通干道两侧设置绿化带来有效削减噪声的传播。

（3）对接收者的保护

通过增强建筑物的隔声效果等手段，有效降低噪声对接收者的影响也是城市噪声污染综合治理的重要环节。

三、生态园林城市环境的营造

城市环境的营造通常可以从提高城市环境质量和降低对自然生态环境的负面影响两方面入手。

1. 提高城市环境质量

高质量的城市环境是城市规划所追求的重要目标之一，并可进一步分解为安全、健康、便捷、舒适、宜人等分项目标。实现这个目标的主要措施可归纳为以下几个方面：

（1）防止、减轻环境污染等公害的影响

由于工业生产和市民生活活动中的排放物所造成的城市污染，又被称为公害，是影响城市环境质量的主要因素。城市环境保护规划主要通过对城市环境中污染物浓度指标的控制和对排放污染物总量（各类污染物、污染源）的控制达到对城市生态环境进行管理的目的。

（2）防止、减轻各种自然、人为城市灾害的危害

依据城市减灾规划，采用各种规划布局手段或工程措施避免各类自然灾害、人为灾害发生的可能，或减缓灾害发生时对城市造成的影响，是保障城市生产、生活活动正常开展、城市稳步发展的最基本条件。

（3）提高城市生活的便捷舒适程度

在城市规划中，通过选择适应当地自然条件的城市结构，合理地确定城市建设密度，选

择恰当的交通运输系统，尤其是公共交通系统，构建与外部自然环境有机结合的以绿化、水系为主的开敞空间系统，建设现代化的城市基础设施系统是提高城市生活便捷、舒适、宜人程度的关键。通常，城市规划利用各种绿地、水面，营造人工模拟的自然环境，以满足人类回归大自然的生理和心理上的需求，提高城市的宜人程度和宜居性。

2. 降低城市对自然生态环境的影响

城市环境营造除提高城市本身的环境质量外，还应最大限度地降低城市对自然生态环境的影响，从而达到降低整个生态系统负荷的目的，最终实现城市可持续发展的目标。例如在规划中将城市建设用地有意识地避开生态敏感地带；结合自然的地形、水系分布特征，在城市中适当保留一部分山体、绿地以及自然状态下的水面；或在某些地形条件相对复杂的地区采用组团式的城市布局形态，利用山体、河流等作为划分各个组团的天然界线，使城市建设用地置于自然环境的大背景中。

城市环境质量的提高和对自然环境影响的减低是相辅相成的，是一个问题的两个方面。关键在于要在满足城市生产、生活日常需要的前提下，有节制地、科学地、合理地利用自然资源、能源和排放，使城市这个被人为改变了的要素真正成为整个生态系统可以接受的一部分，实现生态系统平衡下的城市可持续发展。

3. 生态园林城市生态环境规划

随着城市环境问题的日益凸显和受重视程度的提高，以及绿色城市、生态园林城市、生态城市等概念的提出，城市环境营造不再限于传统的城市环境保护规划等狭义的范围内，广义的城市生态环境规划开始出现，并逐渐成为城市规划中的重要组成部分。城市生态环境规划被定义为：“按照生态学原理对某一地区的社会、经济、技术和资源环境进行全面综合规划，以便充分有效和科学地利用各种资源条件，促进生态系统的良性循环，使社会经济得以持续稳定地发展。[254]”相对于传统环境保护规划主要侧重对污染物排放的控制，城市生态环境规划试图从更加宏观和综合的角度调控生态系统的平衡。城市生态环境规划试图寻求发展与环境保护之间的平衡，达到社会效益、经济效益和环境效益三者的相互协调和总体效益的最大化。因此，城市生态环境规划所追求的是城市整体效益的最优化，而不是某个城市发展的具体指标或某个系统、部门利益的最大化。

城市生态环境规划从对生态环境现状、特征、问题和制约因素的把握入手，按照科学合理的生态环境目标，根据对城市未来人口、资源、环境状况的预测，制定具体的控制污染、改善环境的方案和采取的措施。由于构成城市生态环境系统的要素众多，相互之间的关系错综复杂。因此，城市生态环境规划多借用线性规划、系统动力学等数学方法进行。城市生态环境规划是一个新兴的城市规划相关领域，其方法、手段等尚在探索阶段，还有待进一步的完善。

第六章 生态园林城市绿地系统规划

第一节 生态园林城市绿地系统概述

一、城市绿地系统概念与特征

1. 绿地与城市绿地

《城市规划导论》对城市绿地定义为“以自然和人工植被为地表主要存在形态的城市用地。它包括城市建设用地范围内的用于绿化的土地和城市建设用地之外的对城市生态、景观和居民休闲生活具有积极作用、绿化环境较好的特定区域。它是以自然要素为主体，为城市化地区的人类生存提供新鲜的氧气、清洁的水、必要的粮食、副食品供应和户外游憩场地。[255]”

《城市规划基本术语标准》（GB/T50280—98）对城市绿地的描述为“城市中专门用于改善生态、保护环境、为居民们提供游憩场地和美化景观的绿化用地。”

《城市绿地分类标准》（CJJ/T85—2002）中对绿地（主要是指城市绿地）的定义为：“是指以自然植被和人工植被为主要存在形态的城市用地。它包涵两个层次的内容：一是城市建设用地范围内用于绿化的土地；二是城市建设用地之外，对城市生态、景观和居民休闲生活具有积极作用、绿化环境较好的区域”。

全国自然科学委员会公布的《建筑园林城市规划名词》中，open space 一词指旷地或开放空间，绿地则翻译为 green space。城市绿地是城市用地构成中的一个重要组成部分，对改善城市生态环境有不可替代的重要性，越来越受到人们的重视。

“绿地”在《辞海》释义为“配合环境创造自然条件，适合种植乔木、灌木和草本植物而形成一定范围的绿地地面或区域”；或指“凡是生长植物的土地，不论是自然植被或人工栽培的，包括农林牧生产用地及园林用地，均可称为绿地”[256]。由此可见，“绿地”包括3层含义：①由树木花草等植物生长所形成的绿色地块，如森林、花园、草地等；②植物生长所占大部分的地块，如城市公园、自然风景保护区等；③农业生产用地。而城市绿地则可理解为位于城市范围（包括城区和郊区）的绿地。需要指出的是，我国许多城市所做的“绿地”的含义是前两个方面，不包括城市范围的农地，即狭义的城市“绿地”，也就是一些专家学者提出的“城市绿化用地”或“城市园林绿地”[257]。徐波等人（2000年）认为：应从区域的角度，从城市的角度，客观、广义地认识城市绿地，突破以狭义的“绿地”来定义“绿地”的束缚。

同样，国外对绿地的定义也是多样的，但是作为与我国所定义的绿地比较接近的应该就是 open space。中文把它译作“开敞空间”，是指 the space open to the are（其主要形态如各类生态绿地和自然保护区，强调用地空间的自然生态属性）。或者译作“开放空间”，指的是 the space open to the public（其主要形态如各类公共绿地，强调用地空间的人为功能属性）。这一概念后来传入日本，促成了日本“绿地”概念的形成。1932 年，日本东京绿地规划将“绿地”定义为与居住用地、交通用地、工业用地、商业用地并列的、永久性的空地。这个定义强调了“绿地”最本质的特征——永久性，因而成为现代“绿地”概念的基础。

作为改善人居环境的绿地以及由它组成的绿地系统已经逐渐被人们所重视，由此对绿地的定义以及对绿地系统所应该覆盖的范围正在发生着一些新的变化。对于绿地的定义，说法不一，但有个共同的特点就是它们都是以城市化为背景，以改善城市生境为目的，最后其范围和落脚点都基本上是城市。也许是因为与“城市绿地系统”这一术语取得相对应的关系，目前许多对绿地的定义都直接说成是“城市绿地”。这也正好佐证了当今绿地系统规划往往只落在城市建成区的原因。由于规划体制体系等各种原因，城市绿地一直主要局限在城市建成区，因此对绿地的定义自然也就以城市绿地作为绿地的代言人了。囿于对绿地这一概念的界定问题，致使操作编制层面比较混乱，对绿地系统作为城市总体规划的一个专项规划这一基本定位也大打折扣。因为城市总体规划还包括建成区以外的广大区域。不但有城区绿地，还有大片直接或间接为城市提供自然支持系统的“非城区绿地”。这些“非城区绿地”和城区绿地共同构成城市总体规划所覆盖区域内的绿地系统（称之为市域绿地系统）。

关于上面提到的这些“非城区绿地”，就其在改善城市生境中的作用以及把其纳入绿地系统规划编制的必要性，这些主管部门及编制单位也早已经注意到。因此，在《城市绿地分类标准》（CJJ/T85—2002）的城市绿地分类中就设立了“其它绿地”这一大类。“其它绿地”在地域上突破了城市建成区，属于城市建设用地范围之外，但是对城市所在区域的生态环境保护、景观培育、建设控制、减灾防灾、观光游览、郊游探险、水源保护等方面具有不可代替的作用。况且，城市内部的绿地的建设并不能形成理想的城市结构，而城市建设用地范围之外的自然生态属性较好的广大“非城区绿地”却往往对城市整体环境产生关键性的影响。在这里，关键是能否从区域的角度宏观地来认识绿地。同时，如果绿地系统要彻底突破城市建成区这一传统范围而达到与城市总体规划范围一致的区域，就必须对现有的“绿地”概念进行重新审视。关于区域“绿地”在第八章有所探讨。

2. 系统（system）

系统一词来源于希腊文，意思是由各部分组成整体、结合，是处于相互关系和联系之中的要素集合。它构成某种整体性和统一性。由此可见系统是具有特定功能的、相互间有机联系的许多要素所构成的一个整体。现代的系统思想是进行分析与综合的辩证思维工具，辩证唯物主义是系统思想的哲学表达形式；运筹学和其他系统科学也是系统思想的定量表述形式；系统工程是丰富了系统思想的实践内容。（图 6-1）

3. 城市绿地系统（urban green space system）

《园林术语标准》中的定义：城市绿地系统是由城市中各种类型和规模的绿化用地组成的整体[258]。

《中国大百科全书》（建筑、园林、城市规划分册）中的定义：城市绿地系统是“城市

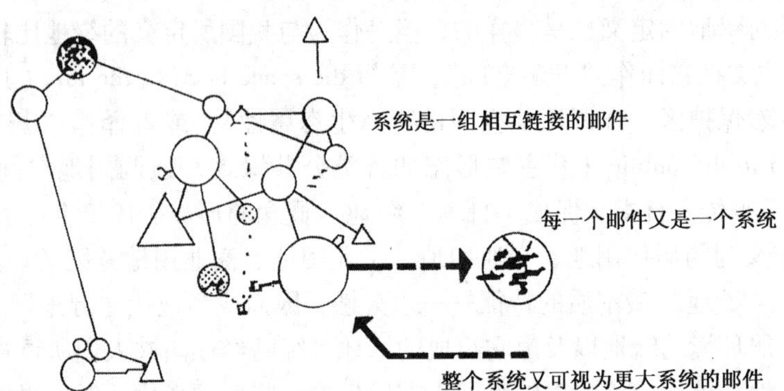

图6-1 系统图示
（资料来源：刘荣风，东北林业大学硕士学位论文，2003.）

中由各种类型、各种规模的园林绿地组成的生态系统，用以改善城市环境，为城市居民提供游憩境域”[259]。

城市规划中的定义：城市绿地系统泛指城市区域内一切人工或自然的植物群体、水体及具有绿色潜能的空间；是由相互作用的、具有一定数量和质量的各类绿地所组成的并具有生态效益、社会效益和相应经济效益的有机整体。它是构成城市系统内惟一执行“纳污吐新”负反馈调节机制的子系统，是优化城市环境，保证系统整体稳定性的必要成分。同时它又是从属于更大的城市系统的组成部分（城市系统则是由自然环境系统、农业系统、工业系统、商业系统、交通运输系统和社会系统所组成的巨系统），城市绿地系统从属于其中的自然环境系统[260]。

城市绿地系统是城市生态系统中惟一执行负反馈机制的子系统，在城市生态系统中处于重要地位，这一点得到专家学者的广泛共识。然而，对这种城市绿色空间的叫法和定义却是众说纷纭，有称之为“城市绿地系统”、“城市园林绿地系统”、“风景园林绿地系统”的；也有称之为“开放空间”、“绿色开敞空间”的。通常意义上的城市绿地系统是指城市中多种类型与规模的绿化用地的整体，其研究范围多局限在城市建成区以内。

本书认为一个完整的城市绿地系统是由城市规划区内的绿地系统和与城市规划区紧密联系的城市大环境绿地共同组成的有机整体，涵盖城市规划所覆盖的范围。它所涵盖的内容与西方国家所研究的城市开放空间基本相同。城市绿地系统是由一定质与量的各类绿地相互联系、相互作用而形成的绿色有机整体，即不同性质和规模的各类绿地（根据绿地形式和大小或性质分为块状绿地、点状绿地、带状绿地；根据用地性质分为公园绿地、生产绿地、防护绿地、附属绿地、其他绿地；包括城市规划用地平衡表中直接反映和不直接反映的）有机结合而成的控制城市生态脉络的绿色空间网络系统；它是一个稳定持久的城市绿色环境体系，具有系统性、整体性、连续性、动态稳定性、多功能性、地域性、生态性、人文性等多种特征。

4. 城市绿地系统规划

根据城市发展的要求，通过对城市规划所覆盖土地的自然资源和社会环境的组成、功能、结构等综合分析和评价，确定区内土地对人类活动的适宜性和承载能力，应用城市生态学、城市规划学、建筑学、园林学、城市游憩学、环境工程学等相关学科的基本原理，确定各类绿地的类型、指标、用地范围，合理选择植物的种类和群落结构，合理安排各类绿地的布局，使各类城市绿地级配合理、结构完善，达到改善城市生态环境、满足市民户外游憩需求和创造优美的城市景观的目的。城市绿地系统规划是一定时期内城市园林绿化建设和管理的蓝图，它决定了城市未来园林绿化的发展、规模和面貌。规划的目标是通过建立生态化、人文化、系统化和网络化的绿地系统，建设一个人居环境优良、生态系统良性循环的生态园林城市。

5. 生态园林城市绿地系统及其特征

（1）含义

生态园林城市绿地系统就是在生态园林城市定位基础上的城市绿地系统。要求具备以下特点：

可持续发展化：资源利用的可持续性（自然资源、人文资源）、空间环境的可持续、技术经济的可持续、管理体制的可持续性。

生态园林化：在城市绿地的综合效益中，生态效益是首要的，创造绿地的生态效益是我们工作的出发点；生态园林绿地系统的生态效益体现在最大限度地提高绿地率和绿视率，提高单位面积绿地中的叶面积系数，合理布置稳定的人工植物群落。

地方特色化：挖掘地方特色，利用乡土化植物及地方材料创造地方风貌；充分利用地方自然条件和人文风情发展旅游业。

（2）建构方向

常规的城市绿地系统建构是对现有绿地的局部调整，使其呈相互联系的网络结构；而要建构生态园林城市的绿地系统，必须与城市的生态机制紧密结合，根据地方自然社会条件，确定合理的排污通道、进气通道以及市中心或区中心集中的开敞绿地空间和规划区外的大面积生态绿地，对城市绿地系统进行生态建构，为城市营造舒适的环境空间；并沿用地方造园风格，充分利用乡土材料，挖掘城市人文风情，塑造具有乡土特色的城市景观风貌。

生态建构：通过对城市生态机制的研究，利用生态系统原理，对城市各类绿地进行系统布局；根据城市规模和性质，对城市绿地进行指标规划，满足城市对氧气的需求；根据城市园林绿化需求制定植物多样性保护措施、树种规划以及生产绿地规划；为了保证以上一系列的规划能够得以畅通实施，需制定相应的经济政策措施，引进先进的培育技术和管理技术等。最终达到充分改善城市环境的目的。

景观风貌建构：城市景观是城市空间中自然地形、构筑物、绿化、小品等组成的各种物理形态的综合表现，是通过人的五官及思维所获得的感知空间，侧重于美学特征和心理感应。城市景观包括硬质景观和软质景观，硬质景观指组成城市的环境空间：地形、构筑物、绿化、水体等，而软质景观指城市的人文景观。

城市风貌是城市景观特征、神韵气质、经济文化水平等的综合表述。构成一个城市的某些良好的风貌内容，也可以是各个城市较为普遍具有的特征，并不一定只是该城市的特色，但风貌内容肯定包含特色，并以体现特色为主体。

城市特色是一座城市的内容和形式明显区别于其他城市的个性特征，它是城市社会所创造的物质和精神成果的外在表现。城市特色是城市设计内容中第一位的重要元素，是城市设计的系统内容中构成塑造城市环境具体内容的灵魂，它是城市风貌的更加概括、更加提炼的精华部分。

城市景观风貌特色的塑造需要组成城市的各元素集体造型、联合塑造，需要在统一的城市形象定位基础上进行发挥创作，需要对地方乡土材料的合理运用，需要对地方文化内涵的挖掘。在具体环节控制中，城市景观风貌特色的强化在空间形成上涉及到城市边缘、道路、区域、节点、标志五元素，这五元素常常是一个城市意向形成的主要因素。

(3) 特征

生态园林城市绿地系统作为复杂的自然—社会—经济复合生态系统，具有如下特征：

多要素：它是人工干扰较强的生态系统，也是城市的主要自然因素，城市绿地系统受城市气候、土壤结构、地面生物以及地上地下水文条件的影响，这些决定着城市绿地系统的基本地域特征。

多类型：城市绿地系统包括公园绿地、生产绿地、防护绿地、附属绿地和其他绿地等5个大类，其中又分为13个中类和11个小类，涵盖范围广，并上升到更大的区域范畴。

多功能：城市绿地功能随时代的变化各有侧重，但总的来说，始终兼容着生态、社会、经济、美观等4大基本功能。

多目标：生态园林城市绿地系统规划要符合生态性、生物多样性、郊野休闲性、文化性、自然性、区域性、人居环境的舒适性、可居性和可持续利用性等特点。

动态性：生态园林城市绿地系统因时代、年代不同以及季节更替，其内容、重点与形式也随时代变化而变化。

开放性：生态园林城市绿地系统规划从区域出发，把森林、农田、草地、景区作为生态改善的积极因素纳入城市绿地规划，使城市拥有良好的整体生态背景，同时引入园外的自然风光与环境中的河道、溪流、绿地、建筑等相融合，成为大环境不可分割的有机组成部分。

二、城市绿地系统组成及分类定性

1. 城市绿地系统组成与绿地定性状况

城市绿地系统组成因国家不同而各有差异。但总的来说，其基本内容是一致的，即包括城市中所有园林植物种植地块和园林种植占大部的用地（通常称为“园林绿地”）。而作为一个系统，城市绿地系统组成应该全面和完整，包括城市范围内对改善城市生态环境和生活具有直接影响的所有绿地。我国城市绿地系统多指园林绿地系统，一般由城市公园、花园、道路交通附属绿地、各类企业单位附属绿地、居住区环境绿地、园林圃地、经济林、防护林等各种林地以及城市郊区风景名胜区游览绿地等各种城市园林绿地所组成。但城市绿地系统组成又因地区和城市不同而不完全一样。张国强等人认为：城市绿地系统，由“城市建设用地中的城区绿地系统、城市规划区中的城郊园林绿地系统和城市辖区中的市域风景系统三大部分组成”。如南京、深圳、北京、上海、佛山等，许多城市绿地系统规划中的绿地类型超出了《城市绿地条例》的范围，如深圳市提出了“旅游绿地”，“生态绿地”，佛山市提出了“历史文化街区绿化”等。

同时城市绿地系统因国家不同，内容也各有差异，如前苏联城市绿地系统一般包括城市居住区与市内公园、花园、小游园、林荫道、公共建筑物地段绿地、企事业单位和公用场所绿地、郊区森林、森林公园、陵墓、苗圃、果园、菜园、市郊区防护林、居住区与工业区的隔离林带、水源涵养林、保土林等。日本的城市绿地系统由公有绿地和私有绿地两大部分组成，内容包括：公园绿地、运动场、广场、公墓、水体、山林农地、寺庙园地、公用设施园地、庭园、苗圃试验用地等。

绿地系统规划的基本原理，无非是把各种绿地按照系统的方法科学地组织起来，合理地定性、定量、定位。绿地的定性指选择合适的绿地类型。20 世纪 50 年代，我国引进了前苏联学者列甫琴柯、卢恩茨、大维多维奇等几种绿地分类方法[261][262][263]，但在实践中都不能符合城市绿地系统规划的要求。1979 年在辽宁省鞍山市召开的全国城市园林绿化学术会议上取得了共识：城市绿地一定要与城市规划的用地对应。以后经过多年的研究探索，提出过多种不同的绿地分类方案。2002 年建设部批准公布了《城市绿地分类标准》（CJJ/T85—2002）。这个标准比以往的绿地分类有较大突破，把城市绿地作为城市整个用地的一个有机组成部分，首先把城市用地平衡中单独占有用地的绿地，和不单独占有用地的绿地分开；其次，在单独占有用地的绿地中，按使用性质把为居民游憩服务的绿地和为了生产、防护等目的的绿地分开；城市中附属在其他用地里的各类绿地与城市用地有相对应的关系。这样，大的关系就清楚了。

这个标准还把过去沿用的“公共绿地”改称为“公园绿地”，一方面可以和国际接轨，一方面又可以和以前用“公共绿地”的统计数据保持延续性。这个标准把“居住绿地”列入“附属绿地”，明确了这类绿地附属于居住用地，纠正了过去有些规定把居住区小游园计入城市公共绿地的混乱，与国家标准《城市用地分类与规划建设用地标准》一致[264]。

虽然在《城市绿地分类标准》中已经列出了各种绿地的类型，但是每一个城市的情况不一样，不一定各种绿地类型都齐备。有的城市以风景名胜公园为主（如承德、杭州），有的道路绿地突出（如长春市），有的以环城、滨水的带状公园为特色（如西安、合肥）。深圳市绿地系统规划根据自身的特点，增设了一种“旅游绿地”，区别于为居民服务的公园。这是一个创新，很多旅游城市都觉得有这个必要。

2. 城市绿地定性分类

我国城市绿地分类依据功能、标准、要求、性质等不同而有各种分类方法。1963 年，中华人民共和国建筑工程部的《关于城市园林绿化工作的若干规定》，是我国第一个法规性的城市绿地分类：公共绿地、专用绿地、园林绿地、生产用绿地、特殊用途绿地和风景区绿地 6 类。1992 年，城市建设环境保护部颁布《城市园林绿化管理暂行条例》：公共绿地、专用绿地、生产绿地、防护绿地和城市郊区风景区绿地 5 类。直至 2002 年中华人民共和国行业标准《城市绿地分类标准》颁布，《标准》将城市绿地分为公园绿地、生产绿地、防护绿地、附属绿地、其他绿地 5 大类，并得到共识。但是市域绿地分类还未确立。

三、城市绿地系统功能

城市绿地系统作为城市自然生产力主体，以植物光合作用和土地资源的营养、承载力为条件，以转化和固定太阳能为动力，通过植物、动物、真菌和细菌食物链（网），实现城市自然物流和能流循环及供氧吸碳、滞尘吸污、调温调湿、杀菌、减噪、固土保水、净化水体、回充地下水、降解废弃物、治理病虫害等生态功能。城市绿地与建筑景观配合，可丰富城市景色，增加空间层次感，美化市容市貌，为城市居民娱乐、休息、健身和社交等活动提供场所。绿地也可满足城市战备、防震、抗灾等需求。城市因地制宜选择花果树木生产农林产品，还可充分发挥绿地经济功能。城市绿地的综合功能见图 6-2。

1. 城市绿地系统与城市发展

城市空间结构的形成发展是历史、物质和自然发展过程的总和，如同物种演替进化一样，有其必然的生态作用的表现和规律[265]。城市空间格局是城市规划和设计研究的重要内容，在城市空间格局和城市形态研究中，专家学者以经济、交通、人口、工农业布局等形成了不同的城市布局理论和规划设计研究的方法[266][267]。城市空间结构是否合理，取决于组成城市各要素之间的矛盾调和是否达到平衡，在城市空间形态形成、发展、演变和调整过程中，城市绿地发挥着重要的功能和作用。“未来城市里高明的建筑师不是决定在哪里营造建筑，而是决定在哪里不可以营造建筑”。麦克哈根《设计结合自然》一书对城市规划的巨大影响，都说明了城市绿地在城市布局中的重要作用。城市绿地系统建设与城市建设发展相比滞后现象严重，城市绿地系统应被看作是城市发展的先导因素予以重视，城市规划的编制要与城市绿地系统规划建设同步。

2. 城市绿地系统与城市生态建设

城市绿地系统作为城市自然生产力主体，主要实现城市自然物流和能流循环及供氧吸碳、滞尘吸污、调温调湿、杀菌、减噪、固土保水、净化水体、回充地下水、降解废弃物、治理病虫害等生态功能。

如，维持碳氧平衡：绿色植物特有的叶绿素在太阳光的照射下，进行光合作用，吸收二氧化碳，放出氧气。有关资料表明，每公顷阔叶林在生长季节每天可吸收1000kg二氧化碳，放出750kg氧气，可供1000人呼吸所需。生长良好的草坪，每公顷每小时可吸收二氧化碳15kg，而每人每小时呼出的二氧化碳约为38g，所以可以推算出每个城市居民需要25m^{2}草坪或10m^{2}的树林面积以维持碳氧平衡[268]。因而有些专家提出城市居民每人需要30～40m^{2}的绿地，才能保持大气中的碳氧平衡。

再如，降低城市噪声：植物，特别是林带对防治噪声有一定作用。江苏省植物研究所对林带结构与减噪效果进行了研究后认为，林带宽度“市内以6～15m，市郊以15～30m为好；林带高度10m以上；林带尽量靠近声源为佳；林带结构以乔、灌、草结合的紧密林带效果最好，阔叶树比针叶树的效果要好，高绿篱的减噪效果最佳。在城市用地较为紧张的情况下，如果设计合理，即使是6m宽的林带，也能起到较好的防噪作用。”

还有缓解“热岛效应”，树木和其他植被能够利用自身蒸腾作用将水蒸气散到大气中去，由于耗费热能，叶面温度与周围的气温均有所降低，结果使气温降低，有效地降低城市的能耗。如，上海1998年8月4日高空拍摄的彩色红外照片，上海市中心城区的热岛效应清晰可见，而在浦东陆家嘴地区，因为浦东滨江绿带，以及中心绿地的建设逐渐成熟，陆家嘴两侧热岛效应明显地淡了[269]。

3. 城市绿地系统与城市景观环境

城市绿地系统本身就是城市景观的重要组成部分。城市绿地与建筑景观配合，可丰富城市景色，增加空间层次感，美化市容市貌。城市的文化特色是城市历史发展积累、沉淀、更新的表现，同时，也是人类居住活动不断适应和改造自然特征的反映。它是城市景观，城市社会行为、观念、城市性质的总体反映。在城市文化特色中，城市绿地是城市文化特色的自然本底，是塑造城市文化特色的基础。同时，城市绿地是人为干预的自然系统，其中必然包含了社会文化因素，具体体现在参与形成历史景观地带（古树名木、外来树种）、建立城市景观特色（乡土树种和地带性植被）、营建纪念性场所（植物的拟人化、人格化）、体现城市文化个性等（园林设计特色和植物造型等）。

4. 城市绿地系统与城市游憩系统

游憩是《雅典宪章》中规定的城市 4 项基本职能之一。城市绿地的主体是由公园、游园和风景名胜等组成，为城市居民娱乐、休息、健身和社交等活动提供场所。供居民游憩休闲，提供健康、舒适的休闲环境是城市绿地建设的根本目标之一，也是早期城市绿地建设的初衷。

5. 其他

绿地也可满足城市战备、防震、抗灾等需求；城市因地制宜选择花树果木生产农林产品，还可充分发挥绿地经济功能。

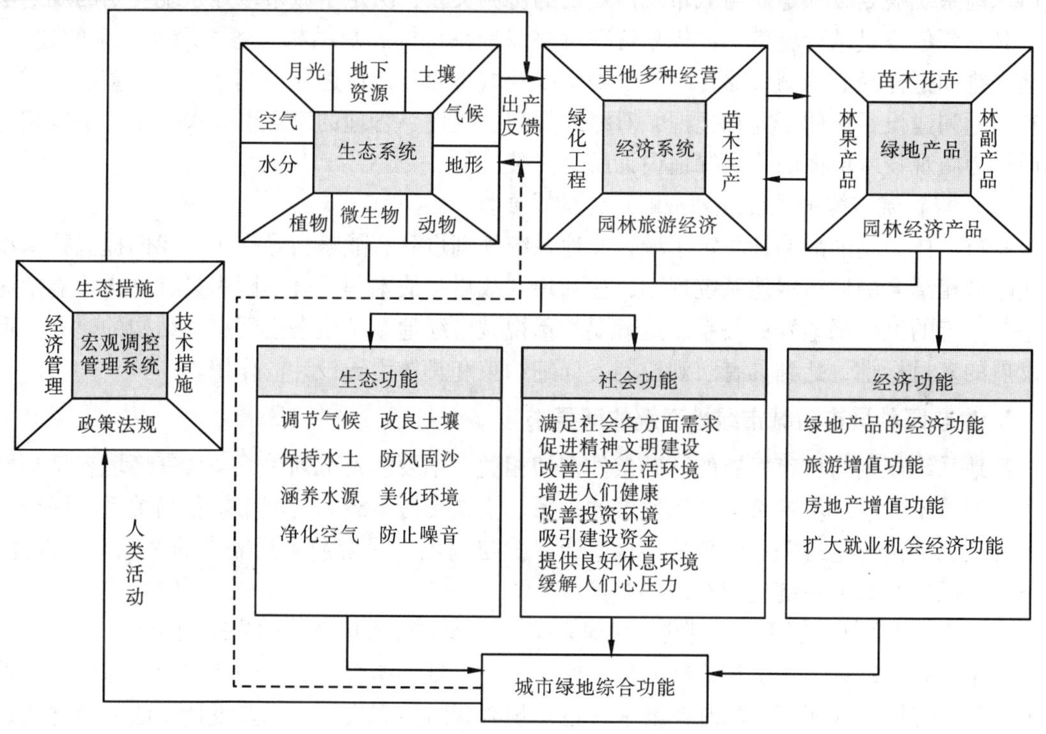

图 6-2　城市绿地的综合功能图

（资料来源：王庆日．城市绿地的价值及其评估研究．浙江大学博士学位论文．）

四、生态园林城市绿地系统规划的地位和作用

1. 绿地系统规划与城市总体规划的关系

（1）明确城市绿地系统规划基本定位具有必要性

一般说来，绿地系统规划是城市总体规划的组成部分，编制城市绿地系统规划要以城市总体规划为依据，但是两者也有相互依存和协调的关系。城市绿地系统规划的成果，也可以补充反馈到城市总体规划中去，充实完善城市总体规划的内容。特别是在重视人居生态，重视人与自然和谐发展的当代，绿地优先已经是常规的规划方法。城市绿地系统规划在保护生

态、改善人居环境等方面的作用是其他专业规划所无法代替的。城市绿地系统规划也可以先行，在城市总体规划编制过程中做到建设用地规划与非建设用地规划并重与互动。

城市绿地系统规划（专项规划）必须纳入城市总体规划才能具有法律效力，进行实施和有效管理。编制绿地系统规划的最有利时机是结合城市总体规划修编，同步进行。这样可以和城市规划的其他内容协调，互相调整。编制完成后，在城市规划建设用地范围内的部分（专业规划）可以直接纳入城市总体规划，建设用地以外（郊区）的绿地规划可以作为城市总体规划的附件，和总体规划一起报批，这样效率会高一些。如果错过了城市总体规划修编的时机，可以作为总体规划的局部调整，或者结合控制性详细规划进行调整，在程序上比申报总体规划修编简便一些。城市绿地系统规划属于城市总体规划的专项规划，它的规划层次应定位于城市总体规划阶段，它的规划成果应纳入城市总体规划加以落实。规划定位决定了城市绿地系统规划必须建立与城市总体规划的协调关系；决定了城市绿地系统规划的规划层次。其主要任务是结合城市总体规划着重解决绿地系统的布局结构、各类绿地体系的建立、用地安排和指标控制、城市绿化特色的确定以及城市绿化建设途径的建立。这些基于对城市现有问题和建设目标的研究和把握，对绿地规划、建设、管理的宏观引导和控制，是以相对来说较为微观技术层面的公园绿地设计所无法替代的。

（2）明确城市绿地系统规划战略地位的重要性

城市总体规划的战略性决定了城市绿地系统规划也具有战略指导作用，我们提倡技术型和战略型相结合的城市绿地系统规划，达到规划战略与战术的融合。因为只有这样才能把握动态与稳定的城市绿地发展关系。这就要求重视城市绿地系统生态空间布局结构的建立，重视发展的多目标性，达到具有宏观控制、详细约束和具体引导设计的作用。

2. 生态园林城市对城市绿地系统的新要求

绿地系统规划与城市发展的基础条件密切相关，主要涉及下列关系：大气环境容量与城市发展的关系、水环境容量与城市发展的关系、土地资源承载力与城市扩张的关系、绿地与城市的碳氧平衡等生态关系、自然文化遗产保护与满足人民游憩生活需求的关系等。因此，生态园林城市对绿地系统规划有新的要求：

（1）要求用科学的理念规划城市绿地系统，发挥城市绿地系统的生态功能

应用生态学理论与系统理论规划建设城市，建立城郊结合、城乡一体化的大绿地系统是城市实现理想健康人居环境的基本要求，也是规划者对生态设计理念及设计方法的自觉认识和实践。建设城市绿地系统可以说是一个与城市化相逆的过程，是一个恢复与再造自然的过程。它是一项社会系统工程，包含城市建设、城市园林绿地建设和环境保护等多方面的内容，不仅仅涉及到城市自然生态系统和经济系统的改造和建设，还涉及到人们的观念、意识、伦理和生活方式，因此需要各学科、各职能部门共同参与，综合分析，系统进行。

（2）满足生态园林城市建设与可持续发展的要求

建设生态园林城市是促进城市可持续发展的目标与途径。“强调对自然环境的保护、保存、恢复、修复；强调城市绿地建设，提高城市绿量，以‘绿’为骨架，构筑城市形态，把自然引入城市；强调城市紧凑发展，均衡开发等是共同的特点”。从建设生态园林城市目标出发，对城市绿地系统规划有两个突出要求。

一是要突出绿地系统规划的生态整合功能，在满足日常游憩、卫生防护等基本要求的基础上，从城市空间和自然过程的整体性和连续性出发，尽量保护城市自然遗留地和自然植被，重

视生态过程的恢复，将生物多样性和自然保育作为城市绿化的基本内容，通过基质的镶嵌性和廊道的贯通性，运用生态整合技术，将人工要素和自然要素整合成绿色生态网络。即扩大城市绿地系统规划研究范围，从区域生态建设和城市生态安全的角度配置城市绿地系统，达到绿量和格局的优化，而不是仅仅停留在模式化的“点、线、面”布局和绿地指标上。

二是要强化绿地系统规划对城市蔓延和非建设用地的控制引导作用。城市绿地系统是连接城市人工环境与自然环境的主要手段，在这方面有自身的优势，理应发挥更大的作用。

（3）满足旅游休闲及绿色产业的要求

随着社会闲暇时间的大量增加，城市绿地系统规划除了继续按照均匀分布原则，在城市建筑空间中合理布局各类公园绿地、街头游园，满足居民日常游憩要求外，一个紧迫的任务是要将城市近郊山林水系组织起来，满足城市居民回归自然，特别是双休日郊野游憩的需要。将城市绿地建设同城市旅游业发展结合在一起是对传统绿地系统规划范畴的新拓展，对于旅游城市和大城市更为重要。此外，在城郊地区农业产业结构调整中，绿地系统规划也具有积极的引导作用，用以建立绿色产业。

（4）满足城市形象与特色的要求

体现城市特色是我国现阶段城市发展中一个急需解决的问题。城市赖以存在的地理环境，即山水形胜、风土人情才是城市特色的基础源泉。对“城市场地性质”的认识和体现主要反映在城市绿地系统（或绿色开敞空间）的布局结构之中，因此要求城市绿地系统规划在构建城市形象特色时，不能仅仅停留在种花种草、绿化美化层次之上，而要去深入发现、梳理和把握城市的那些显现的和不被人们重视的自然要素并加以展现。通过对山、水、田、园、林、路、村、城的综合协调，把各种自然元素有机组合到城市空间之中，才能创造出具有生命力的且经得住时间考验的城市形象与特色。此外，保护城市历史文化遗产就是保护城市形象特色，城市绿地系统规划如何与历史文化遗产保护、利用相结合，也是生态园林城市发展对绿地系统建设的重要要求。

五、规划的范围、层次与规划应用要素

1. 规划范围

一般城市总体规划中绿地系统专业规划的范围仅是“城市规划建设用地”或“城市规划用地范围”，即在城市规划期内（通常为20年）城市建设发展到的用地，也就是规划预期的建成区，连城市规划区的范围也没有达到。这个范围，对城市规划用地管理是够用了，但是远不能满足维护城市生态和市民游憩的需要。近年来越来越多的人认识到：为了统筹城乡发展、区域发展、人与自然和谐发展，扩大规划区范围是必然的趋势。如，北京市政府划定北京城市规划区的范围为整个市域，因而在最近一次北京市总体规划修编中绿地系统规划的范围，已经扩大到和城市总体规划的范围一致。城市绿地系统的规划范围对应城市规划建成区范围、城市规划区范围和市域行政管辖范围。

2. 规划层次与内容

城市的空间结构存在着3个层面及尺度的空间状态，即城市的内部空间、城市的外部空间和城市的群体空间（如图6-3）[270]。在长期的城市绿地系统规划理论研究与实践中，我们根据城市空间的3层次——城市内部空间、城市外部空间、城市群体空间——为具体划分依

据，总结出绿地系统规划进行过程应从区域、城市、中心城区 3 个层次着手。

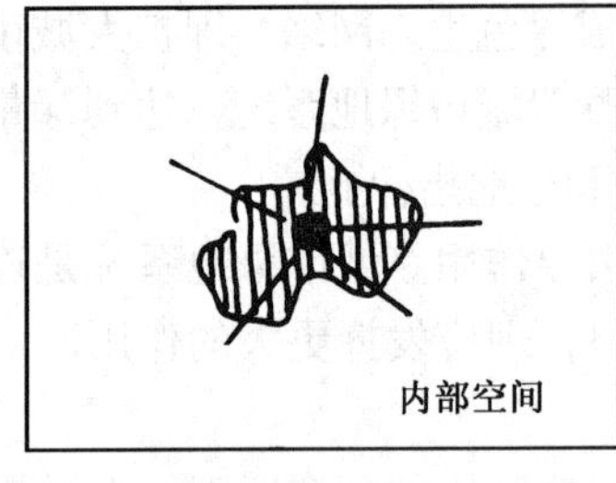

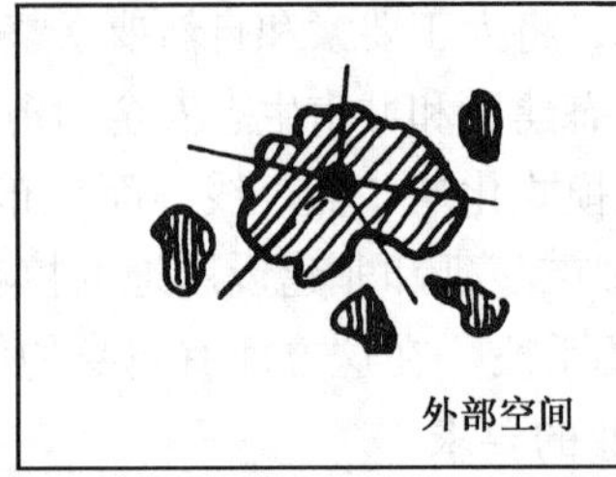

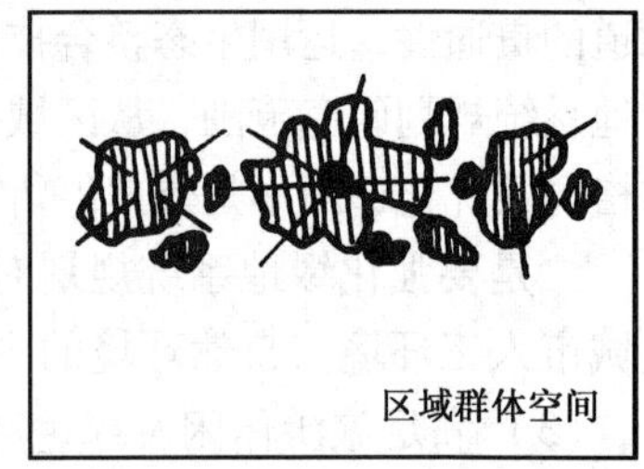

图 6-3 城市空间结构 3 层次示意图

（资料来源：《城市空间集中与分散》朱喜钢，2002）

根据以上分析，生态园林城市绿地系统规划分为市域大环境生态绿地系统规划、城市规划区绿地系统规划、规划建成区（中心城区）绿地系统规划（图 6-4）。其中前两个层次主要是宏观把握城市绿地生态体系，建立生态绿地规划结构与布局；规划建成区层次着重把握城市绿地建设指标体系、布局结构、规划特色反映和具体分类规划，同时要达到能指导具体的详细规划和有引导的指导各类绿地具体规划设计，形成结构控制、指标约束、分类引导、可操作性较强的绿地系统规划。

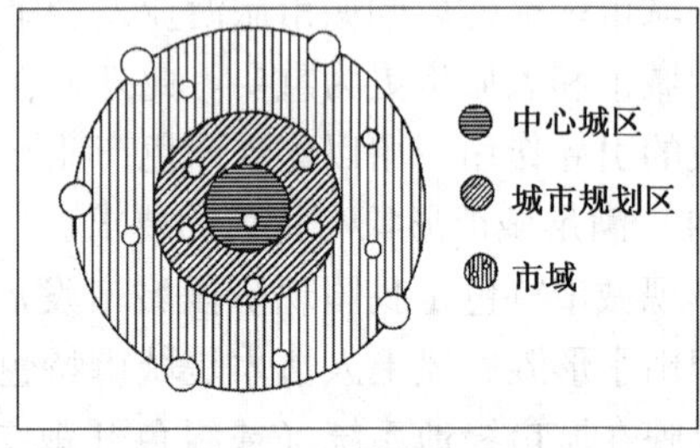

图 6-4 城市绿地系统规划结构层次示意图

（1）市域绿地系统规划

包括区域景观生态规划及区域旅游规划，是以自然生态系统的保护和优化为基础，充分利用农田、山体及水体岸线绿化，结合区域旅游业发展规划，全面协调绿地建设与资源保护的关系[271]。规划范围为城市建设用地以外对城市生态环境质量、居民休闲生活、城市景观和生物多样性保护有直接影响的绿地。包括风景名胜区、水源保护地、郊野公园、森林公园、自然保护区、风景林地、城市绿化隔离带、野生动植物园、湿地、垃圾填埋场恢复绿地等。

（2）城市规划区绿地系统规划——城市边缘区是重点

研究城市规划区（城市市区、近郊区以及城市行政区域内其他因城市建设和发展需要实行规划控制的区域）全部地域内各类绿地的指标、空间布局及文物古迹、古树名木规划、植物规划等[272]。规划范围为城市规划区，包括城市的郊区卫星城、各类“飞地”及城市的边缘乡村的绿地。

（3）规划建成区（中心城区）绿地系统规划

结合城市中心区城市化更加集中、生态环境破坏严重的特点，着重研究更加高效、经济、细致的绿地规划形式。结合旧城改造，研究城市中心城区内城市绿地的指标、空间布局及文物古迹、古树名木规划、植物规划等。规划范围为以主城为主的城市集中连片建设的区域中的绿地。包括公园绿地、生产绿地、防护绿地、附属绿地和其他绿地。

城市绿地系统规划在规划体系中是一项专项规划，但由于其规划范围是分层分级的，因此它与城市规划一样有着自己的设计层次，并且在每一个层次都需要一定的城市绿地设计原则加以指导（图6-5）。

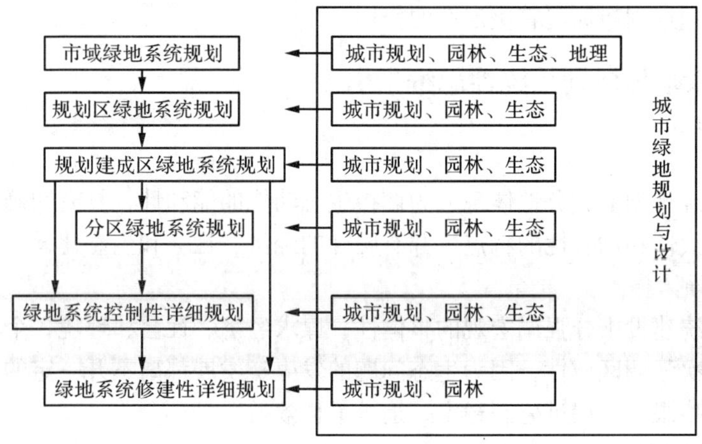

图6-5 城市绿地系统规划层次框架图

首先不能忽视区域范围的规划工作，仅凭规划建成区绿地无法满足城市生态足迹递增的趋势，必须将更大范围的绿色空间引入规划范围，这样才不会人为地割裂自然环境的整体性。在这一层次运用生态学和地理学作为设计指导原则更具可操作性。

规划区绿地系统规划层次主要以城市边缘区或城市大环境绿地系统规划为重点。

规划建成区层次是规划的重点，这是城市绿地利用率最高的地区，其绿地系统是直接营建人居环境的关键性实体要素，需要以生态学和城市规划的理念作指导。

分区绿地系统不是所有城市必须进行的阶段，在实施中是参照上一层次的设计原则适当增加深度。

绿地系统控制性详细规则在城市控制性详细规划的基础上，将绿地系统规划的意图通过一系列指标反映在城市用地的每一地块上，以直接体现了绿地系统规划的指导思想和规划意图，是保证城市绿地系统规划的指导思想与目标能够通过规划管理加以贯彻实施的有效手段。这也需要城市规划和生态学的指导。

控制性详规的深化就到了修建性详规的阶段，此时要求城市规划和风景园林的密切配合将上述各阶段的规划意图用具体的园林手段加以规划实施。

3. 规划应用的主体要素

首先，绿地系统是城市的主要自然因素，它包含大气因素、地质因素、水圈因素、生物因素。这些因素是一个城市绿地系统发展的本底要素，决定着它的基本地域特征。具体来讲，自然因素包括所在地的地理位置、地形地貌、地质条件、日照条件、河湖水系、气候条件、水文条件、自然资源等方面。其次，绿地系统是社会因素与自然因素相结合的产物。它蕴含着不同的历史阶段、社会制度及其发展状态等社会形态因素，它反映人口因素、融汇社会需求因素、显示教科文化因素。这些相关的因素是一个城市绿地系统发展的动力要素，决定着它的发展趋势和精神特征。再者，绿地系统也受经济因素的影响与制约，当然，它也通过社会传递着对经济因素的反作用。上述自然、社会、经济等多要素的任何重要变化，都会引起其功能与内容的新演绎和新发展。

同时，绿地系统的多元特征、动态特征以及它同城市的交织特征，决定着它的规划布局及持续发展受到了多方面因素的影响，必需有多因素协同调节与控制。分析这些因素对于城市绿地系统的合理规划布局起着决定性的作用。

六、规划原则与规划系统性思维指引

1. 规划原则

城市绿地系统规划能充分地体现人为调控生态功能的能动性，具有明确的整体性、协调性、区域性、层次性和动态性的特点，并有明确的经济、社会和生态建设目标。

（1）整体原则

城市绿地系统建设十分强调宏观的整体性，谋求经济、社会、环境3个效益的协调统一和同步发展；其次强调区域性，因为生态问题的发生、发展都离不开一定的区域。规划要具有全盘统筹的战略眼光，促进生态稳定，追求最佳效益。

（2）可持续发展原则

城市绿地系统应追求合理产出、持续产出，而不是最大产出，即可持续发展的原则。

（3）区域分异原则

城市绿地规划强调生态系统的多样性和地域分异性。必须针对不同地区的具体条件，因地制宜，制定不同的城市绿地系统规划，采取不同的资源利用与环境保护对策。

（4）协调性原则

城市绿地系统规划应结合城市规划中的其他专业规划，综合考虑，全面安排。根据具体情况，设置合理的绿地种类、制定适宜的绿化指标、选择适宜的植物种类、设计结构稳定的植物群落。

（5）均衡性原则

各类城市绿地应根据城市人口密度、功能分区特点，设置绿地种类，注意各类绿地级配合理，尽量做到总体布局上均衡分布和形式上的多元化，建设生态型、福利型、经营性等多功能绿地，满足不同地域、不同层次市民户外游憩和提高生活环境质量的要求。

（6）近远期结合的原则

规划中要充分研究城市远期发展规模和市民对户外游憩、生活环境质量的要求，制定出远期发展目标，不能急功近利而造成远期发展的困难。同时要兼顾近期发展的可能，制定近期至远期的过渡措施，使规划具有可操作性。如在远期规划为公园的地段里，近期可作为苗圃，既能为将来改造成公园创造条件、为城市绿化提供绿化材料，又可防止被其他用地侵占，起到控制用地的作用。

2. 规划的系统性思维

（1）系统性整体性思维方法

城市本身就是一个复合生态系统，而城市空间结构就是这个系统在时间纬度下系统内各组成要素以流态形式相互联系、相互作用而形成的理性组织的空间表达。城市绿地系统则是城市自然生态亚系统中的一个子系统。要实现对复杂系统作整体的控制，就应该把研究对象作为一个整体，将其包括的众多要素按其关系疏密程度，逐级分解为较低一级的子要素，研究它们之间的关系。把复杂的现象看作一个系统，以控制引导为目标来设计、开发该现象的

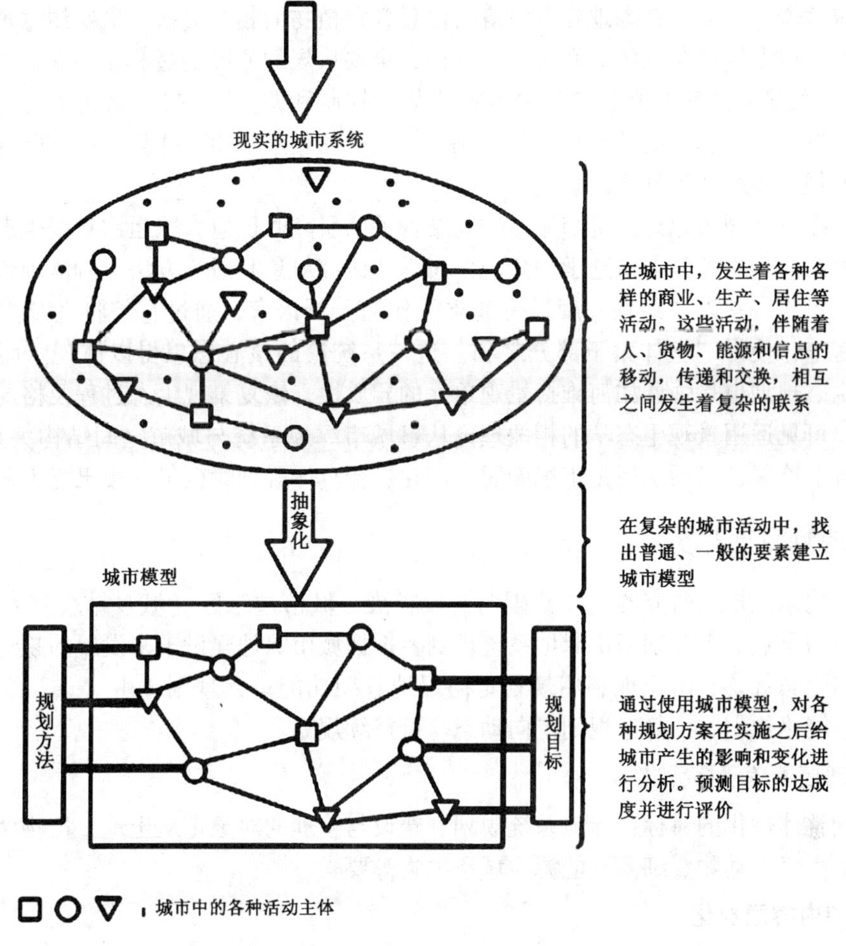

图6-6 城市系统学方法

模型，这种方法被称之为系统学方法（图6-6）。在规划中，同样要把握系统学方法的思想[273]。

以往的城市建设失误很大程度上就是因为建设管理者不能系统地看待和研究处理问题。比如在城市开发中就忽视了建筑空间和绿色空间的共生共扼关系，又没有以更宏观的“区域观”来审视城市。而在对待城市绿地系统时更是各自为战，不考虑其系统综合作用。致使绿色空间在城市中成了一个个孤立的斑块，斑块与斑块之间、林地、草地、湿地、水体生态区之间的纵向联系遭到破坏。可见探析城市绿地系统在城市空间结构中的作用和其应有的地位，寻求建立一种对城市整体空间结构具有先导作用的城市绿地系统需要系统性整体性的思维把握。

（2）方法、步骤及手段的系统性

在系统哲学思维的指引下去构筑城市绿地系统的新秩序，必然要触及研究工作的方法和步骤。一方面，对于城市绿地系统的构建应强调其组成要素的整体性，尤其是要保留较大的公园、山体和湖泊以增进系统整体的抗干扰性和边缘效应。而城市的山、水、林、田、路都各成系统又相互结合，应通过设计绿色廊道将各组分连接，从而增强系统整体的连通性和可达性以提供负熵流。而且在绿地建设时既要注意各种植物的相互关系，也要注意植物与动物的相互关系，以及绿地与人的关系。另一方面，也要从规划研究的过程上着手，“规划为一循环过程”，而规划的实施则是“对系统的引导、控制和调整”。在系统规划的过程中，应该始终贯穿着作为控制系统的规划与受控制系统之间的相互作用，并且根据实际变化情况加以调整，使规划系统达到理想的状态。

此外，在进行城市绿地系统与城市空间结构关系研究时还应大胆运用景观生态学理论加以探讨。因为源于生态学与地理学的景观生态学从研究对象和研究方法上就体现着综合、整体等系统论思想。它以“斑块—廊道—基质”作为分析语言，通过它们将系统内部各组分有机结合起来，使得“整体大于部分之和”这一系统论的核心思想得以体现。而基于此理论的景观生态规划也是强调如何维持景观单元的异质性，恢复景观生态过程及格局的连续性和完整性。可见运用景观生态学的相关理论从事城市绿地系统与城市空间结构关系的分析，从工作手段上确保了以系统视角审视问题，而在进行具体规划时也可使成果更为科学合理。

七、规划发展趋势

当前绿地系统规划研究的空间范围向市域扩展，城市边缘区（城乡结合部）绿地规划建设逐渐成为重点。新时期城市绿地系统规划要把握城市绿地建设未来发展的趋势，即由物理规划走向生态规划、由土地利用规划走向绿地景观功能单元规划、由“点、线、面”规划走向绿色网络规划、由静态规划走向动态与可持续规划。

1. 规划要素趋于多元化

以达到整体优化的目标：绿地系统规划、建设与管理的对象正从土地、植物两大要素扩展到水文、大气、动物、细菌、能源、城市废物等要素。

2. 规划内容层次化

表现在3层次规划体系的建立和规划控制过程的分阶段表达。

3. 规划结构系统化、布局多元化并趋向网络化

结构系统化，即具有有序的结构形式使系统各部分之间有机整合，已成为城市绿地的未来发展趋势之一。结构布局由被动式、“填充”式设置转变为与城市形态结构互动，引导控制城市发展的主动式、“系统”式、多元化布局，形成网络式的连接。

4. 城市绿地系统的功能趋近生态合理化和功能复合化

表现为把生态过程的恢复作为主要目标，完善城市绿地系统的生态功能；绿地系统结构和功能的统一化；不同类型的城市应有生态绿地总量的合理规模、量化依据、配置形式；绿地系统与城市功能、形态布局实现有机耦合。绿色空间的功能由单一向复合发展演变，多元化的功能仍是今后发展的趋势之一。

5. 规划个性特色化

新时期各城市条件和发展不同，但它们趋近于同一大目标，即，城市绿地系统将更有力地支持城市物流、能流、信息流、价值流、人流，使之更为畅通、关系更细密，生态合理的城市绿地系统将使城市系统运行更高效和谐。

第二节 城市绿地系统布局结构规划

结构决定了事物的性质、功能、作用和发展前景。离开结构的研究，事物是不可知的，也是不可评判的。要规划一个科学合理的城市绿地系统必须具备一个科学合理的系统结构。随着城市的不断发展，城市绿地系统布局结构规划理论和实践也在国内得到进一步的发展。当前许多城市的绿地系统规划中都引入了绿地系统布局结构的思想，并用以指导建设形成了更加有利于城市发展的绿地系统。但由于系统布局结构规划理论方面的不完善，其建设方面还存在着许多不足。近年来国际上悄然兴起的绿色网络理论和实践也凸显了对绿地系统结构的重视。城市绿地系统布局结构规划的重要性在之前的绿地系统规划中已有所注意，但还并未形成系统的理论体系。因此，这里着重研究城市绿地系统规划发展中的结构系统化趋势，探讨“什么是绿地系统结构？怎样达到绿地系统结构系统化？”等问题，形成能够指导实际规划，建设科学、合理、完善的绿地系统结构的理论体系。

一、城市绿地系统布局结构的内涵与思辩

1. 城市绿地系统结构内涵

要对其进行系统性研究必须首先明确其概念。布局结构即现今的城市绿地系统规划理论中所提及的狭义的系统结构，是城市绿地系统的内在结构与外在表现的综合体现。城市绿地系统结构是绿地系统规划的整体框架把握，是系统内部各组成要素间相对稳定的联系方式、组织秩序与时空表现形式；是指把多种数量、多种性能作用的绿地，以一定的秩序与规律安排在适当位置，使其自成有机系统，并同城市组成有机整体；指标、结构、布局构成了绿地系统规划量、构、序的调节控制，具有很强的技术作用[274]。城市绿地系统的结构布局就如人体的骨骼框架，决定了城市绿地系统的功能发挥、系统的形态和每块城市绿地的性质与分布和其最终规划应用的成功与否。其主要目标是使各类城市绿地合理分布、紧密联系、组成城市内外有机结合的绿地系统。通过规划布局，从而提高绿地配置在城市风貌中的贡献率，增强城市社会经济的发展优势。

2. 城市绿地系统布局结构的意义

城市绿地系统布局结构是反映城市绿地系统布局的一种空间形态和功能特点，是绿地系统规划中一个很重要的核心问题。它着眼于整个城市的生态环境，强调绿地结构和绿地布局形式与自然地理、地形地貌、河湖水系、城市文化、城市功能分区的协调关系，使城市绿地最大地发挥其各项功能，尤其是生态功能。要建设科学、合理的绿地系统，必须从研究其结构着手。另一方面，从整个城市系统来看，要影响其发展，设计者和规划者都要有一个清晰的基本结构的观念，以推动城市建造的全过程。其原因主要有两点：第一，城市的地理范围如此之大，以至于人的思想不可能为整个地区同时制定清晰的三维空间的规划；第二，就城市的规模而言，它的各个部分的建造和重建需经历一个很长的时间。这就要求在规划时从整体把握结构，以结构指导具体的每部分建设[275]。形象地说，只有具备了健康的结构才能使整个城市绿地有机系统健康地、可持续性地发展。

城市是一个开放的复合生态系统，其子系统——城市绿地系统——也具有其开放性、多

样性和复杂性，必须从更大尺度即区域整体空间开始，根据城市不同空间城市化水平、城市自然地理条件、城市具体功能等不同情况，逐层次、多方面、全方位综合把握。一个城市的绿地是否可以形成一个稳固的体系，该体系是否可以发挥最大的生态、景观、社会及经济效益等，均与在城市绿地系统规划中是否能选择一个合适的布局结构密切相关。有了系统性的布局结构才能让分散的绿地在统一的目标下从分散到联系、再到整合，有机地联系起来相互促进，共同发挥最大效能（图 6-7）。而不是简单地、随心所欲地“见缝插绿”。因此，在科学的规划结构中构思城市绿地系统的布局结构，是城市绿地系统规划的重要核心环节。

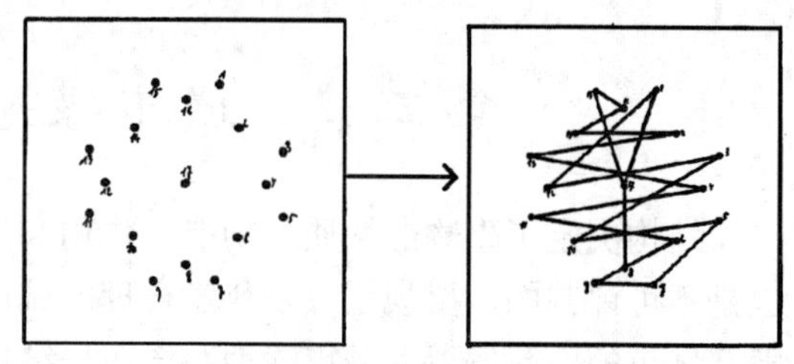

图 6-7 从分散到联系、整合示意图

（资料来源：城市设计）

3. 城市绿地系统布局结构特点

城市绿地系统布局结构具有相应的层次性、整体性、有序性、互动性。市域、规划区、中心城区三层次的布局结构之间存在着相应的连续性，相互影响、相互促进、共同发展。它们之间是以内视、外拓、外展、介入的方式相互联系的（表 6-1）。总之，要做到绿化用地布局的系统性和各类绿地的体系化。

表 6-1 城市绿地系统布局结构联系方式（资料来源：城市设计）

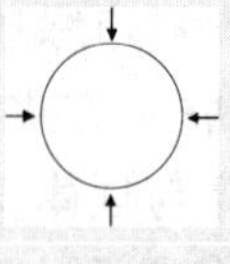	内视：城市绿地系统以中心区为动力源，以区域为背景，以城市为中间层次，因此形成了以中心区为重点，带动城市、再带动区域的内视联系方式的布局结构
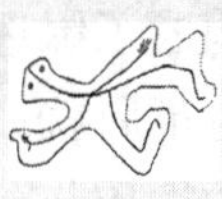	外拓：城市绿地系统离不开区域的大背景作用，布局结构也必须引入较大的区域尺度，以外拓的方式与背景融为一体，到一定的目标并终止于某些终端，这终端如农田、风景区、郊区防护林等
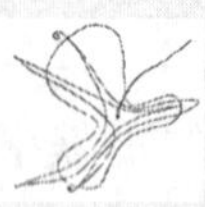	外展：城市并不是孤零零独自存在于地球上的，相邻的城市之间也存在着绿地系统的互动作用，由此逐渐形成更大范围的系统性绿色网络。因此，绿地系统布局结构间要无限外展相互联系
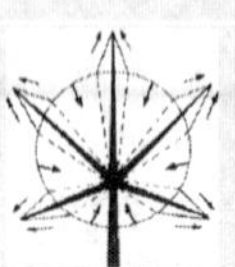	介入：由于城市是一个开放的复杂系统，其绿地系统在受其向外推力的同时也会受外部向内穿透、并直指源点的反向力作用。这就形成了布局结构之间从区域到城市、再到中心区的介入联系

（1）层次性

城市绿地系统虽然是城市生态系统的子系统，但其规划也是以城市为总尺度的。其较大的尺度范围和复杂性使人们在规划时不能盲目的一步到位，而是要求从大到小，从粗到精，有主次、有重点地逐层次进行。绿地系统是若干相互作用和相互依赖的城市绿地结合而成的，是具有特定功能的有机整体，因此必须具有多层次、多功能的结构。并且，在每一个规划层次都要注意承上启下、兼顾左右，把个性的表达与整体的和谐统一起来，建设具有地方特色的城市绿地有机整体。

（2）整体性

城市绿地系统作为一个不可分割的整体，其整体性始于结构。这个有机整体的 3 层次规划结构体系是为了能根据因城市化水平不同而形成的不同空间中的具体情况，做出有针对性的更加科学合理的规划建设，使人们的规划建设有利于城市绿地系统的协调、完善发展。而不管怎么划分层次，结构观是结构的整体观，结构体系总是作为一个整体在发挥其功能作用的。所以，其3层次共同组成绿地系统这个有机整体，具有保持系统完整的整体性，它们之间具有有序性和互动性，相互作用而共同达到有机体的平衡。

（3）有序性

城市生态平衡，就是城市生态系统的高度有序[276]。绿地系统与城市生态系统一样，其有序性增加，自组织水平也随之提高，系统的稳定性也随之增强，发挥的效能也就越强。这就要求城市绿地系统的有序规划，即规划结构的有序性。有序性表现为高度城市化的中心城区绿地系统是这种运动的源动力，是规划发展的开创性冲动与相互关系的限制性要求之间的平衡点；市域绿地系统是大背景，是整个城市的能量支持；城市规划区绿地系统则是其间的传输体。

（4）互动性

城市绿地系统3个层次的各组成要素之间在空间范围和功能作用上都不是一种简单的叠加，其作用也不是简单的3层次规划的总和，而是一种互含互动关系。一种相互融合、相互制约、相互促进、相互交叉、共同形成稳定的结构体系，最终效能大于其和值；但如果其间相互独立，没有整体联系性和融合性甚至相互矛盾，将大大降低其作用，使最终效能小于和值。这是由城市绿地系统的开放性所决定的。因此在进行理性规划时必须从整体出发，用联系、发展的思想协调这3个层次，逐步规划一个相互促进的绿地系统。

二、城市绿地系统布局结构规划的主要功能属性

城市绿地系统的规划布局，应以生态学理论为指导，以系统观为原则，将各类绿地高效和谐地紧密地结合在一起，通过对城市自然资源的分析，提炼城市意象，梳理城市绿地布局结构，展现并加强城市风格。

1. 适合并强化城市总体规划布局

城市绿地系统规划要适合并强化城市总体规划布局。规划定位决定了城市绿地系统规划必须建立与城市总体规划的协调关系；决定了城市绿地系统规划的规划层次。城市总体规划的战略性决定了城市绿地系统规划也具有战略指导作用，我们提倡技术型和战略型相结合的城市绿地系统规划，达到规划战略与战术的融合。因为只有这样才能把握动态与稳定的城市绿地发展关系。这就要求重视城市绿地系统生态空间布局结构的建立，重视发展的多目标性，达到具有宏观控制、详细约束和具体引导设计的作用。

2. 强化绿地生态空间格局

城市绿地系统规划要体现并强化绿地生态空间格局。在生态化、系统化规划原则指导下总结已有的方式与方法，结合实际情况，主要针对结构规划方面现存的问题，提出城市绿地系统结构的规划布局具体战略方式如下：①建立完善的城市绿地系统规划结构体系，形成自然绿色空间结构，结合当地自然条件，维护和强化整体山水格局的完整性和连续性，保护和发扬地方自然特色。②加强从区域的大空间范围整体考虑城市绿地系统规划。③建立城市绿色生态保护绿地结构，保护和恢复河流湖泊、海岸、山体、湿地等生态敏感区的自然属性，

保护和建立多样化的乡土生境系统，并注意增强其完整性和连续性。④结合城市地脉特征、史脉形象、人脉内涵，从场所文脉主义角度建设城市绿地系统，建立体现城市自然、历史和人文文化的具有个性和内涵的特色绿地空间结构。⑤最大可能地与城市其他功能建设相结合，准确地预测和科学地把握城市的发展趋势，规划建设与城市发展相一致的弹性的、动态的、并具有积极引导性的复合功能城市绿地系统布局结构。⑥用叠加法、地理信息系统技术分析并把握最佳的城市绿地系统结构。

3. 塑造城市绿地空间特色

城市绿地系统规划是一项涉及城乡景观、历史文化、生产力布局、土地资源有效利用等方面的生态性规划，编制规划的目的是希望能从纷繁杂乱的开发建设中找到有效保护自然环境，有效保护农业用地、保护乡村自然风貌、自然属性、自然资源以及野生生物栖息地的有效途径[277]。城市绿地空间特色的塑造离不开宏观层面的城市绿地系统规划的整体把握，离不开中观层面的绿地详细规划阶段的拓展和绿地设计阶段的完善[278]。绿地系统规划的特色集中反映在适应人与自然环境需要；适应城市社会文化氛围；适应城市整体空间形态；适应弹性运作机制[279]。

4. 优化城市边缘地带的生态属性

处于城市外扩边缘的城郊地带，非常突出的用地矛盾背后是一个城市化与反城市化的对立，如何认识这一地带土地的特点，不同行业有不同的解读，但从城市生态系统来看，这是一个生态敏感区，其土地利用方式对城市内外的生态状况都有十分重要的影响。城市不能无限扩大，特别是对一些特大型、大型乃至中等城市，以及一些历史较长的化工、煤矿等污染严重的工业城市，正在向一体化、联合发展的城市群地区，对城郊生态敏感区土地的生态特点要有更科学、全面的认识。其中包括以下三个方面特点：①地理位置的特殊性；②环境污染的严重性；③生态功能的高效性。

通过整体结构布局控制规划，达到城郊生态敏感区土地的利用。强调基本农田保护，对城市周边地区土地利用方式进行科学合理的定位，尽可能减少土地被转化成难以再恢复生产的建设性用地。比如①划出一定范围的土地建设以森林植被为主的绿化隔离带，林网化、水网化结合建设。对内改善城市生态环境，防止城市无序外扩；对外起到缓冲过滤作用，减轻城市污染、交通污染对农业生产、人民生活的影响。②对土壤污染比较严重的城郊、水岸地带的土地利用类型，从保障食品安全与人体健康的角度，有必要调整土地利用结构，建立林业、湿地等生态用地，发展休闲观光产业，改善城市生态环境。

三、影响城市绿地系统布局的因素分析

城市绿地系统布局结构是城市绿地的组分构成及其空间分布形式，它决定了人与自然、人与城市以及城市与自然的关系。因此，它与城市布局结构一样都深受当地自然因素、社会因素（人的需求、城市历史和城市发展因素）的决定性影响，并且只有在布局结构规划中顺应自然、协调发展，建设城市生态绿地系统，才能既满足城市健康发展又能营造适宜人居住的良好环境。影响城市绿地系统布局的因素很多，本书主要从自然条件（地形地貌、水文、气候、土壤等）、社会经济条件（城市布局、土地利用、城市人口、城市历史等）这两大方面来分析。

1. 自然因素

城市绿地系统规划布局受到自然因素的深刻影响，具体包括地形地貌、气候条件、水文条件、自然灾害等因素的影响。

（1）地形地貌

城市丰富的地形地貌条件为城市绿地系统的规划布局提供了良好的基础条件，合理布局的城市绿地系统应该是在它所处的自然地理条件下生长出来的，不仅在生态上与自然环境呈平衡关系，而且从形态上呈有机的联系，而不是强加上去的。因此，绿地系统布局必须结合城市的自然地理条件，以此来指导城市绿地建设，使其能把城市与大地相连接共同成为自然生长物，共同发展。而实际上，目前绝大多数城市中的自然环境与外部大自然是断绝联系的，所以在具体操作中应该通过“绿廊”、“绿脉”布局以及桥梁、道路涵洞的生态设计，恢复城市外部生物基因的正常输入和城市内部生物基因的自然调节，特别是对陆地生态、湿地淡水生态、海滩海洋生态之间的生态交换关系，不仅要求是水平向的生态联系，而且应该是竖向的生态联系。

（2）气候条件

气候条件作为自然条件中最重要的因素，影响了城市建设的选址、功能分区、产业状况与布局、人口分布等，对城市绿地系统的布局也带来了一定的影响，在为居民创造适宜的生活环境、防止环境污染等方面关系十分密切。影响城市绿地系统规划布局的气象要素主要有风速风向、温度等等，要结合当地气候特点，用绿化分隔或包围城市。

风是以风向与风速两个量来表示的。城市风可以把污染物搬走，同时也是缓解城市热岛的重要因素。城市带状绿化，包括城市道路与滨水绿地是城市绿色的通风渠道，特别是带状绿地的方向与该地的夏季主导风向一致的情况下，可以将城市郊区的气流趁着风势引入城市中心地区，为炎夏城市的通风创造良好条件；而在冬季，大片树林可以减低风速，发挥防风作用，故在垂直冬季的寒风方向种植防风林带，可以减低风速，减少风沙，改善气候（图6-8）。

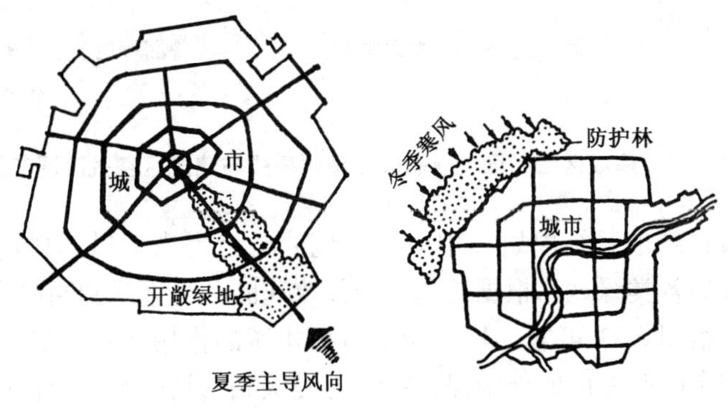

图6-8　城市绿地的通风和防风作用

在温度方面表现为以“热岛效应”为代表的热环境变化。对“热岛效应”的研究已经引起了众多专家的重视，如李延明采用遥感卫星影像数据结合实地同步测定的方法，对北京市区地面热场状况进行分析，研究了热岛的发生规律、影响因素和缓解热岛的措施。结果表明：绿化覆盖率与热岛强度成负相关，绿化覆盖率越高，则热岛强度越低[280]。大片绿地（最好是林地）的凉空气不断向城市建筑地区流动，调节了气温，输入了新鲜空气，改善了通风条件，特别是在夏季的静风时，这种作用尤感突出（图 6-9）。因此在城市周围布置大片楔形绿地，引入城市，对于调节城市小气候，改善环境有积极作用。

图 6-9　城市建筑地区与绿地之间的气体环流示意

因此，城市绿地系统规划布局应根据城市的主导风向，系统分析城市功能和生态要求，进行科学规划，在市区逐步建立合理的生态廊道体系，将城市外围生态腹地的凉爽、洁净空气，引入城市内部，稀释城市混浊的不健康空气，从而清除城市的污垢，还城市一个清新的空间，有效地缓解城市内部的热岛效应，同时可促进城市与外围的物质、能量流动，使生态系统得以恢复和完善，更有益于城市中人和动植物的生存[281]。对于这一点，在哈尔滨市生态绿地系统规划中作出了较科学的生态绿地布局，在城市中分别规划了城市清新空气流排入通道与污染空气流排风通道，以促进通风廊道的形成和气态污染物的稀释扩散（图 6-10）。

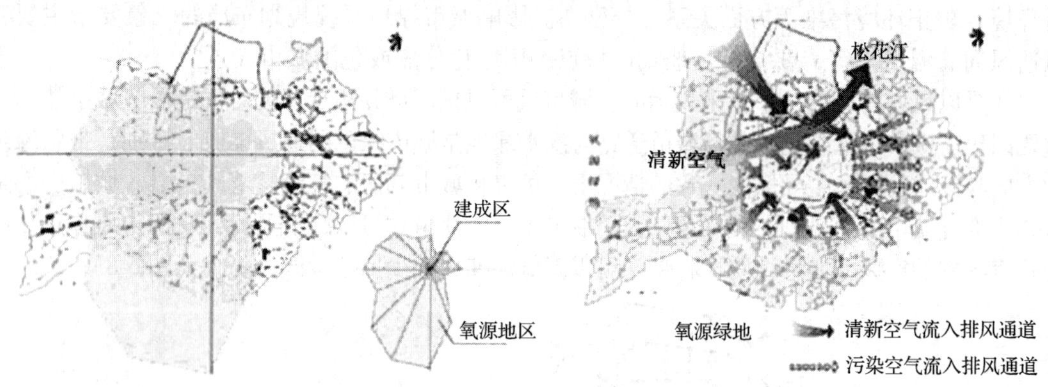

图 6-10　建成区氧源绿地形态分布理想模式与建成区空气流调节规划

又如《扬州城市绿地系统规划》中就全面地分析考虑当地风速风向的影响，根据绘制的输氧玫瑰图来布局各类绿地。根据绘制的输氧玫瑰图，可直观判断出需要布置重要自然保护区绿地的位置，由图 6-11 可知，外围绿地对扬州城的作用受风向影响很大。在风向影响下，扬州城东北和东南两方向的外围保护绿地对提供氧气具有重要的作用，其次是西北方向的外围绿地，来自西南方向的供氧相对较少。因此，要保持扬州城内氧气的持续和均匀供应，要对扬州城外围的不同方位和绿地采取不同的相应措施。

（3）城市水文

河流作为在城市中所残留下来的宝贵的自然空间，是城市的自然遗产，也是文化遗产。河流水系是城市中自然环境的重要组成部分，几乎所有的大型城市都是依水而建，尤其在我国南方地区，河网密布、纵横交错，城市河流水系构成了城市的自然骨架。

图 6-11　扬州市绿地系统规划——输氧玫瑰图

2. 社会经济条件

（1）城市性质

城市性质、城市布局是绿化规划、发展的依据，而城市绿化合理的布局能正确体现城市的性质，充分发挥城市的功能，达到经济效益、社会效益、环境效益的统一，彼此之间互为辨证关系。不同性质的城市，其绿地布局也有所差异。如风景城市，其游憩审美、景观形象的功能结构非常重要，同时城市名胜古迹多，自然山水条件好，公园绿地面积就会大些（如北京、杭州）；在工业城市或生境条件较差的城市，其生态防护的功能结构将居首位；石油化工城市，卫生防护带占地大，在工业区与居住区之间应建立稳定的绿化带，把城市公园与休息区布置在离工业区较远的地方，尽可能建立大块绿地，以提高抵御烟尘和使地表免遭破坏的能力，并保证绿地的稳定和生命力，设置一定方向的宽阔的林荫路和空地，以改善通风条件和防止有害物质的滞留。

（2）城市布局形态

各个城市的自然地理条件和社会经济条件的差异，以及生产、生活的需要，形成了不同类型城市布局的不同特点，而绿地系统规划以城市总体规划为依据，其布局模式与城市布局是互相影响的，故其也呈现出多种多样的布局形态。城市布局形态指的是城市的空间结构和形式。它是城市物质实体的空间投影，形成城市平面上的轮廓线（或称包络线）和城市立面上的轮廓线（或称天际线）。城市形态大致可以划分为块状（核心）城市、线型（或称带状）城市、环状城市、串联状城市、组团状城市、星座状（或称指状）城市和多中心网络城市（或称区域城市）等类型[282]。

块状布局形式：这是城市布局形态中最常见的基本模式。该模式便于集中设置市政设施，土地利用合理，交通便捷，容易满足居民生产生活和游憩等要求。根据新城区与旧城区，或居住区与就业区之间的相对位置关系，则可分为：呈同心圆式的团块状布局（图 6-12①）；对置式块状布局（图 6-12②）；错位式块状布局（图 6-12③）；哑铃式块状布局（图 6-12④）。

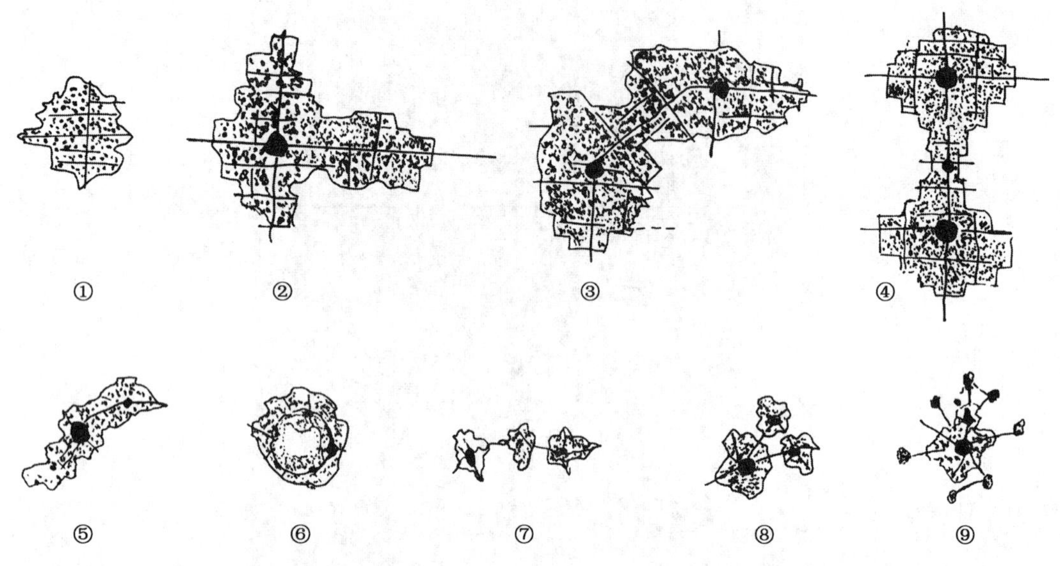

图 6-12 城市布局形态（资料来源：肖健飞．论城市布局形态）

带状布局形式：这种城市布局模式是受自然条件或交通轴线的影响而形成。有的沿江河或海岸绵延，有的是沿狭长的山谷发展，还有的沿陆路交通干线延伸，如兰州、青岛等城市（图 6-12⑤）。

环状布局形式：城市围绕着湖泊，海湾或山地呈环状分布（图 6-12⑥），与带状城市相比，环状城市各功能区之间的联系较为方便，道路交通特征及发展对策类似于带状布局形式。这种模式在我国少见，但它的中心部分为城市创造了优美的景观和良好的生态环境，是建设山水城市值得借鉴的模式之一，如杭州。

串联状布局形式：若干城镇，以一中心城市为核心，断续相隔一定的地域，沿交通或河岸线分布（图 6-12⑦）。这种布局灵活性较大，城市间保持间隔，可使城镇有较好环境，同郊区保持密切联系。

组团状布局形式：由于自然条件等因素的影响，城市用地被分隔几块。进行城市规划时，结合地形把功能和性质相近的部门相对集中，分块布置，每块都布置有工作岗位和生活服务设施，形成相对独立的综合性组团（图 6-12⑧），如宜宾。

星座状布局形式：一定地区内的若干城镇，围绕着一个中心城市呈星座分布（图 6-12⑨）。

多中心网络布局形式：多中心网络城市堪称是其他各城市布局形态的综合体系。它既具有核心城市的多个紧凑中心，又在各交通线路和节点上有一定的线型密集点，因此使中心城市活动可分散在网络中并集中和连接整个系统，各个节点具有不同密度和某个专门化的功能，以致形成各种中心。

（3）城市土地利用及建设用地条件

土地对生产、各种经济、社会活动和生活都是最起码的条件，因此争夺激烈。土地不足，迫使建筑密度提高并向高层发展，人口密度也相应提高，这些趋势使城市气候变坏，污染增加，整个环境恶化；与此同时，有改善环境机能的绿化用地却很难增加，甚至减少。而不合理地减少绿化用地的最终结果就是环境进一步恶化、土地的争夺更趋激烈、可用于绿化的资金更加不足，如此循环下去，环境越变越坏。

（4）城市人口状况

人口与自然关系密切而复杂，人口的数量、质量、结构和分布等方面与环境有着密切联系，数量庞大的人口成为制约我国21世纪可持续发展的决定性因素。数量庞大的人口对各种生活资料的基本需求，对我国的自然资源、生态环境、社会发展和经济增长造成巨大的压力。

（5）城市历史文化

不同地区的城市面貌，在很大程度上反映了当地的历史、文化与社会经济发展状况，积淀了各历史时期的文化，并不断发展变化。城市景观也因此具有自然生态和文化内涵两重性；自然景观是城市的基础，文化内涵是城市的灵魂，两者表里糅合，相辅相成，共同塑造了城市这一特殊的生活环境[283]。

四、城市绿地系统布局形式分析

1. 城市绿地系统布局结构规划发展现状

城市绿地系统布局结构作为城市绿地系统的内在组成和外在表现，其理论发展是随着城市绿地系统规划理论的发展而发展的。总体来看，城市绿地系统的发展也反映了布局结构的发展过程，其走过了一个从集中到分散、由分散到联系、由联系到融合，最终达到系统化的过程（如图6-13，6-14）。这种自然、人、城市相融合的城市绿地系统将更加有效地发挥其生态效益，更有助于城市的可持续发展。

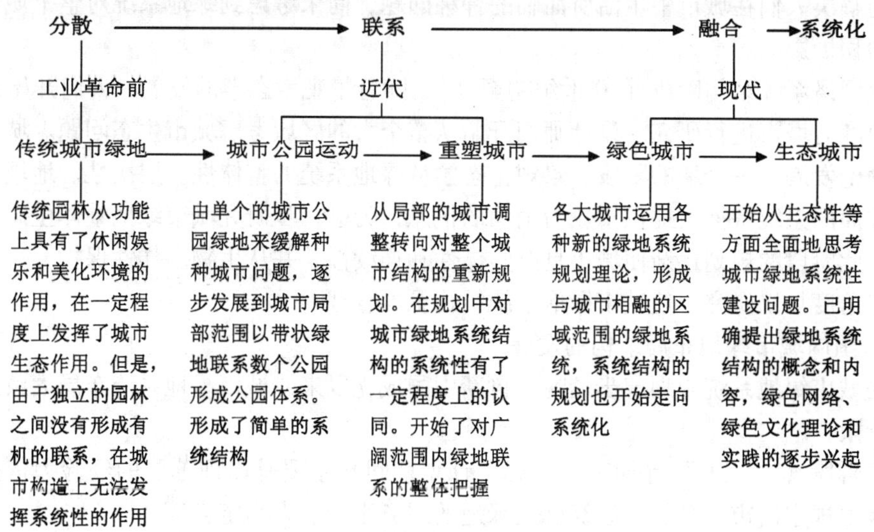

图6-13　国内外城市绿地系统结构发展时序图

（1）国外城市绿地布局结构的发展

虽然国外没有以绿地系统规划为名称，但是实际其城市绿地规划与建设也存在着系统演

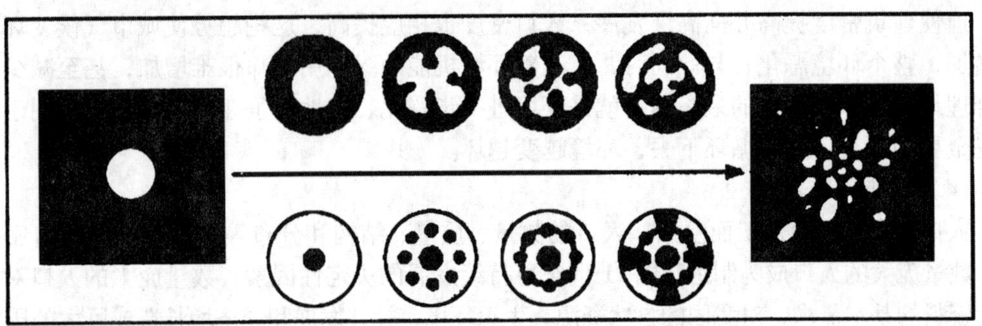

图 6-14　国外城市绿地系统的发展过程

（资料来源：吴人韦．国外城市绿地的发展历程［J］．城市规划，1998）

进的过程。从国外绿地系统的发展来看，城市绿地系统布局结构理论的发展可概括为以下 3 个阶段：

分散结构阶段（19 世纪以前）：此时的城市绿地系统规划处于被动保护阶段，设计师们通常用单个的城市公园来缓解城市问题。城市中的绿地多成点状分布，绿地之间通常被建筑物等阻隔，没有直接或间接的联系。绿地由于整体数量少且分布分散，对城市的生态问题缓解作用不大，但能满足城市居民的生态游憩需要和景观需要。这一阶段，生态思想在城市绿地系统规划中刚刚萌芽，绿地结构也并未形成体系。

联系结构阶段（19 世纪 ~20 世纪初）：随着城市规划理论的快速发展，城市绿地系统结构渐渐形成体系。生态学思想融入其中。“公园体系”的形成使城市绿地由分散结构变为联系结构，增强了各个绿地之间的联系，更好地缓解了城市问题，但此时的城市绿地结构只是被动的解决人们在城市中生活所面临的种种问题，尚未考虑到绿地系统对整个城市及周边大环境的积极影响。

绿色网络系统结构阶段（20 世纪初至今）：随着景观生态学的发展，人们开始从景观生态学的角度对城市进行研究。设计师们开始从整个大的区域考虑城市生态问题。城市绿地系统规划理论发展到一个新的阶段。景观生态学从绿地系统的整体性、层次性、地域性和动态性等多方面的系统特征上提供了较为全面的信息，为进一步研究城市绿地整体生态功能提供了依据。此阶段的规划逐渐使城市具有整体性和连续性，并从生物多样性保护、三维空间绿化等更多角度加以研究，使城市绿地系统结构更加合理。

（2）国内城市绿地布局结构的发展

我国城市绿地系统规划起步较晚，自新中国成立以来，城市绿地系统布局大致经历了以下 3 个阶段：

第一阶段（“一五”计划 ~“二五”计划期间）主要是以前苏联的经验为依据，在各城市绿地中规定出市、区、小区级公共绿地的服务半径、人均定额等。

第二阶段（20 世纪 60 年代末 ~20 世纪 70 年代末）以大地园林绿化作为指导思想进行绿地规划，将园林、绿地、菜地、果园、苗圃、部分农田等都作为城市绿地，城市周围设有带状森林公园和蔬菜基地等。

第三阶段（20 世纪 70 年代以后）受到欧美等其他各国的绿地系统规划的影响，国内各大城市开始重视城市绿地对环境保护的作用，尽可能地提高城市绿化覆盖率，提高对人均绿地面积的要求，合理分布公共绿地，考虑绿地的其他功能，并积极开辟市郊的环城绿带，以绿地作为城市保护圈。

在我国近期完成的城市绿地系统规划实例中已越来越多地、越来越科学地引入系统结构的思想，在兼顾全局、逐层深入的规划过程中融合城市规划学、生态学、经济学等多学科知识；对分散的城市绿地进行整合，在宏观层次上强调区域性城乡一体、大框架结构的生态绿化，中观层次上在城区及郊区城镇建设“环、楔、廊、园”有机结合的绿化体系，形成了较为系统性的布局结构，建设相互融合、连续有序的高效绿色网络。但是，由于没有系统性的结构理论作指导，对绿地系统结构概念和规划理念理解不够、把握不足，使规划和建设过程中还表现出许多不成熟和不完善。

2. 城市绿地布局的基本模式

相应于不同的城市布局形态，城市绿化系统布局形态也各有侧重。如：核心城市的绿地系统布局通常采取绿带环绕的方式；卫星城市可能采用城市围绕绿心的方式；星型城市多以绿地楔入或嵌合的布局；带形城市采用的是与城市平行的绿带廊道形式；多中心网络城市的绿地系统则和其布局形态一样是以点、线、面等各种形态绿地楔入而构成网络系统布局。在形式上每个城市的绿地系统布局都有各自的特色，但布局的主要目标是一致的：使各类城市绿地合理分布、紧密联系，组成城市内外有机结合的绿地系统。通常有以下几种基本布局形式：点状、环状、放射状、放射环状、网状、楔状、带状、指状（图 6-15）。

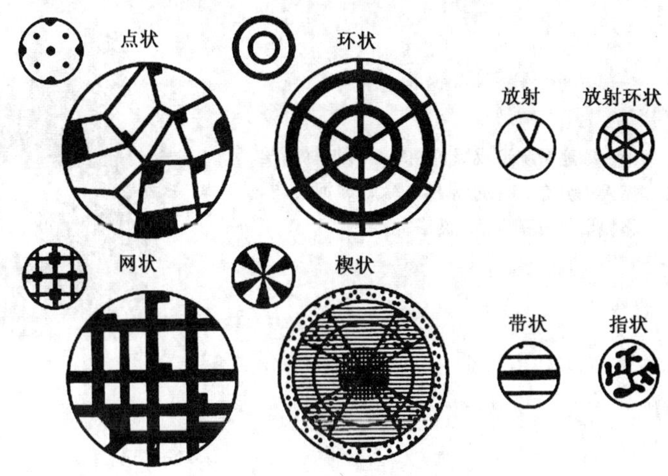

图 6-15 城市绿地布局基本模式

（资料来源：城市园林绿地规划. 中国建筑工业出版社，1982）

但是，不同城市由于其自然条件、社会条件的不同，可能采取其中两种或两种以上基本布局形式组合出新的布局形式，可以称为组合布局形式，如：放射环状、星座放射状、点网状、环网状、复环状等多种组合布局形式[284]。

3. 城市绿地系统的布局形态

城市绿地系统在数量、结构、布局上均受多种因素的严格制约，甚至功能作用也难以求全；在不同的规划目标和时空条件下，绿地系统布局可以呈现出万花筒般的组合变化。通常情况下城市绿地系统布局呈现出以下几种布局形态：集中型（块状）、线型（带状）、组团型（集团状）、链珠型（串珠状）、放射型（枝状）、嵌合型（楔形）、星座型（散点状）、网状等等，而更多的采用的是混合式（网络化）布局模式。表6-2汇总了国内外具有代表性的城市的绿地系统布局图，通过大量的实例举证，深刻体会到绿地系统布局的多元化，并在此基础上归纳出基本的布局形态。

表6-2 城市绿地系统布局实例简介

序号	布局形态	城市	绿地系统布局简介	布局图或规划图
1	环楔状	莫斯科	结合被莫斯科河及其稠密的支流网所分割的多丘陵地形，在城市外围建立了10～15km宽的森林公园带，并采用环状、楔状相结合的绿地系统布局形式，将城市分隔为多中心结构，使城市在总体上呈现出扇形与环形相间的空间结构形式	
2	环射状	伦敦	绿地系统形成绿色网络，环城绿带呈楔入式分布，通过绿楔、绿廊和河道等，将城市各级绿地连成网络	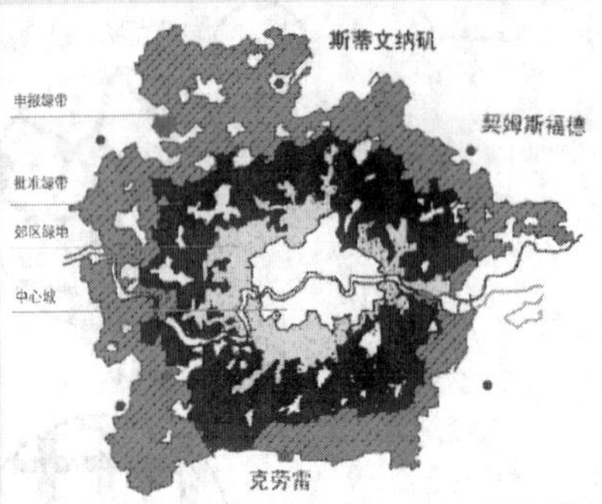
3	指状	哥本哈根	丹麦哥本哈根（Copenhagen），星状（五手指状）城市发展模式，绿地系统规划注重在“手指”与“手指”间楔入绿地及农田，形成指状布局形态（资料来源：宋培抗主编．城市布局城市规划与城市设计）	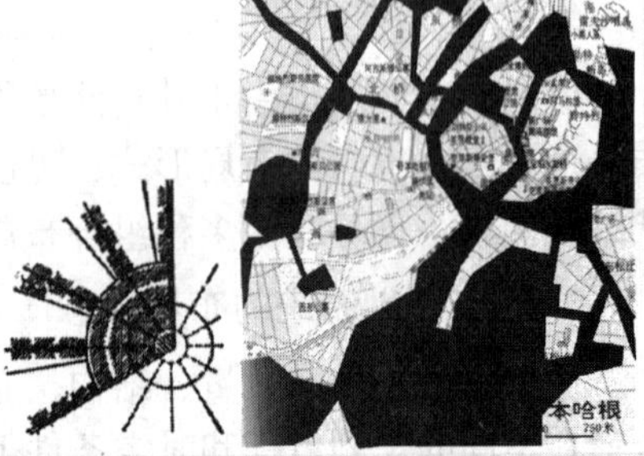

（续）

序号	布局形态	城市	绿地系统布局简介	布局图或规划图
4	楔形网状	哈罗新城	英国哈罗新城，巧妙地保留和利用原有的地形和植被条件：如利用外围的河谷和丘陵布置环状绿地；利用冲沟和低地辟为主要道路和宽阔绿带，形成从东、西、南三个方向伸入城市的楔状绿地；经过后期建设的补充完善，造就了绿地与城市交织的宜人环境	
5	星状	慕尼黑	由于慕尼黑市南为大片自然保护区，受自然保护区的影响，城市开发方向只能向东北、北、西北发展，形成具有明显的“头重脚轻”感的星状城市发展模式。城市绿地穿插于星状轴线之间，与城市布局形态融为一体，彼此呼应（资料来源：城市布局城市规划与城市设计）	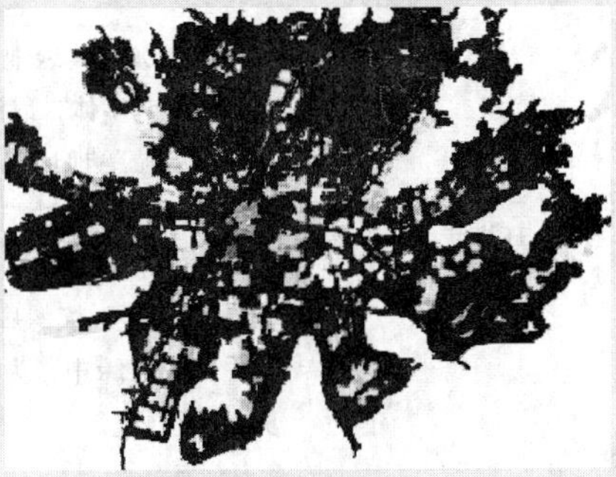
6	楔形网状	墨尔本	澳大利亚墨尔本市的绿地系统，依托优越的土地资源条件建成了“自然中的城市。城市绿地系统的规划以五条河流和湿地为骨架组成楔状绿地系统，其头部为大规模的公园，连接城市内部的林荫道及公园，楔状绿地系统的外侧为计划的永久性农业地带，总体上形成了“楔形网状”的布局结构	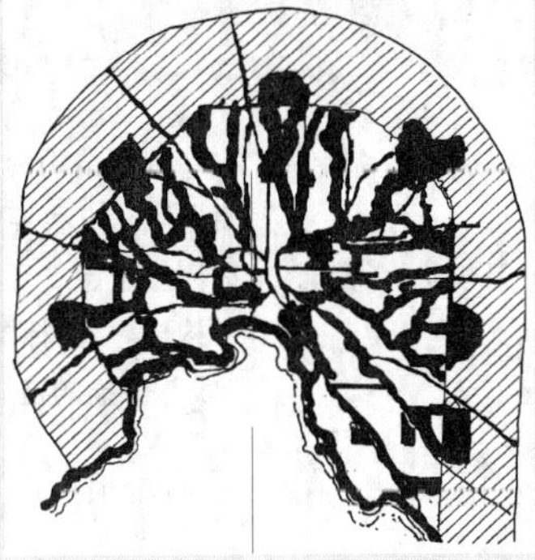
7	环状	科 恩	利用森林和水边绿地形成环状绿地系统布局	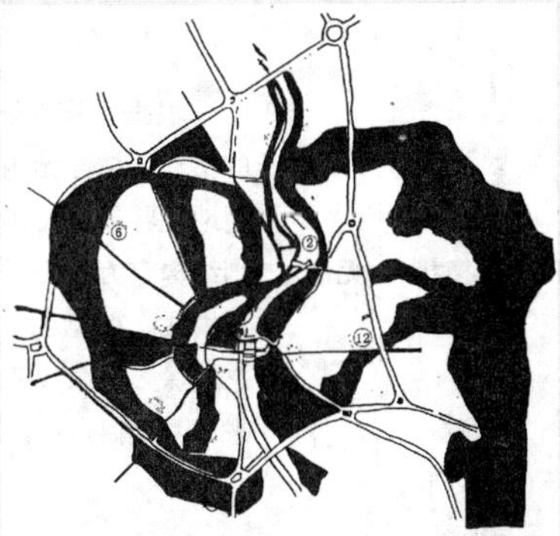

（续）

序号	布局形态	城市	绿地系统布局简介	布局图或规划图
8	环射楔形主城块状	北京	与北京市的分散组团式城市结构布局相呼应，绿地系统采用放射状的楔形布局形式，将田园的优点引进城市，为城市发展提供秩序和弹性，形成“三环环绕、十字绿轴，七楔插入，及由绿色通道串联公园绿地成点、线、面相结合”的绿地系统。旧城则在现有绿地的基础上，结合历史遗迹采用块状的布局形式	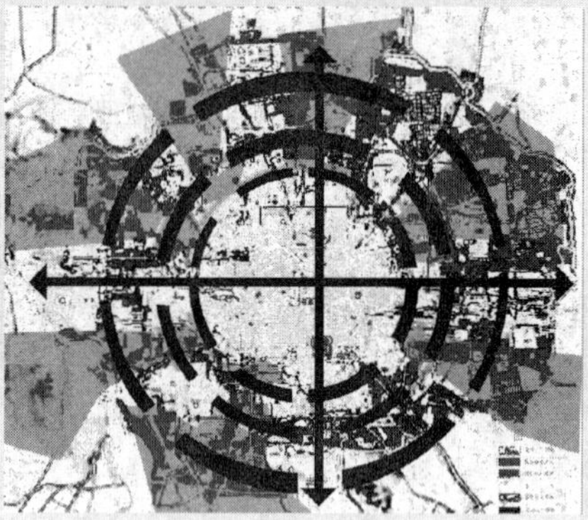
9	环楔状	上海	以各级公共绿地为核心，郊区以大型生态林地为主体，以沿“江、河、湖、海、路、岛、城”地区的绿化为网络和连接，形成“主体”通过“网络”与“核心”相互作用的市域绿化大循环，市域绿化总体布局为“环、楔、廊、园、林”。使城在林中，人在绿中，为林中上海、绿色上海奠定基础	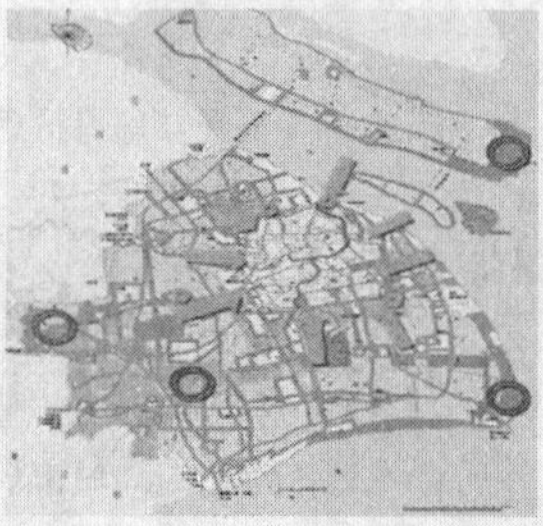
10	环楔状	合肥	规划结构为翠环绕城、园林楔入、绿带分隔、点线穿插。“翠环绕城”由环城公园绿带、二环路绿带、外环高速公路林带构成。“园林楔入”、“绿带分隔”、“点”“线”穿插的格局	
11	环楔状	无锡	根据生态学的“斑块—廊道—基底”的格局，结合无锡市城市总体规划和城市用地现状，将无锡市建成区的绿地系统规划结构定为“环、楔、廊、园”的布局结构模式。概括为“一心中踞、十字双环、二楔深入、绿廊联网、公园匀布”（资料来源：无锡市城市绿地系统规划）	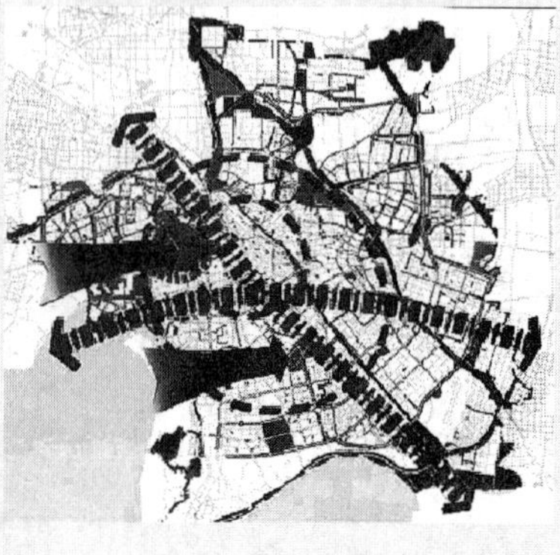

（续）

序号	布局形态	城市	绿地系统布局简介	布局图或规划图
12	环楔状+片状	唐山	构筑以广阔的生态农田为背景，以一条蓝色海岸带为依托，以陡河水库、钱营、草泊湿地为三大城市生态绿核，若干个组团生态绿心、生态廊道和绿色斑块相串联和点缀的城市生态体系格局。采用片区式布局结构，建设八个功能片区和四大郊野公园，不同功能片区之间由河流水系、郊野公园（组团生态绿心）和生态绿带间隔	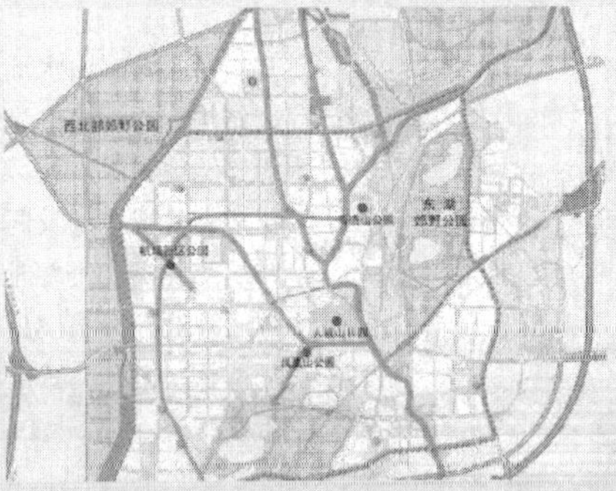
13	放射状楔形	桂林	主城绿地系统规划强调保护“千峰环野立，一水抱城流”的山水城市传统格局，构筑“一带、两江、三楔”放射状楔形的城市绿地空间形态；形成“山水旅游城市”—“国家园林城市”—“生态城市地区”的圈层发展模式（资料来源：桂林市城市绿地系统规划）	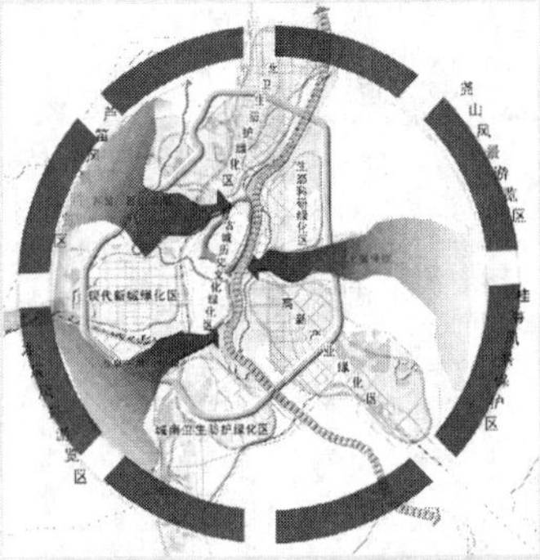
14	放射状楔形	常熟	常熟城以琴川河为骨架，腾虞山而起，与尚湖相绮，形成“七溪流水皆通海，十里青山半入城”的格局，市内水网格局由几条主要放射状水道构成，绿地系统布局结合放射状水道布置各类绿地，突出城市放射状水网结构的特色，形成楔形放射状的布局形态	
15	带状	兰州	城市受地形限制沿河谷呈带状布局，盆地型地形结构决定了绿地系统的空间结构以改善生态环境、缓解城市污染为出发点和立足点，城市绿地系统布局形成带状骨架、环状围合、楔形与点状补充的格局	

（续）

序号	布局形态	城市	绿地系统布局简介	布局图或规划图
16	带状楔形	秦皇岛	参照城市山水形胜及组团式的城市发展结构，构筑城市绿地主要系统是由城区组团绿地和深入城区内的山体、河流绿地组成；呈楔块状及网带状渗入，形成“一带二片五楔”的绿地布局形态。其中北戴河区绿地呈斑块楔星网状渗入；海港区呈环网状；山海关城区绿地系统布局呈南北带状楔入	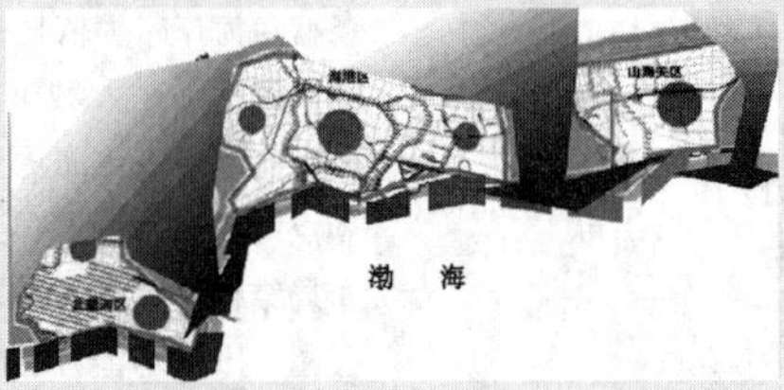 渤海
17	环带状	邯郸	以山、水、路为构架，形成环、块、点、楔、网状绿地相结合的城市绿地系统结构模式，概括为：“二河、五水、二山、三环、六区、八带”的空间布局结构	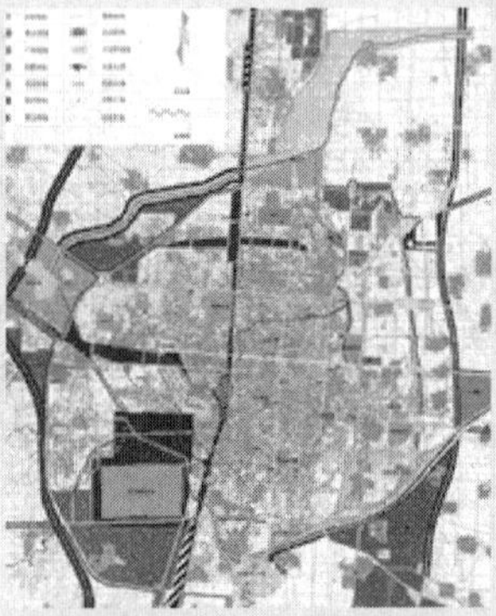
18	环状	杭州	结合杭州的自然生态环境，以普遍绿化为基础，风景区、湿地保护区和水源保护区为重点，森林公园为补充，中心城区为核心，生态绿廊为纽带，各城市组团与村镇绿地系统为子系统，建立“山、湖、城、江、田、海、河”的都市区生态基础网架，构成“两圈、两轴、六条生态带”的生态结构体系	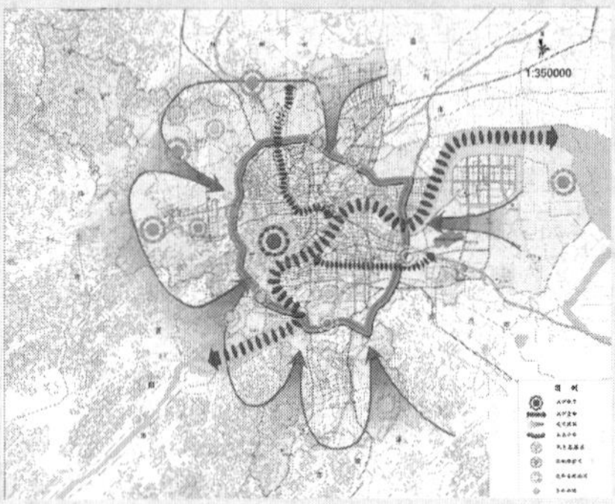 1:350000
19	带楔状+主城网状	大庆	大庆是根据油田分布的特点建设起来的矿区，因布油井把城市拉长，形成带状组团式的城市规划结构模式。针对大庆的自然特征及存在问题，绿地系统布局形态呈现带楔状，并结合居住区分散的特点集中布置公园绿地，主城区形成“一区、二轴、三环、三带、五纵、八横”网状结构的绿地系统布局	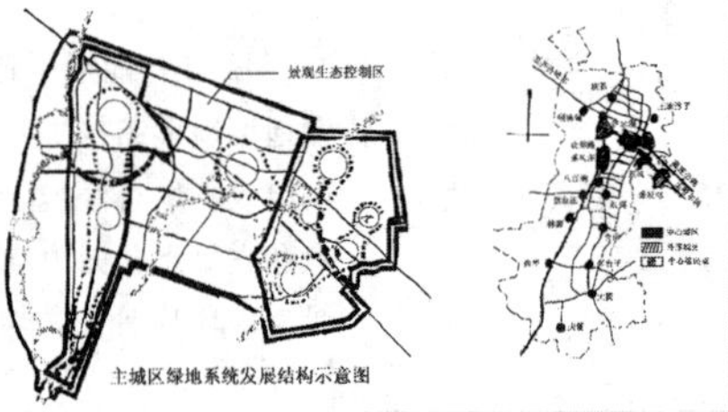 主城区绿地系统发展结构示意图

（续）

序号	布局形态	城市	绿地系统布局简介	布局图或规划图
20	带楔状	泰安	根据泰安市城市发展的历史与格局，将泰城绿地系统布局结构确定为“一轴、一线、四楔、七带”组成的复合网络结构（资料来源：泰安市城市绿地系统规划）	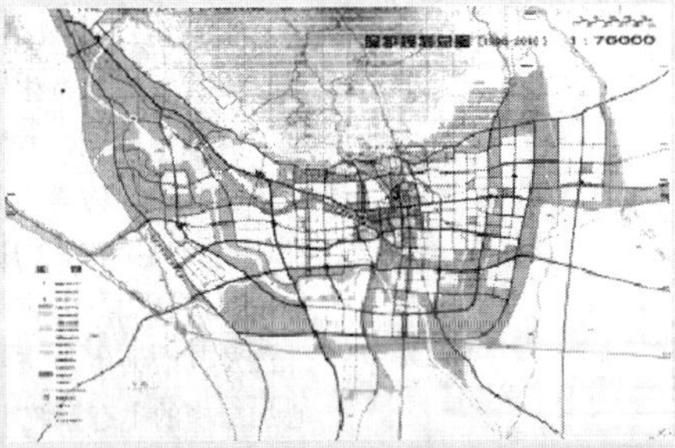
21	网络星座状	中山	中山市以水系网络结构为联系，将城中孤立山体、公园等绿色斑块连为一体，形成山水相依的串珠式（网络星座状）结构	
22	带楔状	珠海	珠海市利用带状绿地将城市各功能区进行分隔和连接，形成环状的组团式布局形式。绿地布局依托自然山水，营造大环境绿色生态基质；在中心城区内建立绿色廊道网络，建立公园游憩绿地网络，基本上形成中心城区内山水相通的网络化的生态绿地系统	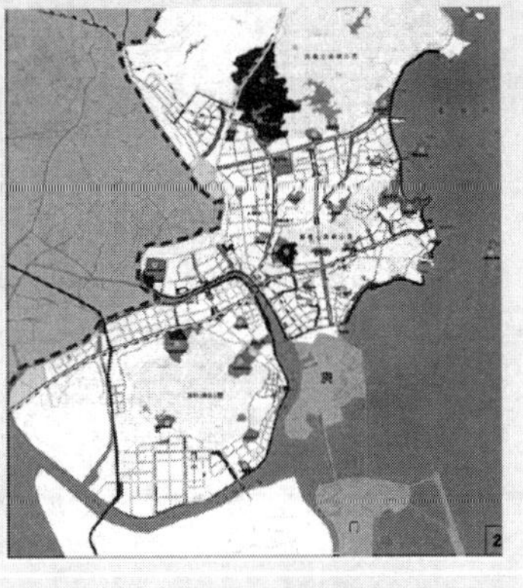
23	带网状	宿迁	以城市现有的条件为基础，以城市建成区规划发展的方向为依据，形成“一环、两带、四纵四横、六轴、十园、百苑”的布局结构，实现“湖光水色、楚风汉韵、酒都花乡、生态名城”的目标	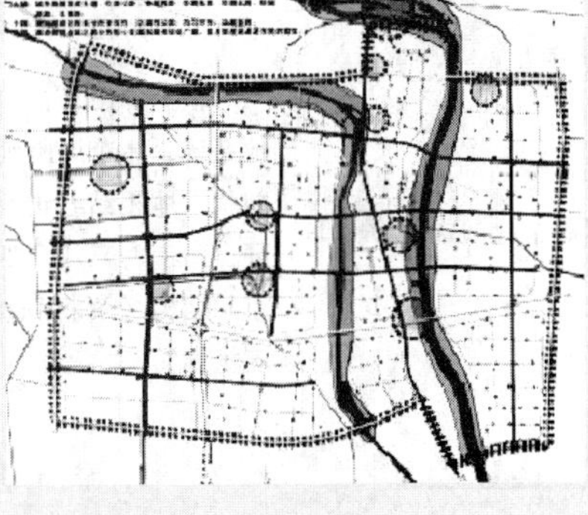

（续）

序号	布局形态	城市	绿地系统布局简介	布局图或规划图
24	绿心楔网状	广 州	带状组团式城市空间结构，结合山、城、田、海等独特生态景观，形成了典型的“青山半入城，六脉皆通海”的山水城市风貌。规划为“一带、两轴、三块、四环”的布局结构，构成开放式环状空间结构，以白云山、万亩果园为绿心，溪河与珠江及其沿河绿带贯穿三大组团，形成绿心加绿楔的生态系统	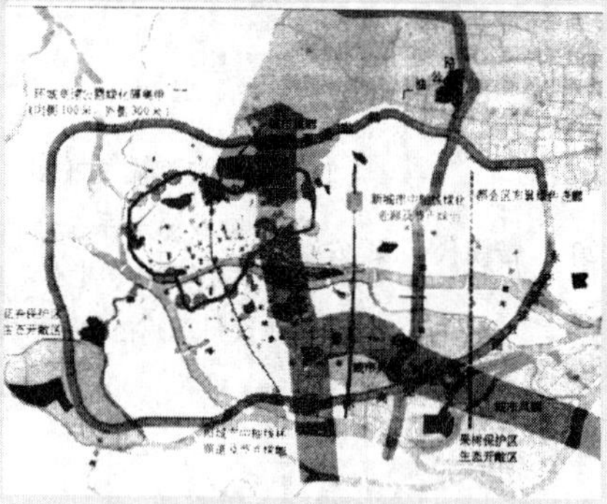
25	绿心环状	乐 山	结合自然、生态环境条件，中心城区采取了“绿心环形生态型城市”的布局结构，形成“山水中的城市、城市中的山林”大环境圈的总体构思；绿地系统布局同样形成了绿心式绿地系统格局。	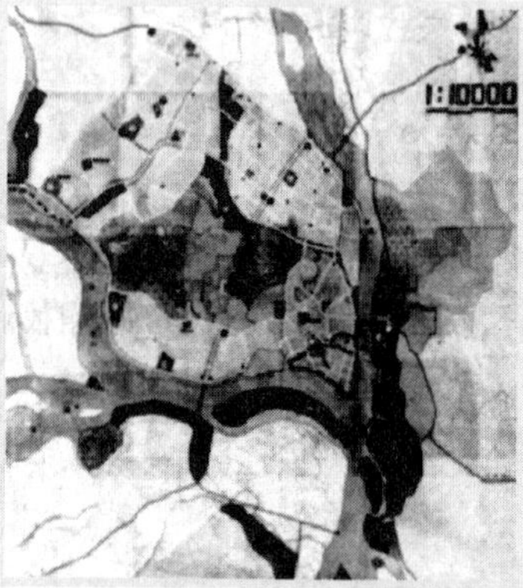
26	平行楔状	深 圳	利用绿地现状，确定以自然生态绿地为主脉，利用楔状绿地将自然生态“引入”城市并将城市隔成若干组团，各组团再配以均衡分布的公园和绿带的布局方式。从楔状绿地、点状绿地、线状绿地和面状绿地四个层次进行布局，形成平行楔状绿地系统	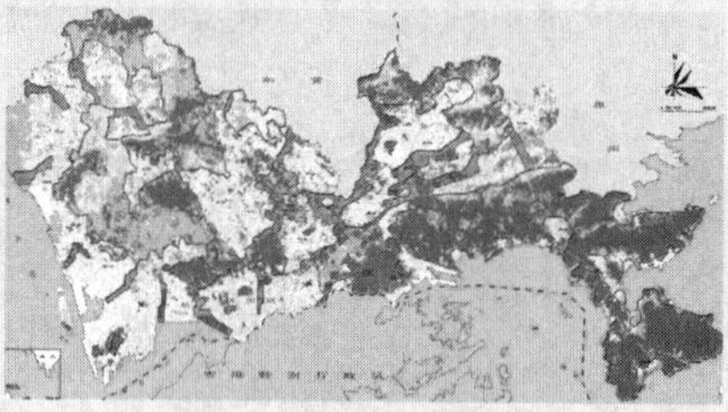
27	点网状	佛 山	根据佛山市的现状条件及本次城市绿地系统总体布局原则，可形成环、块、点、网状绿地相结合的结构模式，总结为“一环、两带、三块、四横、五纵、六园”的布局结构（资料来源：佛山市城市绿地系统规划）	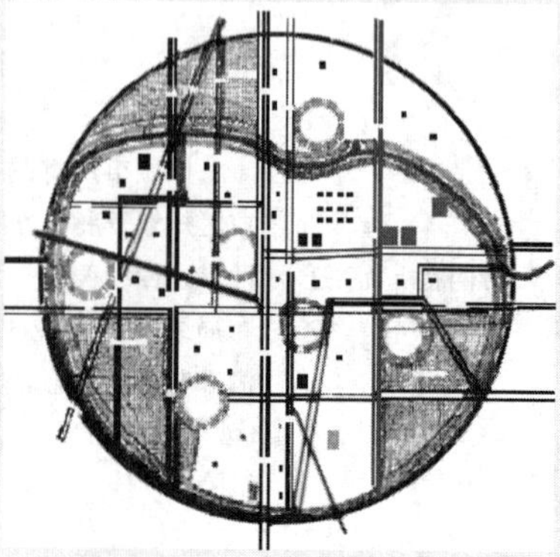

（续）

序号	布局形态	城市	绿地系统布局简介	布局图或规划图
28	环楔状	佛山市域	充分利用城市的自然风貌，突出岭南“山水城市”的特色，建成生态良好、环境优美的市域大环境。市域绿地系统结构规划为“两带、两区、三环、九廊”	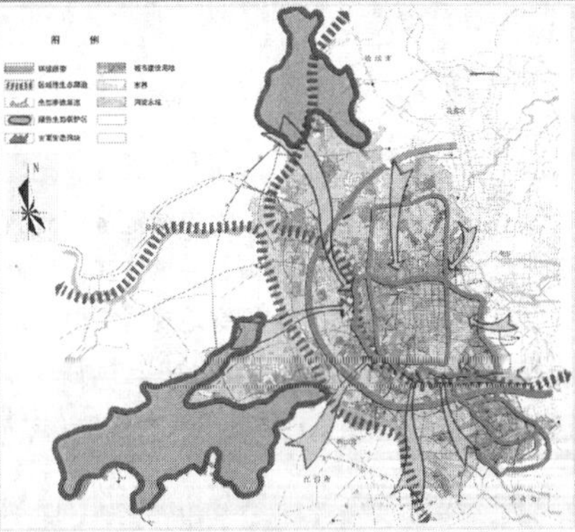
29	环楔状	湛江	城市结构为：一湾两城三湾三组团，紧紧围绕“南方港城、南国风光”的主题，因地制宜地构建“环、线、廊、园、林”相结合的城市绿地系统。——青山碧湖环绿城、港湾翠岛镶明珠	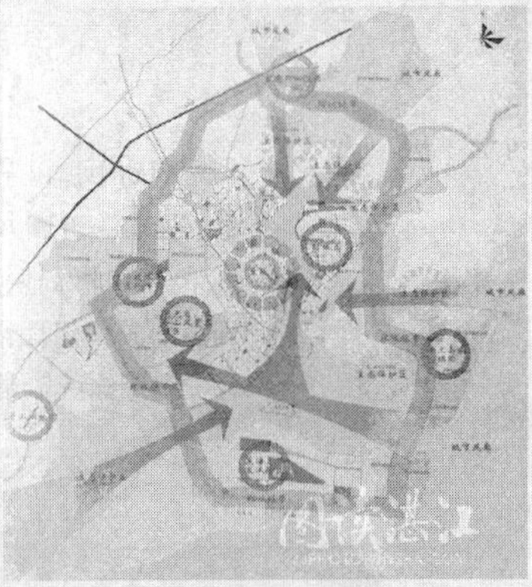
30	节点—星座—网络	南京	绿地系统主体结构是以“山水相依，城林交融，环圈围绕，点面结合，大小配置，绿廊联系”等方法，构成“节点—星座—网络”状布局结构。主城区绿地系统规划布局归纳为：景区为主、游园呼应；两带贯穿、路江环绕，街景为骨，绿廊为络，点在网中，片在城内	
31	环楔放射状	临沂	依据城市发展布局和自然景观特色，有机组织城市绿色体系，布局上按“环、楔、廊、网、园”五个空间层次进行。以水系和路网为基本骨架，突出沂河的地位和作用，形成：“一核主导、绿屏围绕、四楔深入、五轴贯穿、绿网密织、星罗棋布”的混合式绿地布局结构模式（资料来源：临沂市城市绿地系统规划）	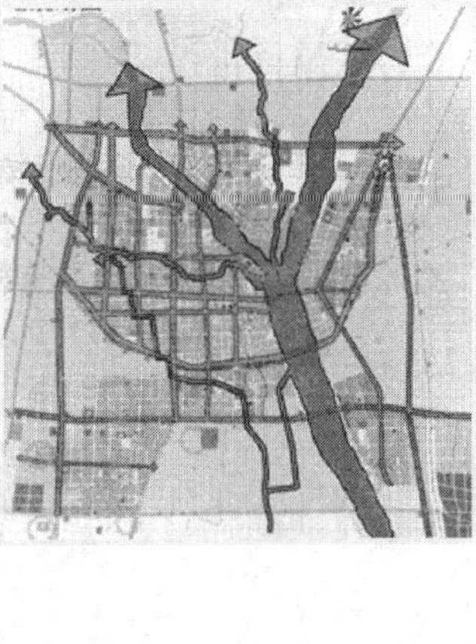

（续）

序号	布局形态	城市	绿地系统布局简介	布局图或规划图
32	绿心带状	温州	市域范围绿地规划结构为：“环山面海，一核三江，十廊十组团”。温州市区范围绿地规划结构为：“绿心蓝带”结构	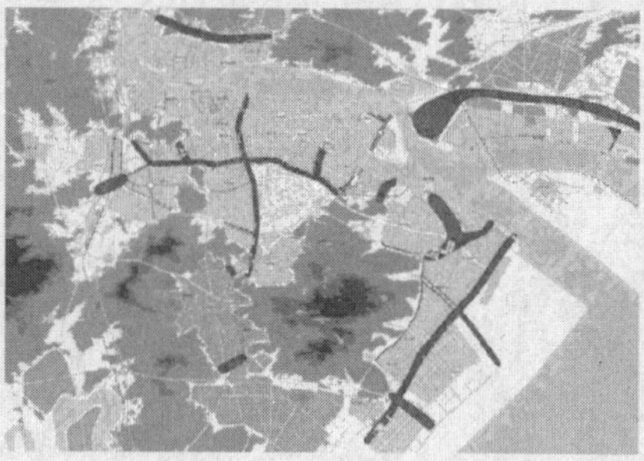
33	楔网状	成都	规划中提出了“绿楔隔离、绿轴导风、绿网蓝带、五圈八片、多园棋布，楔、网、圈结合”的绿地格局。而成都市城区绿地则将形成“组团隔离，绿轴导风；五圈八片，蓝脉绿网”的布局模式	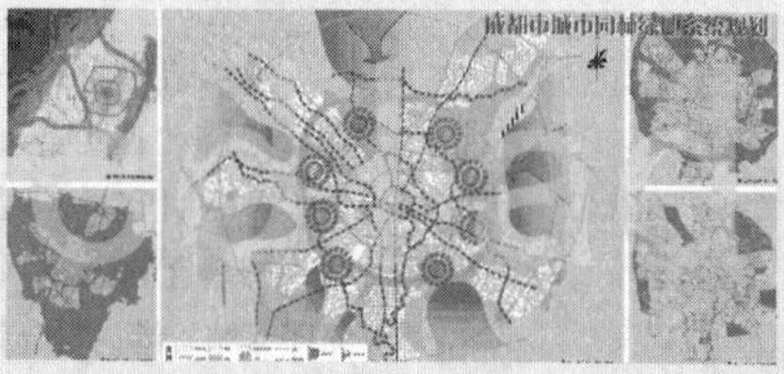
34	复环楔状	马鞍山	马鞍山自然环境优美，人文景观独特。规划按照“江南一枝花”的布局模式，以市中心近 $1km^2$ 的雨山湖及其园林绿化景观为“花蕊”，以周围的道路绿化为“花瓣”，以环城山林为“绿叶”，着力营造出一个具有自然山水特色的园林城市总体格局	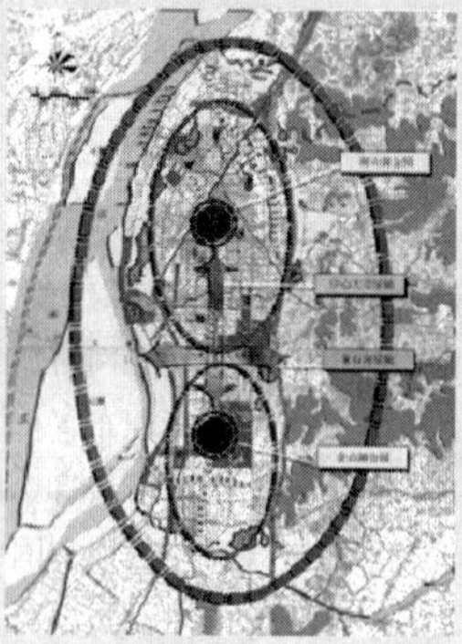
35	带状＋楔状	安庆	“背山、面江、襟湖”的自然优势，构成“山水园林”城市极好的空间结构基础，古有“半是山城半水城”之咏。山水相融的园林景观和古今辉映的人文景观，整体上构筑了自然山水与人文胜景和谐统一的城市景观	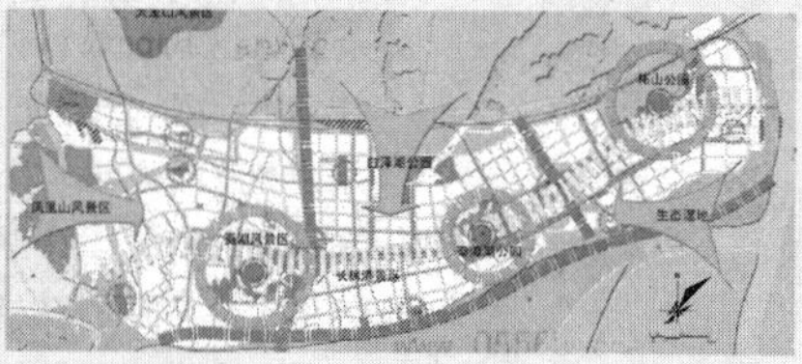

（续）

序号	布局形态	城市	绿地系统布局简介	布局图或规划图
36	绿心+环楔状	绍兴	山为骨架，水为肌肤，“古”为魂魄，通过“显山”、“露水”和“保古”，体现“苍山壮骨水润肤、绿铸城心古为魂”。绍兴中心城市绿化布局将形成“一心、一块、三环、三楔、十二带”的结构	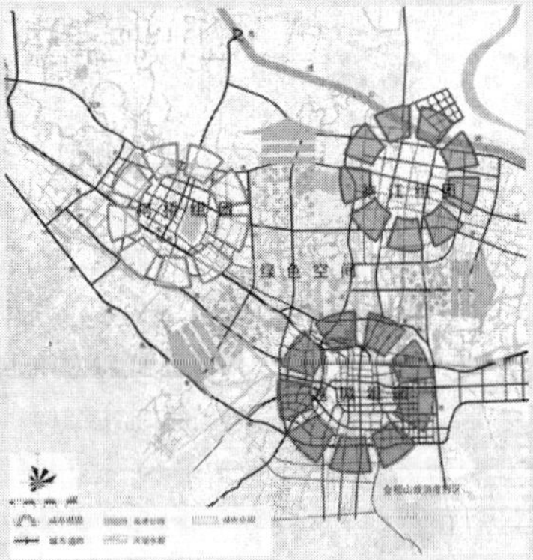
37	环楔网状	哈尔滨	体现“中西合璧，现代与传统交融”的国际化、生态化、现代化和历史文化名城的寒地风貌特色。绿地系统规划：“环状—楔形放射—格网”组合布局模式	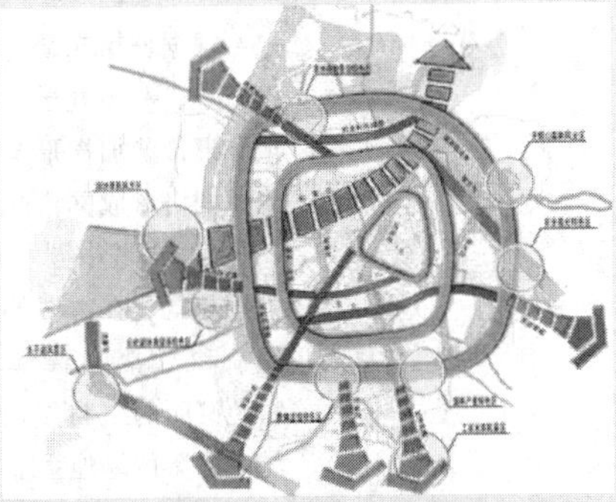
38	复环楔状	嘉 兴	依托自然水网骨架，建立绿色生态空间，以“一心、三环、三楔、三园、七带和多点”共同构成嘉兴独特的生态绿地网络结构，形成城、水、绿相互交融的园林景观	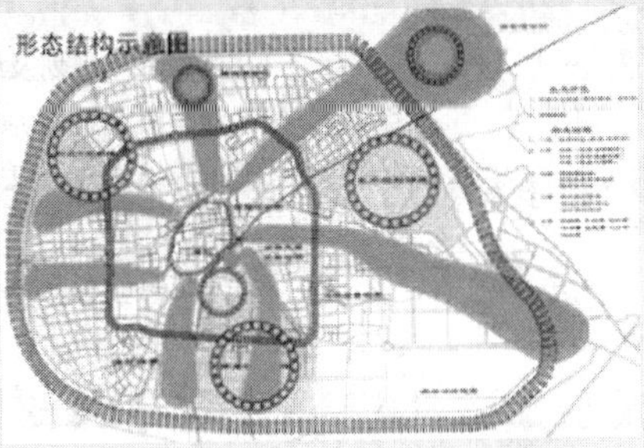
39	环楔+点状带状	昆明	利用“三面环山，一面临水”的自然风貌特色，构成主城区“生态基质—绿色廊道—绿地斑块”的格局。生态基质：形成“依山傍水，一圈四楔”的生态背景。绿色廊道系统：形成“一轴两环，四篱五线”的绿色网络。绿地斑块系统：构成“八片九园、珠落玉盘”的格局	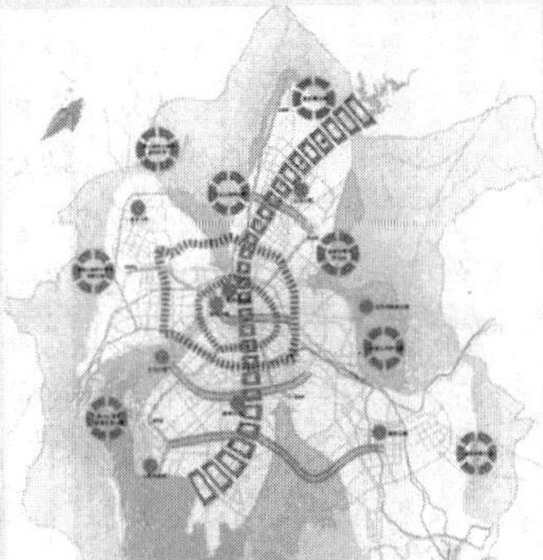

（续）

序号	布局形态	城市	绿地系统布局简介	布局图或规划图
40	带状 + 楔状	南宁	充分利用“青山环抱、邕江穿绕”的自然地貌特征及其亚热带生物资源优势，构建以四围“山、水、林、田”为基本生态支撑体系，与内部邕江绿地主脉、支脉绿地形成的“羽状”绿地网络相互融汇的绿地系统主结构	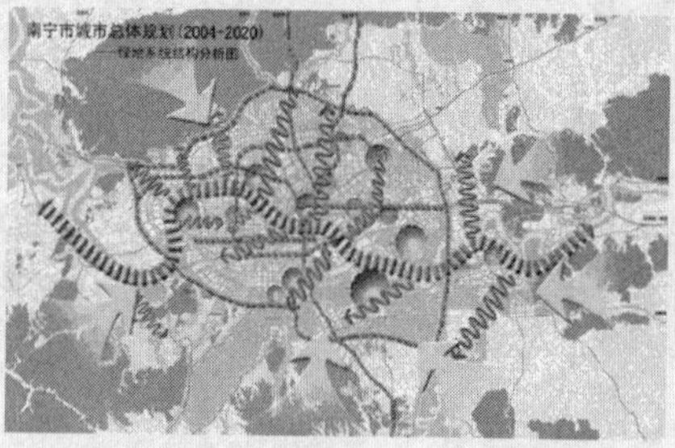
41	环带楔形主城网状	苏州	根据城市布局，形成“五片八园、四楔三带、一环九溪”的布局结构体系，构成环形带状加楔形绿地的布局形态。利用水系网络形成网格式布局，在古城内保持“假山假水城中园”和路河平行的“双棋盘”格局，在古城外创造“真山真水园中城”和“路河相错套棋盘”的格局，建成特色鲜明的“自然山水园中城，人工山水城中园”的绿地系统	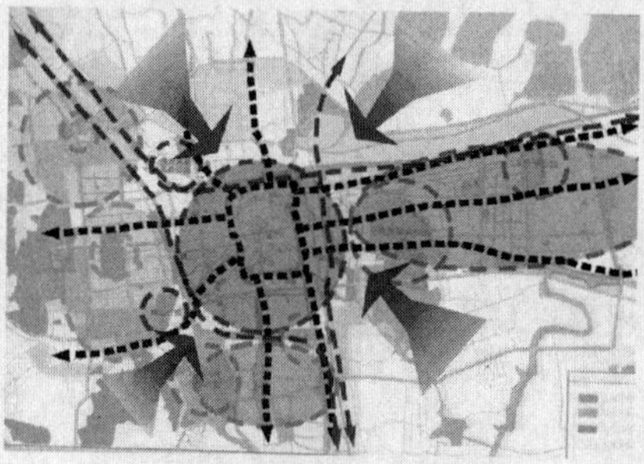
42	绿色网络	厦门	根据总体规划及绿地现状，基于“环、轴、廊、园”的绿地系统模式，确定绿地系统布局结构为：以东西海域为生态核心，形成五个绿楔，六个绿色片区，各片区绿地网络交织的绿地系统格局。中心城区绿地系统布局结构为：“一环、一区；二片、一轴”绿色网络交织的绿地系统布局结构	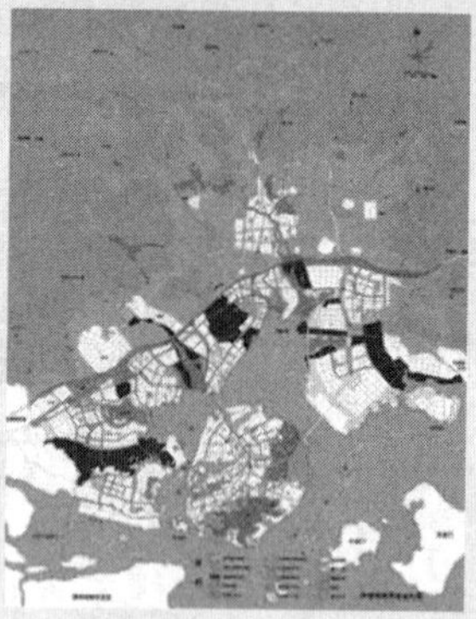
43	绿色网络	常州	规划充分利用山水相依、河湖纵横的自然条件，以大型生态林地为主体、大型公园绿地为核心，以沿“江、河、湖、路”绿地为网络，连接“主体”与“核心”，形成“环、廊、楔、林、园、点”相互联系，共同作用的“三环四楔十廊、四林九点多园”的绿地系统规划布局体系（资料来源：常州市城市绿地系统规划）	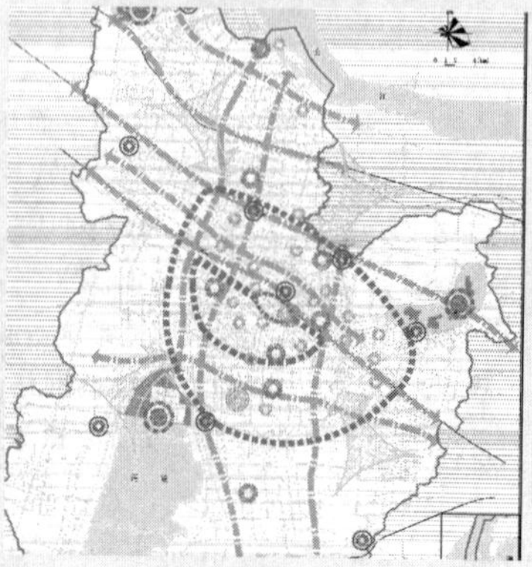

（续）

序号	布局形态	城市	绿地系统布局简介	布局图或规划图
44	环楔状	扬 州	扬州市绿地系统布局可概括为“环—网—珠—片”。主城区绿地系统布局与自然地形地貌和河湖水系相协调，以城市建成区规划发展方向为依据，形成“一弧、二带、三环、四网、五楔”的结构。创造“水绿相依，园林古今辉映；城林交融，绿地南秀北雄”的生态园林城市	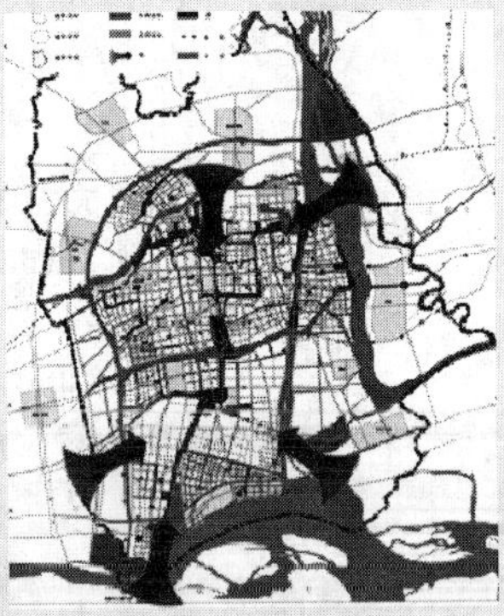
45	环楔状	西宁	将西宁市建设成为生态健全、绿地布局合理、市民使用方便的园林化城市绿色网络。确定2020年西宁市城市绿地系统规划形态目标是：“森林围城，生态夏都”	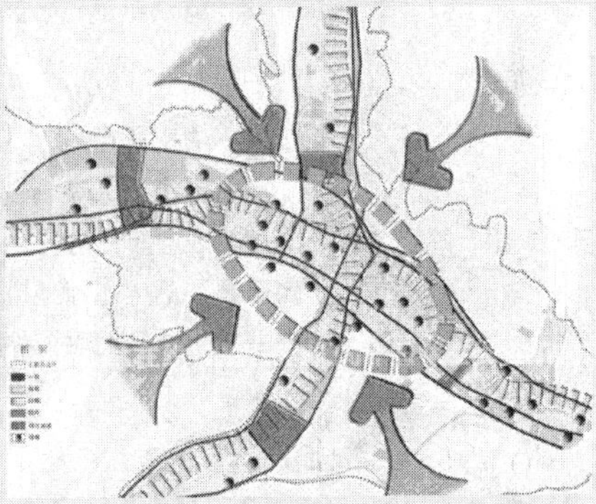
46	点块状	武汉	以市域森林和城区片林相结合的形式，建立良好的城市生态环境和优美的城市绿化景观，把武汉建成为“两江穿城过、绿水青山满城郭”的具有良好人居环境的“绿色江城”	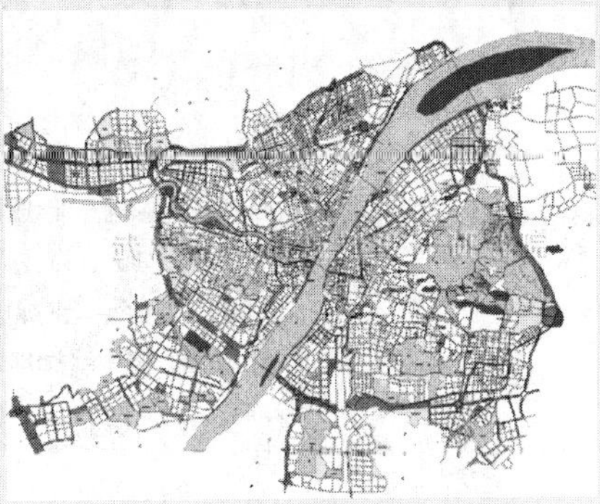
47	片带状	长沙市域	市域绿地系统空间布局结构以中心城区绿地系统为核心，将构建“湘浏纵横，沩围含城”的市域大绿色空间体系。形成“一廊、四带、四区”空间结构。把长沙建设成为融山、水、洲、城于一体的现代化生态园林城市	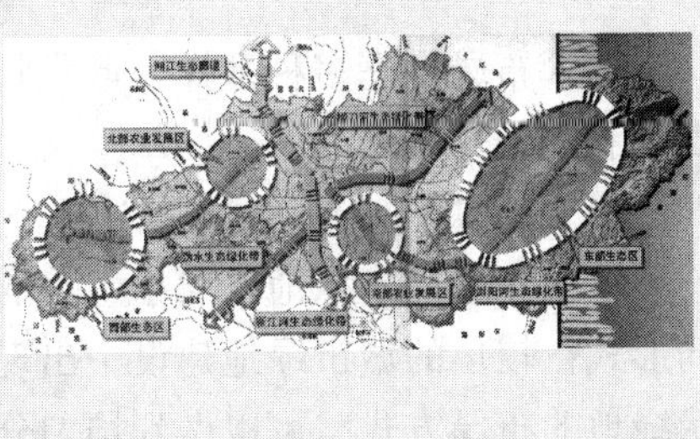

（续）

序号	布局形态	城市	绿地系统布局简介	布局图或规划图
48	楔带状	长沙	都市区面积1450km^2，体现“山、水、洲、城”城市风貌特色，形成“两轴、两圈、四带、五廊、五锲、八园”的生态系统结构。主城区规划面积350km^2，包括规划建成区，形成“一带六心”的绿地系统结构	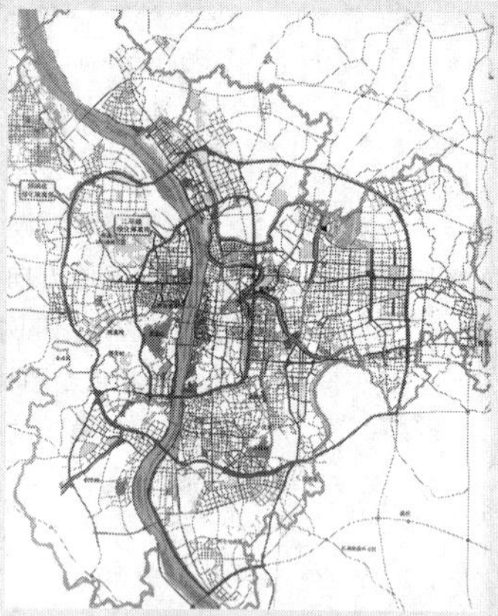
49	组合式	河北迁安	依托“山、水、绿、城、田”（“青山、碧水、绿城、良田”）渗透相融的绿地景观空间；构筑“一河四片、一轴四带、多园”的生态绿地空间结构；实现“山水并貌，城景交融、翠拥钢城”的景观格局	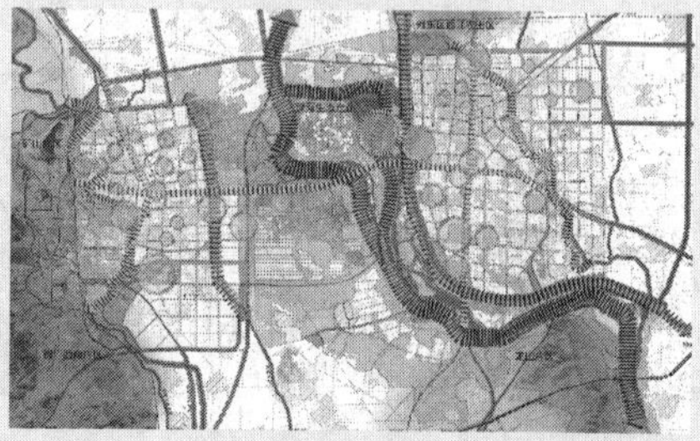
50	组合式	河北遵化	规划建成区在自然水系、山体和道路格局的基础上，形成以“双轴双环两脉 四廊四楔十园”为主导的“碧水绿园、古（山）城融翠”的绿地景观格局。“城郊山林绿野、城中绿廊串珠”的河北遵化	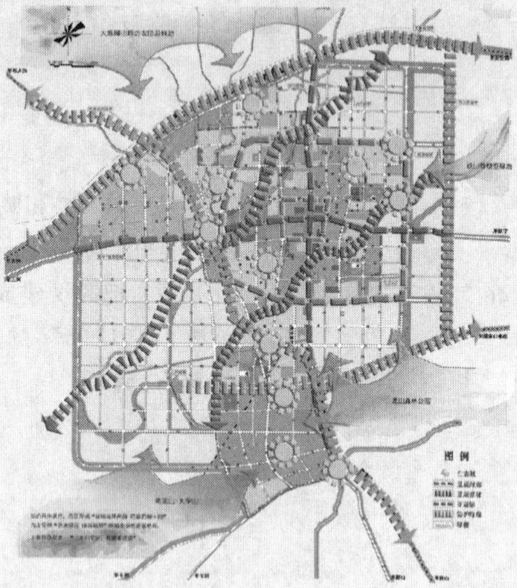

尽管布局形态多种多样，但是归根结底不外乎4种最基本的布局形式，即块状、带状、楔形和混合式布局。

（1）以块状绿地为主的布局

块状绿地是指绿地以大小不等的地块形式，分布于城市之中。这种以块状绿地为主的布局形式在较早的城市绿地建设中出现较多，如上海、天津、武汉、大连、青岛等老城区。块状绿地的布局方式，可以做到均匀分布，接近居民，便于居民日常休闲使用。但由于块状绿地规模不可能太大，加之位置分散，难以充分发挥绿地调节城市小气候，改善城市环境的生态效益和改善城市艺术面貌的功能。因此在旧城改造中，应将单纯的块状绿地与其他形式相结合，形成一个完善的绿地系统。

（2）以带状绿地为主的布局

带状绿地是指绿地与城市中的河湖水系、山脊、谷地、道路、旧城墙等组合，形成的纵向、横向、放射状、环状等绿带，如哈尔滨、苏州、西安、南京等地；另外在城市周围及城市功能分区的交界处也需要布置一定规模的带状绿地，起防护隔离的作用。带状绿地的布局对一个城市来讲非常重要，因为它不仅可以联系城市中其他绿地使之形成网络，还可以创建生态廊道，为野生动物提供安全的迁移路线，从而保护了城市中生物的多样性。另外，带状绿地对于外界新鲜空气的引入、缓解热岛效应、改善城市气候以及提升整个城市的景观效果也有重要的作用。

（3）以楔形绿地为主的布局

楔形绿地是指由郊区伸入市中心的由宽到窄的绿地，一般都是利用河流、起伏地形、放射干道等结合市郊农田、防护林布置。这种绿地对于改善城市小气候效果尤其显著，它可以将城市环境与郊区的自然环境有机地组合在一起，可以将郊区的新鲜空气送入市区，促进城镇空气库与外界的交流，缓解城市中的热岛效应，维持城市的生态平衡。另外，楔形绿地对于改善城市的艺术面貌，形成一个人工和自然有机结合的现代化都市也有不可忽视的作用。

（4）混合式绿地布局

混合式绿地布局是指将各种绿地布局形式有机地结合在一起，在绿地布局中做到点、线、面结合，形成一个较为完整的绿化体系。混合式绿地布局结合了前三种绿地布局的优点，是现代城市绿地系统规划及建设常用的一种布局形式。它既可以均匀分布，方便居民休闲游憩，又有利于城市小气候的改善及良好人居环境的形成；另外，还能丰富城市的艺术面貌。

4. 城市绿地系统布局因子

对众多城市编制的城市绿地系统规划中出现的布局因子进行梳理、归纳总结，将布局因子组成概括为环（圈）、楔、廊（轴）、带（线）、片（区）、块（园），它们分别代表了一定的绿地类型。其相互结合，使各类绿地单元有机地连接成一个完整的系统，发挥园林绿化的最大效能，构成绿网。

（1）环（圈）

环城绿带，环厂区隔离带等，它的设置，不仅对于城市内部的生态环境起到一定的围合、防护的作用，同时，也为生物（鸟类）提供了良好的生存通道，从而把城市外围的生机引入城市。

（2）楔

楔入城市的山川、森林、湖泊、河流、绿地、郊野风光等，其主要功能是将城郊的牛态环境引入市区。

（3）廊

它是指沿城市的河流、铁路、道路所布置的绿廊，也是连接点、线、面、片、环（圈）、楔的绿色通道、生态走廊等。相对于带，在宽度上有一定的要求，对于城市绿地系统起到了良好的内部连通和向外延伸作用。

（4）带（线）

它是指各种风景线、花园路、林荫道、道路绿化、水滨绿带，具有长形带状和连接沟通的线性功能结构特征。它们在占地上有宽与窄的不同，在纵向上有连续和断续的差异，在横断面上有底面绿地状、两侧绿墙状、遮天绿伞状、绿廊或绿色管道状的多种变化。

（5）片（区）

绿地系统的生态背景片林，它起到维持市域生态系统的动态平衡和提供城市建成区新鲜空气库的作用；同时也为将来的城市绿地发展预留了空间、奠定了基础。

（6）块（园）

指各种景点、园苑、绿地，具有相对独立的结构关系和相对完整的用地范围，有着点状功能结构特征。它们在面积上有大中小的不同级配，在内容上有简与繁的差异，在分布上有聚与散的变化。它是现代城市文明的一个标志，不仅有供市民游憩的功能，更有改善地区小生态（吸尘、防噪、蓄水、防灾、缓解热岛效应、提高空气含氧量等）的功能。

五、城市绿地系统布局规划程序

1. 绿地布局的目的与要求

（1）满足城市生态需要

城市作为一个嵌块体存在于自然的大环境中，与自然界产生物质、能量的交换，它们的发展也受到彼此的制约。有资料研究显示，小块的分散绿地对于城市生态环境的改善效果并不明显，只有形成完善的城市绿地布局，才可以使绿地发挥最大的生态、社会和经济效益。

（2）满足城市居民的休闲游憩的需要

城市居民对于日常休闲娱乐的要求随着生活水平的提高进一步增强。城市绿地是城市中惟一的室外日常休闲活动的载体。大块的绿地不仅为居民提供活动的场地，还能根据绿地的不同性质，达到促进人们的身心健康、宣传教育的目的（图6-16）。

（3）满足城市生产、防护、卫生、安全的需要

随着人们生活水平的提高，人们对于生活质量的要求日益增高，不仅是物质上的，精神上也需要提高。城市绿地为城市提供大量的苗木，提高城市的美化要求。在城市工业区周边构筑城市防护绿地，以减少污染对本区域的影响以及防止污染向周边的区域蔓延。此外，在高压走廊等处也应布置防护林带，满足安全需要。城市绿地还应满足避灾时的救援、疏散等要求。

（4）满足城市面貌的需要

完善的城市绿地系统不仅美化了城市环境，衬托了建筑，丰富的植物配置还能改善城市的天际线，使城市景观变得丰富多彩。城市绿地布局与城市的山体、水系、道路、广场等的结合，可以使自然与人工结合，形成城市的环境特色，体现出各个城市特有的自然景观及文化历史，改善了整个城市的面貌。

2. 绿地布局的原则

（1）城市绿地系统规划应结合城市其他部分的规划，综合考虑，全面安排。

（2）城市绿地系统规划，必须因地制宜，从实际出发。

（3）城市园林绿地应均衡分布，比例合理，满足全市居民休憩需要。

（4）城市绿地系统规划既要有远景的目标，也要有近期的安排，做到远近结合。

3. 城市绿地系统布局规划程序

在城市绿地的规划布局中，没有一个固定的模式可以套用或推广，任何一个城市的绿地布局都要从自身的绿地现状及自然条件出发结合城市的总体规划，遵循城市绿地的布局原则，最终达到合理布局，形成完整的城市绿色网络的目的（图6-16）。

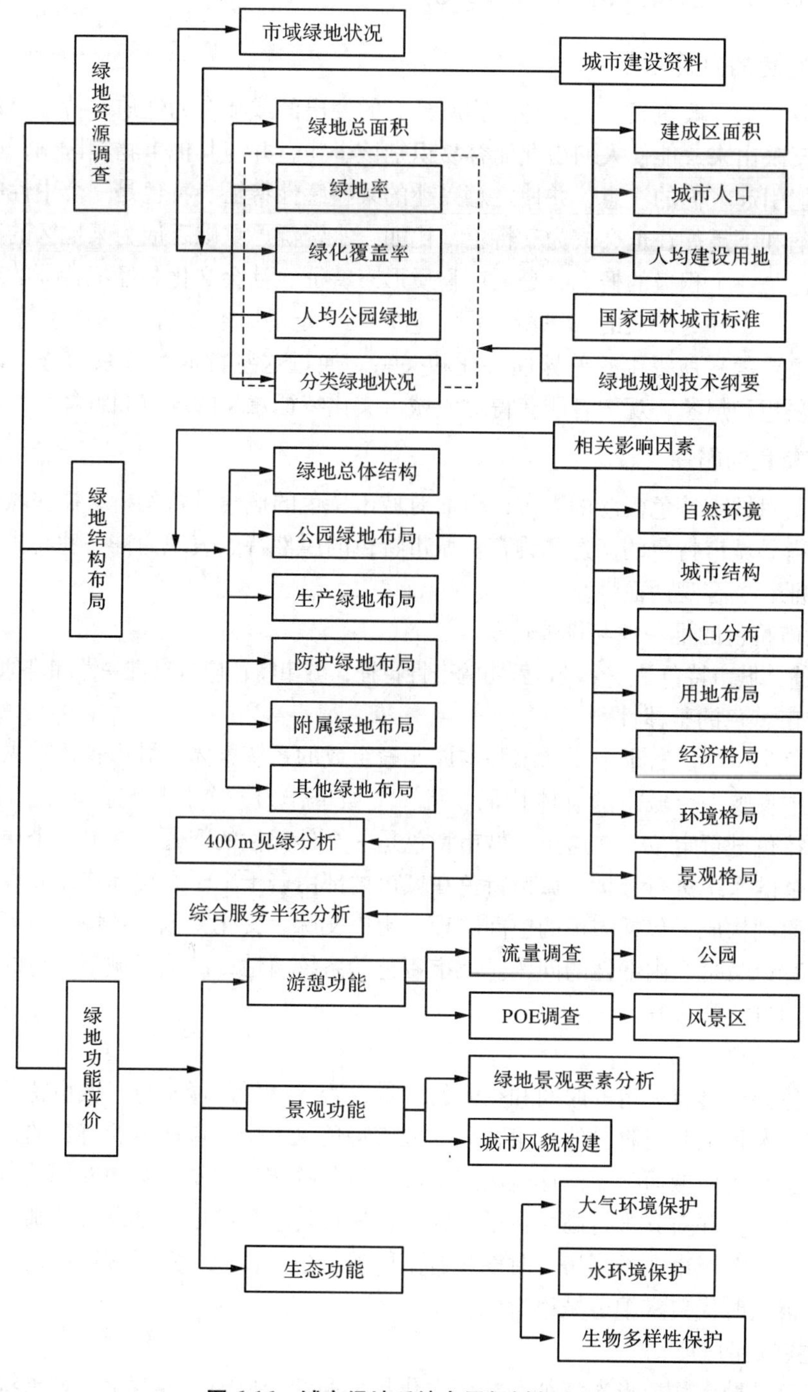

图6-16　城市绿地系统布局规划程序图

第三节　城市绿地系统规划塑造城市特色

一、对城市特色及其构成要素的把握

1. 城市特色的内涵

所谓特色，从一般意义上说是指事物所具有的突出的或独有的性质、特征。这样的特殊性在表象上反映出来，能使人们由此而容易识别该事物，并与其他事物相区别，因此它往往也是某事物能引起人们的注意，并使之感兴趣的某些感性特征。特色是一个中性的概念，一个事物的缺陷和不足往往也会成为其特色，比如，水资源严重缺乏成为某地区的特色等。

城市特色是一个积极的概念，是城市物质形态特征、社会文化和经济特征的综合的积极反映和集中体现，并为广大的市民所认同。它是在一定的时空条件下的城市符号系统（即城市艺术形象要素）所提供的差异性特征和关系。通过这些特征和关系的感知以及在此基础上展开的联想和想象，观赏者能获得对该城市文化特征意义的理解和解释。

2. 城市特色的属性

通过以上对城市特色概念的界定，下面对城市特色的概念进行剖析，抓住城市特色的本质属性，以指导城市特色的塑造和维育。城市特色的属性特点表现为惟一性与排他性、整体性、时空特征、主客观两面性。

（1）城市特色的惟一性与排他性

如前所述，城市特色是一个城市鲜明的个性特征，城市特色应具有惟一性和排他性的特征。

（2）城市特色的整体性

城市特色是一个由若干个子系统和构成元素组成的系统整体。城市特色首先作为一个系统整体，集中反映一个城市的总体特征。将一个城市作为一个整体与其他城市进行比较分析，对城市特色进行定位。在这里，城市特色是一个外部性的问题。在另一个层面，将城市作为一个复杂的系统进行分析，城市特色在城市内部由若干个子系统和构成元素按照一定的结构和组织原则构成，包括城市的空间肌理、历史文脉、文化特色、环境景观等。在这个层面上，城市特色又是个内部性的问题。城市特色的系统属性，决定了城市特色的定位、塑造和维育的不同方法和过程。

（3）时空属性

城市特色必须具有一定的时间和空间的背景，否则就无从谈特色。城市特色必须是所在的特定地域以及特定时间阶段的城市特色。城市特色是一个区域的风貌特征的集中体现，不能脱离城市所在的地域而存在。这就决定了城市特色的定位与塑造必须挖掘城市所在区域的自然、人文特征，并对其进行高度概括。此外，城市特色反映了也必须反映某一历史阶段城市风貌特征。一个城市在不同历史时期具有不同的特色。由此决定了城市特色的创造性和可塑性。可以根据时代要求塑造城市特色。

（4）主客观两面性

城市特色是城市物质形态特征和社会文化特征的综合反映。客观上，城市特色需要物质的或非物质载体，城市特色不能凭空想象和捏造。主观上，城市特色必须能够被感知，具有可意象性，是经过比较，并且在人们的认识达成共识的基础上而获得的有关城市物质、文化等等方面的特征。因此，城市特色的塑造不能只注重物质空间的塑造，还必须注重城市非物质特征的塑造，并且必须能够被人们强烈地感知。

3. 城市特色的构成要素

城市特色是在差异性前提下物质空间所展示的形象特征、形象美，是人文活动所透射的地方气质[285]。自然环境和地域文化是构成城市特色的基石；以城市物质空间、城市风貌、产业发展为基础的城市功能，是城市内在特色的外在物质表现形式。一个城市的个性和特征是其形态结构和社会发展的结果，不同时代的城市以不同的个性表现出不同的环境特色，并存留于城市之中。城市特色由两方面因素构成：一方面是显性的物质要素，即城市的自然状况、地形、地貌、气候等；另一方面是隐性的人文要素，即城市的人文、历史、文化、传统等等。一个区域或城市，往往蕴涵着特定的资源如历史资源、自然环境资源、人文习俗资源等。城市特色是由特色资源转化而来的，一个拥有特色资源的城市为其发展城市特色提供了优越的条件[286]。广义地说城市特色包括：产业特色、环境特色、资源特色、形态特色、空间特色、建筑特色、景观特色、人文特色等方面[287]（表6-3）。

表6-3　城市特色构成要素

一级分类	二级分类	要素内容
显性要素	地域性特色	由于城市发展的自然环境与人文环境的不同，从而形成自身的地域特征和地方特色
	自然环境特色	主要包含山体山脉、江湖水系、水乡田园、自然遗迹、物产特产等自然生态要素
	人工环境特色	主要包含文物古迹、特色建筑、革命史迹、历史遗迹、墓葬坟冢、产业等
	城市形态特色	主要包含城市格局、城市肌理、传统风貌街区、城市轴线、城市节点等
隐性要素	人文环境特色	主要包含历史人文、思想文化、岁时节庆、风俗习惯、宗教文化、传统工艺等

二、城市绿地系统规划塑造城市特色的意义

1. 城市特色危机分析

随着我国城市化进程的加快，城市规模不断扩大，城市大拆大建，无序蔓延，城市文脉及城市空间肌理被隔断，城市风貌雷同，城市特色逐步消失。城市物质环境的失衡、城市精神环境的失调、城市文化环境的缺省导致城市特色风貌消失、城市文脉被割裂、城市拼凑明显[288]。城市特色危机是当前全球所面临的普遍问题，正如前英国皇家建筑师学会会长帕金森（Parkinson）所说的那样："全世界有一个很大的危险，我们的城镇正在趋向同一个模样，这是很遗憾的，因为我们生活中许多乐趣来自多样化和地方化特色"。最典型的例证是1996年7月的全国城市规划成就展，若不仔细看标注，人们很难从那一幅幅"激动人心"的城市图片上看出它是在南国的滨海，还是在北方的平原，是在江南的水乡，还是在西南的山地。

城不分大小，地不分南北，千城一面，单调乏味，特色危机在城市中发生并不断蔓延。分析我国城市特色危机的内在原因，不外乎两个方面：一方面，就是在城市建设中急功近利，忽略了对城市文脉的保护和发展，一味追求经济效益和政治效益，不尊重城市的传统形态格局和自然环境条件；另一方面，就是有"西方文化先进论"的思想在作祟，跟着西方的思潮转，一直没有形成自己有中国特色、有传统文化根基的城市规划建设理论。21世纪是我国城市化加速发展的时期，加强对"城市特色"的研究，正是对城市特色危机深刻反思的结果，同时也标志着中国城市发展由引进、模仿西方城市理论和发展模式，进入了立足

自身文化传统、探索有中国特色的城市可持续发展道路的新阶段，也将提供怎样创造与体现民族特色、地域特色、时代特色的途径。

2. 城市绿地系统规划缺乏特色的内在因素

城市绿地系统规划表现出其优越的内在机理作用，从城市生态机制研究出发，研究适应城市生态机制的建城模式，为生态园林建设提供良好的保障措施；另一方面，由于信息的发展、交通运输的便捷、交往空间的拓展导致城市景观的趋同性，城市绿地景观千城一面，极少特色，这也为城市绿地系统规划提出了新的课题。目前在提交的绿地系统规划成果中，编制单位一般都能按照《城市绿地系统规划编制纲要》的要求逐项对号入座，完成文本、说明书和图纸的编制。但不少规划对城市历史、文化、自然地形地貌及乡土植物的把握往往停留在资料的收集和分析阶段，怎样融合到规划中，普遍缺乏深入的研究和落实。规划不能彰显城市个性特色，规划就会流于形式，造成植物景观相似、园林内涵和规划手法雷同，城市景观和生态建设就必定会南北混同、千城一面。程式化、填充式是规划编制的大忌；完整性是规划的基本要求，个性才是规划水平的提升和体现。

3. 城市绿地系统规划塑造城市特色的意义

绿地系统规划的特色集中反映在适应人与自然环境需要、适应城市社会文化氛围、适应城市整体空间形态、适应弹性运作机制。城市绿地系统规划加强城市特色的研究，目的在于挖掘、创造和维育城市特色，塑造鲜明的城市个性，提升城市形象和城市竞争力。在空间建设上，良好的绿地系统可以引导城市规划与建设，限制城市的粗放式发展，分割和保护城市各个组团的特色；在形象建设上，作为具备自身特色的城市绿地，以条状、块状及其他分布形态组成，体现着不同的人类情感爱好，因此往往成为各个区域绿地形象的表征，并进而成为城市的标志。因此，城市绿地系统规划与研究不仅仅是绿地空间自身形态与位置的定位设计，更要重视绿地的空间、历史背景与文化条件，使绿地系统空间规划具有复合功能。

三、城市绿地系统规划特色应用要素及其辨识

1. 城市绿地系统规划特色应用要素

规划基本应用要素归结为精神和物质的两大方面，其中精神方面包括观念要素和文化要素，物质方面包括自然要素和人工环境要素（表6-4）。

表6-4　城市绿地系统规划要素特色内涵一览表

要素分类		内容	特色内涵
精神要素	观念要素研究	适应空间和生态的自然观	生态优先
		以人为本的人本观	以人为本
		发扬文化的文化观	文化为魂
		经济实效的现实观	经济实效
	文化性要素研究	社会要素	社会传统、历史文化、民俗等特色
		文化要素	
		政治要素	
		经济要素	

（续）

要素分类		内容	特色内涵
物质要素	自然要素研究	地质地貌要素	自然空间特色
		气候与大气要素	
		水文与水资源要素	
		动植物要素	
	人工环境要素	城市形态要素	城市肌理特色
		城市功能要素	城市功能特色
		城市园林绿化要素	绿化特色
		城市建筑环境要素	城建特色
		城市环境设施要素	
		城市道路交通设施要素	
		城市产业环境要素	产业特色

2. 城市特色的辨识

一个城市的个性和特征是其形态结构和社会发展的结果。城市特色蕴于多种多样的内容与形式中，有历史的、传统的特色，有民族的、地方的特色，有新兴的、时代的特色，有景观、环境的特色，也有产业的、功能的特色等等。不同时代的城市以不同的个性表现出不同的环境特色，并存留于城市之中。城市文脉是一座城市在长期的发展建设中形成的历史的、文化的、特有的、地域的、景观的氛围和环境，是一种历史和文化的积淀。城市是不同地域和不同民族的历史和文化的载体，因文化的多样化而造成的与其相适应的生活背景的多样化，以及建成环境的多样化是城市个性、特色存在的前提。

城市特色的辨识是对一个城市现有的特色资源条件进行分析判断，从而总结出区别于其他城市的显著特征。城市特色辨识过程中同样遵循动态思维的原则，分辨出哪些是已有的特色资源，哪些是潜在的特色资源，这些特色资源在什么样的条件下会发生特色优势的转化。比如，对遵化市城市特色的分析确定，其自然环境特色主要体现在“山、水、城、林”4个方面，但是随着清东陵的保护与利用，“古皇陵、古城格局”将会成为遵化市最突出的特色。同时，城市特色的辨识需要经过横向、纵向的综合比较，分析城市特色资源条件在区域中的比较优势，从而得出城市特色定位。比如：河北省遵化市、迁西县和迁安市绿地系统，它们的产业都有钢铁产业特色，但是经比较，只在特色最突出的迁安市实现钢铁产业的城市特色。

一般借助区域比较优势分析的方法，从区域的角度和城市自身的角度，辨识城市特色。首先，选择城市特色资源比较要素。每个城市的特色资源条件不一，因此比较要素的选择就因“城”而异，但大体从自然资源、空间特征、历史文化、民俗风情、产业特征等领域进行选择。有些城市某一方面的特色非常突出，并非包括所有的领域，比如，苏州古城以遍布全城的私家园林为城市的特色等等。因此，比较要素的选择应从被比较城市自身出发，从自身资源条件中选择具有相对比较优势的要素。其次，选择比较对象。比较对象的选择应遵循同质性原则，即选择地域相关、类型相似的城市进行比较。城市特色同样具有地域局限性，并不强求所有的城市特色都具有全球的竞争优势，这里只是确定区域的比较优势。

四、城市绿地系统规划特色构建手法

绿地系统规划的特色集中反映在适应人与自然环境需要、适应城市社会文化氛围、适应城市整体空间形态、适应弹性运作机制。因此，城市绿地系统的规划与研究不仅仅是绿地空间自身形态与位置的定位设计，更要重视绿地空间周围的历史背景与文化条件等；城市绿地系统规划应结合城市历史文化保护规划，使绿化建设要有时间的痕迹，保护城市文脉，使绿地系统空间规划具有复合功能，也同样使得历史的空间在现实中有缓冲空间和融合、协调的环境。城市特色的辨识对城市特色元素进行了挖掘，提出城市特色定位，而如何塑造与城市特色定位相符的城市绿地系统才是规划的主要工作内容，城市特色的塑造贯穿于规划的始终。

城市绿地系统特色的塑造离不开宏观层面的城市绿地系统规划的整体把握，离不开中观层面的绿地详细规划阶段的拓展和绿地设计阶段的完善。强化手法一般是从宏观布局结构入手，使城市特色资源在结构层面体现，形成特色骨骼框架；二是在具体的各类绿地中，特别是公园绿地中对特色资源进行分类整合、分级体现。城市特征可以分为3个系统，一是自然景观（及其利用）；二是人工环境建设、马路、房屋、人工绿化等；三是文化传统及设施。这3个系统除第一个系统是天生之外，其他两个系统特别是第三个系统跟城市文化紧密相关。因此，这里着重从自然、人工和人文3个方面谈城市绿地系统规划特色手法。

1. 在自然环境中寻找特色

（1）挖掘地域性自然地理特色

人工制作环境也许可以全然崭新，但如果它离开生态而缺乏弹性，生硬性、绝对性会使它太古板、严肃以致十分脆弱，随着岁月的推移必定黯淡。城市要有生命力，城市规划一定要充分利用城市的地理自然环境。绿地系统只有根据城市的总体布局和其所处的自然地理条件进行综合分析，将城市生态基础设施即各类绿地、农田、森林、湿地、山体等生态基质与其他市政基础设施同步规划甚至先行确定其保护和用地范围，才能保证绿地系统的连续性和生态效益的发挥，城市才能成为生态良好、可持续发展的人类聚居地。

例如：南京规划建设成为经济发展更具活力、文化特色更加鲜明、人居环境更为优美、社会更加和谐安定的现代化国际性“人文绿都”。通过核心绿线——紫金山、北片绿线——芝麻岭、西片绿线——老山、东片绿线——青龙山—大连山、南片绿线——云台山、东南片绿线——东庐山、西南片绿线——牛首山、祖堂山，共同构成南京7大“最有价值绿线”。

例如：广州北踞白云山，濒临南海，“母亲河”珠江孕育了2000多年历史的广州城。广州的发展变迁，始终与自然环境保持协调。在规划中通过保护白云山脉、珠江水域、城市传统中轴线，强化了山、水、城、林交融的城市特色（图6-17）。

再如，长沙市市域面积11819.5km^2，包括5个行政区、1个县级市、3个县，形成“一廊、四带、四区”的生态圈结构。都市区面积1450km^2，体现“山、水、洲、城”城市风貌特色，形成“两轴、两圈、四带、五廊、五锲、八园”的生态系统结构。主城区规划面积350km^2，包括规划建成区，形成“一带六心”的绿地系统结构。批复中强调，以岳麓山风景名胜区等为重点加强城市绿化建设，不断提高城市绿化水平，充分体现长沙融山、水、洲、城于一体的优势，通过规划控制从整体上保护山水城市风貌（图6-18）。

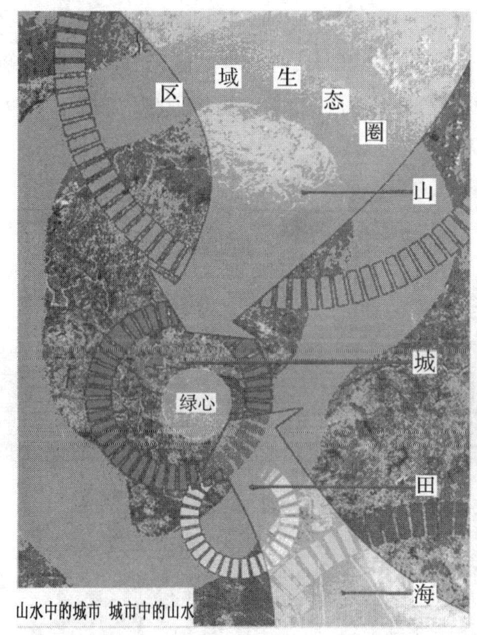

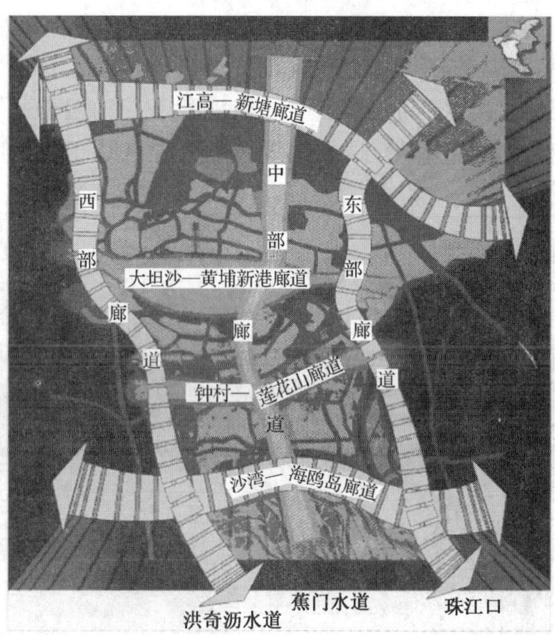

图 6-17 广州市绿地系统规划生态布局图（资料来源：规划广州）

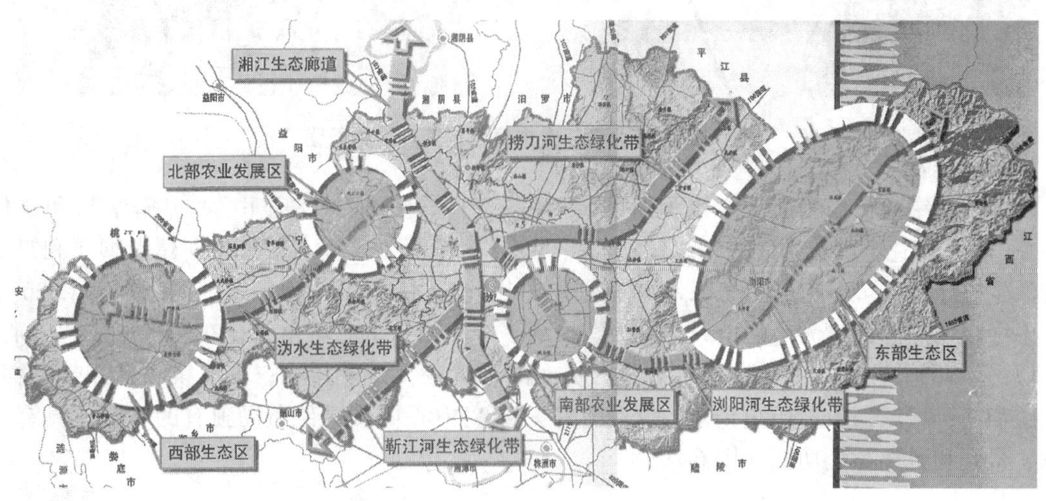

图 6-18 长沙市市域绿地结构布局规划

（2）构建以城市绿地系统为先导的城市空间结构

前文分析指出，城市绿地系统作为维系城市“天人关系”的纽带，在城市空间结构体系中理应有其特殊的地位。要充分理解城市根植于自身的自然格局，固有的地域特征、历史感、人文精神及文化内涵，构建以城市绿地系统为先导的城市空间结构。

（3）创造城市绿地系统规划的结构特色

城市绿地系统布局结构规划具有适合并强化城市总体规划布局；强化绿地生态空间格局；塑造城市绿地空间特色；优化城市边缘地带的生态属性的功能性作用。城市绿地系统规划要体现并强化绿地生态空间格局，创造城市绿地系统规划的结构特色。

如，河北省迁安市充分发掘迁安的自然山水景观、历史人文景观、产业文化、城建特色等资源；依托“山、水（河与湖）、绿、城、田”（“青山、碧水、绿城、良田”）渗透相融的绿地景观空间；构筑“一河四片、一轴四带、多园”的生态绿地空间结构；实现“山水并貌，城景交融、翠拥钢城”的景观格局（图6-19）。

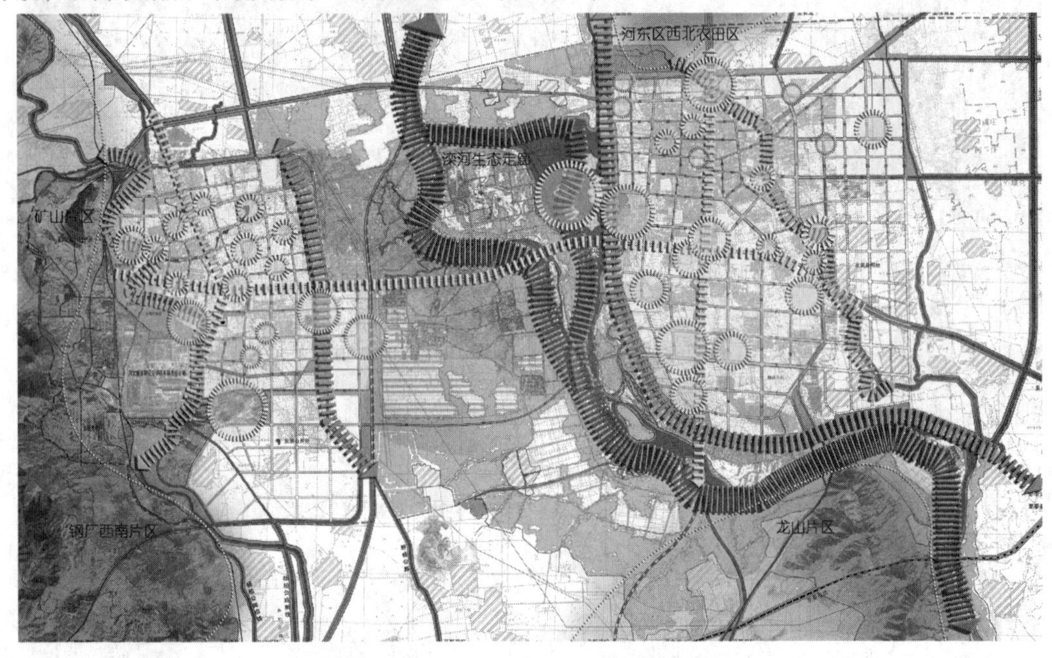

图6-19　河北省迁安市绿地系统规划布局图

又如，绍兴市山为骨架，水为肌肤，“古”为魂魄，通过“显山”、“露水”和“保古”，体现“苍山壮骨水润肤、绿铸城心古为魂”。按照绍兴生态城市规划建设纲要和市域自然生态绿化环境，市域生态绿地系统划分为二级控制区，1个生态绿地网络框架和26个生态绿化节点。通过大量的植绿、造绿、护绿，未来绍兴中心城市绿化布局将形成“一心、一块、三环、三楔、十二带”的结构。展示山水辉映，绿环相扣；公园棋布，绿带纵横；组团相间，绿廊通风；历史传承，文化居中。绍兴中心城市绿色布局独有的特色，具有生态、景观和游憩3大功能（图6-20）。

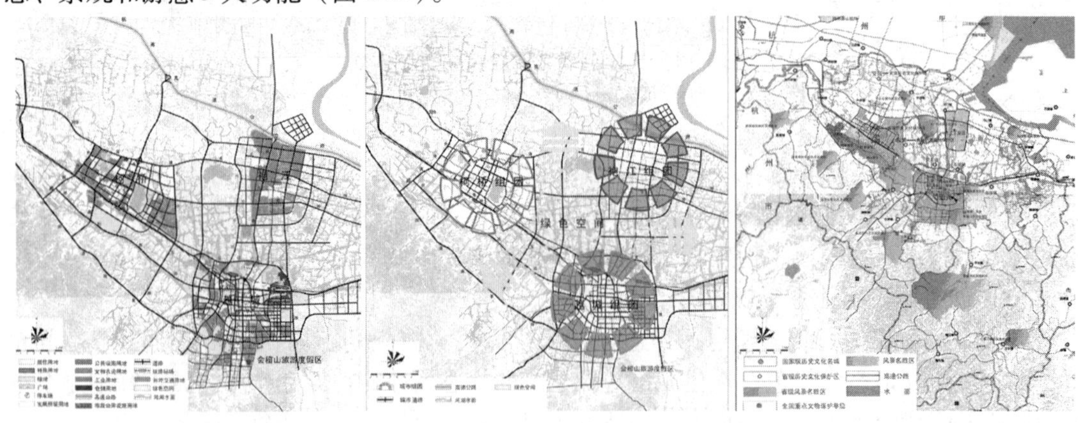

图6-20　绍兴市绿心规划结构图

再如，河北省遵化市规划建成区在自然水系、山体和道路格局的基础上，形成以“双轴双环两脉四廊四楔十园”为主导的“碧水绿园、古（山）城融翠”的绿地景观格局（图6-21）。

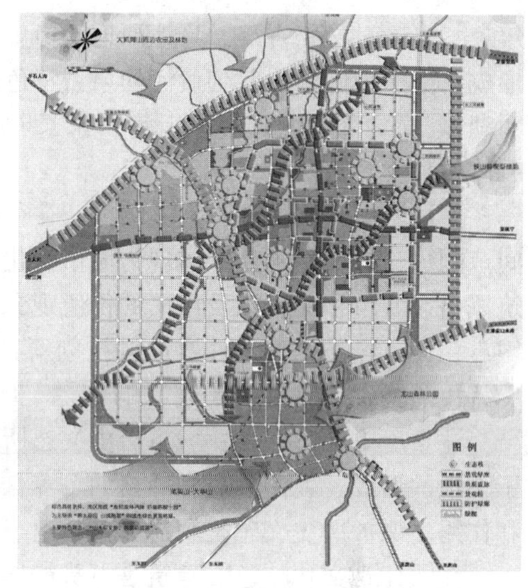

图6-21 河北省遵化市绿地系统规划布局图

（4）确定城市绿地系统规划的特色目标

绿地系统规划应增加其自然历史文化资源向空间的开敞度，强化城市空间特征和文化内涵，有力地表现城市的风貌，打造城市特色目标。

例如：“浓荫蔽日，风格浑厚”的绿色南京；“人工山水城中园，自然山水园中城”的苏州；“包孕吴越山水，撷尽太湖风光”的无锡；“两河西楚韵，湖畔园林城”的宿迁；“百河百园，水绿盐城”；“水盛商兴风光秀，文武荟萃意更浓”的山东临沂；“青山翠拥钢城、滦河碧水中流”的河北迁安；“城郊山林绿野、城中绿廊串珠”的河北遵化；“三河伴绿链、三山环城立”的河北迁西；“苍山壮骨水润肤、绿铸城心古为魂”的绍兴；“半是山城半水城”的安庆；“青山碧湖环绿城、港湾翠岛镶明珠”的湛江；“青山环抱、邕江穿绕”的南宁等。

2. 在人文环境中塑造特色

（1）城市个性源于城市文化

在城市的发展中，经济和文化是两大推动力。经济为城市的发展提供硬件保证，设施的完备、城市能级的提升有赖于经济的发展。文化则是城市发展的软资源，是城市持续发展的不竭动力。城市的发展不仅需要发达的经济，更需要有文化的积淀和人文精神的塑造。看一个城市是否有吸引力，是否有竞争力，最重要的是看它的文化资源、文化氛围、文化发展水平，在很大程度上讲，城市以文化论输赢。重视文化建设，提高文化品位，以文化品位来塑造城市形象，展示城市品牌，以文化氛围来凝聚市民人心，推动城市发展。这可以说已成为目前我国城市建设和管理的成功实践。城市建设是一个历史范畴，任何一个城市的建设都应立足当代，继承历史，展望未来。但成功的城市一定是在自己文化特色的基础上进行再创造的城市。当今世界上知名的城市，无一不是有着丰厚的文化底蕴。伦敦、巴黎、罗马、维也纳、纽约等城市之所以著名，不仅依赖其雄厚的经济基础，更依赖这些城市历经数百年、甚至数千年所沉积下来的城市文化。城市文化是城市的灵魂，城市特色是城市文化的标志，城市的主要魅力在于特色。在经济高速发展的今天，如何保护好一个城市的文化形态，如何保存既有的历史文化资源，营造适合本城市特色的文化特征，是城市规划的重要内容。

（2）保护城市文化的内在要求

不同地理文化圈的城市具有明显的差别，它们之间风格各异，特色分明。在塑造城市特色的过程中，也要与时俱进，不断丰富原有城市特色的内涵。新时期的城市特色应该体现现代人的生产、生活、生态等方面。保护城市文化的内在要求主要体现在保护城市人文精神、注重历史文态保护、注重建筑文化特色、注重街道文化、注重绿色文化。

例如：济南始终把“体现悠久历史文化、独特自然景观、充满现代化气息和适宜居住创业的山水生态城市”作为城市建设的追求，十分重视特色生态园林景观营造和深化。近年来，先后对文物古迹、泉池河道、历史建筑、传统街巷和风景名胜进行综合保护与修复，形成了南迄千佛山、北到黄河的泉城特色风貌带，泉之源是山（千佛山）、泉之末是湖（大明湖）、泉之邻是城（古城街巷“家家泉水，户户垂杨”），再现融山、泉、湖、河、城浑然一体的独特景观。

保护城市人文精神：人文精神，往往以文化等具体形式体现出来，在以城市为载体的空间范围内，人文精神集中体现为城市文化。可以说，城市的人文精神就表现在历史景观、建筑风格、城市格局，以及市民的价值观念、思想情操和精神风貌之中。城市本质上都是人文城市，城市经济增长也许通过科技创新、制度创新还可能实现“跨越式”的发展，但是人文特色却是永远不可“跨越”的。

注重历史文态保护：城市历史文态所蕴涵的丰富的历史意义、文化意义和社会意义，对于人性的形成、人的素质和品格的培养，以及不同民族性格与精神的造就，具有重要的影响和作用。保护历史文态是塑造城市特色、保证城市可持续发展的必由之路。

注重建筑文化特色：建筑是石头的史书，是反映城市特色的最直接的要素。北京的四合院、上海的外滩、皖南的徽派建筑，无不是以其鲜明的建筑特色铸就其独有的文化特质。然而，富含地方特色的现代建筑并不是一味地仿古或是千篇一律。在城市绿地建设中，可划定保护区域，建设绿地开敞空间，保护城市特色建筑文化。

注重街道文化：街道是城市的生命线，与城市居民生活休戚相关，承载着城市对文化的吸纳、提升功能。富有地方生活情趣的街道让人流连忘返，如北京的菊儿胡同、上海新天地、杭州河坊街等。

注重绿色文化：绿色文化是为改善人类生存和发展的条件而进行的设计，创造并使之产生积极成果的一种文化，其基本观点是把人与自然、人与人、人与自身的和谐作为人类应有的追求。绿色是城市景观的重要组成部分，也是城市公共艺术品得以生长的主要载体。绿色文化不仅通过这些公共艺术品来体现，更是凭借城市的一草一木来述说。许多城市都是以其特有的乡土树种、花卉而留给旅游者深刻的印象的。当然，更有许多城市无视植物生长的自然规律，硬是要把南方的树种移到北方，或是耗巨资营造大面积“只能看不能用”的外国草皮。

（3）绿地系统保育城市文化的方法

城市绿地在城市土地中占有巨大的份额，这使它必然成为影响城市风貌的决定性因素之一。而绿地保育文化的作用又增加了其反映城市特色贡献率。绿地系统规划强化城市特色的手法，总结为“三步走”：特色文化资源的梳理与整合、特色资源在绿地系统布局结构层面的体现、详细考虑公园绿地规划中特色资源的分级整合。

特色文化资源整合：在城市绿地系统中包含有很多城市所特有的要素（如自然地理结构和地貌特征、地带性植物及其构成的生态系统、历史文化遗存和反映地方文脉和特点的传统文化等），在规划时应尽可能地整合城市文化资源，并且从宏观上确定绿地的保护性质，保证保护的科学性和实施的可行性。通过合理的布局结构，使城市文化特色要素融合、交汇在城市绿地系统中，并且贯穿于市域，成为城市景观的主旋律。城市绿地系统规划体现其对城市特色塑造的贡献率，首要前提就是对城市资源进行梳理，从空间特征、文化特征、产业结构特征这 3 个方面来挖掘、提炼体现城市特色的资源要素，并进行特色资源的整合。如，盐城、宿迁、临沂特色资源整合（表 6-5）：

表6-5　宿迁、临沂、盐城特色资源整合表

特色分类	资源特色			整合建议
	宿迁	临沂	盐城	
空间特征	地处平原水网地区，古黄河、京杭运河贯全境；洪泽湖、骆马湖两湖南北呼应。城市有水、水中有城，形成城水相依的优美景观，被誉为“水乡泽国，人间仙境”	依水而建，沂河、祊河、涑河、柳青河、陷泥河、青龙河“一水七系多支”穿越临沂城而过，形成“河河相通、水水相连，城水相依、人水亲和”景观	盐城素有“百河之城”的美誉，市区河网密布，纵横交错，是城市生态建设的优势和特色所在	建议在绿地系统布局层面作宏观调控，形成城市特色骨骼框架
文化特征	深受楚汉文化浸润，同时也是革命老区	概括为“紫色文化”和“红色文化”。紫色文化是汉晋文化。红色文化是近代革命文化：存有众多的革命遗址与纪念地（如华东革命烈士陵园等）	“新四军文化特色”（盐城是我国重要的革命老区之一，拥有全国规模最大、资料最全、最具代表性的新四军革命纪念设施） 地方文艺：杂技和淮剧文化	建议对资源进行分级，有主次地分配在各类公园绿地中，并作整体性、全面性安排，形成城市的特色链
产业结构特征	“花木之乡”，素有“花都”之美誉；酒乡，“洋河”、“双沟”酒早在明清时代便享有盛名；“分金亭”酒是人民心中的金牌	一脉相承、生生不息的商业文化，催生了临沂繁荣鼎盛的商贸物流经济	盐城，是一个因盐而生的城市，是海盐文化的典型代表	特色产业是宣传城市、塑造城市形象的重要因子，可加以提炼，运用各种景观元素和表达手法，共同创造富有活力的绿色空间

布局结构层面体现特色资源：对特色绿色文化资源进行梳理之后，特色资源在绿地系统布局结构层面的体现，即从宏观方面入手，对特色资源作整体的、全局的调控，使之成为城市的特色骨骼框架。

如，临沂市，境内水系纵横，可谓名副其实的“北方水城”，通过特色资源整合，提炼出最能体现城市独特形态的空间特征——“一水七系多支”。因此在布局时尊重城市的自然肌理，通过带状及点状绿地的集中布置来加强“城中水，水中城”的城市格局，形成绿地碧水青城——“一水七系多支”的水系绿地系统，将绿网、蓝网结合，构建水绿相融的特色城市（图6-22）。

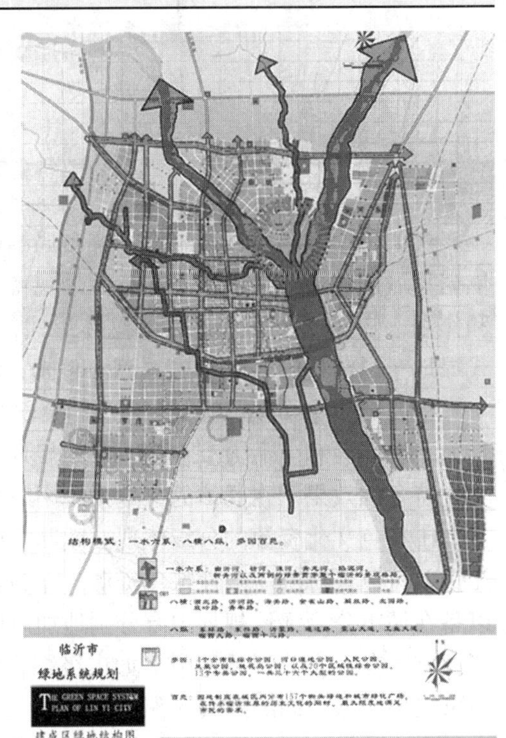

图6-22　山东省临沂市绿地系统规划布局图

又如宿迁市，“两河”（古黄河、京杭运河）概括了最显著的城市空间特征，但是从现状来看，两河滨水风光带的建设还比较薄弱，景观效果一般，文化性不强，尚不能完全体现城市特色风貌。故中心城区绿地系统布局首先提出规划“两带”，即加强古运河、古黄河生态景观廊道的建设，突显城水相依的优美景观（图6-23）。

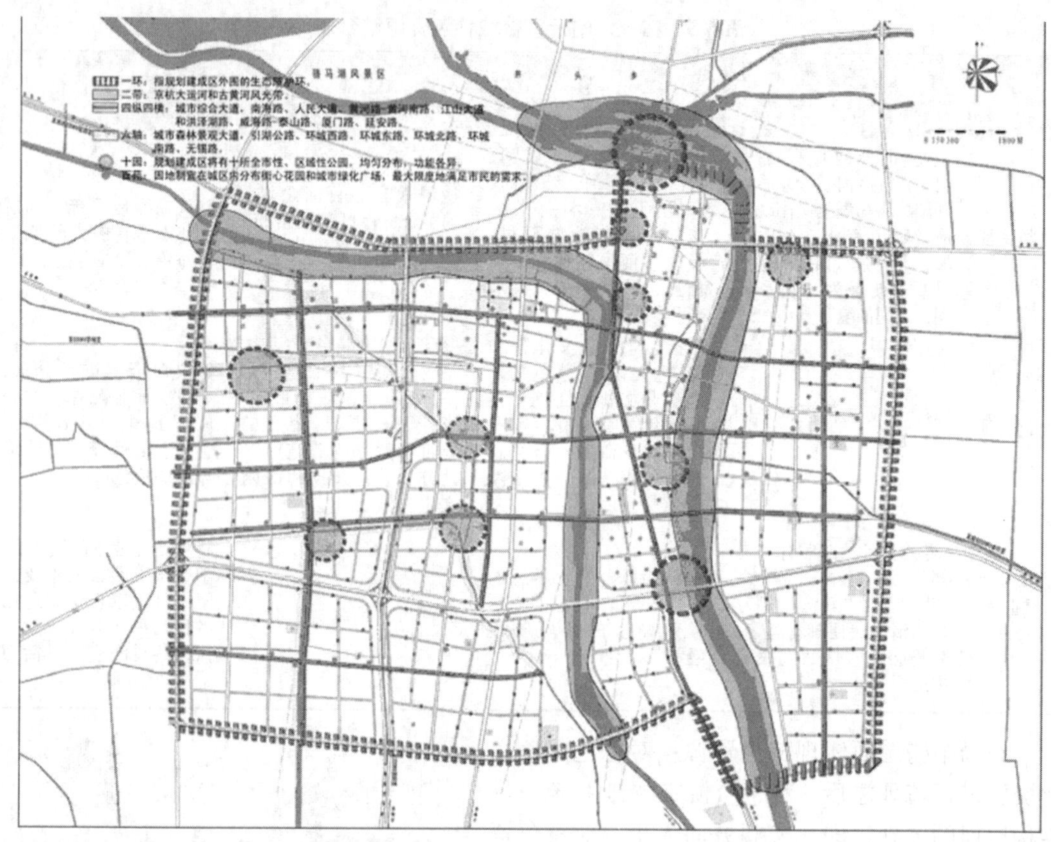

图 6-23　江苏省宿迁市绿地系统规划布局图

再如，盐城市主城区绿地系统布局结构的提出同样是建立在特色资源整合的基础之上，依据盐城市的城市发展布局和自然景观特色，以水系和路网为基本骨架，突出通榆河的地位和作用，依据“一城六片”的总体形式，构筑“一轴、三环、四带、五片、百园”的混合式绿地布局结构模式，形成“百河百园，水绿盐城”城市特色框架（图 6-24）。

公园绿地中文化资源的分级整合：公园绿地与市民的日常生活息息相关，最能体现城市魅力、亲和力和生命力。在公园绿地规划中，通过合理地分配特色资源，可以达到强化城市文化特色的效果。在具体的绿地系统中对公园绿地规划做了一些尝试。

①特色文化资源的分级体现：就其重要性来说，各类特色文化资源在城市中可以大致分为重要特色资源和一般性特色资源。作为重要性的特色资源，可以更详细地归纳提炼出来，以备在城市公园绿地规划中有分别地加以应用。规划时应将具有国际、国内影响的重要特色资源整合在大型公园绿地中（如市级综合公园、重要专类园以及滨水风光带等）；一般性资源可在中小型公园绿地（区级公园、街旁绿地等）中体现；而其他一些资源则可集中体现在街旁绿地规划中，通过名称、意向等反映城市文化。

如，河北省遵化市绿地系统规划，着重体现城市历史文化特色，在大型绿地中反映城市历史文化；并通过古城方型格局及护城河绿带的建立，集中反映城市古城肌理。而迁安市绿地系统规划以历史文化和水文化为背景，着重体现其产业文化——钢铁文化。

以宿迁市为例，表 6-5 中短短数语从总体上提炼了宿迁市的特色资源，实际上其中包含

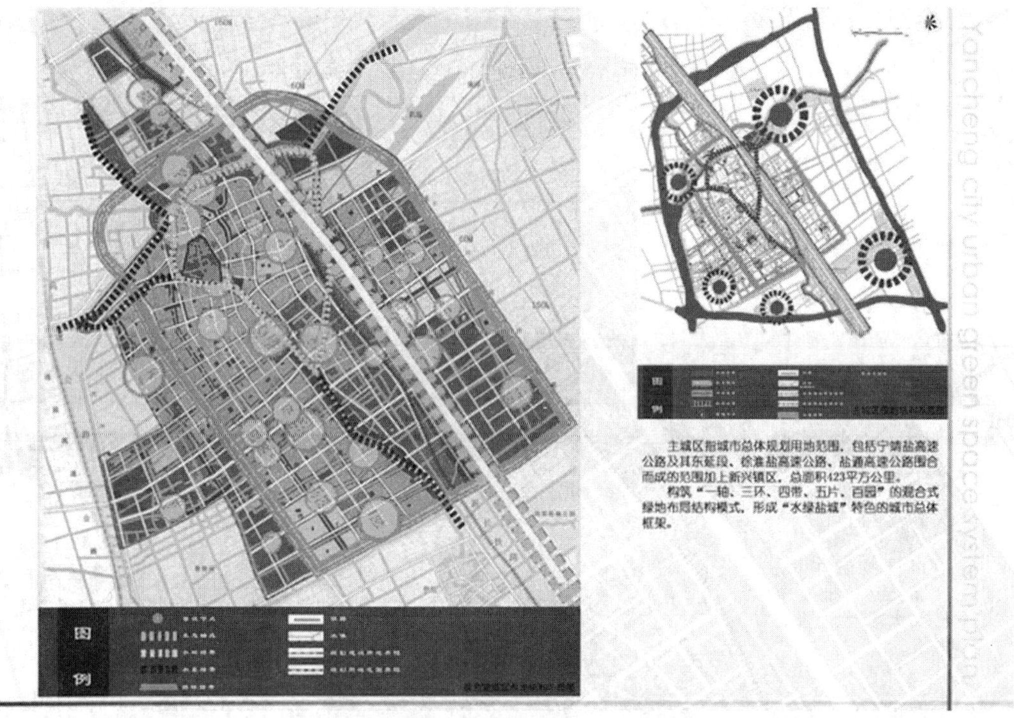

图 6-24　江苏省盐城市绿地系统规划布局图

了所有一切构成城市绿色空间的要素。针对宿迁市如此众多的资源，根据主次关系又可将其归纳为“楚文化、汉文化、酒文化、水文化、食文化、老区文化”，作此归纳是为了在公园绿地规划中可以明确地、有层次地分配特色资源。对于宿迁市来说，楚汉文化应该是最富有特色的，因此在规划中注重特色文化园的营造，集中展现宿迁的历史文化特色。如专类公园中的项里公园的规划，在原址基础上进行扩建，分为 4 个部分——项王故里景区、真如禅寺景区、杨公墓园景区、明清一条街景区，占地总面积扩大至约 35hm^2，公园重点突出汉文化的主题，在现有景点的基础上，增建民俗馆、茶室等一系列仿汉建筑，其中民俗馆以陈设汉代文物为主，增强充实其汉文化内涵。规划采用中国传统造园手法，力求营造富含古文化气息的纪念性历史文化公园，而其他一些资源则可集中体现在街旁绿地规划中。

②特色文化资源的整体体现：与市民联系最为紧密的是星罗棋布的街旁绿地，其服务半径一般为 300～500m，以满足市民步行 3～5 分钟就可到达一处休息场所的需要，所以每个城市在规划时都提出布置“百园”。孤立布置的“百园”是无序的、零碎的，而集中布置的“百园”，在规划时可以作整体性考虑，或串连成带状，或成片布置，而对于“带”或“片区”则赋予一定的主题，集中展现城市各方面的特色。在此，本文提出“由点连线”、“由点组面”以及“点、线、面交融”的布局模式，通过特色资源链串联众多的孤立点，从整体上来体现特色资源，增强城市特色风貌。

如，临沂市街旁绿地规划，则是采用了“由点连线”和“由点组面”相结合的模式(图 6-25)。规划三大景观轴线——红线、紫线、绿线，分别表达“沂蒙精神”、“沂蒙历史文化”和“沂蒙形象”，彼此有机贯穿，为市民提供众多交通便利、景观优美、富有内涵的休闲场所。“由点组面”的布局是根据各城区的性质，分为 5 个篇章来规划街旁绿地，集中展现特色资源，达到无序中的有序（表6-6）。

表6-6 临沂市街旁绿地“由点组面”布局结构

城区	城区性质	绿地定位	绿地特色
南坊区	城市新的行政中心区、市区文教、体育、科研和休疗养基地，以及大型生活居住区	人文·情感篇	该场所的街旁绿地是欢乐庆典的舞台，又是市民徜徉休息的庭园，是人们在这里释放激情，放松心情，寻觅自我的精神家园。绿地共同的特色是谱写人文活动的情感画卷，聚集庆典、集会、运动、休息、漫步等种种活动，真正创造人间天堂
罗庄区	以高新技术产业开发区、能源、建材、化工、纺织工业基地和市区新城组成	科技·景观篇	“人·科技”是这个片区街旁绿地的共同主题特色，目的是营造市民休闲、游憩的场所，同时作为展示科技力量的舞台。人们在这里可以体会到高科技带来的视觉冲击，可以展开丰富的联想，体现人与科技的共融
兰山区	以临沂历史文化名城保护区为中心、以商贸物流、批发市场和大学城为主体	历史·文化篇	绿色景观定位为古城风貌区和山水景观区，发挥老城文物古迹分布之优势，体现古城风貌；保持自然植被和水系的完整性，形成山、水、林相连的视觉效果。该场所的街旁绿地由两个特色主题串联——“铭记历史、展示文化”和“水绿相依”
河东区	以市区物资集散、仓储转运、批发贸易及大型生活居住区组成	运动·休闲篇	规划一系列以运动为主题的街旁绿地，如健身广场、超越空间、团结空间、放飞广场、欢乐空间等绿地，为市民提供种种环境优美、设施完整且富有文化意义的活动场所
开发区	近期用地以大型居住为主，区内水系丰富，立地条件较佳	水景·生态篇	该片区街旁绿地以舒展、现代、简洁为主要特色，形成相对紧凑的公共活动区域，体现城市新区富有活力和节奏的特征。“水”是这个片区的灵魂，规划结合水系布置一系列与水景有关的绿地，在这里人们真正体会到人与水的共融，感受到水给人们带来的各种不同的体验，同时也是环保教育主题的场所

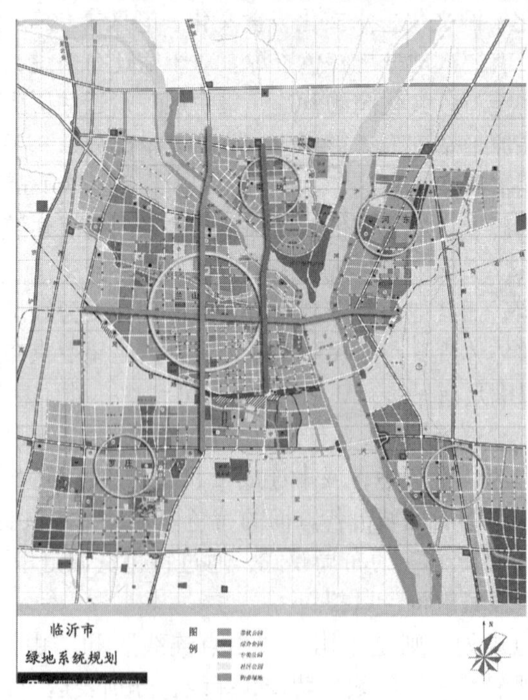

图6-25 山东省临沂市绿地系统规划文化脉络图

仍以宿迁市为例（图6-26），规划时为了合理分配一般性特色资源，宿迁市街旁绿地规划采用“由点连线”的布局模式，规划“五纵三横”8条特色景观轴，分别表达“宿迁精神”、“宿迁文化”、“宿迁未来”、“湖光水色”、“楚汉遗风”、“酒都醉人”、“花乡宜人”和“楚歌留韵”这8个特色主题，彼此交汇相融，共同谱写宿迁辉煌。

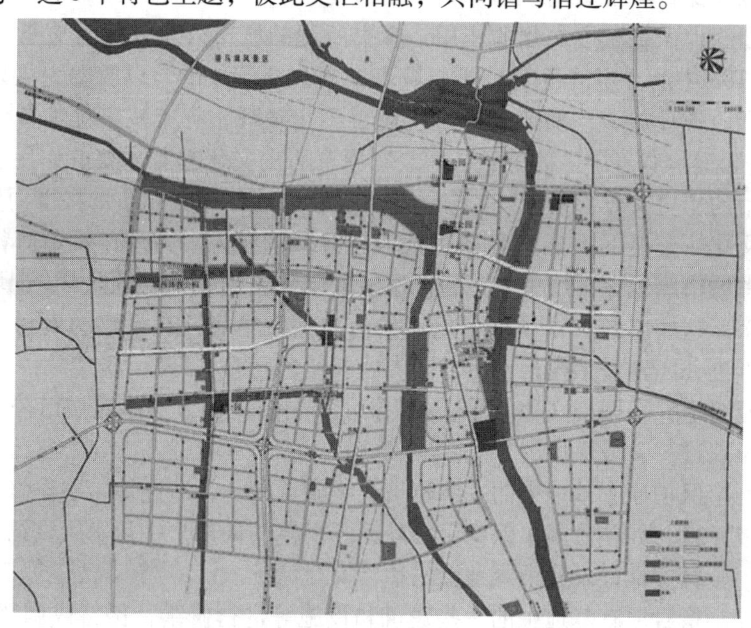

图6-26　江苏省宿迁市绿地系统规划文化脉络图

再如盐城市街旁绿地布局，采用的是“点、线、面交融”的布局模式，以“水”、“绿”、“盐”等特色链串联“百园”，共同增添城市魅力。如黄海公园作为体现“盐文化”的主要场所，其周围片区的街旁绿地，如“盐歌广场”等均以“盐”命名，进一步拓展体现盐文化；与水系接近的街旁绿地以“水”命名，展现水文化，如绿水园、近水园、碧水苑、琼水湾等；与道路等接近的绿地以“绿”命名，主要反映盐城“绿”的特色，如绿都园、绿韵园、绿荫园、绿林园等。通过点、线、面的交融，重点突出了盐城的海盐文化和红色文化，并结合百河水网形成的水文化，挖掘文化底蕴，创造人文景观，打造公园绿地精品，形成城市园林特色。

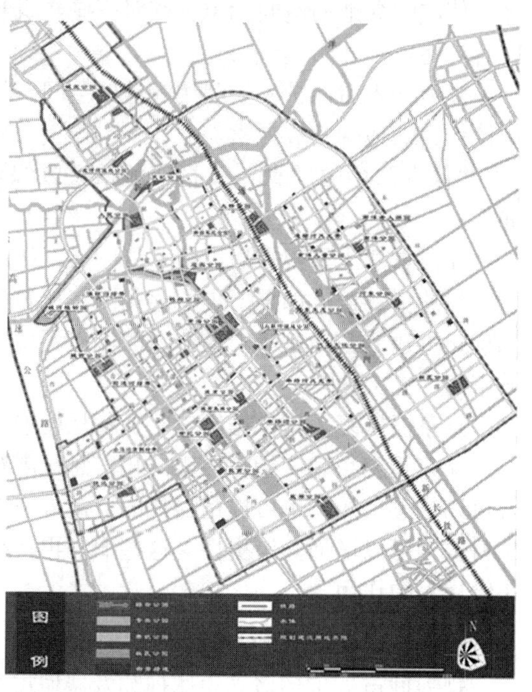

图6-27　江苏省盐城市公园绿地系统规划图

③特色资源的全面体现：特色资源的分级体现可以使资源分配主次分明、城市绿地特色鲜明；特色资源的整体体现可以使资源分配脉

络清晰、集中有序，形成城市特色绿地网络体系。在此基础之上，还应重视做到特色资源的全面体现，任何种类、任何级别的资源都应充分利用，共同塑造城市特色，增强城市的可识别性，营建魅力城市。

城市公园绿地保育城市文化：

①城市公园绿地保育城市文化的作用：本书所说的城市公园绿地对应于《城市绿地分类标准》CJJ—T85 中所界定的范畴，即“城市中向公众开放的、以游憩为主要功能，有一定的游憩设施和服务设施，同时兼有健全生态、美化景观、防灾减灾等综合作用的绿化用地。”城市公园绿地承载着游人的游憩行为，对保育历史文化起着重要的作用。游人以休闲的心情了解城市的历史文化，将获得更多的心灵触动和感悟，游憩质量将得到显著提高。同时，城市历史文化所蕴涵的凝聚力和城市精神也会影响游人。另外，要塑造各具特色的城市，也必须发挥城市绿地保育历史文化的作用。近年来的城市绿地建设中，旧城改造而建成的绿地越来越多，这些土地上富含城市发展的历史文化信息，有足够的素材凸显城市的个性。应有计划推进公园建设工程，丰富公园内涵及特色。

②城市公园绿地保育城市文化的手法：“保育”中的“保”是指在城市公园绿地中保护历史文化实物及遗迹，一般保护的方法有：

原样保护。指保护原有基地中的一些建筑、设施、树木及遗迹等，不作修缮改造，直接作为绿地的构成元素。如在公园中保留了一处动迁民宅的局部，一片木梁柱结构的墙、一段木楼梯等残迹，会真实地记录建设绿地前的生活文化特征。

改造后保护。指对原有基地中的一些建筑和设施等进行修缮，保持或调整原有功能后，作为绿地的构成元素。如在公园中工业发展的见证物，在保留的同时，将其修缮为景观设施等，使成为绿地的空间标志；或对一些建筑与绿地结合改建成新的建筑设施，保护的同时拓展其功能。

异地迁入后保护。指利用绿地的空间，将城市其他地区的保护建筑和设施等搬迁到绿地中，作为绿地的构成元素。

“保育”中的“育”是指在城市公园绿地中孕育和新建历史文化实物。具体处理形式如下：

原样重建。指根据历史留存的图文，按照原样重建已经消失的历史实物，比如武汉长江边重建的黄鹤楼。如果历史留存的图文比较模糊，则以史料为基础，进行一定的新设计，比如杭州重建的雷峰塔等。在合适的城市环境中，重建或仿建历史文化实物，可以延续和增添城市的历史文化。

意象性恢复。指依据历史、变化尺度或形式造景，重在意境，建设历史文化实物。

新建纪念小品。指将历史文化信息用雕塑、图文等方式记录在新建的纪念小品上，内容既可以是过去的，也可以是当代的。此外，在新建纪念小品或绿地的其他建设中，运用一些老材料，可以增加其历史性。这些旧物再次得到利用，也起到了将绿地中原有的历史信息传递给后人的作用。

3. 在人工环境中发展特色

规划城市人工环境必须体现和发展城市文化特色。《北京宪章》指出“文化是历史的积淀，存留于建筑间、融汇在生活里，对城市的营造和市民的行为起着潜移默化的影响，是城市和建筑的灵魂。”同时城市的建（构）筑物、市民的行为又反作用于城市文化。因此，如何规划、建设好城市的人工环境是十分重要的。它既要传承体现城市的文化特色，而城市的文化特色也需要通过这些人工环境得以发展。

（1）城市绿地系统详细规划层次特色的构建

积极开展重要地区的城市设计，提高城市规划水平，塑造城市形象，是创造和发展城市个性、营造多元文化氛围和独特城市形象的重要手段。新的城市绿地系统规划设计手法，要求在各个城市传统风貌的统一风格和特色的“大同”之下求“小异”，因地制宜，创造独特的绿地风格与特色。

具体来说，城市中应重点抓好如下几个区域的城市绿地规划和城市园林规划设计：一是城市重点部分；二是城市主要街道绿化；三是行政中心绿地；四是金融商业中心区；五是重点区域建筑群，如重要的居住小区，风景区等。

（2）园林设计层次特色的构建

利用乡土树种体现绿化特色：在生态园林建设中，生态性应该逐渐放到首位，在今后的建设中，要遵循物种乡土化、品种合理化、结构复杂化、搭配合理化、培植科学化、种苗本地化6条原则，进行植物配置，避免以前视觉园林的弊端，充分体现地域、人文特色，实现“享受艺术、坐拥自然，居城市而有山林之乐”的目标。

把握地方特色，注重精品意识：一个出色的规划实现后，它应该经得起实践检验，其中包括各个细节，这就是精品意识。首先是设计师的自身素质修养，尤其是责任，这里的责任包含着对社会、对城市的情感和全面理解；其次，是社会氛围对设计师的导向。必须营造良好的学术氛围、正确的导向，设计师需牢固树立精品意识、全盘意识和责任意识。

强化视觉景观形象、注重环境生态绿化、满足大众行为需求：总之，保护既是认识城市、指导城市建设的观念尺度，也是规划设计的方法与手段，同时还是规划目标要达到的历史、自然、生态的综合效果。要以优厚的自然条件为依托，以历史文化遗产为背景，提倡进行生态设计，疏通城市绿脉、文脉，形成强大的文化系统，唤醒沉睡在城市中的文化生产力，通过引导城市绿地系统高效和谐地发展，以有力地支持城市生态与人文建设。

第四节　城市绿地系统规划程序与主要内容

一、规划框架与新思路

1. 规划框架

整个研究应是多学科的交叉，在生态环境的资源背景和经济体制转变的社会背景下，综合地考虑环境政策和用地政策，从城市规划和景观规划两方面入手，并结合国内外绿地规划实例研究和以远景规划为导向的区域规划，探索能体现可持续发展战略且适合国情的城市绿地系统规划框架与思路（图6-28）。

2. 研究新思路

（1）从景观区域规划和远景规划入手的研究

绿地系统的区域规划是研究区域生态环境发展目标、绿地结构和区域空间布局，进行区域绿地系统布局。主要作用有：创造区域性的保护区，保护水系河道，开发有效的景观，为

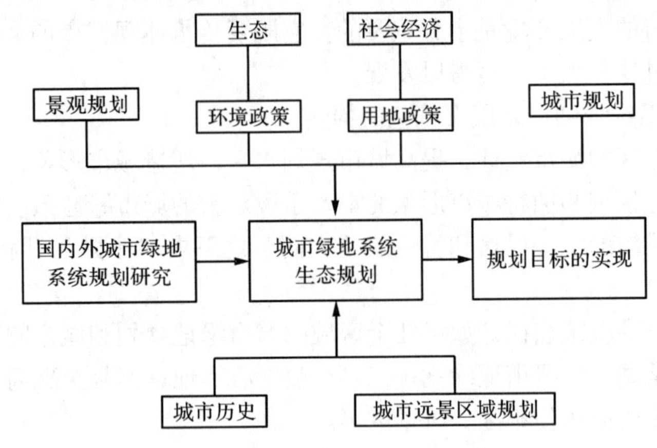

图 6-28　城市绿地系统规划框架图

地区提供新鲜洁净的饮用水源，保持地区最引人注目的生态系统，同时建构良好的游憩空间，限制区域内已城市化的核心向外的扩张；激活高度城市化环境中现有的绿地空间，即一个全方位的再投资，这涉及城市公园、公共空间和自然资源，以改善城市的环境质量，为市民创造一个公平的分享公园空间的权利；创造一个区域性的绿地空间系统网，创造园林道路的网络，美化我们的城市、郊区以及应受保护的景观。

（2）从城市边缘区渗透着手

城市与乡村，由一体到分离，再由分离到融合，这是人类社会发展的历史必然趋势。培育城乡协调发展利益机制，是逐步克服城乡矛盾、消除城乡社会经济二元结构的基本对策，也是确立开展“绿色城市”建设的社会基础。从城市边缘区着手可以更好地结合远景城市规划，把握城市绿地格局与城市空间扩展的关系。

（3）从生态规划入手的研究

生态规划方法的实质，就是从人类生态学的基本思想出发，通过对土地的自然资源和社会环境的组成、结构、功能等综合分析和评价，确定规划区内的土地对人类活动的适宜性及其可承受能力，并据此合理地安排、布局区域内的工业、农业、交通、居住、商业、文化等各项建设活动。因此，从生态规划入手，可以更好地把握城市生态承载力的限度和量度。针对不同地区的具体条件，制定不同的生态建设规划，采取不同的资源与环境保护对策。

（4）从规划管理入手的研究

国内在城市绿地规划管理方面还没有建立起与土地有偿出让、转让机制相适应的规划用地管理机制。如果城市在用地管理中，没有规定绿化用地的土地使用条件或是规定不明确，城市绿地规划的实施就会落空。因此，要建立与市场机制相适应的规划用地管理机制。对于市政征收、出让或转让的绿地用地必须明确规定其使用条件，保证城市绿地系统规划真正落到实处。当然，规划管理应贯穿规划的始终，不只是被动地解决当前的矛盾，还要有一定的预见性，着眼于未来的发展，为解决新问题留有余地，投资越早，收益越快，不失为明智之举，而这也正是规划发展的趋势之一。

二、规划的程序与科学规划技术路线框架

1. 规划的程序

首先对各项需要的目标进行评价和预测，决定建设方向。然后对城市的建设环境、空间结构、地质地貌、气候气象、水文土壤、乡土物种、风俗习惯、技术力量、规章政策、居民意愿等基础资料加以调查，并通过一定的技术分析发现存在问题、潜力和有利条件。随后要对问题加以归纳提出规划原则，研究解决问题的对策，拿出多个规划方案进行选择；在这一过程中，需要通过专家咨询、设计竞赛、公众参与等途径不断推动信息反馈，多方案比较、选择优化，从而达到对设计方案的调整、修正、丰富、充实和完善。在对最优规划方案实施过程中及实施完成后，都要实时监控，对实施效果评估，发现不足，总结经验，为下一轮绿地规划做准备。也就是说，绿地系统规划应和城市规划一样走“规划—调整—再规划”的道路。在城市绿地系统规划中需要特别指出的是，新的技术手段在规划管理中的运用。如：运用 GIS 和 RS 技术对城区绿地与植被的地理数据进行全方位的管理，扩展数据加工、处理、分析手段（图 6-29）。

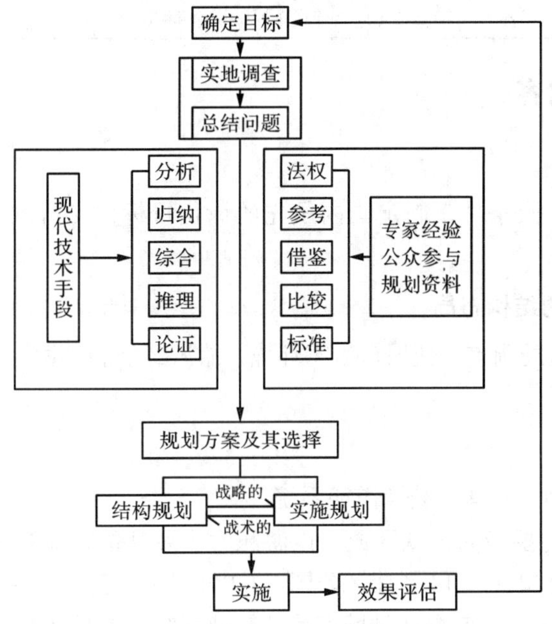

图 6-29　城市绿地系统规划设计程序

2. 科学规划技术路线框架

新时期城市绿地系统规划的编制必须力求科学规划、有效实施和可操作完成，使规划既具有可持续性、综合性、前瞻性。规划与实施是一个不可分割的整体，常言道“三分规划、七分管理”，新时期城市绿地系统规划的编制必须在规划阶段就研究规划的实施，并通过对规划内容的法制性、政策性、市场性的归类，增强规划的可实施性（表 6-7）。

表 6-7 城市绿地系统规划编制技术路线框架体系

城市绿地系统规划	新理念与新趋势	新理念	①整体协调发展理念②综合要素统筹考虑理念③有限目标理念④城市开敞空间管制理念⑤科学指标体系理念
		新趋势	①由物理规划走向生态规划②由土地利用规划走向绿地景观功能单元规划③由“点、线、面”规划走向绿色网络规划④由静态规划走向动态与可持续规划
	规划	继承	①对城市总体规划的继承②对上版规划的全面评析与合理继承
		发展	①明确城市绿地建设目标②确定生态发展策略③确定合理的城市生态指标体系④构建合理的宏观整体结构规划⑤建立规划层次体系⑥体现城市特色⑦建立合理的游憩体系、防灾体系、景观体系等等
		保护	①自然保护区、风景名胜区等生态环境保护②历史文化遗产遗迹保护③生态农田保护④绿化水系建设与保护等等
	实施	法制性	①市域范围内的规划强制性内容②规划区范围内的规划强制性内容③城市建设用地范围内的规划强制性内容
		政策性	①发展策略②相关专题研究③近期热点和重点④控制措施与管理规定
		市场性	①市场导向②建设项目③资金筹措

三、规划主要内容

1. 确立发展目标

按具体城市的地位及条件，制定国内领先的绿化目标，支持城市向“生态园林城市”方向发展。

2. 优化绿地系统的结构布局

通过土地配置与布局调整，使城市生态环境、旅游经济和市民游憩等功能充分融于绿地系统中。

3. 绿地分类规划

（1）公园绿地规划——建立公园游憩系统

公园绿地（G1）主要指向公众开放，以游憩为主要功能，兼具生态、美化、防灾等作用的绿地，包括综合公园（G11）、社区公园（G12）、专类公园（G13）、带状公园（G14）和街旁绿地（G15）5 类。公园绿地是城市园林绿地系统的重要组成部分，它不仅绿地面积大、绿量集中，而且功能设施较完善，是群众性文化教育、休憩游览的主要场所，对城市面貌、环境保护、人民的文化生活都起着重要作用，也是城市园林化的重要标志。根据绿地系统规划的目标与指导思想要求，结合现状实际，确定城市公园绿地的规划原则如下：因地制宜、遵循现状；以人为本、合理选址；注重地域性、突出文化性；保护生态、持续发展；适度超前、分步实施。

（2）生产绿地规划——满足城市苗木供给

生产绿地是指为城市绿化提供苗木、花草、种子的苗圃、花圃、草圃等圃地。由于生产绿地担负着城市绿化工程供应苗木、草坪及花卉植物等方面的任务，其建设质量会直接影响该城市的园林绿化效果。

生产绿地规划指导思想与原则：立足现状，生产高品质的园林绿化苗木，尤其要加大优良新品种的引进、培育，使之成为生物多样性保护的基础；使之有效地承担生产绿地的生态效益，并结合服务周期进行合理的考虑，既承担各种任务的同时又能发挥其生态和美化作用；集中与均匀分布相结合的原则；就近供应，就地育苗，降低成本，提高成活率原则。按照建设部《城市绿化规划建设指标的规定》［建成（1993）784 号文件］，城市生产绿地面积不低于建成区面积的 2% 。

（3）防护绿地规划——提供环境保护需要

防护绿地是出于卫生、隔离、安全要求而设置的以防护功能为主的绿地。包括道路防护绿地、卫生隔离带、城市组团隔离带等。防护绿地规划具体操作时体现以下原则：需要原则（结合城市特点，考虑绿地类型，布局方式，树种选择等，使绿地防护效果符合城市需要）；目标原则（远近结合，既有远景目标，又有近期安排）；效益原则（结合生产、休闲，发挥功能，创造效益）。在防护绿地规划中，功能目标类型主要有观赏型、环保型、生产型 3 种类型。

（4）附属绿地规划——建立附属约束体系

附属绿地包括居住绿地、公共设施绿地、工业绿地、仓储绿地、道路绿地、市政设施绿地、特殊绿地等。规划中一般按居住附属绿地、单位附属绿地和道路附属绿地 3 类统计。规划原则要满足各类附属单位生产生活的卫生与安全要求；注重城市形象，创造优美舒适的环境；强化绿地指标控制和引导；提高绿地率，后备绿地挖潜与绿化改造相结合；增加绿积量、绿量、绿视率，提高乔木比例及混交林程序，适度控制草坪面积，注重生物量的提高。

在城市绿地系统的布局结构中，常常要求“点、线、面”相结合。其中的“线”，就是指以道路绿化为主的带状绿化形式。然而，不应将“线”仅仅视为一种平面形式的构成，从生态的角度应将其视为一种具有三维空间意义的“绿色走廊”。规划中要实现“一路一树、一路一景、一路一个特色”的道路绿地系统的规划目标，创造出总体统一、主次分明、特色突出、高品位的城市道路绿地景观。在城市规划的快速路、主干道、次干道、支路的基础上，从生态、景观和特色的角度出发可以把道路划分为：生态景观路、园林景观路、迎宾路、综合景观路、文化景观路、特色景观路、林荫大道、一般林荫路等类型，进行分类特色规划。

（5）其他绿地规划——完善城市大环境绿地

规划安排城郊经济林与防护林结合，可考虑设置环城林带等自然特征明显的林地，如为保持河流、溪谷与地下水而设置的水源涵养林；为保持城市边界蔓延而设置的城市自然边界林；为改善城市下垫面条件而设置的环境保护林；为保持物种多样性而设置的物种保持林；为生产需要而设置的经济生产林等等。确保生态效应的发挥和景观的稳定性，并为市民郊游、森林浴、放生、野生动植物观赏等活动提供条件。具体如何规划在第七章有所探讨。

4. 确定科学指标、实施容量控制

绿地容量指绿地可以承受的既定利用方式的综合上限。很多城市某些热点绿地人满为患，这已成为我国的一个难题。通过主要绿地详细规划的控制性指标，使整个绿地系统规划的控制能力不仅涉及对绿地布局的控制，而且深入到三维绿量的布局控制，进而对游憩容量和生态环境质量格局的合理化施加积极影响。

各类城市用地中规划绿地率指标见表 6-8。

表 6-8 各类城市用地中规划绿地率指标表

序号	用地类别		规划绿地率
1	居住用地	老城区居住用地	≥25%
		新城区居住用地	≥35%
2	公共设施用地	宾馆、疗养院、医院、学校及科研用地	≥35% ~50%
		体育馆、博物馆、展览馆及文化宫等游乐用地	40% ~50%
		其他	≥35%
3	工业用地	一类工业用地	≥25%
		二类工业用地	≥30%
		三类工业用地	≥40%
4	行政办公用地		≥30%
5	老商业金融用地		≥25%
6	新商业金融用地		≥30%
7	体育用地		≥40%
8	医疗卫生用地		≥45%
9	教育科研用地		≥40%
10	仓储用地		≥20%
11	市政设施用地		≥30%
12	特殊用地		≥30%
13	其他用地		≥25%

四、城市绿地系统规划的生态与技术对策

1. 规划的生态对策

以生态系统优化为原则，促进规划编制内容的创新。20 世纪初，霍华德提出了一种以生态环境为中心议题制定城市规划的思想。当历史的年轮转过整整 1 个世纪之后，伴随着西方发达国家在这个世纪中完成城市化进程的无数次成功与失败的尝试，人们再次重新认识了生态环境对城市生存的意义。这的确并非一种巧合，而是人类的认识观螺旋式循环发展的结果。历史再一次昭示：一个仅求取生存的民族往往注重的是经济发展的成果（甚至常常以牺牲生态环境为代价推进工业化进程），而一个富裕起来的国家要做的第一件事情就是改善生存的环境。多国经验表明，只有当一国的人均收入超过 3000 美元时，日益严重的环境污染曲线才会出现拐点。但是如果我们选择西方工业国走过的先污染、后治理，先发展、后环保的老路，则会出现生物灭绝和破坏生态环境的不可复原性和再生性，无异于“竭泽而渔”。而生态系统优化的思路，是基于尊重城市生态系统自身的运动规律，着眼于城市与区域、经济与环境、人与自然生态的和谐、协调发展，这是规划体制创新尤其是规划编制办法改革必然要遵循的基本原则。融入生态系统理念的规划目标主要有：

（1）城市环境容量的限制分析，必须进一步分析城市的空间结构演变的生态影响、不同城市产业结构所产生的“生态赤字”等限制性因素，可借鉴“生态足迹”分析法为城市环境容量的限制分析开辟新的途径。

（2）规划调控对象的扩大，不仅仅限于城市绿地，还必须深入到影响这些绿地配置的生态关系和生态效率。事实上，传统的城市规划学无法彻底了解城市土地资源所赋予人类的

全部属性，这一缺陷已被日益恶化的城市环境和周边生态状态所证明。应倡导综合目标规划，它遵循的主要原则，一是生态价值原则；二是自然演化原则；三是自然边界原则；四是利用补偿原则。

（3）要在充分认识城市作为特殊的生态系统本质特征的基础上，强调以生态优化的思路来指导规划编制的创新。经过认真分析城市生态系统的特殊性、不完善性、开放性和周边环境、城市与农村社会经济的互动性之后，可以将“生态足迹”分析法、生态规划原理和综合目标规划等合理内核“融合”到现有的总体规划内容中去，并从优化城市生态环境入手，提高规划的生态优化水平，强化规划对环境保护、可持续发展等方面的有效调控作用，而不能“踢开”现有的总体规划来进行城市规划的“生态革命”。

2. 规划的技术对策

在常规分析的方式下，引入3S技术，加强规划的合理性分析（图6-30）。

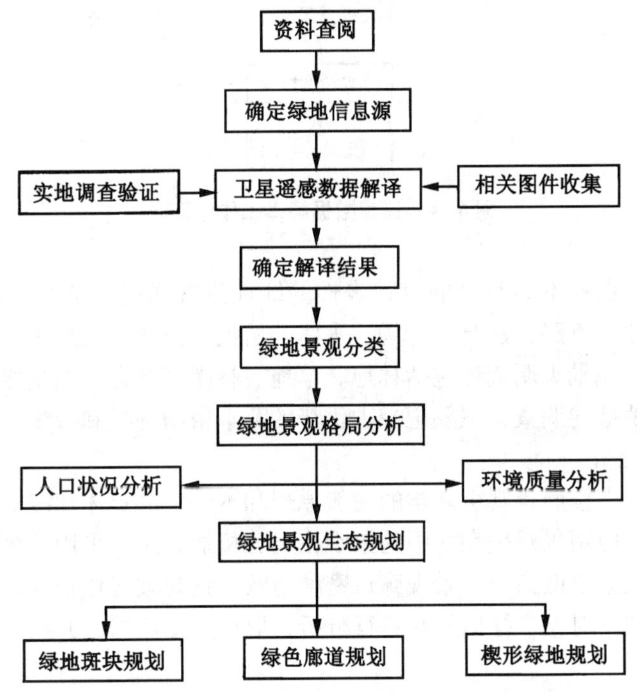

图6-30　城市绿地系统景观生态规划技术路线框架

（1）“3S”技术

“3S”是遥感（RS）、地理信息系统（GIS）和卫星定位系统（GPS）的总称，规划中绿地的信息源是TM数据资料，在ERMAP、Photoshop、AutoCAD中进行研究区域选取、切割，图像地理配准，通过非监督分类法和人机对话，将栅格数据转换为矢量数据，实现绿地信息的计算机自动分类和提取。再在地理信息系统中，在软件MAP/INFO、ARC/INFO支持下，进行绿地类型合并、确定绿地分类类别，并进行矢量数据图形编辑，最后通过试验样本选取，进行计算机分类的精度检验。在实地勘查验证中应用GPS来确定勘查点的确切位置（图6-31）。

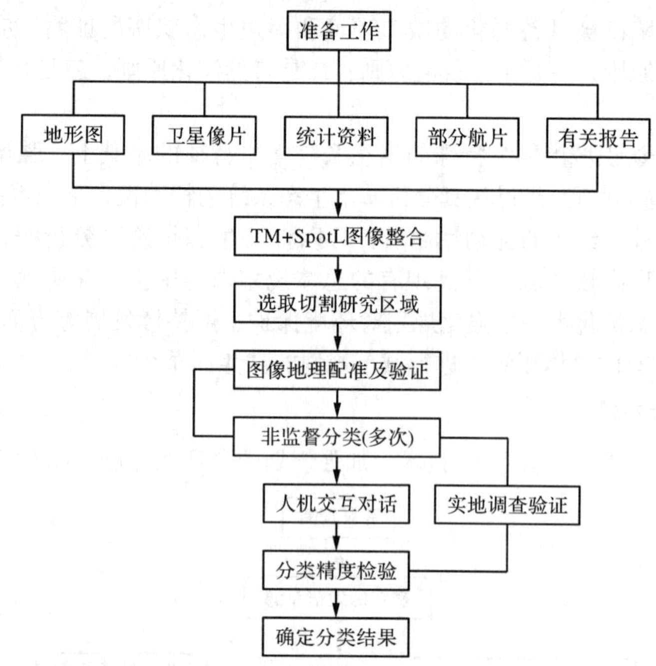

图6-31 遥感数据解译工作流程图

（2）地面调查

首先通过比较，选择不同类型的有代表性的绿地景观样区，调查内容包括绿地景观面积，绿地形状，绿地内道路、建筑、广场、水体、植被的位置、面积等，并绘制绿地景观结构平面图。公园内绿地景观调查还包括林地、草地、林灌草综合体的主要植物组成、位置和面积；城市待用地植被的调查，主要记录占优势的草本植物种类和数量。

（3）景观生态分析

景观生态分析首先按照景观生态学的一般原理和本研究的具体情况对绿地景观类型进行分类，在此基础上，应用景观生态学中的景观格局分析的方法，采用了景观多样性指数、景观连接度指数、景观聚集度指数、景观廊道密度指数、景观破碎化指数、分维分析、景观异质性指数等有关模型，对城市绿地景观进行分析，取得定量数据，并针对研究区内的绿地现状进行评价。

（4）景观生态规划

在对绿地景观现状进行景观生态分析的基础上，针对城市的具体情况，综合分析了城市的人口密度及分布状况、土地利用状况、环境质量水平、城市热岛状况，参考国内外大量相关研究成果和城市总体规划和绿地系统规划等方面的资料，对城市绿地景观生态规划进行规划探讨。

例如，运用生态学理论、国家园林城市标准和先进的技术手段（全球定位技术 GPS、地理信息技术 GIS、遥感技术 RS 和景观生态学模型），并在大量实地调查分析的基础上，科学理性地针对“钢铁迁安，中等城市”的城市性质规划形成园林生态性城市绿地系统规划（图6-32）。具体操作如下：

①数据采集：遥感数据：2005 年 3 月法国 SPOT 卫星遥感数据（空中分辨：2.5～5m）。

现场数据：相关图纸及数据（规划局、园林局、环保局提供的数据）现场调查和实地测量数据。主要分析规划软件：ArcGIS、ERDDAS、AutoCAD、POTOSHOP。

②内容、方法与工作流程：设立统一坐标，找出特征明显的同名地物作控制点。借助于GIS软件（Maplnfo、ArcView、ArcGIS）将一张现状图和一张遥感影像图进行栅格/矢量（Vector）转换处理，使之成为矢量专题地图。按统一坐标，对两张图进行配准，合并为一张合成图——迁安市现状绿地分布影像图。应用遥感图像，结合GIS技术作园林绿地现状图，具有节时、节量和提高园林绿地调查精度的优点，对提高园林绿地规划水平具积极意义。

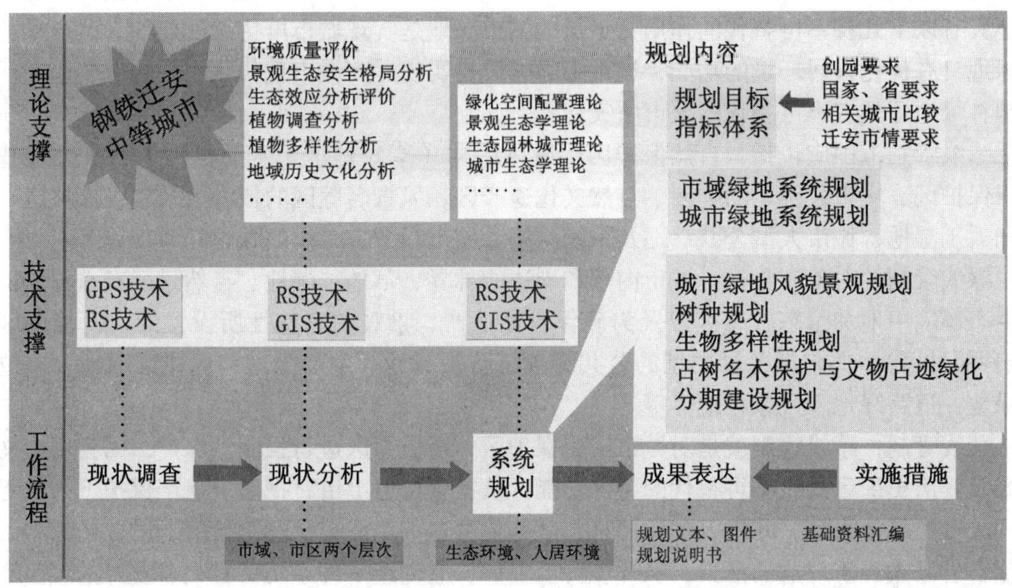

图6-32　迁安市绿地系统规划结合GIS技术现状绿地分析流程

3. 规划的管理对策

（1）生态界限的划定

生态破坏、环境恶化、物种消失、资源浪费，这些问题市场经济是没法解决的，要通过规划进行调控，对生态资源起到严格的保护作用，划定开发建设的禁止区、敏感区和可建区，科学合理地利用规划来调节空间布局；通过划定资源保护带、水源保护区等措施来保护生态环境。自然边界是保证自然演化的最小区域范围，在综合目标规划中，划定边界绿带（在美国“精明增长”的典范城市波特兰，这种措施已明显奏效）能有效地保护城市生态系统的健康发育，促进整个城乡生态系统的稳定。

（2）城市文化遗产与风貌保护的界限界定

城市文化遗产与风貌资源是脆弱的和不可再生的。与一般商品不同的是，这一类资源具有多种非市场化的功能如国家和民族的象征性、生态的载体、科教的场所。正是因为这些非商品化的特征构成了市场化的界限，才需要城市规划的严格保护。

国家和民族的象征性：文化自然遗产是国家和民族的象征，是几千年文化的积累和几百万年甚至是数亿年自然的造化，所以保护这一遗产就是保护国家和民族的特征。这也是西方发达国家把所有的东西都私有化了，而国家公园却是国有的，并由中央政府直接管理的原因。当然，我国也有许多专家提出建立这样的管理体制。但本书认为，至少目前还行不通，因为我国与西方国家的土地制度不一样，我国风景区的土地属集体所有，且国家目前也没有足够的财力全部将其征用。

生态的载体：维护良好的生态，保持生物的多样性，主要靠占国土面积1%的风景名胜区。

科教的场所：风景名胜区是自然科学研究和教学的主要场所。

（3）城市生态与历史文化界限管制方法

绿线管制：绿线是确定城市绿地系统的界线。绿地系统不仅规定了城市的空间形态，而且还具有以下几种不可替代的作用：足量的城市绿地是实现城市可持续发展的必然要求；城市绿地具有优化人居环境的功能；城市绿地建设是实现提高城市现代化水平的重要途径；城市园林绿地还具有不可替代的城市防灾功能。

绿线管制范围应包括：自然保护区、退耕还林（草）地区、水源保护区、永久性基本农田保护区、城市公园、动物园、自然文化遗产区、风景名胜区的核心区及二级保护区、自然和人工湿地、城市大型公共绿地及系统网络、城市绿带、专用的绿化隔离带等等。

绿线管制的对象应包括：城市内部和周边的林界、草地、湿地、自然景区、水源保护地等生态环境用地和生态敏感区以及为确保自然遗产、景观的完整性所设置的建设控制区域（或称缓冲区），并包括各种类型的公共绿地、防护绿地、生产绿地、居住区绿地、单位附属绿地、道路绿地、风景林地等等。

紫线管制：紫线管制就是对城市历史保护区、历史街区进行强制性保护，因为历史文化名城及其历史街区具有不可替代的特殊功能。从社会价值上讲，把历史遗产保护下来，更能体现故乡的风土人情，几千万华侨回来，就是要看这些东西；从经济价值上讲，作为旅游资源蕴含着巨大经济效益的潜力；从环境价值上讲，它创造一种亲切、宜人、友好的气氛和有特色、有个性的城市风格；从建筑价值上讲，它显示着历史文脉的延续性、可览性。所以历史文化名城能够极大地满足人的精神需求，人们在欣赏环境、创造环境的同时，也被环境所熏陶、改变。从这个意义上来说，历史文物不是“死的物质”，而是城市物化的历史，是具有教育、陶冶、净化、充实人们灵魂功能的“活物”。

紫线管制范围应包括：历史文化名城保护规划确定的区域，历史文化保护区、历史建筑群、文化遗产、历史性建筑、重要的名人故居、重要的地下文化埋藏区的具体位置和界线。显然，紫线管制的范围不仅要包括城市的历史文化遗存物（建筑、街区等）本身，而且还应包括风貌协调区或为确保文化遗存所体现的特色和信息的完整性而必须进行建设控制的地区。

蓝线管制：蓝线管制的对象是城市的水系。有的城市在修整河道时，把两岸的树都砍掉，并用水泥砌护岸堤和河底；有的历史河道仅仅按城市防洪和农业灌溉水渠的标准截弯取直、筑高堤坝，做了劳民伤财、损失城市水系其余六大功能的错事。事实证明，综合各种工程学科的知识和技术，借鉴我国古代城市治水的历史经验以及世界上各类水城、水都的规划实践，依据蓝线管制保护要求，把城市的水系整治保护好，有助于城市生态、历史文化遗产保护和城市防灾能力的提升。

蓝线管制的范围应包括：城市规划区内及附近的海岸线、江河湖泊、水库、溪流、水塘、沼泽地、分洪滞洪地区、人工景观湖泊和河渠、城市取水口、中水回用排灌骨干系统、城市防洪堤、水利枢纽工程、区域引水和排水工程、城市防洪排涝系统。此外，蓝线管制还应包括城市各种水体本身以及影响水体生态、防洪、防灾、景观功能发挥的所有区域。蓝线管制的涵义还在于保持城市内部及周边的自然斑痕和自然生态景观特征，切实防止错误的水利工程及其修建方式和其他人工建筑对城市水系造成不应有的破坏。

管制的原则与方法：一是在规划中严格区分非建设区域与可建设区域。在绿线、蓝线和紫线管制的区域属于非建设区域，尽管历史上这些区域内部曾有过某些开发项目，但从管制的要求来看，从管制规划颁布之日起必须明令禁止在这些区域进行大规模的开发建设。这样就比原定的“非城市建设用地”更为明确所管制保护的区域与内容，而且这类非建设区域必须有明确的地理坐标及相应的界址地形图。

二是“三线”界限的确定要依据城市总体规划、土地利用总体规划和城市绿地系统规划等相关规划。涉及城市的生态、自然景观和城市文化遗产、形象特征的整体保护的地段都具有系统性、网络性的特点。但传统的城市规划管制办法始终囿于规划期限及城市规划区的限制，而对某些不可再生的、需永久保护的资源无力进行调控监管。当前，一个普遍而突出的矛盾就是以往设置永久性的基本农田、城市绿化隔离带和风景名胜区的保护与城市规划相脱节，以至于无法借助法制的手段防止城市“摊大饼”蔓延式扩张，更无法引导城市的发展逐步形成合理的空间结构和形态。“三线”管制应依据一切可以依据的法定规划，在更广泛的区域内运用更有效的法制工具对它们进行保护。

三是“三线”管制应充分体现行政管制手段的“强制性”。有了有效的强制性内容，规划的引导性内容才能有所作为。

四是要切实提高强制性规划对“三线”范围城市区域的强制保护能力。这就要求，规划的强制性内容一定要经过同级人大的立法加以强化，而且在此之前还需通过广泛有效的公众参与，按严格的法定程序对强制性内容进行审查和宣传，以求得社会各界和全体市民的支持和监督。同时，还要依据有关法规，强化上级政府对下级政府城市规划强制性内容的执行监督。

五是严格“三线”保护区的调整程序。对涉及受蓝、绿、紫线保护的永久性非建设区域的任何更改调整，都必须依据最严格的程序方能进行。一般来说，在规划期内不得进行调整，因为这三方面的保护不仅涉及不可再生资源的保护和城市空间结构的形式，而且更是与该城市甚至整个区域的可持续发展密切相关。在此范围内少量事关生态安全、防灾救灾、游人通道和步行交通设施等方面的基础设施建设，也必须逐项上报原审批机关审查批准。

第五节　城市绿地系统规划的分析与评价

一、分析与评价基础

绿地的需要很大程度上决定于气候、地理和本地文化，同时也决定于人们不同的需求和特征，因此用惟一的标准来决定所需的绿地规模并不合适。许多的绿地系统中的“点、线、面”的规划往往停留在理论和图纸上，当进入到实际操作和市民对绿地体验的层次上时，往往空洞无物。因此，就绿地系统规划的扩展和深化而言，其中还大有文章可作。绿地规划指标是城市绿地系统规划目标、定位、水准、实施的集中体现，在城市绿化规划建设管理整个过程中，是一个无处不在，首要面对的难题。城市绿地系统指标体系建立过程需要理解以下几方面的相关因素的关系。

1. 规划目标与规划指标

在确立城市绿地系统规划总目标时，“达到国家园林城市、国际花园城市或可持续的生态园林城市标准”在规划指标上三者究竟有何异同？不同的规划目标对应不同的指标，第二章已经就它们的区别予以探讨，这里着重研究国家园林城市和生态园林城市绿地系统的评价指标。

2. 规划时限与规划指标

城市绿地系统规划指标是针对一定时限制定的，因而规划的时限是绿地系统规划指标必须考虑的要点。规划人员考虑时限往往只是一个分期界限，每个规划都是为摆摆样子，确定一个持续增长的发展指标就行了。其实，规划期限与规划指标的确定，其关系极为密切，应慎重对待。规划中，要预测城市发展诸多因素的变化，综合评价影响因子的权重，最终确定每个规划时限中城市可能达到的规划指标。另一个方面，规划时限的确定有时间尺度的问题，如5年、10年、20年。城市绿地系统涉及到的是生态景观的演替规划。一个生物群落生态功能的完善、生态过程趋于稳定平衡都非短期完成。对于城市绿地系统规划，其时限应考虑选择什么样的时间尺度，这更是一个值得思考的问题。

3. 规划范围与规划指标

城市绿地系统规划的空间范围有三个界限：市域、规划区、城市建成区或分区。城市绿地系统规划虽然在整体结构方面扩大到市域规划，但规划指标尚未反映市域与城区共同的绿化整体效应。目前，市域绿地规划指标只是提及绿地规划面积达到多少，占整个市域面积的百分比是多少，仅此而已。城市绿地系统规划包含多层面的不同空间尺度、时间尺度的规划。因而，作为宏观导控、自上而下的作用，市域绿地规划布局结构与评价指标体系的作用越来越重要。城市绿地系统规划的指标体系也应包含3个层面的指标体系，即市域绿地系统评价指标体系、城市规划区绿地系统评价指标体系、城市规划建成区绿地系统评价指标体系。

4. 规划指标的层次化

城市绿地系统规划的目标层次单一。目前，考核指标一直限定在二维空间量的计算，这一类指标未能真实客观地反映城市绿化的生态效益、经济效益以及景观效益。城市绿地系统评价指标体系在空间层次上提倡3个层面界限指标并重的同时，也应考虑指标的目标体系的多元化，要能够真实而确切地反映城市绿化总貌的量化概念，反映绿地功能在生态、经济及文化景观价值方面的多样性特征。

二、绿地的定量指标状况

1. 指标状况

目前中华人民共和国建设部对于绿地指标的规定包括人均绿地面积指标和绿地占城市用地百分比两类，分为人均绿地面积、人均公园绿地面积、绿地率、绿化覆盖率4项，而且千城一律，统一定额。但是，作为因地脉、文脉、人脉综合而成的城市，则应因城而异。因此，单以四项定额指标评定一座城市绿化的水准，缺乏科学理性，难以反映真实情况。

2. 指标项目与指标定量

2005年最新的《国家园林城市标准》列出了有量化的指标项目共37项，有具体要求但是没有量化的项目近 30 项。其中基本的指标是人均公园绿地面积、绿地率、绿化覆盖率 3 项。对于目前使用的绿地规划与统计指标，也有人认为还有不足，还应增加叶面积系数、植物配置复层比率等项目，这都有待于进一步深入研究。确定每项指标的量化定额，需要有科研的成果作为依据。中国城市规划设计研究院做了大规模的城市居民出游率调研，得出了我国自己的居民出游率数据，制定的绿地定额，已经纳入国家标准之中[289]。具体到每一个城市，要确定合理的指标定额，不能为了达标而提出不切实际的指标。还要注意城市内各区之间的平衡，各区的指标不能相差太多。凡是按人均计算的指标，人口、用地计算范围和规划绿地面积必须口径一致。绿地指标应尽可能一次按远期规划落实，加以控制。

三、规划评估指标体系的建立

分析评价城市生态绿地系统是一个十分复杂的问题，涉及到多层次、多目标。在城市绿地系统规划实践中，要相对准确地评价城市绿地系统，应遵循系统性、层次性、定量与定性相结合、可操作性、可预测性的原则。城市绿地系统的评价指标体系确定后，应用层次分析法、有效价值法确定评价指标的权重以及各评价目标的价值量度等过程，最终确定规划的总价值来进行规划的决策。

城市绿地系统指标体系应分为两级指标控制，一级是总体控制指标，二级是分项控制指标。同时，从生态、环境、园林、城规等多学科多角度定性与定量相结合提出综合评价指标体系。总体指标可采用国家标准规定办法和定额指标数值，分项指标各城市可因地制宜地制定[290]。具体指标评价项目如表 6-9。

表 6-9　城市绿地系统评价指标体系一览表

目标层	一级指标	二级指标
城市绿地系统评价指标体系	生态功能指标	绿地景观可达性
		绿地廊道宽度与协调性
		绿地斑块形状与面积
		绿地景观空间多样性
	生态过程指标	吸收二氧化碳放出氧气状况
		吸收有毒气体净化空气状况
		滞尘状况
		蒸腾吸热、蒸腾水量
		涵养水源蓄水保土状况
	生态格局指标	绿地的区位
		绿地均匀度或优势度
		绿地景观丰富度
		绿地网络连接度
		群落层次、树种配置状况
		垂直绿化、立体绿化状况
		防灾绿地合理性与比例

（续）

目标层	一级指标	二级指标
城市绿地系统评价指标体系	经济指标	居民投入绿地资金占年绿地投资比率
		人均绿地投资额
		绿地生态价值量
		苗木产值、增益费
		公园、风景区等景观点经营收入
	景观指标	古树名木数量与保护状况
		绿地的文态价值
		绿地景观游憩吸引度
		绿视率
	综合定量指标	绿地面积/人均绿地面积
		公园绿地面积/人均公园绿地面积
		复层绿色量/人均复层绿色量
		绿化三维量/人均绿化三维量
		绿地率
		城市绿量率
		廊道密度

第七章 区域视角下城市绿地系统规划

第一节 市域绿地系统提出的背景

随着全国城市化进程的不断发展，经济社会的发展和人们对环境问题关注程度的增强，环境保护和生态建设日益受到重视，绿地保护建设作为改善城市环境的有效手段也更受重视，但受地价及国情所至的较低的城市人均用地指标的限制，城市绿地面积不可能达到理想的数量，从根本上解决城市面临的环境问题，城市绿地系统规划在其编制的过程中遇到愈来愈多的问题。如果按照目前的规划模式编制下去能否收到预期的规划效果，能否通过城市绿地系统规划的编制真正解决城市在发展的过程中所产生的一些问题，为人们创造真正良好的人居环境，逐渐受到人们的质疑。人们开始在更大的区域范围内来寻找改善人居环境问题的方法和途径并以绿地系统规划作为突破口进行了不同程度的探索，绿地的保护建设必须从城市向市域拓展。因此，在市域范围内进行绿地系统规划已经成为绿地系统规划工作研究、探索和实践的一个亮点。究其原因，有以下几个方面。

一、城市化进程的加快，对城市绿地系统规划提出新的要求

随着我国城市化（或称城镇化）进程的不断发展和深入，为满足人们生产、生活、交通等各方面的需要，城市无序扩展。城市及其外围的城镇和包围其周边的乡村已经在功能、空间、结构、地域上逐渐成为统一体。经济社会的发展、城市化水平的提高，深刻改变着城市形态和区域结构，市域面临着生态保护和经济发展的双重压力。同时，以中心城市为核心的城镇群及城市区域的发展，为市域绿地系统规划提出了时代的要求。当前的城市竞争已经不再是单一的城市间的竞争，而是以中心城市为核心与其周边城镇共同构成的城市区域的竞争（如上海、南京、广州、长沙、苏锡常等城市区域），因此城市区域是城市竞争的基本空间单元。作为城市区域基本经济建设的一个重要组成部分的城市绿地系统规划，为适应城市区域经济发展的需要，不能也不应当只是局限于单一的城市，而是应当从市域或更大范围来进行，才能为整个城市区域或经济带经济的发展注入活力，从而增强市域、城市区域的综合竞争能力。作为改善城市人居环境条件的主要方法之一的城市绿地系统规划，其规划编制范围的扩大也就势在必行。在经济高速发展中，保护好人类赖以生存的市域环境，市域绿地系统规划无疑成为人们的最佳选择之一。

二、城区内部绿地生态功能的欠缺

从现代城市规划理论出现以来，规划师们从来没有放弃过对城市良好环境的追求。其中

解决问题的途径之一，就是对城乡人居环境绿色空间的保护和发展，试图通过大量的城市绿地建设和保护，来达到改善城市生态环境的目的。在我国，尽管许多城市在主观上都认同绿地的社会、生态价值，并把加强城市绿化建设作为改善城市生态环境的重要手段，但在客观现实中，许多城市绿地建设却不如人意。在社会主义市场经济条件下，由于土地价值级差作用，使得市区的绿地建设成本变得十分昂贵，而城市绿地其本身固有的公益特性，决定了大多情况下仍然必须以政府投资建设为主。但是，现实中政府财政紧张，加上市区建筑密度较高的制约，造成城区内部绿地建设困难，绿地面积狭小，形态结构零散琐碎，很难形成大型连片的集中绿地。因此，从某种程度上讲，尽管城区内部绿地在景观美化和方便居民游憩等方面发挥了很大的作用，但从宏观角度和现实情况来看，它对城市整体生态环境质量的改善并没有想象中的那么有效。

三、生态环境的破坏，客观上要求现行绿地系统规划的变革

造成环境遭受破坏的源头往往是从“点”开始的，如排出废气、废水的工厂，产生噪音的机器、车辆等。然而，污染所造成的结果却往往是“面”的范围。要真正解决环境问题，必须在区域的范围内采取措施，才能从根本土实现环境的治理和保护，就有必要从城市所在的区域——市域范围入手，对整个环境进行综合治理。环境规划研究的重点也由城市污染的控制、治理，转向农村点源、面源污染的控制、治理。实际上，这种观点早已成为一些伟大的规划师们的一个基本规划准则，艾伯克隆比对英美城市规划理论与实践的最闻名的贡献，是在一个比较广阔的范围来进行城市的规划：就是把包括城市和它周围的整个地区放在同一个规划之中；盖迪斯突破了城市的常规范围，而强调把自然地区作为规划的基本框架[291]。因此，市域绿地系统规划就成为最佳的选择之一。

另一方面，“自然生态系统是人居环境的基础，人的生产生活以及具体的人居环境建设活动都离不开更为广阔的自然生态背景”[292]。作为人居环境的一个子系统，自然生态系统犹如一张“绿网”，使得城市与其周围环境之间达到能量的流动和交换。城市所产生的一切自然生态环境问题只有在这个大的绿色系统的支持下，才能得到根本性的解决。同样，要创造良好的市区人居环境，仅仅做好城市建成区内绿地系统规划与建设还不够，还应该从城市所在的区域——市域范围入手，通过市域绿地系统规划把城市与乡村、自然联成一个有机的整体，从而为人居环境的创造奠定坚实的基础。

四、城市边缘区（城乡结合部）绿地的生态功能优势

环境问题突出表现在城市及城市周边地区，解决问题的出路在城市以外。区域内城市以外广阔的森林、湿地水域、农田等对城市和区域生态环境的改善、实现可持续发展所具有的重要意义日益受到重视。城市外围城市边缘区的绿地建设，由于土地开发成本相对较低；同时原有保留下来的开放空间也较多，可利用程度高。所以被普遍认为，只要规划合理，各项政策和建设工作到位，就能够在相对较短的时间内迅速形成大片集中连续的绿地，从整体上根本改善城市的环境状况。因此，许多城市政府在加强城市内部绿色空间建设的同时，都把塑造广阔、优美的城市外围即城市大环境绿化作为城市绿化工作的重点。通过城市大环境绿地规划，可以预先在城市外围的自然环境、半人工环境中对城市生态环境有重大意义的战略部位进行保护与保存，通过对城市整体休憩环境进行合理布局，使城市内外绿地有机结合，

形成完整的城市绿地系统，这对于不断发展的城市形成健全的绿色开敞空间具有重要的战略意义。另一方面，城市大环境绿地规划能为城市发展规划提供专业基础，避免建设的盲目性。

五、国家法规明确规定，有必要从市域范围进行考虑

建设部2002年下发了《建设部关于印发〈城市绿地系统规划编制纲要（试行）〉的通知》（建城［2002］240号），强调为贯彻落实《城市绿化条例》（国务院［1992］100号令）和《国务院关于加强城市绿化建设的通知》（国发［2001］20号），加强我国《城市绿地系统规划》编制的制度化和规范化。随着《城市绿地系统规划编制纲要》的出台，城市绿地系统规划中的市域问题也“正式”浮出水面。因为《纲要》要求城市绿地系统规划包括市域绿地系统规划，并规定市域绿地系统规划要“阐明市域绿地系统规划结构与布局和分类发展规划，构筑以中心城区为核心，覆盖整个市域，城乡一体化的绿地系统”。

六、规划理论体系健全的迫切需要

当前经济的网络化及迅速发展的交通、技术体系支撑，使得区域城镇化、城乡一体化成为各国、各地区空间演化的主导趋势，由此带来了对区域整体发展、城乡协调发展、生态共存共生、设施共享共建等多方面的需求促进了区域规划理论研究和实践的蓬勃发展。从区域的高度研究、解决城市问题的方法在绿地系统规划及相关领域的研究中被广泛接受、应用，区域规划正重新成为全球性的新热点并以崭新的姿态出现，其研究的重点由城镇转向区域、城乡整体规划。生态规划方面，研究的领域正在由城市生态规划向区域生态规划拓展，研究的重点是建立在生态环境调查、区域资源环境的分析评价基础上的生态环境区划和制定出区域范围内生态发展的整体框架。

目前城市绿地系统规划虽然其编制管理体系在经过长时期的实践以后变得非常的成熟和完善，但由于种种复杂的体制、技术等层面上的原因，仍然使得绿地系统规划不能满足我国社会经济快速发展的要求。从规划方法上看，由于缺乏必要的方法和技术手段，许多地方在编制绿地系统规划时，只考虑了郊区的风景区，而对建成区以外的环境绿地缺乏全面系统的了解和研究，有的甚至随意划一块地作为城市的“生态平衡”用地。当前，市域绿地系统规划还直面许多难题，而且有些难点在目前尚不具备解决的基础或条件，甚至有可能由此促使我们重新审视市域绿地系统规划的提法或做法，以求为该类规划初步建立切实可行的技术方法。因此，城市区域大环境绿地规划方法的研究对城市绿地系统规划实践有一定的指导意义。

第二节　国内外城市区域绿地系统规划实践

一、实践案例

1. 国外的实践案例

（1）大伦敦规划与大伦敦绿带规划

1935年，大伦敦区域规划委员会发表了第一份修建绿带的政府建议，确定了伦敦绿带

的基本思想。1938 年，英国议会通过了《绿带法案》（*Green Belt Act*）。1944 年由阿布克隆比（Patrick Abercrombie）主持编制的《大伦敦规划》（*Greater London Plan*），在距伦敦市中心半径约 48km 的范围内，由内到外划分了 4 层地域环，即：内城环、近郊环、绿带环和农业环。绿带环宽约 11～16km，作为伦敦的绿色游憩地区。现状伦敦已建成的绿带面积约 $4860km^2$，最宽处约 35km。通过实行严格的开发控制，保持了绿带的完整性和开敞性，有效阻止城市过度蔓延（图 7-1）。1947 年《城乡规划法》的颁布，为绿带的实施奠定了法律基础。

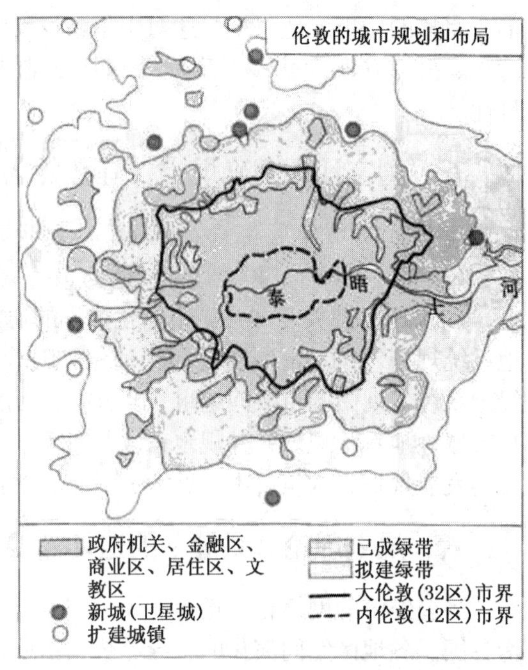

图 7-1　大伦敦四层地域环

1988 年英国政府颁布的《绿带规划政策指引》详细规定了绿带的作用、土地用途、边界划分和开发控制要求等内容。绿带政策的目的是通过保持绿带的永久开敞性阻止城市的蔓延，限制和调整城市开发的空间尺度和模式，保护农村、林业和其他相关用途，促进城市可持续发展。绿带政策是一项以法律形式确定的国家基本规划政策，在历次城市规划法中都有相应的明确规定，具有很强的法律权威性。即使特殊情况下绿带边界发生改变，但绿带政策一直坚持绿带总量的动态平衡，以保证绿带面积的净增长。英国绿带政策也成为了世界城市大环境绿化保护的一个著名典范。

透过有关英国绿带的争论，可以看出争论的焦点实际上是集中在现实利益与长远利益之间的矛盾上，这其实也是目前城市规划中最复杂的问题之一。虽然争论仍然会继续下去，但是英国规划学术界普遍认为，政府只要能以更加积极的态度，平衡好现实经济发展需求和长远环境利益之间的关系，把规划的控制性和灵活性结合起来，就能够在促进对绿带的保护的同时，实现城市社会、经济和环境的可持续发展。当前的城市规划理念在强调可持续发展的同时，越来越倡导规划的灵活性和城乡一体化发展，对城市开发也从消极的控制逐渐转变为积极的引导。绿带作为 50 年前制定的一项以“遏制”城镇开发建设为手段来保护农村和城市环境的政策，在时代背景和规划思想都已发生深刻变化的今天，如何去适应和面对，确实是一个值得深入思考的问题。

（2）其他国家区域绿地规划

欧洲国家主要通过绿带和区域公园的规划建设来保护开放空间，这几乎成了所有的欧洲大都市区解决空间上的保护和利用之间冲突的方式。这种规划理念一方面增强了区域绿地开放空间的保护，另一方面也促进了区域经济的繁荣。柏林—勃兰登堡地区将区域中的公园有机联系在一起，柏林周边的 8 个公园保护和发展了从柏林到勃兰登堡的自由开放空间，绿色空间深入到了柏林核心区，围绕城市中心区形成了开放的绿色空间带；法国巴黎地区的天然公园是“1995 年区域绿带计划”乡村绿带的重要组成部分，将自然和文化传统保护同经济和社会发展及“绿色旅游”联系在一起，其目标指向就是要建立完全的城市空间生态系统，在城市中构建绿色廊道；荷兰的兰斯塔德大都市地区则通过规划“兰斯塔德绿心结构”来改善该城市地区的环境，促使城市空间利用、农业、林业、游乐等方面的发展达到一个新的平衡[293]（图7-2）。

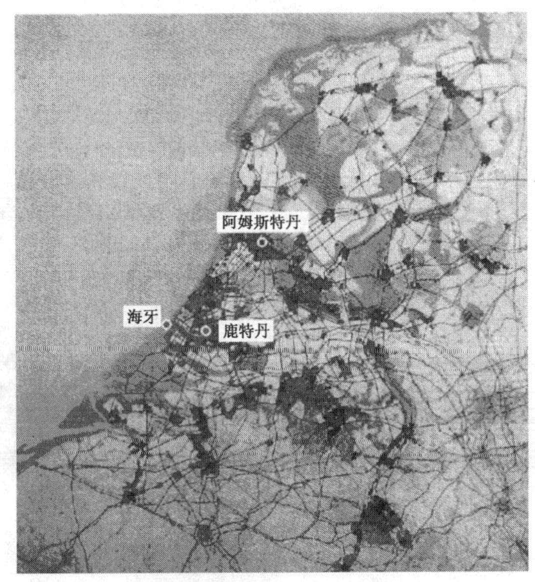

图7-2　荷兰兰斯塔德

关于开放空间的规划理念也在汉城、东京、曼谷等大都市区域等得到广泛推广。东京在1939年颁布了一个公园和开放空间总体规划，成为日本历史上最有影响的开放空间规划。除了规划绿带和新城外，在1976年日本的第三次首都圈规划中提出建立区域复合多中心城市，1988年进而提出建立“多心多核”的新型城市圈结构。韩国政府为了控制城市用地的无序扩大，引进了开发限制区域制度，于1971年在汉城建立了第一条绿化带，位于半径为15km的范围内，限制了都市区边缘农田和森林的转化。1989年至今，韩国在汉城大都市区规划建设了5座新城，以解决汉城中心城市高度集中的职能和人口问题。90年代以来，韩国所制定的政策和法规基本上侧重于支持汉城大都市区外围地区的发展，这对平衡汉城大都市区空间结构起到了积极的作用[294]。

2. 国内的实践案例

市区外围绿地对于改善城市环境、形成合理的城市结构形态、满足城市居民现代生活的需求、促进城市的可持续发展等多种功能已为人们所认识。我国的不少城市也进行了这方面的探讨，如北京提出的以“大环境绿化为中心”的城市绿化构思，要使城市形成一种“先见林，后见城”的森林景观，从根本上改变城市环境；天津市按照城市建设和发展的总体规划，确定“种大树，搞大绿，形成大气候”的指导思想，制定城乡一体化防护体系等等。

（1）北京市市域绿地系统规划

北京市的市域绿地系统规划可以追溯到20世纪50年代。1958年9月《北京市总体规划说明（草稿）》：根据新的发展形势和实现“大地园林化”的要求，在城市布局上第一次提出“分散集团式布局”的原则和规划方案，即把城市分隔成二十几个相对独立的建设区，形成由城市中心地区和边缘建设区与它们之间的绿色空间地带有机组成的布局形式。由于城市化的急速发展，北京市的人口环境容量已经达到了规划饱和状态，为适应城市发展的需要，北京市在2000年进行了包括北京周边广大郊区农田在内的绿化隔离带规划，以期缓解城市绿色空间的日益不足以及防止城市的无限扩张。另一方面，根据北京市城市规划、建设的实际情况和发展要求，北京市委市政府部署了北京城市空间发展战略研究。2002年由市规委组织中国城市规划设计研究院及清华大学等机构进行分析研究，提出为搞好北京地区的整体生态环境，使北京的城市发展策略从生态和可持续发展的角度出发，采取区域生态恢复和城市生态建设并重的策略，实现人和自然的统筹发展。以生态优先的原则划定“限建区”，从宏观战略的角度为城市的生态建设预留备用地。实际上，限建区的划定，为新的北京市域绿地系统规划提供了坚实的土地基础（图7-3、图7-4）。2004年初，北京市新一轮的市域绿地系统规划开始编制。市域绿地系统由中心城、平原地区、山区 3 个层次构成。

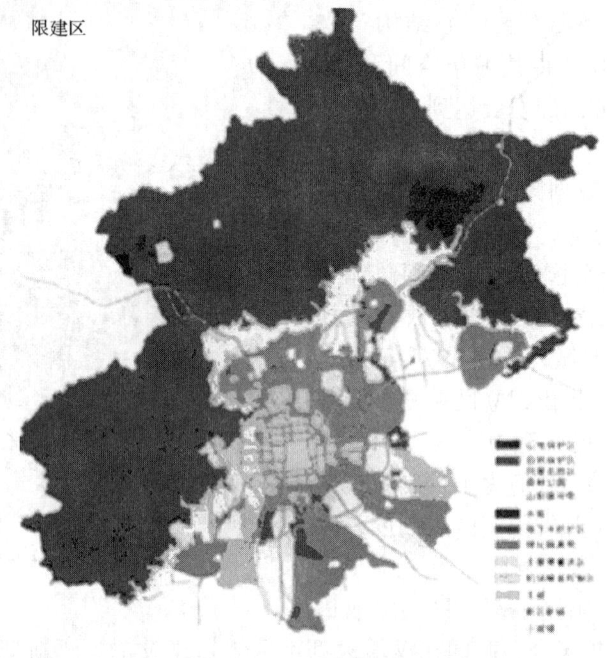

图 7-3 北京市域限建区示意图

(2) 香港郊野公园规划

郊野公园是香港对城市开敞空间和生态绿地管理的一种主要形式。香港是一个高度城市化地区，在高强度的城市开发和旺盛的土地需求下，郊区依然能保持山青水绿，得益于“新市镇—郊野公园”的共轭关系。从 1975 年开始，香港开始推进“新市镇”建设，同时开始划定和建设郊野公园。1976 年的《郊野公园条例》，将城郊未开发地区划出郊野公园作为康乐及保育用途，与“新市镇”形成共轭关系。截至 2005 年，香港共形成 23 个郊野公园、15 个特别地区（其中 11 个位于郊野公园内）以及 5 个海岸公园及海岸保护区，面积共 415.82km^2，占香港土地总面积的 40%（图 7-5、图 7-6）。郊野公园的功能主要为：保护城市环境，维护生态平衡；平衡香港城市结构，形成多中心、开敞式的城市格局；为市民提供郊游休闲和科普教育的活动场所。

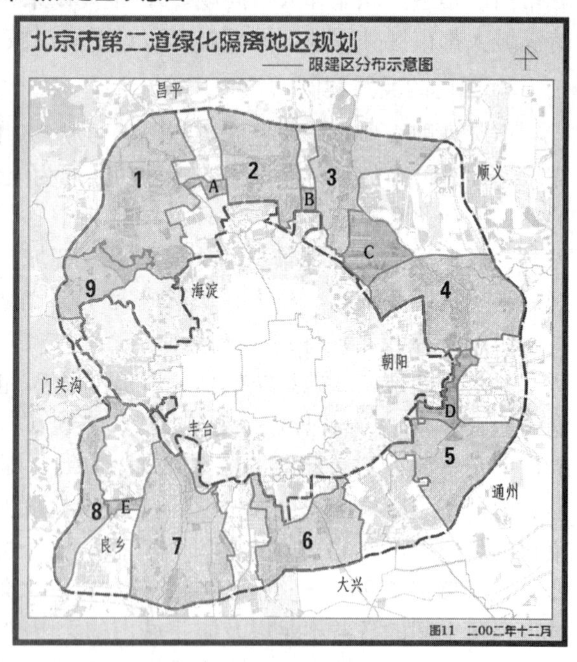

图 7-4 北京市第二道绿化隔离地区规划限建区分布示意图

香港的郊野公园深受市民欢迎。郊野公园内设桌椅、野餐地点、烧烤炉、废物箱、儿童游戏设备、凉亭、营地和厕所等。2001 年，前往郊野公园的游人约 1110 万人次，举行的活动包括漫步、健身、远足、烧烤，以至家庭旅行及露营。

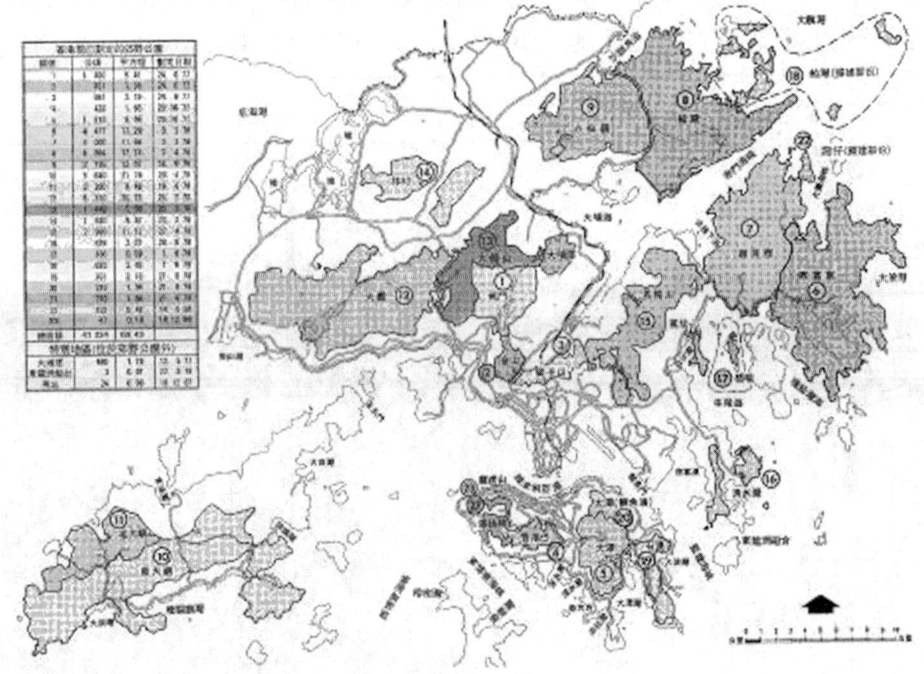

图 7-5　香港郊野公园分布

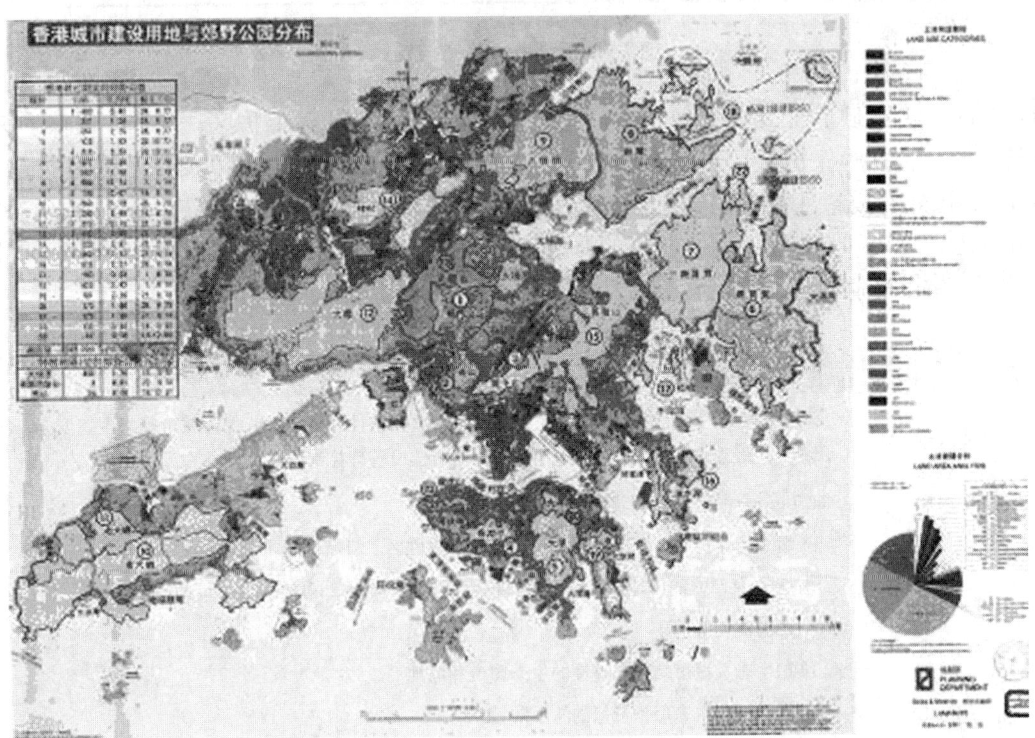

图 7-6　香港“新市镇—郊野公园”共轭关系

（3）深圳基本生态控制线

深圳基本生态控制线是为了维护生态系统的科学、完整性，保障城市基本生态安全，防止城市建设无序蔓延而划定的土地利用与城市建设管理控制线（图 7-7）。控制面积

图 7-7 深圳基本生态控制线

984. 7km²，占市域 1952. 8km² 的 50%。其用地构成为：一级水源保护区、基本农田保护区、风景名胜区、自然保护区、森林及郊野公园；坡度大于 25% 的山地以及特区内海拔超过 50m、特区外海拔超过 80m 的高地；主要河流及湿地；维护生态及城市结构完整性的生态廊道和绿地；岛屿和具有生态保护价值的海滨陆域；其他需要进行基本生态控制的区域。并制定了基本生态控制线管理规定，提出具体的管制措施（表 7-1）。

表 7-1 深圳基本生态控制线控制表

名 称	基本生态控制线
定义	基本生态控制线是为了维护生态系统的科学性、完整性和连续性，保障城市基本生态安全，防止城市建设无序蔓延而划定的土地利用与城市建设管理控制线
控制面积	984. 7km²，占市域 1952. 8km² 的 50%
用地构成	1. 一级水源保护区、基本农田保护区、风景名胜区、自然保护区、森林及郊野公园
	2. 坡度大于 25% 的山地以及特区内海拔超过 50m、特区外海拔超过 80m 的高地
	3. 主要河流及湿地
	4. 维护生态及城市结构完整性的生态廊道和绿地
	5. 岛屿和具有生态保护价值的海滨陆域
	6. 其他需要进行基本生态控制的区域

（续）

名 称	基本生态控制线		
	1. 居住、工业、仓储、商业	2. 重大道路交通设施、市政公用设施、休闲旅游设施、公园绿地	3. 原有农村居民点
管制措施	禁止新建；已批未建项目依法收回用地或进行用地置换	须进行可行性研究、环境影响评价及规划选址论证；严格控制开发强度	应制定搬迁方案，逐步实施；确需在原址进行改造的，应按照城市化的要求制定改造方案，报市政府批准

（4）广东省《环城绿带规划指引》[295]

广东省在2001年启动了由省建设厅主持的《广东省环城绿带规划指引（试行）》（以下简称《指引》）编制工作，并于2003年8月1日开始试行。其主要内容见表7-2。

表7-2 广东省《环城绿带规划指引》具体内容表

项目	具体内容
环城绿带的概念	《指引》认为，“环城绿带”是指在城镇规划建设区外围一定范围内，强制设置的基本闭合的绿色开敞空间。它将作为永久性的限制开发地带，纳入城市规划统一管理
设置条件	《指引》中明确，城区人口超过50万（含50万，指“五普”人口）的城镇，连片建成区域超过100km^2（含100km^2）的城镇密集地区，以及上层次规划或上级城市规划主管部门指定需要设置环城绿带的城镇和城镇密集地区，应依照《指引》要求编制环城绿带规划
规划的性质和定位	《指引》规定，环城绿带规划是城镇总体规划的一部分，各市、县今后编制城镇总体规划时，必须将环城绿带规划纳入其中，一起报批
设置原则	《指引》规定，设置环城绿带应遵循以下原则：持久性原则、整体性原则、开敞性原则、公平性原则
环城绿带的界线	环城绿带的边界应从城乡结合部开始，其边界应具有明确的可识别性，与道路、河流、林带边缘等重合设置，以便于维护和管理。单个城镇的环城绿带，其边界不宜超越城市规划区范围
宽度和规模	《指引》指出必须保证环城绿带最小宽度不小于500m，宜采用人均用地规模指标进行控制，其基准指标为人均环城绿带用地面积不小于30m^2（人口基数应采用最新一轮总体规划确定的规划期末的预测城镇人口总数）
规划的层次	《指引》规定，环城绿带规划分为总体规划和详细规划两部分。环城绿带总体规划应论证环城绿带基本形态、土地利用模式、用地规模，明确环城绿带的范围，划定内外控制界线，提出主要控制指标，并确定相应的土地控制及调整的政策、措施，明确实施步骤。环城绿带的控制性详细规划主要内容有：详细划定绿带内外的边界线，明确用地布局；详细划定各类不同性质用地的界线、允许进入的各类用地或项目的使用性质和兼容性要求；确定必须配备的基础设施容量、管线走向、设施用地界线；明确各类用地的开发强度，确定规划控制指标；提出用地性质调整的原则、方法和步骤；明确规划实施的政策、措施和方法；确定分期实施计划和投资估算

（续）

项目	具体内容
用地管制原则	《指引》规定，环城绿带应保持其开敞性，保护自然景观；任何单位和个人在环城绿带内使用土地进行建设，必须符合环城绿带规划；环城绿带设置后，土地的权属可保持不变，但土地的使用和各项开发建设应符合环城绿带规划的有关规定
用地控制	环城绿带内只允许保留和进入与绿带功能不相冲突的以下6类用地类型或项目：耕地、园地、林地、牧草地、水域、果园、湿地；公共开放性绿地（公园、游乐园、野营基地、野生动物园、名胜古迹等）；体育运动设施（高尔夫球场、滑草场、赛车场、赛马场、马术表演场等）；绿化比率高、绿色景观佳或旷地型用地（自来水厂、小型污水厂等大型公共设施、具有传统文化价值的村落等）；生产性绿地（花圃、苗圃、植物园等）；纪念性林地、防护林等其他林地
用地强度控制	《指引》规定，为了确保环城绿带用地的开敞性，环城绿带中的空地率应为90%以上；绿地率应达75%以上；除允许保留建筑外，环城绿带内任何新增开发建设项目的建筑密度都不得超过15%
建设管理	《指引》规定，应与农业产业结构调整、农村体制改革相结合，积极鼓励与环城绿带功能相适应的农业经济活动。在与环城绿带功能不冲突的前提下，可以发展一些盈利性的项目，如高尔夫球场、游乐场等，作为环城绿带建设资金投入的必要补充。任何单位和个人在环城绿带内进行开发建设，均须按照《城市规划法》的规定和要求，首先向规划行政主管部门申请，并在获规划许可后方可依法办理其他手续

为保障区域生态安全，突出地方自然人文特色和改善城乡环境景观，广东省将实行长久性严格保护和限制开发、具有重大自然、人文价值和区域性影响的绿色开敞空间划定为区域保护绿地。广东省划定的区域绿地面积有6万km^2以上，占全省国土面积的30%以上。区域绿地包括生态保护区、海岸绿地、河川绿地、风景绿地、缓冲绿地及特殊绿地等6个大类（表7-3）。

表7-3 广东省区域绿地分类引导

名称	区域绿地规划指引
定义	为保障区域生态安全，突出地方自然人文特色和改善城乡环境景观，在一定区域内划定，并实行长久性严格保护和限制开发的，具有重大自然、人文价值和区域性影响的绿色开敞空间
面积	6万km^2以上，占全省国土面积30%以上
用地构成	1. 生态保护区：自然保护区、水源保护区、基本农田保护区、土壤侵蚀防护区
	2. 海岸绿地：滨海岸线及防护林、沿海湿地及红树林、海产养殖及围垦区、海洋生物繁衍区
	3. 河川绿地：主干河流及堤围、大型湖泊及沼泽、大中型水库及水源林、基塘系统
	4. 风景绿地：森林公园、风景名胜区、旅游度假区、城市郊野公园
	5. 缓冲绿地：环城绿带、基础设施隔离带、自然灾害防护绿地、公害防护绿地
	6. 特殊绿地：地质地貌景观区、自然灾害敏感区、文物保护单位、传统风貌区

（续）

名称		区域绿地规划指引					
		生态保护区	海岸绿地	河川绿地	风景绿地	缓冲绿地	地质地貌景观区
管制措施	允许存在的设施	必需的道路、通讯；原有农林住户、有限的旅游设施、农业生产设施	水文监测设施，水利设施，港口、码头和桥梁等交通设施	水利设施、港口等交通设施、水电设施	道路、园林、旅游、休闲设施	必要的维护、隔离设施	科学研究设施、适量旅游设施
	允许的人文、经济活动	适度的旅游农林户必须的生活设施维护	有限度的非污染性临水产业，水电开发，经批准的滩涂围垦和采沙	一定的养殖、旅游开发	适当的旅游景点开发建设	工程管线、种植业	科学研究活动、适度旅游开发、绿化

（5）上海500m环城绿带规划实践

1993年6月，在上海市第三次规划工作会议上提出了要修建500m环城绿带的思想。上海市政府于1994年10月编制完成了《上海市城市环城绿带总体结构规划》。其主要内容见表7-4。

表7-4　《上海市城市环城绿带总体结构规划》具体内容表

项目	具体内容
规划结构	上海环城绿带的总规模涉及72.41km²，全长97km，基本是沿着规划的外环线外侧布置。其规划形态为“长藤结瓜”式，即沿外环线道路宽500m的环城绿带为“长藤”，在用地条件较好的地步方适度放宽，布置了10个大型的主题公园，即为“瓜”。环城绿带从结构上分为3类：100m林带、400m绿带、主题公园[296]
建设规模	环城绿带计划用15年的时间（1996～2010）分期进行建设。它的建成将为全市增加公共绿地约4012hm²，绿地面积5463.2hm²。到2002年底，外环100m林带已基本建成，2003年外环400m林带也开工建设，一条颇具规模的环城绿带已初见雏型
规划思想	规划认为，环城绿带是上海市环、楔、廊、园绿化系统中的重要组成部分，也将是上海市发展绿色产业的重要基地。通过以绿引资，兴绿致富，在大幅度改善生态环境的同时，促进和带动经济、社会的繁荣发展。规划强调“以人为本和可持续发展”原则，寻求生态、社会、经济三大效益的最佳结合点，力求将环城绿带规划成为一个生态系统平衡、郊野特色鲜明、集“园林外貌、农业内容”于一体的生态绿带
规划的编制与管理	《上海市环城绿带管理办法》第六条规定：环城绿带规划由市规划局会同市绿化局、市农林局等有关部门依据城市总体规划编制，报市人民政府批准后实施。市绿化局应当按照环城绿带规划编制环城绿带建设计划。市绿带建管处和区绿化管理部门应当根据环城绿带建设计划和分工要求，会同有关部门编制本辖区环城绿带建设方案，并组织实施。由此上海市环城绿带规划初步建立起了从总体规划到详细规划的一套完整的规划内容
绿地建设模式	上海市政府在建立绿带资金筹措机制、制定相应配套政策等方面进行了积极的尝试，采用了“指标分解、区县包干、市里补贴、政策扶持、各方参与、内外结合、招商引资”等多种办法，以解决环城绿带工程的建设资金和养护经费。如作为公共绿地的100m林带建设采用了“以区为主、指标分解、市里适当补贴”的办法。对于400m绿带以及主题公园的建设，采取招商引资、集资参股、滚动开发等办法积极筹措资金[297]。政府则在政策上扶持，项目上引导，调动各方参与绿带建设的积极性

(6) 绿色南京与南京市域绿地系统规划

2002年，南京市委市政府与时俱进，围绕“富民强市，加快发展”的目标，作出了建设“绿色南京”的决定，把建设“绿色南京”作为提高城市综合竞争力和率先基本实现现代化的战略性工程。南京市农林局与南京市园林局组织编制了《绿色南京规划》。主要内容见表7-5：

表7-5　“绿色南京”规划分析表

项目	具体内容
主要构想	“绿色南京”提出建设以主城区绿化为中心，城市两环及城郊结合部环城森林圈为基础，进出城干道绿色通道和沿江、沿河、沿湖防护林带网为骨架，郊县成片规模的人居森林、森林公园、自然保护区等生态公益林和速生丰产林、苗木花卉、经济林果等商品林为板块，形成圈层式、放射状，心、环、网、片相交融的绿色生态体系，并与城市建设总体规划相融合、体现路连林隔的城市林业和绿化新格局
发展目标	规划提出了一些具体的指标要求，主要包括：2010年全市有林地面积达到17.3万hm^2，森林覆盖率达30%；到2010年，建成区绿地率达43%，绿化覆盖率达46%，人均公共绿地15m^2
建设成效	“绿色南京”实施3年多来，广泛动员全市上下开展植树造林，资源总量大幅增加，3年全市共完成成片造林4.3万hm^2（每年造林约1.4万hm^2，合142km^2），造林面积相当于前20年的造林总和。据农林部门统计，2005年全市林地面积总量已经达到12多万hm^2，比2002年净增50%，2005年全市森林覆盖率达到21%
存在问题	“绿色南京”战略实施以来，植树造林成效显著，但是由于缺少与城市发展相契合的系统规划，建设存在一定的盲目性，系统性不强，难以最大发挥绿地系统的生态效应和绿地复合功能

2006年南京市绿地系统规划把总体结构分为市域绿地系统结构与“一城三区”绿地系统结构两个层次。城区内部次骨架为各城镇内部的绿地系统，形态体系上呈网络—结点式（即较小的斑块和廊道构成），并与外围绿色主骨架保持足够的联通。市域绿色主骨架由市域块状绿地形成的斑块和带形绿地形成的连接廊道共同构成。南京市域绿地系统结构为“一带两廊三环六楔十二射”；“一城三区绿地系统结构”：指主城绿地系统结构；仙林新市区绿地系统结构；东山新市区绿地系统结构；浦口新市区绿地系统结构。在具体布局中，斑块的具体布局形式为绿斑和绿楔；廊道的具体形式分为沿道路的绿带（绿带：分为环形绿带和放射形绿带）和沿水域的蓝带（蓝带主要指由长江、秦淮河、滁河等水体及其洲岛、岸线湿地共同组成的生态廊道系统）两种（图7-8）。

(7) 成都市非建设用地规划

成都通过非建设用地规划，有效控制城市自由蔓延和盲目扩张，平衡城市结构。成都“非城市建设用地规划”的要点是在外环路两侧建设永久性的各宽500m的“环城森林带”和8大块景观生态片区。规划确定，绕城高速公路（外环路）两侧各500m宽的绿地中，靠近外环路两侧200m内的范围是密林区，200~500m范围内是疏林区。8大景观生态片区各有上千公顷的乔木、灌木和草地相结合的绿地。规划控制分为“绝对控制区”、“重点控制区”和“一般控制区”3个级别。其中，“绝对控制区”主要包括非城市建设用地的密林地、外环路内外两侧500m区域内用地、沿府河、清水河、毗河两岸200m范围内用地和东

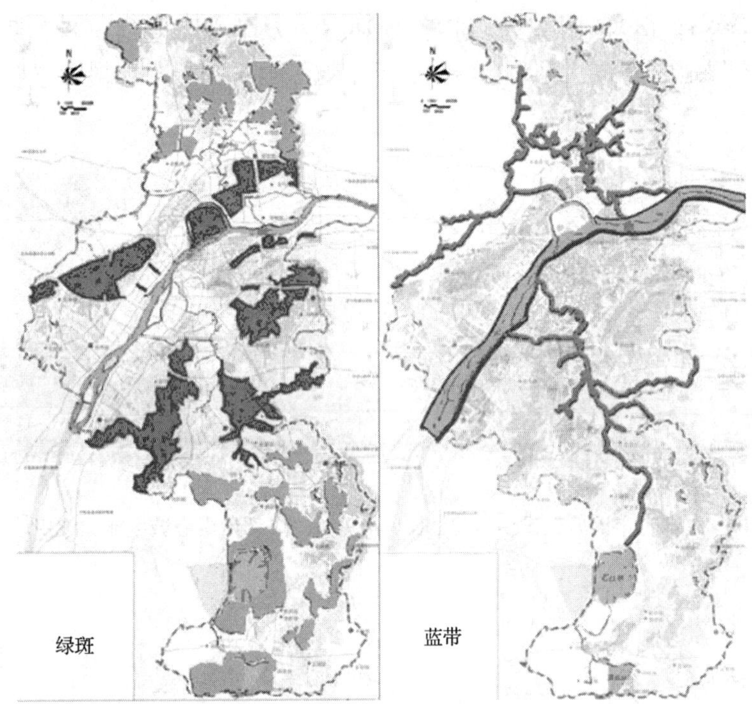

图 7-8　南京市绿地布局主要要素

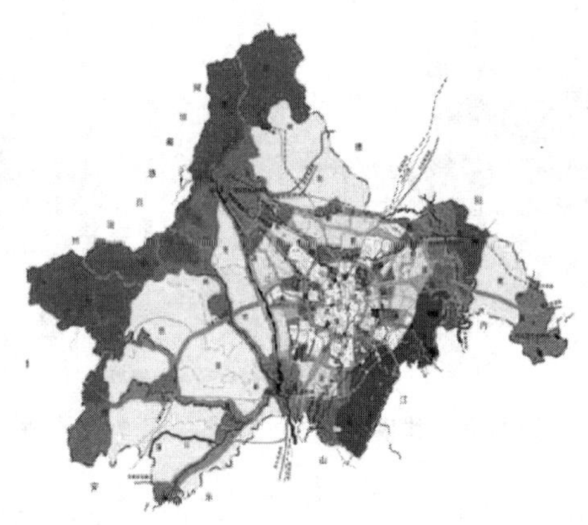

图 7-9　成都市市域非建设用地规划图

风渠两岸 100m 内用地等，“绝对控制区”内不允许单纯的房地产开发。同时规划建设 10 个环城郊野公园，在城市中心城区周边形成一大片绿色“篱笆”，控制城市“摊大饼”式的扩张（图 7-9 至图 7-11）。

（8）佛山市域绿地系统规划

根据规划，佛山绿化建设将以市域大环境为背景，以建立生态型环境为目标，构成多层的绿化体系。在佛山 3800 多 km^2 的土地上，充分利用城市的自然风貌，突出岭南“山水城市”的特色，建成生态良好、环境优美的市域大环境。包含“市域绿地系统规划”、“城市绿地系统规划”、“游憩系统规划”、“历史园林系统规划”、“城市绿地系统防灾规划”、“树种规划”、“生物多样性保护和建设规划”、“城市古树古木保护规划”等子系统。根据佛山市域范围内现有绿地的分布状况和自然地貌，市域绿地系统结构规划为“两带、两区、三环、九廊”（图 7-12、图 7-13）。

7-10 成都市市区非建设用地规划图

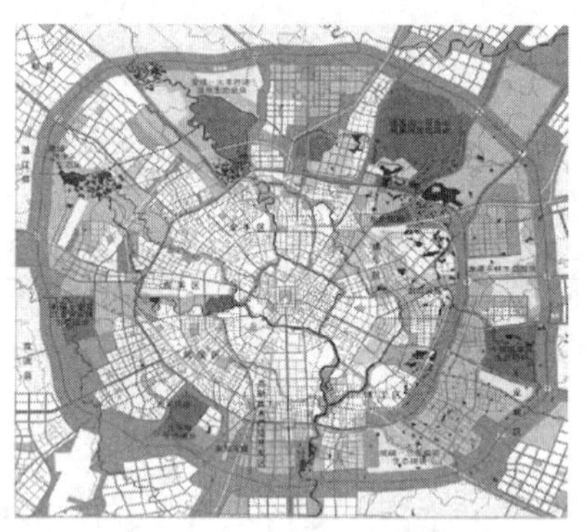

7-11 成都市中心城区非建设用地规划图

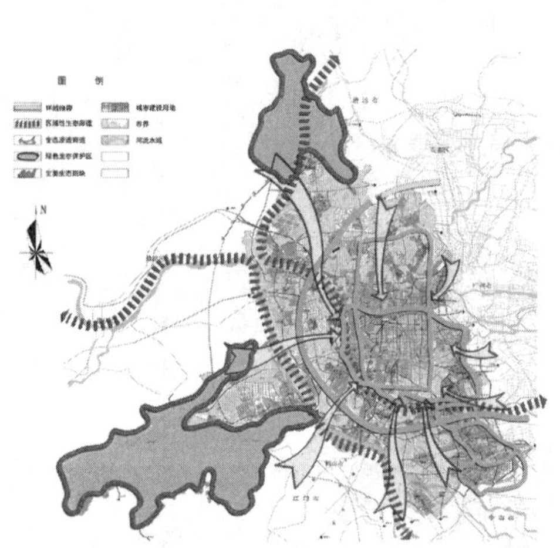

图 7-12 佛山市绿地系统规划布局结构图

图 7-13 佛山市绿地系统规划

“两带”即西江、北江生态廊道。通过水源保护区、滨水绿带、江岸防护林、自然山体、农田保护区进行控制。两带两岸原则上按城郊防护林宽度不小于 100m，城市滨水绿带宽度不小于 70m 进行控制。

“两区”即高明、三水自然山林生态保护区。两区山林植被茂密，自然地形以山地为主，两区规划为绿色保护区。保护区内以保护自然生态系统为主，适度开发生态旅游，开发不得对环境产生破坏。

“三环”即广佛都市圈、中心组团和大良—容桂组团的环城绿带。广佛都市圈结合珠二环高速公路设置一定宽度的绿化带，与广州环城绿带衔接；中心组团沿佛山一环快线和主干河网两侧设置一定宽度的绿化带，形成主城区双环结构；大良—容桂组团环城绿带由大良、容桂、伦教河涌绿化和城市绿化隔离带组成，形成多环结构的环状绿地。环城绿带的建设可有效防止城市无序发展，并构成绿色生态廊道。

“九廊”即市域主要城镇间的生态隔离绿地。九廊是以中心组团为核，沿各个方向在城镇间外围自然生态系统向中心城区渗透的九条廊道，每条廊道生态绿色宽度最窄处不低于500m，形成“九廊贯佛”的绿地大格局，使佛山城市融于自然绿色之中。

二、案例小结

1. 规划的可能性

从以上规划实例可以看出，各个城市和规划编制单位均已认识到大环境对城市绿地系统构建的重要性，并结合城市特点进行了多方面的研究和规划探索，对城市环境的改善和城市绿地的建设发挥了不可忽视的作用。但是，笔者认为目前各规划设计单位编制完成的城市绿地系统规划成果中与市域相关的内容尚不能称之为真正意义上完整的“市域绿地系统规划”，而只是做了“市域绿地系统规划”中的一部分工作。

2. 区域绿地结构

区域绿地结构一般与城市建设空间布局相契合，呈现两种主要模式：绿环和绿楔。绿环模式以大伦敦绿带为代表，在建设用地外围形成基本闭合的绿环，有效阻止了城市的蔓延，但灵活性较差，延长交通距离，造成不少消极空间；绿楔模式以楔形方式从外围渗透，绿楔之间的空隙既为城市发展保留了空间，也使城市外围和市中心之间保持了紧密联系，避免了绿带导致的交通距离过长的问题。国内城市基本上采用绿环和绿楔相互融合的区域绿地结构。

3. 绿地分类方法

区域绿地的类型包括所有城市内及其周边地区能提供市民接触自然的场所，如水源保护区、郊野公园、森林公园、风景名胜区以及山林、原野、观光农庄、湿地湖沼等等。区域绿地的分类一般没有沿用园林绿地或城市建设用地的分类，而是根据绿地的形态和功能，为便于提出针对性的控制引导要求而有所划分。

4. 空间管制要求

广东、深圳均针对不同绿地类型提出相对应的空间管制要求，成都市将非建设用地分为3个级别进行分级控制管理。空间管制要求首先都强调区域绿地对城市生态安全格局的意义，对区域绿地以保护和控制为主，同时也提出了建设引导的要求，鼓励郊野公园、旅游度假项目的建设。

5. 综合性的特征

规划开始重视绿地建设和社会、经济的协调发展，具有更加综合性的特征。如，规划更加促进了城市空间结构的良性发展；绿带建设投资渠道更加多元化；规划更加强调绿色产业的作用和地位。

第三节 我国市域绿地系统规划所面临的问题

一、规划技术与规划体制问题

我国的市域绿地系统规划在近年来已经取得了一定的进步，但毕竟尚处于起步阶段，从规划层次、管理机制到技术层次还很不完善，还面临着诸多的问题，存在着各种各样的障碍性因素[298]。因此，有必要对这些影响市域绿地系统规划的障碍性因素进行剖析，采取相应的措施，从而提高规划的科学性、规范性和可操作性，促进市域绿地系统规划和建设的顺利实施和健康发展。

1. 规划范围与规划对象模糊

（1）规划范围与层次性不清晰

国家标准《城市规划基本术语标准》（GB/T50280—1998）对下述概念的规定：城市（城镇）：指“以非农产业和非农业人口聚集为主要特征的居民点。包括按国家行政建制设立的市与镇”；市域指“城市行政管辖的全部地域”；城市规划区指“城市市区、近郊区以及城市行政区域内其他因城市建设和发展需要实行规划控制的区域”；城市建成区指“城市行政区内实际已成片开发建设、市政公用设施和公共设施基本具备的地区。”在该标准的条文说明中有进一步的说明：“在我国现行行政区划中，实行市领导县（又称市带县）的市，其市域包含所领导县的全部行政管辖范围”。该标准对市域的规定，明确表明市域包括城市行政管辖区域的所有城市和乡村，是市域的广义的概念。

国家标准《城市用地分类与规划建设用地标准》（GBJ137—1990）规定：在计算城市现状和规划的用地时，应统一以城市总体规划用地的范围为界进行汇总统计。城市建设用地应包括分类中的居住用地（R）、公共设施用地（C）、工业用地（M）、仓储用地（W）、对外交通用地（T）、道路广场用地（S）、市政公共设施用地（U）、绿地（G）和特殊用地（D）9 大类用地，不应包括水域和其他用地（E）。城市用地分类中文、英文表述见表 7-6。

表 7-6　城市用地分类中英文词汇表

代号	用地类别中文名称	英文同（近）义词
R	居住用地	RESIDENTIAL
C	公共设施用地	COMMERCIAL AND PUBLIC FACILITIES
M	工业用地	INDUSTRIAL，MANUFACTURING
W	仓储用地	WAREHOUSE
T	对外交通用地	TRANSPORTATION
S	道路广场用地	ROAD，STREET AND SQUARE
U	市政公用设施用地	MUNICIPAL UTILITIES
G	绿地	GREEN SPACE
D	特殊用地	SPECIALLY DESIGNATED
E	水域和其他用地	WATER AREA AND OTHERS

由上述规定可以得出初步的认识：从行政区划的角度看，市域、市区、城区、近郊区是常用的空间范围；而与城市规划建设相关的地域范围常用的是：城市规划区、城市总体规划用地—城市建设用地—城市建成区。因地域和行政区划体制等原因而产生的较大差异，无法一概而论。

（2）规划对象不统一

根据国家《城市规划基本术语标准》（GB/T50280—1998）的规定，“市域”是指城市行政管辖的全部地域。《城市绿地系统规划编制纲要》在规定市域绿地系统的规划内容时，只有简单的一句话：“阐明市域绿地系统规划结构与布局和分类发展规划，构筑以中心城区为核心，覆盖整个市域，城乡一体化的绿地系统。”然而对什么是市域绿地，市域绿地应该具体包括哪些内容，《纲要》却没有明确说明，造成了规划对象的概念模糊。现在学术界一般认为，市域绿地所指的是在整个市域范围内，以绿色植物为主要载体的空间地域，如森林、林地、风景名胜区、自然保护区、森林公园、农田、苗圃、菜地、果园以及湿地等等，几乎覆盖了市域范围内所有非城镇建设用地。

但是，在以往城市总体规划和绿地系统规划编制的具体实践中，编制部门出于自身认识的差异和实际需要，在选择市域绿地的具体规划对象时，往往都进行了不同程度的取舍。比如有的规划中包含了几乎所有具有生态学价值的对象，如各种农田、菜地等等；而有的规划则主要针对的是以林木为主的地域，强调植树造林，而对耕地、菜地之类的用地却没有涉及。规划对象的不同直接导致了绿地布局结构和分类发展规划的差异，不利于该项规划编制的规范化、客观评价和交流对比。

2. 市域绿地分类标准尚未统一

《城市绿地系统规划纲要》规定应当阐明市域绿地分类发展规划。但在实践中，不同的行业管理部门根据自身的管理特点，对市域中具有绿地性质的用地有着不同的名称和分类标准。由于编制中没有统一、科学的分类规范，使得在市域绿地分类上，往往具有不同程度的随意性。不仅容易造成绿地指标规划统计上的混乱，而且还会使规划内容产生歧义，不利于规划的顺利实施和日后管理。

表 7-7 不同部门对市域相关“绿地”的部分分类情况

部门名称	分类依据	分类内容
城市规划部门	《城市用地分类和规划用地建设标准》	在“水域和其他用地”（E 大类）中将相关用地分为：水域、耕地、园地、林地、牧草地、村镇建设用地、弃置地、露天矿用地等 8 个中类
国土资源部门	《土地管理法》 《土地利用总体规划编制》	将土地分为农用地、建设用地和未利用地，农用地是指直接用于农业生产的土地，包括耕地、林地、草地、农田水利用地、养殖水面等
林业部门	《森林法》 《森林法实施条例》	将森林分为：（一）防护林（二）用材林（三）经济林（四）薪炭林（五）特种用途林
环保部门	《环境保护法》 《生态功能保护区评审管理办法》	可分为自然保护区、生态示范区，生态功能保护区等，其中又分为国家级、省级和地（市）级等
园林部门	《城市绿地分类标准》	没有涉及到市域绿地的划分

另外，行业标准《园林基本术语标准》（CJJ/T91—2002）规定：城市绿地是“以植被为主要存在形态，用于改善城市生态、保护环境，为居民提供游憩场地和美化城市的一种城市用地。”在该标准的条文说明中有进一步的说明：“广义的城市绿地，指城市规划区范围内的各种绿地”。风景林地是“具有一定景观价值，对城市整体风貌和环境起改善作用，但尚没有完善的游览、休息、娱乐等设施的林地。”

行业标准《城市绿地分类标准》（CJJ/T85—2002）提出：其他绿地指“对城市生态环境质量、居民休闲生活、城市景观和生物多样性保护有直接影响的绿地。包括风景名胜区、水源保护区、郊野公园、森林公园、自然保护区、风景林地、城市绿化隔离带、野生动植物园、湿地、垃圾填埋场恢复绿地等。”该标准的条文说明中进一步指出：“其他绿地”是指位于城市建设用地以外生态、景观、旅游、娱乐条件较好或亟须改善的区域”，这类绿地“不参与城市建设用地平衡，它的统计范围应与城市总体规划用地范围一致”（表7-7）。

从上述概念的定义看，目前我国城市绿地的术语、分类等研究的重点是在与城市总体规划中确定的城市建设用地相关的范围之内；对于市域范围内的“绿地”尚无较为深入的研究，因此也更谈不上有较为成熟的研究成果或相关的法规、规章作为规划编制的依据。

3. 规划体制制约市域绿地系统规划的进展

（1）我国现有的城市制度和行政区划制度的制约

改革开放以来，我国开始全面推广“市带县”和“县改市”的城市行政体制。但是随着经济发展，各级政府之间在城乡发展和利益分配上的矛盾越来越大，地方保护主义盛行，市政府对整个市域的宏观调控能力有所降低。市域绿地规划本身是一项区域规划，理应从区域的角度进行分析研究，但实践中往往受行政区界的限制，不得不就市域论市域。按照目前的行政区界划分惯例，各市县边界多依赖于对自然地理单元的划分（如以山体的分水岭和湖泊、河流的中心线为界）。这些位于边界地域的绿色生态区域要么沦为“三不管地带”，要么成为竞相进行资源掠夺的对象。因此如何在规划中协调好各县市之间的利益关系就成了一项紧迫的课题。

（2）管理部门条块分制导致规划协调困难

市域绿地系统规划是一项综合性很强的规划，需要多个部门的合作和协调。目前城市建成区内部和外部大环境的绿化一般分别由园林建设部门和林业部门来管理，而另外的某些“绿地”（如耕地、自然保护区、水源保护区）往往又涉及到国土、环保、水务等多个管理部门。由于我国的城乡二元管理体制和各部门之间长期存在着的条块分割、各自为政的弊端，部门利益的冲突使得规划编制协调工作困难重重。

（3）多部门规划难以提供准确定位与发展指导

目前，许多专业部门都单独编制有与市域绿地相关的规划，如“城市环境保护规划”、“城市林业发展规划”、“土地利用规划”及“水土保持规划”等等。这些规划在内容上一般都有某种程度的重叠，但对于某些具体问题如某地块的性质、面积及管理内容等方面却往往有所差异，甚至是矛盾的。“公说公有理、婆说婆有理”，在这种情况下，这些规划无法为市域绿地系统规划的编制提供一个可靠权威的参照依据，增加了规划编制的难度。

（4）规划编制主体的错位，降低了规划编制效率和认同感

我国城市专项规划中有一个很重要的特点，专项规划的编制主体和实施主体基本是一致的。如道路交通规划由交通管理部门来制定，电力发展规划由城市电力部门来完成。在这种体制下，专项规划能够比较科学、准确和集中地反映本行业实践管理中存在的问题，满足特定的专业需要。

《城市绿地系统规划纲要》指出：城市绿地系统规划由城市规划行政主管部门和城市园林行政主管部门共同负责编制。但是在现有体制下，园林部门对农村地区各种绿地的情况并不十分了解，城市规划部门在整个市域范围内的规划领导和协调能力也受到很大的限制。如果单纯的只将这两个部门作为市域绿地规划编制主体，不仅在技术上会受到一定的限制，同时各部门协调起来也比较困难，大大降低规划编制效率和其他相关部门对规划的认同感。

4. 规划定位模糊，规划效力低

理论上讲，城市绿地系统规划是城市总体规划的专项规划，它的成果在纳入城市总体规划后得以落实。但在实际编制中，对于市域绿地系统规划的准确定位，特别是与城市总体规划和其他相关规划的关系方面，却显得有些混乱。主要表现在：

（1）多部门分割管理，规划执行力度不足

在现有体制下，城市总体规划在农村地区的实际效力有限。耕地、林地、自然保护区等管理更愿意执行本行业部门制定的规划。市域绿地系统规划作为一个行业主管部门编制的规划，对市域绿地的建设管理产生的实质作用比较薄弱。

（2）对规划作用和深度认识不够

一些城市总体规划的城镇体系规划中，往往已经基本确定了市域范围内各种绿色生态空间的结构和位置，所以认为市域绿地系统只是在此基础上冠以一些时髦的概念，并不实用，故而对市域绿地系统并不热心，敷衍了事。

（3）指标和目标偏高，影响规划与实践的结合

置总体规划和其他相关规划于不顾，不考虑影响绿地规划的众多因素，就绿地谈绿地，机械的套用一些生态理论，规划门类众多的绿地类型和高标准的“规划指标”，勾画了壮丽的绿化远景。但是由于规划与现实严重脱节，无法纳入城市规划体系之中，最终无法摆脱“墙上挂挂”的命运。

（4）承担内容过多，目标过于复杂化

不切实际的要求市域绿地系统承担过多的工作内容，从所谓的城市生态规划、耕地保护、生物多样性规划、风景旅游到城市林业发展规划等等，盲目追求大而全。

这些问题的产生归根到底在于目前对该项规划缺少必要和准确的定义。定位的模糊既不利于规划编制的科学性，也大大降低了规划在实际应用中的效力。

5. 规划技术与规划理论的滞后

（1）规划基础资料缺乏且不详实

规划的科学性首先来自基础资料的准确性。但是由于政府各部门长期以来忽视管理的信息化建设，使得市域绿地规划缺少足够、必要的基础资料，造成规划编制的先天不足。如：市域范围往往是市区范围的几十倍，如此大范围的现场调研，其工作量可想而知；市域范围内各种用地隶属关系不同，各主管部门对于该类规划编制的理解和需求不同，因此规划所需基础资料（如市域地形图等）的获取难度可想而知；市域范围内相关规划门类众多，由城市总体规划阶段的一个专业规划来直面并协调各种规划，其力度可想而知。

（2）规划理论滞后

目前的市域绿地系统规划盲目套用生态理念，不能从实际把握地域特色，只做出宏观的结构系统，并没有针对主要生态要素进行合理分析和把握，导致理论比较大而化之，不能引导城市区域生态化建设。

（3）规划内容空洞，可操作性差

目前的市域绿地系统规划只是作为“城市绿地系统规划”的一个配套内容，由于受到篇幅和上述各方面的限制，实际规划编制中更多的只能是些宏观概念性的表述，而缺乏必要的规划深度和实际控制措施，造成许多绿地建设和保护在规划中找不到明确的依据。因此目

前状况下的市域绿地系统规划尚不能对市域绿地资源的保护和建设提供具有可操作性的有效控制途径。

二、市域生态环境状况及存在问题

1. 市域生态环境状况

最近几年，我国政府对环境问题越来越重视，各项政策措施相继出台，并取得了令人瞩目的成绩。然而，中国的生态环境形势依然严峻，相当多的地区环境污染和生态破坏状况仍然没有得到改变，尤其农村地区生态环境不断恶化，并日益成为制约经济发展与人们生活质量改善的重要因素。我国农村生态环境面临的主要问题表现在水污染加剧、湿地退化、水土流失、土地沙漠化。市域环境状况持续恶化的直接原因主要是农用化学物质污染、养殖业污染、工业污染（乡镇企业对农村环境的污染、城市工业“三废”污染向农村蔓延、城市污染企业的外迁）、生活污水和生活垃圾对环境的污染。市域生态环境状况持续恶化的深层次原因主要是农村人口增长过快，人口素质低；经济发展水平的制约，生态环境保护和经济发展是相辅相成的，良好的生态环境，是经济可持续发展的保证，生态环境的保护、建设也有赖于经济发展提供资金；管理体制上的原因，部门条块分割，造成农村环境资源管理缺失；农村的环境保护长期受到忽视，政策和法规体系不健全；农村环保基础设施、环保经费供给不足，加重了生态环境恶化。

2. 城市化与市域土地利用状况

生态环境保护、绿地建设最终要落实到用地上，市域土地利用状况是影响市域绿地系统规划和市域生态环境保护、绿地建设的重要因素。市域土地利用状况的研究是市域绿地系统规划研究的基础和前提。城市化是经济社会发展的必然，城市化直接影响着城乡发展、城市形态、城乡结构、土地利用状况，进而深刻影响着市域生态环境保护和绿地保护建设。市域土地利用状况的研究，有必要首先对城市化及其与之相关的城乡关系，大中城市扩张，小城镇发展，城市郊区化等相关问题进行研究。

（1）城市化及其影响

城市具有凝聚、贮存、更新、传递并进一步发展物质文明与精神文明的功能，它能通过不同的社会、经济活动的交互作用，在时间与空间上扩大城市与乡村、城市与区域、城市与城市之间的联系，能够带动促进农村经济发展、社会进步。因此，根本解决农村面临的问题，有赖于城市的健康发展，健康的城乡关系是城市发展的基础。城市化在空间和用地上的影响表现为城市的扩张。概括20世纪90年代中国城市空间的变化主要表现为两方面：城市建成区向外扩展，以及与此同时发生的城市内部空间的重新组合。无论东、中、西部地区，城市化主要表现为政府主导的城市外延扩张，农业用地与城市用地的需求矛盾日益突出。如果再考虑退耕还林、退耕还牧减少耕地的因素，中央政府与地方政府在耕地保护与经济发展用地上的矛盾将更加突出。

（2）小城镇的发展

从用地结构看小城镇居住用地偏高，公共设施用地、道路广场用地偏低，公共服务设施不完善。从用地布局上看，城镇布局分散，普遍存在混乱现象，功能分区不明显，工业、行政、商业、居住、仓储等各类用地相互穿插、交错，特别是一些污染严重的工厂企业混杂于居住用地之间。公共绿地增加的幅度远远赶不上同时期城镇居住用地的发展速度，因此绿化在城市建设上呈现出严重的滞后现象。绿地低于国家规定的城镇用地标准，有的小城镇绿地指标几乎为零。

（3）郊区化及其影响

郊区化是整个城市发展过程中的一个重要阶段，伴随着郊区化进程，城市要素迅速向外扩散，虽然这一过程极大地促进了产业和劳动力的合理布局，优化了城市土地利用结构和城市功能，带动了郊区的发展，有利于缓解“城市病”，对实现城市人口与经济、社会、环境的相互协调与可持续发展具有重要的作用，但这一过程也带来了一系列新的生态环境问题，使城市区域整体的生态环境面临着严峻的考验，对城市生态环境的可持续发展产生了巨大影响。我国郊区化不同于西方发达国家的郊区化，具有以下特点：第一，我国郊区化是经济发展水平较低基础之上的郊区化；第二，我国郊区化是被动的郊区化；第三，我国郊区化是城市处在集聚发展阶段的宏观背景下的郊区化；第四，我国郊区化是政府积极干预下的郊区化。

（4）市域土地利用问题

市域土地利用特点主要是土地利用类型多样，各种企事业单位用地规模大，土地所有权不同，涉及不同的管理部门，用地性质变化受多种因素影响。市域土地利用中存在土地退化，用地不经济、土地浪费严重，用地结构不合理、布局紊乱、彼此间矛盾冲突大等现实问题。市域土地利用受城市化及其相关的城市扩张、小城镇发展、大城市郊区化的直接影响，市域土地利用中存在的诸多问题的产生与发展还有其自身特定的形成原因，问题产生的根源主要在于各种经济、社会、土地政策及规划管理机制等方面。如制度、政策法规不健全，土地所有权主体混乱，土地使用权流转受到严格的限制，土地管理政出多门等。

第四节　市域绿地系统规划理论体系初探

城市绿地系统规划作为城市规划的一部分被纳入城市总体规划的编制在我国开展的时间毕竟十分的短暂，而市域绿地系统规划在我国绿地系统的规划编制中由于刚刚起步，缺乏统一的规范和标准，在规划前和规划中面临多种困难是可想而知的，因为从以往的城市绿地系统到市域绿地系统，规划的编制不仅是一个范围扩大的问题，由此会引发一连串的多米诺骨牌效应。这些问题不仅是技术层面的，更有社会、经济层面上的。因此，针对市域绿地系统规划这一富有挑战和实际意义的课题，对它进行不同角度不同层次的探讨将是一件非常有意义的事情。由于目前我国在市域绿地系统方面还没有统一的编制方法，虽然全国各大规划院所及高校相关专业的学者专家早已意识到了市域绿地系统规划的重要性，并在其规划实践中也做过不同程度的尝试，但基本上还处于一种模糊未定阶段。不过这种情况也反过来进一步说明了市域绿地系统规划的重要性。这就要求现行的城市绿地系统规划从更大的范围、更高的层次，从战略的高度来审视它们。为此，笔者从市域的范围入手，对绿地的定义、绿地系统的定位、绿地的分类、绿地系统规划程序等方面作初步性的探讨，以期从市域绿地系统规划的层面来寻找解决目前城市绿地系统规划的一些局限性。

一、市域绿地系统的概念

1. 市域绿地的界定

20 世纪 90 年代后期，绿地系统规划开始向市域或更大范围的区域扩展，使得市域绿地系统在满足城市及城市所在区域的生态环境方面成为中坚力量，同时也为城市提供良好的物质效益，为城市的可持续发展奠定基础性规划。传统城市绿地主要指城市建成区内的各类绿地，包括：公园绿地、生产绿地、防护绿地、附属绿地和其他绿地等。随着生态意识的加强，有学者提出了城市区域生态绿地系统的概念，意指在人居环境中发挥生态平衡功能、与人类生活密切相关的绿色空间，有较多人工活动参与培育和经营，社会效益、经济效益和环境效益结合的各类绿地的集合。这一定义暗示了城市绿地系统地域范围的扩展和绿地功能的延伸。

从我国相关的行业标准对绿地的定义看，目前我国城市绿地的术语、分类等研究的重点是在与城市总体规划中确定的城市建设用地相关的范围之内。相关标准对城市绿地的定义，是城市用地平衡、用地指标计算的需要，绿地和城市绿地的混用，以绿地替代城市绿地，反映了一段时期以来绿地规划建设中对城市园林绿化建设的偏重。“绿地”其本身的含义比我国相关的行业标准对绿地的定义更宽。城乡建设实际要求我们从绿地的本质上，从绿地的生态、游憩、景观功能上重新认识绿地。变城市中的绿地为绿地中的城市”，必须改变对绿地的狭义理解，突破“园林绿地”的界定，在经济、科技飞速发展的今天，不论从学科、还是从行业的角度来看，开拓视野，更新观念，都是势在必行的。如果我们将绿地和城市绿地区分开，绿地不再是城市绿地的别名，也不再是城市绿地的简称，将绿地前面的“城市”去掉后，它自然就有了更宽的外延，能够涵盖城市及城市以外的所有的“绿化地面或区域”。如果将城市以外的绿地称为“市域绿地”，绿地就包括了城市绿地和市域绿地两部分内容。

因此，为了实现绿地概念的扩展，满足绿地规划建设的发展需要，在绿地的定义上，必须突破对绿地狭义理解的束缚，使绿地的概念和绿地本身的语义相符，不应将绿地限定于城市建设用地相关的范围之内。在对城市绿地概念的界定上，可以不改变现行相关的行业标准对城市绿地的限定，将城市绿地限定在城市以内，这样有利于绿地系统规划和相关研究的衔接，避免了因城市绿地概念扩展造成的用语上的混乱，满足了城市自身用地指标计算的要求。在对市域绿地概念的界定上，以市域绿地的概念指代城市以外的绿地，使城市绿地定义中的“其他绿地”及农业生产绿地等其他城市以外的绿地有了归属，能够适应日益受到重视的市域绿地保护建设的需要，有效地促进市域绿地规划和保护建设。本文对市域绿地的定义未涵盖城市绿地，是一个狭义的概念，这样的界定，是为了本文研究和表述的方便，也有利于构筑由“城市绿地”和“市域绿地”组成的“绿地”体系，有助于城市绿地系统和市域绿地系统的衔接和协调，更进一步地，有助于构筑以中心城区为核心，覆盖整个城市行政辖区，城乡一体化的绿地系统。

（1）绿地

具有生态、景观或游憩功能、绿化环境较好的特定区域。它是以自然要素为主体，为人类生存提供新鲜的氧气、清洁的水、必要的粮食、副食品供应和户外游憩活动的用地。包括自然植被为主的森林、林地、湿地、草地，还包括人工栽培为主的各类园林绿地和各类农业生产用地。从根据所处的位置，绿地分为城市绿地和市域绿地。

（2）城市绿地

使用行业标准《园林基本术语标准》（CJJ/T91—2002）对城市绿地的规定。即“以植被为主要存在形态，用于改善城市生态、保护环境，为居民提供游憩场地和美化城市的一种城市用地”。

（3）市域绿地

城市以外、市域范围内所有自然、人工绿化的区域，包括森林、林地、水域湿地和以农业生产为主的耕地、园地、林地、牧草地等。

2. 市域绿地系统的概念

市域绿地系统概念的提出，适应了城市功能区的扩展趋势，从区域空间的视角、景观生态学和城市规划学的角度，赋予城市绿地系统全新的内涵：市域绿地系统是城市用地空间的重要组成部分，在传统城市绿地景观和游憩的功能基础上，更加注重绿地生态功能与城市空间结构的有机契合。绿色开敞空间的概念，认为所有在城市内及其周边地区能提供市民接触自然的场所均属绿色开敞空间，并更加侧重绿地系统的功能性和空间的内在质量。所谓市域绿地系统是指在市域或区域范围内，对完善城乡布局结构的空间完整性和合理性起到重要作用以及较大影响城乡整体生态环境的、生态上有较强联系的地带中所有绿色空间的总称。

3. 市域绿地的功能作用

市域绿地种类众多，不同类型的绿地在改善环境、提供各种服务中的作用存在差异，其主要功能也有所不同。概括起来市域绿地的作用主要有以下几点：具有保护环境、改善农村的生态环境、改善城市生态环境、为城乡居民提供休闲娱乐的场所的功能，具有生产功能，在形成良好的城市形态、形成合理的城镇体系、促进城乡协调发展等方面具有重要作用。

农田在城市建设用地以外的各类用地中占有重要地位。显然，农田的生产功能是其最主要的功能，农田所具的生态服务和观赏游憩功能也正逐步引起人们的重视。随着绿地研究的深入，突破对绿地的狭义的理解，从绿地的本质上重新认识绿地，有必要对农田的功能作进一步分析。在构成生物圈的各种生态系统中，森林和林地、湿地具有及其重要的位置，它们对维护和改善人类赖以生存的生态环境具有重要意义。

二、规划的基本定位、范围与层次

1. 市域绿地系统规划的功能定位

市域绿地系统规划的功能定位，就是要明确该项规划的根本目的是什么。这关系到如何正确制定市域绿地系统规划的内容，如何正确评价市域绿地系统规划的作用和意义。前文对市域状况、市域绿地的作用进行了详尽论述。需要指出的是在市域范围内，面临着生态环境保护和经济发展的双重压力，在强化市域生态保育、改善市域整体生态环境的时候，不得不直接面对该地区各种错综复杂的社会经济关系和问题的影响。所以市域绿地的规划建设，还必须要和该地区社会经济等各方面充分结合起来。根据上文的论述，市域绿地系统规划的功能定位为：联系并建立城乡生态关系，保护、改善农村生态环境；稳定城市生态功能，完善城市生态结构，形成城市生态背景；有效指导市域绿地的保护、建设，改善城乡环境，促进经济社会环境协调发展。

（1）联系并建立城乡生态关系，保护、改善农村生态环境

农村生态环境的持续恶化，已经影响到经济的发展，甚至威胁到人们的健康。市域绿地系统规划通过对生态服务功能良好、对整体或局部环境具有决定作用的区域的保护、控制，通过市域绿地的建设，达到恢复、保护、改善农村生态环境，实现可持续发展的目的。这是市域绿地系统规划的首要功能。

（2）稳定城市生态功能，完善城市生态结构，形成城市生态背景

城市的发展决定着整个人类社会、经济、文化的发展进步，城市环境的改善是城市发展的基础。而城市由于其生态系统的固有特点，城市环境问题的根本、有效解决必须依靠城市腹地的大环境建设。保护建设好城市赖以生存的市域环境，通过科学合理的规划布局将自然引入城市，利用农村生态环境的优胜整治城市的环境是市域绿地系统规划的重要功能。

（3）有效指导市域绿地的保护、建设，促进经济社会环境协调发展

一方面，市域绿地的规划建设，必须要和该地区社会经济等各方面充分结合起来。另一方面，市域绿地的保护建设在改善环境的同时，具有促进经济发展、社会和谐进步的功能。

2. 市域绿地系统规划的规划定位

市域绿地系统规划的规划定位，就是要明确该项规划和城市总体规划的关系。明确市域绿地系统规划的规划定位对正确制定规划内容和规划的实施管理有着重要的作用。市域绿地系统规划的研究刚刚起步，目前还没有明确的法律定位。规划内容和深度与规划的定位是直接关联的，将市域绿地系统规划定位为城市绿地系统规划下的一项内容，其规划内容和深度都难以应对地域广阔、矛盾错综复杂的市域大环境绿化建设的需求。

城市绿地系统规划作为城市总体规划的一个专项规划，这一基本定位似乎已经被业内人士普遍认同。然而，目前所进行的大部分城市的绿地系统规划其规划范围往往主要针对城市市区以及近郊区。对于远郊区及以外市域行政区范围之内的大区域却一笔带过（往往就是一张图）。很多情况下，在城市总体规划所划定的范围内往往剩下一块绿地系统规划的空白区域或者关注不够区域。尽管2002年建设部下发的《城市绿地系统规划编制纲要（试行）》第四章规定：市域绿地系统规划要阐明市域绿地系统规划结构与布局和分类发展规划，构筑以中心城区为核心，覆盖整个市域，城乡一体化的绿地系统。然而，由于市区近郊区以外的区域涉及到行政管理主体的多元化以及《纲要》本身在市域绿地系统规划这一块规定的模糊性，因此，在涉及到市域绿地系统这一块的编制时编制单位的有意淡化也时常是不得已而为之，只能提些大的框架性措施。另外，《城市规划法》第十四条规定，编制城市规划应当注意保护和改善城市生态环境，防止污染和其他公害，加强城市绿化建设和市容环境卫生建设，保护历史文化遗产、城市传统风貌、地方特色和自然景观；第十九条又规定，城市总体规划应当包括绿地系统，各项专业规划。同时根据《城市规划编制办法》第二章第十六条关于城市总体规划编制应当包括的内容规定“城市总体规划应当确定城市园林绿地系统的发展目标及总体布局”。

在城市总体规划开展之前和开展之初，考虑根据城市所在区域自然环境的“溶解力（承载度）”做好整个城市的（或者城镇的）规划布局，把城市融入其所在的自然环境背景之中，而不是在城市总体规划既定的情况下挖空心思考虑怎样布局城市内部及其周边的绿地。这种观念在最近几年已逐渐被许多专家和学者认识到。由于城市规划是一个非常复杂的体系，要彻底改变从前的观念比较困难，仍需要个时间和实践的问题。但就目前市域绿地规

划布局来说，关键还是怎样达到自然“溶解”的目的，即通过有效的市域绿地系统布局，使城市融入自然背景之中，实现人与自然的和谐以及城市的可持续发展。作为整个城市自然生态环境背景的市域绿地系统，是城市可持续发展的重要保障之一。市域绿地系统是城市的载体、本底。建成区作为市域绿地系统内的一个斑块，它的可持续性主要依赖于整个市域绿地系统给予它各种保障的程度。

综上所述，市域绿地系统的基本定位可以得出以理解为：根据《城市规划法》，市域绿地系统规划是城市总体规划的一个专项规划；市域绿地系统规划还应该成为改善城市及其所在区域生态环境的基础性规划，为市总体规划提供专业性的参考数据。将市域绿地系统规划从城市绿地系统规划中独立出来，作为城市总体规划下的专项规划独立编制，是有效解决现行市域绿地系统编制中规划内容空洞、规划深度不够、可操作性差等问题的基础，是现实市域环境保护建设的需要，势在必行，是大势所趋。这样的规划定位有以下重要意义：

（1）规划定位决定了市域绿地系统规划必须建立与城市总体规划的协调关系。一方面，从规划内容上，市域绿地系统规划必须以城市总体规划为基本依据，同时市域绿地系统规划又可以进一步调整完善充实城市总体规划，为城市总体规划的修编提供依据。

（2）规划定位有利于解决目前市域绿地系统规划编制实施中存在的问题，深化规划成果的深度，增强规划的可操作性，真正发挥绿地系统规划在指导市域绿地建设和环境保护中的作用。

（3）规划定位明确了市域绿地系统规划严肃的法律地位，增强了规划的权威性。由于规划内容纳入到了城市统一的规划管理体系当中，其用地和规划建设管理可以按照《城市规划法》以及其他相关法规的规定实施，从而保证了规划内容可以得到较好的贯彻执行。

3. 规划范围的界定

市域绿地系统规划作为城市总体规划的一个专项规划，其规划范围是与城市总体规划的范围一致的。单从“市域”字面上来理解，其范围应当是行政管辖区域（包括市辖区、县、县级市、镇、乡等）。在中国现行的城市规划体制中，专项规划与总体规划结合得越紧密，其实施的力度就越大，这已经是不争的事实。城市绿地系统规划在对待市域问题时，规划范围的确定应坚持城市规划区和行政管辖区的概念，与城市总体规划建立对应关系，既可以避免专项规划的各自为政，保证专项规划的实际意义；同时也能够使专项规划编制工作面向实际。这样，区域视角下的市域绿地系统规划的两个层次就分明了，即以城市规划区为规划范围的城市规划区绿地系统规划和以市域行政管辖范围为规划范围的市域绿地系统规划。

如果从保护自然生态环境，为城市的发展提供一个健康稳定可持续性支持城市运转的自然系统的角度出发，同时又便于城市规划的编制、管理，市域绿地系统规划中“市域”的范围至少应该是城市行政辖区。扩大城市总体规划的研究范围，从区域的角度出发来规划现代城市已经成为我国新一轮城市总体规划积极探索的重点。另一方面随着城市化进程的逐步加速，城市与乡村之间逐渐融合，城市与区域日益成为一个发展的整体。按照霍华德的田园城市理论，城市与乡村之间应该避免利益相互冲突，力求建立一种城市与乡村融合的协调发展形式，城市与乡村统一规划。因此，把城市总体规划扩大到市域行政管辖范围或者更大，就成为市域绿地系统开展的前提和基础，市域绿地系统规划的范围应该是市域行政管辖范围或者更大（因为自然生态系统往往很难用人为的界限来分开的，应该把自然地理相联系的重点生态地块统一纳入规划，这就要做好跨行政区协调问题，特别是水系流域的生态控制问题，更需要区域协调理念）。

在平时使用中，“市域”被用作和城市相区别的一个地域概念，指城市全部行政管辖范围内城市以外的全部地域，这是广义的市域概念。如现行城市绿地系统规划中的市域大环境绿地、市域大环境绿化，指的就是城市以外的大环境绿地和城市以外的大环境绿化，它们不参加城市用地平衡；相关研究中所使用的市域环境、市域生态规划等概念中的“市域”也是区别于城市，有城市以外的含义。目前，城市绿地系统规划规划的重点是在城市建设用地的空间层次上，而且经过多年的发展其理论研究、法规规范建设、规划编制和规划的实施管理都已相对成熟；而城市以外的广阔区域中各类绿地保护、恢复、建设具有极其重要的意义，却缺乏有针对性的规划对其进行有效的控制。因此，针对目前绿地系统规划理论研究和规划实践的现实状况，市域绿地系统规划研究的重点应针对“狭义”的市域范围，研究范围应集中在城市行政管辖范围内、城市以外的广阔区域。

本文对市域的界定为：城市行政管辖范围内城市以外的全部地域。这是市域狭义的概念，有助于理顺绿地、城市绿地、市域绿地的关系，可以理顺市域绿地系统规划和城市绿地系统规划的关系，符合相关研究的用语习惯，方便研究和表述。

4. 规划层次的界定

城市是个动态发展过程，任何规划都有其时限性，不同规划阶段是为了在不同的层面上，在不同的时间安排上解决城市不同范围内的不同问题，以达到对城市建设和发展的引导。本研究属于总体层次的研究，重点探讨目前市域绿地系统规划中急待解决的规划定位、市域绿地的分类、规划内容、规划布局等问题。随着理论研究和规划实践的不断深入，在与城市总体规划体系和各级规划层次相匹配的基础上，应根据市域绿地规划、保护、建设和管理实施的实际需要，研究市域绿地系统规划（总体规划）下一层次的规划内容，逐步建立完善市域绿地系统规划的规划体系，以应对在不同范围和阶段内绿地建设所面临的不同问题、对各项绿地的保护、建设进行更有效的规划控制。

三、市域绿地的分类

一种分类方法往往反映了对分类对象的认识深度，反映了相关学科的发展程度。市域绿地的科学分类对推动城市绿地的规划、建设、管理进一步向着科学、规范化迈进具有重要的实际意义。

1. 现状城市绿地分类

（1）城市建设用地分类体系

城市建设用地分类体系中：1990 年颁布的《城市用地分类与建设用地标准》（GBJ137—1990）将城市绿地 G 大类分为公共绿地 G1 和生产防护绿地 G2 两个中类，而将园地、林地归为非城市建设用地中的 E 类。《城市用地分类与建设用地标准》中的绿地分类对象主要是城市建设用地范围内的绿化用地，与城镇以外的区域绿地相关的绿地分类主要有绿地（G）大类—公共绿地（G1）中类—公园（G11）小类中的风景名胜公园；生产防护绿地中的防护绿地（G22）；水域和其他用地（E）中的林地（E4）（表 7-8）。

表 7-8　《城市用地分类与建设用地标准》中的绿地分类

G			公共绿地	向公众开放，有一定游憩设施的绿化用地，包括其范围内的水域
	G1	G11	公园	综合性公园、纪念性公园、儿童公园、动物园、植物园、古典园林、风景名胜公园和居住区小公园等用地
		G12	街头绿地	沿道路、河湖、海岸和城墙等，设有一定游憩设施或起装饰性作用的绿化用地
	G2		生产防护绿地	园林生产绿地和防护绿地
		G21	园林生产绿地	提供苗木、草皮和花卉的圃地
		G22	防护绿地	用于隔离、卫生和安全的防护林带及绿地
E	E4		林地	生长乔木、竹类、灌木、沿海红树林等林木的土地

（2）园林绿地系统分类体系

园林绿地系统的绿地分类采用的是《城市绿地分类标准》。城市绿地分为大类、中类、小类 3 个层次，共 5 大类、13 中类、11 小类，5 大类绿地是指公园绿地（G1）、生产绿地（G2）、防护绿地（G3）、附属绿地（G4）、其他绿地（G5）。从总体上城市绿地分类标准（CJJ/T85—2002）比较明确的界定了城市规划建成区主要绿地类型和划分界限，减少了城市绿地系统规划过程中若干绿化用地归属方面的分歧。但是，由于规划的三层面的研究内容和侧重点不同，在针对不同层面的城市绿地系统规划中并不能完全套用，尤其是市域绿地系统规划的绿地分类中研究的对象基本无法沿用这 5 大类（表 7-9）。

表 7-9　《城市绿地分类标准》中的绿地分类

对应《城市用地分类与建设用地标准》中的 G1	G1		公园绿地	向公众开放，以游憩为主要功能，兼具生态、美化、防灾等作用的绿地
		G11	综合公园	内容丰富，有相应设施，适合于公众开展各类户外活动的规模较大的绿地
		G12	社区公园	为一定居住用地范围内的居民服务，具有一定活动内容和设施的集中绿地（包括居住区公园和小区游园）
		G13	专类公园	具有特定内容或形式，有一定游憩设施的绿地（包括儿童公园、动物园、植物园、历史名园、风景名胜公园、游乐公园、其他专类公园）
		G14	带状公园	沿城市道路、城墙、水滨等，有一定游憩设施的狭长形绿地
		G15	街旁绿地	位于城市道路用地之外，相对独立成片的绿地，包括街道广场绿地、小型沿街绿化用地等
对应《城市用地分类与建设用地标准中》的 G2	G2		生产绿地	为城市绿化提供苗木、花草、种子的苗圃、花圃、草圃等圃地
	G3		防护绿地	城市中具有卫生、隔离和安全防护功能的绿地。包括卫生隔离带、道路防护绿地、城市高压走廊绿带、防风林、城市组团隔离带等
对应城市用地分类中各类用地中的附属绿化用地	G4		附属绿地	城市建设用地中绿地之外各类用地中的附属绿化用地。包括居住用地、公共设施用地、工业用地、仓储用地、对外交通用地、道路广场用地、市政设施用地和特殊用地中的绿地（但不包括居住用地中的社区公园即居住区公园和小区游园）
不属于城市建设用地	G5		其他绿地	对城市生态环境质量、居民休闲生活、城市景观和生物多样性保护有直接影响的绿地。包括风景名胜区、水源保护区、郊野公园、森林公园、自然保护区、风景林地、城市绿化隔离带、野生动植物园、湿地、垃圾填埋场恢复绿地等

《城市绿地分类标准》将绿地的分类概念扩大到了城镇内外，与区域绿地概念相关的绿地分类包括公园绿地（G1）中的综合公园（G11）；专类公园（G13）中的风景名胜公园；防护绿地（G3）和其他绿地（G5）。其中防护绿地中城市组团隔离绿地和其他绿地中的郊野公园、风景林地、湿地等分类，更加接近于区域绿地系统的功能要求。

（3）林业部门分类体系

随着城市绿地的概念由城市绿地扩大到区域绿地，按照我国现行的管理体制，城镇以外的林地资源主要由林业部门负责实施管理。林业部门将林业用地一般分为林地、荒地和难利用地 3 个大类，其中林地又分为有林地、疏林地、灌木林地、无立木林地和苗圃 4 个中类。从林业部门的用地分类来看，总体上涵盖在《城市用地分类与建设用地标准》与《城市绿地分类标准》中的“生产防护绿地”和“其他绿地”（水域和其他用地）内，林业部门只是根据其林业种类进行进一步的细分。

（4）其他省、市、区域绿地分类

《广东省区域绿地规划指引》将区域绿地根据绿地功能分为生态保护区、海岸绿地、河川绿地、风景绿地、缓冲绿地和特殊绿地 6 大类，具体如表 7-10。在确定区域绿地分类的基础上，还分类提出了允许存在的设施和允许的人文、经济活动。

表 7-10　广东省区域绿地分类

区域绿地分类	用地构成
生态保护区	自然保护区、水源保护区、基本农田保护区、土壤侵蚀防护区
海岸绿地	滨海岸线及防护林、沿海湿地及红树林、海产养殖及围垦区、海洋生物繁衍区
河川绿地	主干河流及堤围、大型湖泊及沼泽、大中型水库及水源林、基塘系统
风景绿地	森林公园、风景名胜区、旅游度假区、城市郊野公园
缓冲绿地	环城绿带、基础设施隔离带、自然灾害防护绿地、公害防护绿地
特殊绿地	地质地貌景观区、自然灾害敏感区、文物保护单位、传统风貌区

成都市于 2003 年编制了《成都市非城市建设用地规划》将区域绿地根据绿地的功能分为 6 个大类：风景区绿地、生态斑块绿地、楔形生态绿地、防护绿地、农业用地和公共绿地。

南京 2006 年市域绿地分类根据其功能和分类管理的客观要求，将绿地分为 6 类：城镇绿地、山林绿地、滨水绿地、交通防护绿地、城镇隔离绿地、湿地。具体的分类情况详见表 7-11：

表 7-11　南京市域绿地分类表

分类名称	用地构成
城镇绿地	公园绿地、生产绿地、防护绿地
山林绿地	风景名胜区、森林公园、一般山林绿地
滨水绿地	水源保护绿地、水库周边绿地、滨河绿地、滨江绿地等
交通防护绿地	具有卫生、隔离和安全防护功能的交通防护绿地
城镇隔离绿地	为防止城镇无序蔓延而设立的卫生防护绿地与隔离绿地
湿地	湿地公园、一般湿地

从相关规范标准和以上两个案例的分析可以看出，区域绿地分类尚没有统一的规范标准，但目前在尝试实践的省、市对区域绿地的分类，更多地是从绿地功能和规划管理的角

度，结合各个地区的实际情况进行相应的分类。

我国园林学界一些学者面对日趋注重大环境绿化的城市绿地系统发展趋势，曾开展了市域绿地相关绿地分类研究，成果显著。如李敏认为生态绿地系统可分为5类绿地：农业绿地、林业绿地、游憩绿地、环保绿地、水域绿地。农业绿地包括农作物种植地、果菜茶桑园、畜牧草场、鱼塘、花木场圃等；林业绿地包括人工林区、林场、森林公园等；游憩绿地包括城市公园、运动、娱乐、观光绿地、风景名胜区等；环保绿地包括各类防护林地、专用绿地等；水域绿地包括城镇水源地及其净化涵养绿地、河湖塘渠等实用水域及湿地（李敏，2000）。近年来，对城市森林的大量研究和探讨，一些学者还开展了城市森林、城市林业的分类研究。然而，我国绿地系统的分类体系相对城市生态空间的协调发展而言仍需要进一步扩展性研究。具体来说，绿地分类在3方面需要强化：

区域协调发展理念需强化：城市绿地分类研究与城市规划实例对市域绿地分类的研究目前体现了城乡一体化趋势发展的城市绿地分类理念，但尚没能体现广域大地景观的关联性与统筹协调发展。林业发展与城市绿地的概念和范畴独立发展，或是过于强调市域农、林用地的生态功能分类，或是强调城市建成区绿地的景观游憩等功能分类。城市区域绿地与城市绿地分类两层皮，各自归入城市林业与城市园林体系与管理。区域协调发展的绿地系统发展理念需要在城市绿地分类研究中得到强化

市域层面分类的划分需细化：现行的城市绿地分类标准局限于城市建成区层面绿地分类的详细划分，未能体现多层面的绿地系统组成要素的结构与功能。市域层面的绿地规划中绿地分类或是结构形态的分类规划，或是若干主要的大型绿地的发展概念性或战略性规划格局的定性划定。市域层面分类缺乏细化的分类组成要素与界定。

市域绿地的组成要素需外延与界定：市域绿地组成要素相对单一，就绿地空间划定绿地分类，缺乏生态空间要素生态协调规划的理念，各种分类概念不清，分类界限含糊。市域非建成区的绿地分类没能整合大环境生态格局与生态要素组成的研究理念发展，未形成生态的广域的系统分类体系，市域绿地的分类要素组成需要外延扩充与界定。

2. 市域绿地分类的特点

国外对于市域绿地分类研究相关概念有城市开放空间、城市森林、区域森林等，具体针对某种形态绿地的相关概念有绿道、国家公园等。综合国外有关研究现状与规划分类现状，城市绿地系统的分类应该具有以下的特点[299]：

（1）区域一体化

国外城市绿地相关的分类研究体现了区域研究的特征。区域性绿色空间的控制与建设是其绿地系统主要发展趋势与任务。国外对于区域森林、城市森林、绿道等的研究更多体现区域一体化的格局，并成为主导城市发展的研究领域。因而，大地景观与生态格局的研究特征反映在城市绿地相关分类体系之中。

（2）层次体系化

多层次、多层面的绿地空间体系是国外现状绿地分类与研究的总体特征。各国绿地分类层次一般根据功能等特征分为3~4个层次，层面的划分也更为具体化并形成体系。城市绿地系统分类应根据建设与管理的需要以及相应法规体系的实施要求，层面上的划分一般应用行政管理层面的划分与合作的体系。

（3）要素多元化

城市绿地的概念比较广延，不再局限于城市规划建成区范围的绿地，而是从城市自然环境与人工环境的生态功能以及建设改善环境的角度出发进行城市绿地要素的组织与发展。城市绿地相关分类研究中把建设性的绿地空间、水体、自然空间、荒废土地空间等多种要素纳入城市绿地发展空间体系。

3. 市域绿地系统分类研究

对绿地分类的界定是市域绿地系统规划的重点之一。作为市总体规划的专项规划，市域绿地系统规划在城市建设用地之外的绿地不能改变该地块土地利用规划所规定的该用地的性质。另一方面，城市建设用地范围之外一切正常的农田、森林、湿地、草地等农用地都对市总体规划所划定区域的生境起着不可或缺的自然支持作用（有的还具有不同程度的休闲游憩的功能），是市域绿地系统的一个重要的有机组成部分。因此，市域绿地系统规划中的"绿地"应该将其范围扩展到对整个城市总体规划所划定区域内的人居环境具有支持和改善作用的所有的用地，包括农业区绿地、建设区绿地、其他未利用区绿地，应该是一种大绿地概念。

无论是城市规划还是土地利用规划，其核心任务之一就是如何科学合理地安排和保护各类用地，使得政府在宏观上对土地资源的利用进行有效控制，促进区域内（包括城市区）社会、经济等各个方面而得到全面发展[300]。因此，规划确定各类用地的基本性质就成为城市规划和土地利用规划的首要任务之一。城市中所称的"绿地"就是为该地块的性质用途作出了规划上的最终确立。也就是说城市内的绿地只允许为保护和改善城市生态环境、优化城市人居环境、促进城市可持续发展的绿化用地，不能够在绿地的范围之内进行其他类型的建设活动（然而，城市中的绿地往往将城市总体规划中不宜建设的用地作为绿地，而不是从城市所在的大区域角度出发，从居民使用和城市生态环境保护的角度出发来合理地配置各类绿地）。因此，笔者从土地利用、城市建设、城市生态园林的角度出发，本着有效保护、合理利用的原则，探讨对市域绿地分类。

根据《土地管理法》第四条规定，"国家实行土地用途管制制度。国家编制土地利用总体规划，规定土地用途，将土地分为农用地、建设用地和未利用地"。农用地是指直接用于农业生产的土地，包括耕地、园地、林地、牧草地、其他农用地等；建设用地是指建造建筑物、构筑物的土地，包括商服用地、工矿仓储用地、公用设施用地、公共建筑用地、住宅用地、交通运输用地、水利设施用地、特殊用地；未利用地是指农用地和建设用地以外的土地，包括未利用土地、其他土地（表7-12）。详细见《关于印发试行〈土地分类〉的通知》。

表7-12　土地分类表

一级类		二级类		三级类
编号	大类名称	编号	名称	编号名称
1	农用地	11	耕地	111 灌溉水田 112 望天田 113 水浇地 114 旱地 115 菜地
		12	园地	121 果园 122 桑园 123 茶园 124 橡胶园 125 其他园地
		13	林地	131 有林地 132 灌木林地 133 疏林地 134 未成林造林地 135 迹地 136 苗圃
		14	牧草地	141 天然草地 142 改良草地 143 人工草地
		15	其他农用地	151 畜禽饲养地 152 设施农业用地 153 农村道路 154 坑塘水面 155 养殖水面 156 农田利用地 157 田坎 158 晒谷场等用地

（续）

一级类		二级类		三级类
2	建设用地	21	商服用地	211 商业用地 212 金融保险用地 213 餐饮旅馆业用地 214 其他商服用地
		22	工矿仓储用地	221 工业用地 222 采矿地 223 仓储用地
		23	公用设施用地	231 公共基础设施用地 232 瞻仰景观休闲用地
		24	公共建筑用地	241 机关团体用地 242 教育用地 243 科研设计用地 244 文体用地 245 医疗卫生用地 246 慈善用地
		25	住宅用地	251 城镇单一住宅用地 252 城镇混合住宅用地 253 农村宅基地 254 空闲宅基地
		26	交通运输用地	261 铁路用地 262 公路用地 263 民用机场 264 港口码头用地 265 管道运输用地 266 街巷
		27	水利设施用地	271 水库水面 272 水工建设用地
		28	特殊用地	281 军事设施用地 282 使领馆用地 283 宗教用地 284 监教场用地 285 墓葬地
3	未利用地	31	未利用土地	311 荒草地 312 盐碱地 313 沼泽地 314 沙地 315 裸土地 316 裸岩石砾地 317 其他未利用土地
		32	其他土地	321 河流水面 322 湖泊水面 323 苇地 324 滩涂 325 冰川及永久积雪

根据《城市规划法》第七条规定：城市总体规划应当和国土规划、区域规划、江河流域规划、土地利用总体规划相协调。因此，对城市总体规划所覆盖地域的绿地的分类一方面要对应《土地分类》中的农用地、建设用地和未利用地的分类体系；另一方面，要体现农林用地的生态与游憩特性，因为城市与农村相互融合，城市机体延伸入农田之中，农田将与城市的绿地系统相结合，成为城市景观的绿色基质，在城市中引入农田，不仅具有生产功能，还有生态服务功能和休闲娱乐功能。因此，把农用地大类中的耕地、园地、林地、牧草地、其他地表覆盖植被或者水体的地块都划入绿地的范畴。构建市域绿地分类体系如表7-13。

表 7-13　市域绿地分类表

大类	中类	小类
G—1 景观游憩性绿地	G—11 风景林地	
	G—12 风景名胜区	
	G—13 郊野公园	G—131 野生动植物园
		G—132 森林公园
		G—133 自然保护区
		G—134 湿地公园
		G—135 海岸公园
		G—136 山地公园
	G—14 运动性绿地	
	G—15 纪念园与墓园	G—151 纪念园
		G—152 火葬场
		G—153 墓地
		G—154 其他祭祀场地与庭院

（续）

大类	中类	小类
G—2 生态防护性绿地	G—21 生态防护带	G—211 河道防护绿地
		G—212 道路防护绿地
		G—213 城市绿化隔离带
		G—214 高压走廊防护绿地
	G—22 生态防护林	G—221 水源涵养林
		G—222 湿地保护林
		G—223 物种保持林
		G—224 自然边界林
		G—225 污染隔离林
G—3 经济生产性绿地	G—31 耕地	G—311 永久性农田保护区
		G—312 蔬菜保护地
	G—32 园地	G—321 果园、桑园、茶园、橡胶园
		G—322 综合园艺场、租借农园
		G—323 其他园地
	G—33 牧草地	
	G—34 生产性林地	G—341 林场
		G—342 其他生产性林地
	G—35 其他生产性农林用地	
G—4 水面与滨水绿地	G—41 河湖水面	
	G—42 滨水绿地	
	G—43 湿地	
G—5 未利用土地与垃圾填埋场恢复绿地	G1—51 废弃地恢复绿地	G—511 废弃回收场地
		G—512 工业废弃场地
		G—513 采矿遗弃地
	G—52 未利用土地	荒草地、盐碱地、沙地、裸土地、裸岩石砾地、其他未利用土地

四、规划内容与规划程序的探讨

规划内容和深度与规划的定位是直接关联的，也是由规划的主要任务决定的。《城市绿地系统规划编制纲要》的编制说明中指出："城市绿地系统规划的主要任务，是在深入调查研究的基础上，根据城市总体规划中的城市性质、发展目标、用地布局等规定，科学制定各类城市绿地的发展指标，合理安排城市各类园林绿地建设和市域大环境绿化的空间布局，达到保护和改善城市生态环境、优化城市人居环境、促进城市可持续发展的目的"。据此可以理解为：对于市域绿地系统规划来说，城市绿地系统规划的任务是解决空间布局问题。进而可以认为：城市绿地系统规划在面对城市大环境绿化时，其编制工作的重点内容是探讨和确定绿地布局结构，而且就目前基础研究的程度、工作条件的具备和已经编制完成的成果来说，这些内容和工作深度是编制单位能够胜任的。但由此带来的问题是：这样的规划内容和工作深度形成的规划成果不是真正完整意义上的“市域绿地系统规划”。因此，要进一步深化市域绿地系统规划，做到布局合理，规划指标落实有据。做到生态功能、控制与保护功能、经济功能、景观功能和游憩功能的完整体现。

1. 规划原则

根据市域环境和用地的实际状况，为实现上述规划目标，改善城乡环境，实现城乡可持续发展，市域绿地系统规划应突出以下原则：

（1）整体协调原则

规划必须兼顾社会、经济和环境的整体效益，必须公平地满足不同地区和不同代际的发展需求。城市以外广大的市域面临多层面、多系统、多渠道的利益平衡问题。在城乡共同发展、保护与开发、生态效益社会效益与经济效益、不同管理体制等等各方面都需要强有力的规划协调。规划必须改变单因单果的链式思维模式，使规划能够符合和体现社会、经济、自然系统各因素形成的错综复杂的时空网络特征。

（2）生态优先原则

根据市域绿地不同于城市绿地的特点，结合市域绿地系统规划的功能定位，市域绿地系统规划必须坚持生态优先的原则，强化自然环境的保护，注重生物多样性的保护。

（3）区域分异原则

根据自然环境本底状况，结合城市发展方向、用地布局、空间结构，因地制宜，合理引导城市与自然系统的发展。

（4）城乡结合原则

城市和农村同属一个大循环系统，城市的发展离不开农村的支撑，农村的发展、农村问题的有赖城市的发展。因此，应改变只重视城市发展的观念，重视城、乡整体功能的完善和协调，确保两者平衡发展。

2. 规划目标

从我国经济、社会、环境的状况出发，市域绿地系统规划应充分结合以下 4 个目标：

（1）自然环境的保护、恢复

保护自然环境、修复退化和被破坏的自然环境。实现城乡良性循环促进人类聚居环境和自然的共生，保障、促进、引导城乡可持续发展。

（2）改善城市环境

利用乡村的优势，构建与城市建设体系相平衡的自然生态体系，改善城市环境；为市民提供高质量文化休闲场所，为城市发展创造一个良好的生态环境。

（3）改善农村环境、促进经济发展

调整农村产业结构，发展绿色产业，促进当地的经济发展，提高农民收入和生活水平，把绿化和农民致富结合起来。

（4）协调各相关部门、保证规划顺利实施

市域绿地的保护、建设涉及规划、土地、农业、林业、计划、水利等许多政府职能部门，相关部门及相关规划的协调是市域绿地系统规划实施的前提，应提高政府的管理水平和协作能力。

3. 规划布局

从景观生态学的观点来看，自然生态空间具有环境服务和生物生产的生态功能；生态廊道主要起到加强生态联系，提高生态系统稳定性，并防止城市发展空间无序蔓延的功能。景观规划中作为第一优先考虑保护和建设的格局应该是几个大型的自然植被斑块作为物种生存和水源涵养所必需的自然栖息环境，有足够宽和一定数目的廊道，用以保护水系和满足物种空间运动的需要，而在开发区或建成区里有一些小的自然斑块和廊道，用以保证景观的异质性。这一优先格局在生态功能上具有不可替代性，是所有景观规划的一个基础格局。景观生态学从空间形态、轮廓和分布等基本特征入手，将景观结构分为斑快、廊道、基质三种类型。根据市域的状况、市域绿地的特点，以保护自然环境、改善城乡环境状况、协调经济社会环境发展为目的，参照国内外绿地布局模式，运用生态学研究的成果，市域绿地布局宜采用以绿色廊道联结面状绿地组合的结构形态。

形态 1：以绿色廊道联结面状绿地的结构模式。这里的面状绿地指大面积的森林、自然保护区、湿地、水面、林地等绿化环境较好或具有重要生态价值的区域。绿色廊道是借鉴国外绿道的成功模式，结合现状河流、道路、带状林地等形成的绿带。大面积的绿地的控制保护是市域绿地保护建设的核心，是维系人类赖以生存的环境的关键所在。在用地上，市域中大面积的绿地建设、保护的条件是城市所不容易具备的。大面积自然的绿地，如自然保护区、森林、湿地等，具有重要的生态价值，对于改善环境、保护生物多样性具有重大意义。插入或穿越城市建成区的绿色廊道，可以有效地促进大气交换，为城市导入新鲜空气，减弱静风状态下城市道路污染程度。绿色廊道在把自然引入城市的同时，也能将人们引入大自然，而且，有一定宽度的绿色廊道本身也为人们提供了欣赏自然和游憩娱乐的活动场所。

形态 2：以绿色廊道和面状绿地（主要指农田、菜地等农业生产绿地）叠加形成的一种结构模式，这一模式的基础是农田林网。为了更有效发挥绿色廊道在联通性和生物多样性等方面的作用，可根据现状及绿地布局的总体情况，结合农田防护林、沿海防护林的建设，增加局部林网的宽度。

以上两种模式的组合，结和城市外围防护林的建设、城市外围绿色空间的保护建设及插入城市建成区的楔形绿地的布置，可以形成覆盖整个市域的绿化网络。总起来看，绿色廊道联结面状绿地组合的结构模式参照了生态学的研究成果，能够很好地满足市域绿地保护、建设的需要，有利于环境的保护和市域绿地生态效益的发挥。需要指出的是，这只是市域绿地布局的一般模式，市域范围内存在的不定性因素太多，各地的经济发展水平、自然环境状况千差万别，市域绿地系统布局不可能也不应该有固定或现成的模式，具体布局应该随着市域内的各种实际情况而定。

4. 规划控制内容

从目前国内的实践来看，相应的规划阶段有相应的规划控制内容。根据目前市域绿地系统规划的实际状况，本文研究的重点在市域绿地系统规划的总体规划的层次，属于总体规划层次的专项规划。其内容强调对绿地规划、建设、管理的宏观引导和控制。因此，参照《城市规划编制办法》、《城市绿地系统编制纲要》，市域绿地总体规划的主要内容宜包括：

依照城市总体规划，结合土地利用总体规划，根据自然环境状况，着重解决绿地系统的结构布局、范围和控制界限；各类绿地分支体系的建立、用地安排和绿化特色的确定；允许进入绿地内的用地或项目的使用性质和兼容性要求；树种规划和植物配置建议；城市绿化建设途径的建立，包括土地控制及调整的政策、措施；实施的政策、措施；资金投入方案；实施步骤以及近期建设安排等内容。

市域绿地系统规划需要保护控制和建设的用地规模宏大、涉及面广、时段性强，为此，在规划编制阶段就必须加强面向实际、面向基层的可操作意识，协调好控制性内容与引导性示范的关系，协调好宏观的规定性要求和微观的操作弹性的关系。规划应为区县、乡镇、及各建设单位落实规划提供详细依据和措施、并留有弹性，从而提高规划的可操作性，以确保规划的实施。针对现阶段市域绿地系统规划的实际，根据上文的论述，市域绿地系统规划具体应包括以下内容：规划目标及规划原则；区位分析；市域生态环境状况分析；市域土地用地状况分析；市域历史文化资源分布分析；生态适宜性分析；生态区划；市域绿地系统规划布局；市域绿地分支体系规划；市域水系生态规划；市域生物多样性规划等。

5. 市域绿地系统规划的程序

在确定了规划范围、规划定位和绿地分类后，进一步要探讨的就是规划的程序和方法。在实践中，市域绿地系统的规划应充分体现区域协调理念和控制性理念。

（1）收集相关资料，进行区域生态背景调查

市域规划绿地系统规划的一项重要的、必须做的工作是：在连续工作的基础上，将一切物质的、生态的、社会的、经济的和政治的资源和限制因素，编成清单并绘制成图表。因此首要的工作是必须收集相关资料，进行区域生态背景调查。

（2）生态要素分析

①建立区域生态资源的数据清单（包括水文、地质、气象、土壤、地形、人文等）。这份清单报告至少应包括自然生态的诸系统，供水和水质，空气质量，噪声污染，土壤侵蚀，水网现状，名胜古迹、文物和城市地标，风景特点（或称景观要素），植物群和动物群（稀有的或受到危险的），开放空间的完整性。

②进行生态要素分析，将调查的结果系统化。

③将要调查研究的生态决定因素编列成表。

④市域绿地资源评价。

对于市域范围内的广大绿地由于其内部不同的生物及生态构成，其发挥的生产、生态、景观效应程度也不一样。要保护和控制市域范围内各种不同类型的绿色开敞空间，合理安排城市各类园林绿地建设和市域大环境绿化的空间布局，达到保护和改善城市生态环境、优化人居环境、促进城市可持续发展的目的。只有通过一定的评价指标，对市域范围内的各种绿地进行综合评价，根据评价结果分别对其进行分级分类保护，科学开发、总体控制，为城市总体规划的编制提供科学客观的市域大绿地景观环境数据，最终实现城市与乡村的结合，人工环境与自然环境的结合。为此，应先对市域范围内的各种绿地从生产、生态、景观等多方面进行综合评价。

（3）景观生态格局分析

市域绿色空间的规划布局不仅仅是城市规划的研究内容，也是城市景观生态学的研究课题。景观生态学理论强调城市规划要维持和恢复景观生态过程及格局的连续性和完整性。因

此，将景观生态学相关理论引入市域绿色空间规划研究中有利于更加清楚地从生态学角度把握市域绿色空间结构的规划与建设。

景观要素——斑块、廊道、基质；

景观结构——“斑块—廊道—基质”模式。

（4）做出现状分析图

根据生态决定因子图和报告书所提供的资料，通常利用其中调查到的重要因子做出“现状分析图”，并制订出一套规划标准或“绿化土地利用方针”。因为只有制定了分析图和规划标准才能更好地阐明生态调查结果。在综合生态调查结果的“现状分析图”中，标出具有比较重要景观价值和规划限定的范围，这些将最直接地影响到规划的可行性和正确性。完整的、有充分根据的场地分析图，对于市域绿地系统规划是必不可少的，就如同航海图对于领航员一样不可缺少。

（5）土地利用的分配及生态功能区划

通过研究（理解）、分析（推理）和综合（应用）的过程，确定必须“保全的”、需要妥善“保护”的、可以开发的地区。一旦确定了“保全”、“保护”、“开发”的地区，并制订了土地利用方针，有了关于场地及其周围环境的第一手资料，有了组织得很好的一批随时可用的背景图纸和资料，就能够对可供选择的规划思想进行充分探讨。这里着重要把握绿地存在的合理性、区域内各利益的协调性。

（6）结构规划体系的建立

由于城市发展的复杂型，市域绿色空间的布局形式往往是几种基本类型的混合体，而且在市域绿色空间规划布局中，没有一个固定的模式可以套用，任何一个城市的发展形态不同，所受的地理条件限制不同。因此，市域绿色空间要因地制宜，结合自身现状和自然条件，遵循大的布局原则，最终达到形成完整的市域绿色空间体系，完善、优化城市结构的目的。

在最初的构思阶段，不需要仔细的绘图或画出详图，开始时只记录方案的基本要点就足够了，假如这个方案能继续与其他方案进行比较时，那就能对它进一步发展。通过“比较分析”过程完成方案选择工作，在这个过程中仔细地衡量和评价若干可供选择的规划思想，所得出的最佳的解决方法应该是：最大满足规划需要的、有贯彻执行可能的、以最小的投资提供最大的利益的，其中，系统工程的方法和专家的评审，是必不可少的。一般来说，优秀的规划方案必须经过艰巨的“推敲”过程，不断地进行精炼和调整才能达到。

（7）市域绿地系统定量化规划

主要是针对市域绿地分类，从指标量化的角度进行各类绿地的规划控制，分为景观游憩性绿地规划、生态防护性绿地规划、经济生产性绿地规划、水面与滨水绿地规划、未利用土地与垃圾填埋场恢复绿地规划。

（8）其他相关规划

在总体规划指导思想的引导下，确立市域生物多样性规划、历史与文化保护规划、绿线控制规划等相关规划，但是相关规划是服务于绿地系统总体规划的，是进一步发挥绿地生态、游憩、生产和文化功能的规划。

第五节 城市规划区绿地系统规划

一、城市规划区及其核心范围

1. 城市边缘区的概念

对于城市边缘区的概念定义和名称，由于专业背景和出发点的不同，目前学术界还有不同看法，例如有“城乡结合部”、“外缘区”、“城市边缘区”以及“城市郊区”等等。这些概念在空间地域上都有很大程度上的交叉重合，因此在实际研究应用中，尽管这些概念有着细微的差别，却常常被等同起来，互相交换使用。

对于城市边缘区的概念实质，1968 年 R. J. 普里沃（Pryor）对此进行的表述是：“城市边缘区是城乡间土地利用、社会和人口统计学等方面具有明显差异特征而位于连片的建成区和城市郊区，并且几乎完全没有非农业住宅、非农业占用和非农业土地利用的纯农业腹地之间的土地利用转变地区”。1985 年茹哈列维斯基进一步把城乡结合部地区定义为：“一面反映错综复杂的城市化的特殊镜子”，从社会发展角度讲，实质上它是“从城市到农村的过渡地带”。

国内大多数学者普遍认为，城乡结合部地区是城市发展到特定阶段所形成的紧靠城区的一种不连续的地域实体，是处于城乡之间，城市和乡村的经济、社会等要素激烈转换地带。由于该地区受到城市和乡村的共同影响，所以同时具有城市和乡村的两类地域实体和特征。顾朝林（1992）认为城市边缘区包括两方面的意思：“即同时具有自然特性和社会属性，城市边缘区是城市中具有特色自然地区；城市化对农村地区冲击最大，城乡连续统一体最有效的被研究的地区；城市扩展在农业土地上的反映。”张云飞，潘琦（1998）对城乡结合部的定义是：“城市发展到一定阶段，在城市和乡村地域之间，由于城市和乡村各要素相互渗透，相互作用所形成的独特的地域实体，其边缘效应明显、功能互补强烈，自然人文景观和土地利用具有显著的过渡性、动态性、差异性和复杂性等特征，既不同于典型的城市，也不同于典型的农村”[301]。

城市边缘区不同于城市核心区和城市影响区，它是城市郊区化和乡村城市化发生的热点地区。所谓城市郊区化是指城市核心区人口向郊区乡村居民点和小城镇回流现象；所谓乡村城市化即指城市核心区人口和各种职能迅速向郊区扩散转移，从而使郊区的部分地段变成为具有市区多种功能的区域的城市化过程。

2. 城市规划区的理解

由于城市规划工作的特殊性，在《城市规划法》的地域适用效力中还有一个特定的概念，这就是“城市规划区”。简单地讲，城市规划区是由城市市区、近郊区以及城市建设和发展需要实行统一控制的区域，它的具体范围由城市人民政府在组织编制城市总体规划中根据实际需要划定。城市规划区是一个城市地域内规划、建设、发展的核心组成部分，它的建设与发展成功与否，直接影响城市及其周围地域经济与社会的发展。因而城市规划区内的一切建设活动都必须严格按照城市规划进行安排并服从城市规划管理。这也是在“法”中设置城市规划区这个地域适用概念的基本原因。

3. 城市边缘区在城市规划区中的地位

为研究方便，城市边缘区应该有一个相对稳定明确的界限范围，但该地区的界限一般随着城市规模、辐射强度以及城乡关系而变化，对这一动态区域做出准确的边界限定有很大的难度[302]。城市规划区是由城市市区、近郊区以及城市建设和发展需要实行统一控制的区域，而城市边缘区就是对应城市规划区中的近郊区。笔者认为应通过考虑行政、功能、景观以及城市发展阶段要求等多方面因素，根据各地实际情况来综合确定各地城市边缘区的大致范围。因此，为便于与城市规划进行衔接，城市边缘区应扩大范围，对应城市规划区范围。

二、我国城市边缘区基本状况分析

以城乡结合部为核心的城市边缘区是城市机体结构中不可缺少的组成部分，不仅可以为城市提供扩展空间，分散市中心的人口和企业，还可以为城市提供必要的在农副产品供应、环境土地等方面的支持。然而由于城市边缘区是城市和乡村的交界地区，各种矛盾关系与问题十分复杂。通过认真分析这些问题的特征和原因，找出该地区发展和保护的基本对策，可以使我们更加准确认识该地区绿地的特殊性以及该地区绿地规划所面临的各种问题和困难，这对明确该地区绿地的规划原则和思想，制定合理的规划建设政策和管理方法，将起到重要的作用。

1. 我国城市边缘区土地利用特征

城市开发建设和城市规划首先表现在土地利用上，总结众多学者的研究成果，城市边缘区的土地利用主要有以下一些特点：

（1）土地利用类型多样，存在明显的过渡性和混合型特征

城市边缘区土地利用主要表现为城市和乡村两种地域形态，边缘区内侧以建成区为主，外侧以乡村形态为主，呈现出明显的过渡性和混合性特征。城市边缘区土地利用基本类型主要有：城镇居民点和厂矿用地、农业用地、交通用地、水域、特殊用地、绿地、未利用土地等[303]。

（2）农业用地集约化程度高

城市边缘区的农用地与远郊的农业用地相比，由于这里与城市联系比较方便，靠近市场，能够及时地获得城市的技术和信息，单位面积的产出率和活化劳动均较远郊农业区高，农用地利用集约化程度较高，历来是乡村农田改造和国家“菜篮子工程”实施的重要地带。从该地区的企事业单位来看，多呈现占地规模大，生产用料大和污染大的特点，在用地强度上，边缘区的城市用地随着离中心区的增大而衰减，与城市中心区相比，土地的利用具有建筑密度低，容积率低和经济效益低的特点。

（3）土地利用形式转换激烈，表现出明显的动态性特征

由于主城区的不断扩张膨胀和边缘区的“乡村—城市”转型，复杂多样的土地利用类型在城市边缘区产生了十分激烈的相互竞争，表现出明显的动态性特征[304]。主要表现在：土地利用变动，在边缘区的发展过程中，农业用地逐渐为非农业用地所取代；产业构成变动，主要表现在由第一产业向第二产业和第三产业大规模转移，通常开发初期第二产业发展得快一些，开发后期第三产业发展得快一些[305]。

2. 土地利用中出现的问题

（1）土地供需矛盾尖锐，土地资源流失严重

城市边缘区，一方面是人口增长幅度最大的地区，即城市人口的扩散与外来流动人口的聚集，另一方面也是城乡建设发展最快的地区。城市的空间扩展首先表现为强烈的土地需求，城市要素及功能的扩散与乡村非农产业的发展，使得建设用地与农业用地之间相互竞争，造成该地区的用地关系极为紧张和土地资源不可逆转的流失。

(2）非农用地扩展失控，盲目占地和土地浪费严重

一方面，由于城市规模的不断扩大，市区用地十分紧张。不少城市企事业单位采取联营、租地、租房或变相买地、买房等多种形式占用郊区农地。而另一方面，却又存在着非农用地长期征而不用，浪费严重的现象。另外，由于受利益驱使，农民的务农积极性下降，农用土地荒芜现象也十分严重。

(3）用地结构不合理、布局紊乱，矛盾冲突大

城市边缘区土地利用类型复杂多样，但由于缺乏有效的城市总体规划和土地利用规划，各种用地在布局上相互混杂，叠加干扰作用强烈，主要表现在城乡建设用地彼此不协调；“农村包围城市，城市又包围农村”的混杂局面；乡镇企业在布局上往往沿城市对外交通干道布置、侵占规划沿线及其两侧的绿化隔离带，给城市的扩展以及道路的拓宽造成很大的困难；各类基础设施迅速向外延伸，首先导致了该地区农业用地被城市线网（包括公路线、铁路线、高压输电线等）严重分割的现象，对农田集约化生产造成了极大障碍；由于各种污染性工业企业比重大，土地污染现象较为普遍[306]。

3. 其他社会经济问题

除上述的土地利用问题以外，我国城市边缘区同时也存在着许多其他的经济和社会问题，主要集中在以下几个方面：

(1）城市“摊大饼”式的无序蔓延，城市建设用地的粗放性外延扩张。城市扩展在创造大量城市发展空间的同时，吞噬着宝贵的农业用地。

(2）交通、电力、给排水、天然气等基础设施落后，成为制约该地区发展的瓶颈问题。

(3）人口增加，环境不断恶化，脏乱差现象十分严重。卫生、医疗、教育等基础事业相对落后，造成该地区居民的生活质量不高，生活水平低下。

(4）大量外来人口的增加，导致人员结构鱼龙混杂，治安恶化等。

4. 各种问题产生的主要原因

城市边缘区过渡性、混杂性和动态性特征及诸多问题的产生与发展有其自身特定的形成原因，问题产生的根源主要在于各种经济、社会、土地政策及规划管理机制等方面.

(1）市场经济和城市郊区化的影响

我国实行土地有偿使用制度以后，在土地级差规律的作用下，我国许多城市也开始出现了“郊区化”现象，直接造成了城市空间的不断扩展和人口的不断扩张。

(2）土地制度及其管理体制原因

过去我国城市国有土地配置依靠行政划拨，长期采取无偿、无限期的使用制度。导致土地资源浪费严重、土地利用结构不合理、空间布局紊乱。实施土地有偿使用制度后，情况有所好转，但这一改革却受到城市经济体制改革不配套的阻碍而难以深入。

(3）行政管理体制原因

我国目前实行的是城乡二元的社会经济管理体制。但是在城市边缘区这一城乡融合地

区，多年来却仍然采用传统的城乡分管体制。这就造成该地区社会经济管理，存在着严重的“三交叉”、“两不清”等问题（即城乡交叉、农民居民交叉、街道与乡政府行政管理交叉，以及街道与乡行政区域界限不清、行政管理职责不清），从而导致土地权属极其混乱，加剧了土地利用管理的失控。

（4）规划原因

城市规划历来被看作是社会经济发展的“龙头”，城市边缘区必须有一个科学有效的规划，以指导该地区的全面建设和发展。但是，目前我国城市边缘区却缺乏整体有效的规划，该地区的规划体系不完善，现有的各项规划工作也十分薄弱，不同的规划之间也缺乏横向的联系，使得对城市边缘区缺乏宏观有效的指导和管理，各项社会经济活动往往是无章可循、自由盲目地发展，不可避免地产生了各种难以解决的矛盾和问题。

三、城市大环境绿地的概念、作用和特点

1. 城市大环境绿地的概念

早在20世纪80年代末期，国内就提出了“大环境绿化”的问题。但涉及的一般是城乡结合部的绿色地带的规划提法，如：在北京称之为“绿化隔离地区”和“片林”；在苏锡常地区称之为“城乡一体化地带”；在杭州、桂林称之为“风景保护绿地”；在广州、深圳、珠海则称之为“大环境绿化带”；在《江苏省城市绿地系统规划编制纲要》中曾有“大环境绿地”的提法等等。关于城市外围绿地的提法有很多，理清他们与城市大环境绿地之间的关系，有利于更好地进行城市大环境绿地规划。

（1）“大地园林化”和“城市大园林”

“大地园林化”这一提法最早出现在毛泽东1958年在中国共产党八届六中全会上的讲话中。李敏在《城市绿地系统与人居环境规划》一书中根据吴良镛教授的广义建筑学的系统思想和“融会综合研究方法”，将我国园林学科的发展划分为3个层次：其中第三层次是大地园林化规划，研究的是一个区域的甚至是国土的大地景物规划[307]。就这一解释，“大地园林化”所涵盖的范围要比城市大环境绿地规划所涵盖的范围要更加广泛。

“城市大园林”是一个较新的提法，它是在中国传统园林和现代园林的基础上，以整个城市辖区为载体，以实现整个城市辖区的园林化和建设国家园林城市为目的的一种新型园林，它不同于一般的“大环境绿化”，要求在普遍绿化的基础上努力提高园林的品位并达到一定的园林艺术水平[308][309]。

（2）“生态绿地”

沈德熙等在《关于城市绿色开敞空间》一文中将城市绿色开敞空间分为城市绿地、专用绿地和生态绿地[310]。其中的生态绿地是指城郊的农业生产用地（包括近郊风景游览区）和自然景致（农田、林地、园地、蔬菜基地、水面、山体植被等）。在这里“生态绿地”的概念近似与城市大环境绿地。但是，生态绿地的概念应该是更加广泛的。凡是具有生态功能的绿地都可以叫做生态绿她。城市绿地系统规划也有称作是城市生态绿地系统规划的。因此，笔者认为“城市大环境绿地”的提法要比“生态绿地”的提法更确切。

（3）“大地绿化”

吴弋等[311]在《现代城市绿地系统规划特点——以宜兴市宜城区绿地系统规划为例》一文中提出了大地绿化的概念，提出“一个体系完整的现代城市绿地系统规划应包括：大地

绿化子系统规划，城市绿化子系统，庭院、阳台、屋顶小环境绿化子系统规划三个层次”。文章认为大地绿化子系统规划以自然生态系统的保护和优化为基础，“尤其要解决好城市边缘地区绿地建设与城市扩展之间的关系，即大环境绿化规划”。这既提出了大环境绿化规划的任务，也明确了大地绿化子系统规划与城市大环境绿化规划之间的相互关系。

前面一章已经指出，城市绿地系统规划包括市域绿地系统规划、城市规划区绿地系统规划和与城市规划建成区绿地系统规划。笔者认为将以城市边缘区为核心的城市规划区的绿色地带称为“城市大环境绿地”，更能切合“大环境绿化”的提法。但是对于市域或更大的范围，还是应该提倡叫“区域绿地系统规划或市域绿地系统规划”。

城市大环境绿地是指在城市建成区以外、城市规划区以内，对城市的整体生态环境有较大影响和生态上有较强联系的地带中所有绿色空间的总称。城市大环境绿地在空间位置上处于作为生态脆弱带的城乡结合部上，由于人口、经济形态、物质能量交换、生活水准等因素，使其在时空变化上表现出很不稳定的特征。与城区内绿地相比，城市大环境绿地用地性质复杂、类型多，难以很好地控制与协调，规划上偏重于保护与保存。

2. 城市大环境绿地的作用

对于城市规划区城市大环境绿地的作用，不同的城市有着不同的侧重点，一般具有以下基本功能：

（1）阻止城市无序蔓延，改善城市空间结构

建设城市大环境绿地，能有效避免城市的无序扩张和相邻城镇的连片发展。同时通过鼓励土地资源的集聚，促进旧城改造，提高土地利用效率，引导城镇集约发展；还可以通过促进中心城市产业外迁，为周边地区提供更多发展空间，从而优化城乡资源配置，促进区域协调发展。

（2）创建良好的城市外部生态环境，促进城市可持续发展

现代城市空气、垃圾、水体等污染严重，城市生态系统严重失调。因此要实现城市的可持续发展，就必须改善、健全城市生态系统，最基本、最有效的措施之一就是搞好城市区域环境建设，特别是城市大环境绿地工作，为城市发展提供必要的生态环境支持。

（3）塑造优美的城市景观，满足城市居民的游憩休闲文化需求

城市大环境绿地建设不仅可以为城镇居民提供更多贴近自然的休闲、游憩场所和减灾、防灾空间；同时还可以传承自然和历史文化，保护郊野和乡村特色，塑造良好的城乡生态景观环境；进而彻底改变城市边缘区环境“脏、乱、差”的局面，改善生产、生活环境，提高城乡综合发展质量。

（4）加速城市边缘区城市化进程，促进经济发展，提高农民收入

首先，城市大环境绿地建设有利于农村产业结构和农业种植结构调整，实现兴绿致富；促使兴办科技含量高、无污染、产值高的工业企业；为大力发展以旅游、休闲、度假为核心的第三产业提供巨大市场，同时“兴绿”还为改善投资环境，扩大对内对外开放，招商引资创造了有利条件。其次，通过绿地建设，可促进旧村改造、新村建设和市政建设，促进环境综合治理，实现城乡一体化发展，减少城乡差别。因此许多城市政府都把城市大环境绿地建设作为加快城市边缘区的农村城市化进程，以及这一地区乃至整个城市的改革、发展的一个极为有利的机遇。

3. 城市大环境绿地的特点

城市大环境绿地由于其特定的地理位置，使其与城区内部的绿地相比，在规划和建设中具有更加复杂的特点，其具体表现在以下几个方面。

（1）绿地规模大型化和产业化

与城区内部绿地相比，由于城市边缘区地价较低，自然绿色资源丰富，可利用土地较多，因此城市大环境绿地具有规模更加宏大的特点。但是规模大型化也给城市大环境绿地规划建设带来了许多新问题，并使这些问题更加的复杂化。

（2）绿地组成内容多样性

城市大环境绿地与城区内部绿地相比，其组成内容呈现出更加的多样性，既包括一般的公园绿地，防护绿地，也包括现有的农田、林地、水塘等其他非城市建设用地。近年来，在我国城市边缘区出现了很多新的绿地形式，如高尔夫球场、体育训练基地、农业观光园等等。对于这些性质各不相同，分属不同管理部门的绿地，要使其有效地纳入到城市管理系统。

（3）绿地功能更加多样化

由于我国城市边缘区的复杂性，使得城市大环境绿地规划建设除具有一般的生态、游憩、景观功能以外，还具有许多特殊的社会经济功能。这是因为要实施并实现边缘区绿化，必将涉及到该地区农业结构调整、旧村改造、新村建设、市政建设、各单位的动迁、改造等一系列工作，涉及到多元利益的矛盾和调整，是一项复杂、庞大、综合而艰巨的系统工程。

（4）建设资金投入更加庞大，绿地建设渠道更加多样化

城市大环境绿地建设需要大量的资金，而政府财政有限，不可能支撑这么大的建设局面。如何解决如此巨大数额的建设资金，建立起合乎市场规律的绿地建设的有效机制，是摆在城市政府面前的一道难题。社会资金投入绿化建设创造出了很多绿地建设的新模式，很大程度上缓解了由于政府建设资金不足所带来的问题。

（5）绿地建设和管理更加复杂化

在管理权归属上，不仅有属于城市园林管理部门管理的绿地，还有林业、农业、水务及环保等多个部门参与管理的绿地，甚至有民营私有的绿地。城市边缘区是城市发展的主要扩展空间，遭到许多与其有直接利害关系的部门和组织的阻碍。这些因素使得绿地在规划建设之初，就变得十分困难和复杂。

（6）缺乏权威有效的总体规划和详细规划

虽然许多城市的总体规划和绿地系统规划中对城市外环境及城市边缘区绿化都有一定程度的表述，如“城市生态控制区”、“城市发展敏感区”、“城市外围绿化带”、“城市大环境绿地”、“城市生态保护绿地”等等。但实际上，这些表述长期停留在一般的概念深度，定义模糊，往往只是在规划图纸上的城市建成区外围随意划入某些区域涂上绿颜色了事，既没有明确的用地界线，也没有实质性的规划内容，可操作性很差。在城市规划实践中，也缺乏明确具体的、有针对性的、有法律权威的专项绿地总体规划和详细规划，造成该地区的绿化建设无章可循。由于没有详细的规划，城市边缘区的不少乡镇和地区都不清楚自己的哪些地段处在规划绿地范围之内，因而客观上导致侵占规划绿地的事件不断发生，造成该地区的绿地规划失控和绿地规模萎缩。

由上可见，城市大环境绿地对于整个城市的生态保护和可持续发展都有着重要的作用。

但是由于我国城市边缘区特殊的社会、经济和环境条件，该地区的绿地在功能、性质、规模、内容以及建设管理方式上都与城区内部的绿地有很大的不同，并且具有更加复杂性的特点。因此有必要进一步对城市大环境绿地规划做深入研究，完善该地区绿地的规划理论和实践工作。

四、城市规划区大环境绿地规划

1. 功能定位与规划定位

(1) 城市规划区大环境绿地规划的功能定位

城市规划区城市大环境绿地规划必须跳出绿地自身的框框，从更广阔的角度去审视城市大环境绿地在城市整体发展中的作用和地位。不能把城市大环境绿地规划仅仅看成是一项环境保护手段，而更应该把它作为一种城市空间规划工具；不仅要强调以绿地系统为先导的城市空间布局，也要求绿地的布局和规划内容为城市社会经济发展服务。搞清楚了这个功能定位，对于科学地进行城市大环境绿地规划研究和实践，具有重要的意义。城市规划区城市大环境绿地规划的功能定位，就是要明确该项规划的根本目的是什么。这关系到如何正确制定城市大环境绿地规划的内容，如何正确评价城市大环境绿地规划的作用和意义。

霍华德的田园城市理论虽然强调城市要建在周边有田园的环境中，但更多的内涵还是通过其来解决城市的社会问题，而不仅仅是指在城市道路边上点缀一些花坛和绿地[312]。环境建设和保护过程本身也可以看作是一种经济过程，与社会经济结构的变化有着密切的关系[313]。绿地对城市的影响，除了生态环境保护方面之外，还有着更深层次的社会、经济上的作用和意义；另一方面，城市绿地的发展水平、质量和可持续发展能力，取决于社会、经济、环境三大要素的基本情况、相互作用以及城市的管理能力，而不仅仅是绿地本身。城市边缘区是城市发展最敏感、最复杂、最迅速的地区。随着经济的不断增长，现阶段我国城市的物质空间和人口的外向扩展是不可避免的，使得城市边缘区城市大环境绿地规划在保护良好城市整体生态环境的时候，不得不直接面对该地区各种错综复杂的社会经济关系和问题的影响。所以城市规划区城市大环境绿地规划也就不能仅仅着眼于绿地本身，还必须要和该地区社会经济等各方面充分结合起来。反映到规划内容上，其不仅有保护城市环境的要求，而且还有促进当地社会、经济发展的责任，从而实现经济、社会和生态效益的统一。

(2) 城市规划区大环境绿地规划的规划定位

从各地的实践、地方行政法规文件，以及业内人士的认识上，都把它作为城市总体规划下的一项专项规划内容或者是单独的专项规划，它的规划成果应纳入到城市总体规划加以落实。笔者认为这一规划定位是基本正确的，明确城市大环境绿地规划的规划定位对正确制定规划内容，规划层次和规划的实施管理有着重要的作用。

首先，规划定位决定了城市大环境绿地规划必须建立与城市总体规划的协调关系。从规划内容上，城市大环境绿地规划必须以城市总体规划为基本依据，同时城市大环境绿地规划又可以进一步调整完善充实城市总体规划。

其次，规划定位决定了城市大环境绿地规划的规划层次应该与城市规划各个阶段相适应。我国城市规划阶段分为总体规划阶段和详细规划阶段，各个阶段有着各自的工作范畴，包括规划任务、规划内容、工作深度等。因此城市大环境绿地规划有必要建立起与之相对应的多层次的规划体系，以便于和城市规划体系各个阶段相衔接，从而利于规划的实施和管理。

最后，规划定位明确了城市大环境绿地规划严肃的法律地位，增强了规划的权威性。由于规划内容纳入到了城市统一的规划管理体系当中，其用地和规划建设管理可以按照《城市规划法》以及其他相关法规的规定实施，从而保证了规划内容可以得到较好的贯彻执行。

2. 规划阶段与规划层次体系化

城市是个动态发展过程，任何规划都有其时限性，不同规划阶段是为了在不同的层面上，在不同的时间安排上解决城市不同范围内的不同问题，以达到对城市建设和发展的引导。这样的认识对城市大环境绿地规划的编制尤为重要，以求建立起与城市规划阶段层次相咬合、相渗透的规划区绿地规划体系。由于城市规划区的广域性和复杂性，单一的城市大环境绿地规划已经不能满足实际绿地建设控制的需要。因此应该在城市大环境绿地总体规划的基础上，进一步编制各地块的详细规划，使规划内容逐层细化落实，更具有可操作性。在北京、上海、广东等地的实践中，较好地认识到了这个问题，建立起了一套相对比较完整的边缘区（可借鉴深化拓展到规划区范围）绿地规划控制体系（表 7-14），取得了较好的效果。

表 7-14　北京、上海、广东边缘区绿地规划体系

实践城市	规划实践体系
北京	城市总体规划—绿化隔离地区总体规划—绿化隔离地区绿地总体规划—各地块详细规划
上海	城市总体规划—城市绿地系统规划 - 500m 环城绿带总体规划—环城绿带实施性规划—各区段详细实施规划
广东	城市总体规划（城镇体系规划）—环城绿带总体规划—环城绿带详细规划

3. 规划目标

前文多次提到，以城市边缘区为核心的城市大环境绿地建设不同于一般城市绿地建设的很重要的特点，就是其具有更加多样性的功能和目标。因此城市大环境绿地规划中就应充分认识到这个特点，从促进城乡一体化发展出发，确立综合的多目标的规划战略。科学制定绿地规划内容和控制指标，以促进绿地建设的可操作性和可持续发展。从我国各地的实践来看，城市大环境绿地规划应充分体现以下 3 个目标：

①生态环境目标：改善当地“脏乱差”现象，塑造优美的城市景观和城市特色，为市民提供高质量文化休闲场所，为城市发展创造一个良好的生态环境。

②经济发展目标：调整农村产业结构，发展绿色产业，促进当地的经济发展，提高农民收入和生活水平，把绿化和农民致富结合起来。

③社会管理目标：提高政府的管理水平，提高当地农民的整体素质，改善当地的社会治安环境，促进农村城市化进程和社会主义精神文明的发展。

4. 规划布局

（1）城市大环境绿地规划布局现状

在目前城市外围绿地空间布局中，一般有以下几种形式：环状布局形式（如伦敦绿带，北京绿化隔离地区、上海环城绿带）、嵌合布局形式（如莫斯科楔形绿地、哥本哈根指状规划，合肥“风车状”城市布局等）、绿色核心的布局方式（如荷兰兰斯塔德地区、四川乐山、浙江绍兴、台州等）、带状的布局形式（如巴黎、重庆等）、网状的布局形式（例如苏锡常都市圈各个城市、村镇之间的绿带格局)。在实践中有一种比较普遍的观点，就是认为嵌合式布局形式（绿楔）要优于单一的环状布局模式，认为这种形式能够更好地把城市内部绿地和外部绿地联系起来，能够把郊区新鲜的空气输送进城市等等。例如伦敦绿带，由于它限制了城市的合理扩展，这种严格的环状布局形式在今天越来越显示出“僵化”的弊端，而曾经模仿伦敦的城市如日本东京、韩国汉城也都没有取得成功。城市大环境绿地的布局设置，不仅仅关系到城市的生态环境，同时也被城市社会经济发展所制约。

（2）规划布局原则

有利于引导城市发展：城市的发展是我国城市化的必然趋势，实践证明，以人为的强制手段来限制城市的发展是不可能奏效的，问题在于如何引导它健康良性的发展。当今的城市规划理念也越来越强调对城市开发由消极的控制转向积极的引导，城市大环境绿地规划本身也应被当作一种空间调控的工具。因此，不能简单地把生态环境保护和社会经济发展有意无意地对立起来，而应以积极开放的姿态来引导城市扩张，而不是被动地封闭遏制，或者仅仅是为了保护绿地本身。

有利于城市游憩空间合理均匀的分布：通过对城市整体游憩环境进行合理布局，使城市内外绿地有机结合，形成完整的城市绿地系统。

有利于形成功能结构上较合理的景观生态格局：与建成区内绿地相比，城市大环境绿地的类型更多、用地性质更复杂，通过城市大环境绿地规划可以预先在城市外围的自然环境、半人工环境中对城市生态环境有重大意义的战略部位进行保护与保存，形成结构与功能合理的景观生态格局。

有利于城市卫生和局部气候条件的改善：城市绿地系统布局最好呈绿心 + 绿网模式，从理论上讲：可以维持热岛强度为 2 以内，城市绿心降低污染强度，产生微风，加速气体循环。提倡将城市的风玫瑰叠加在城市平面图上，按倍数（X）扩大，得氧源地布局，也就是楔形绿地（图 7-14）。

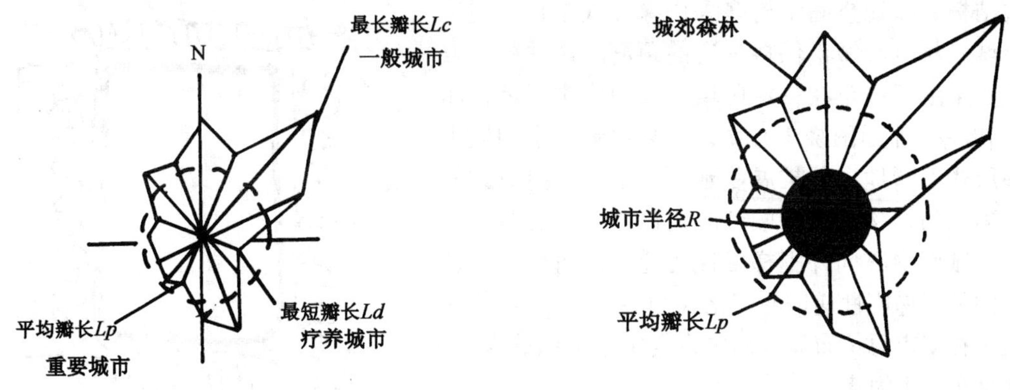

图 7-14　根据风玫瑰图布置城市郊区绿地的方法

（X 值：全部是森林为 2，全部为农田为 6，具体计算为：城市半径 R，风玫瑰瓣长 L，$L = X \times R$）

（3）绿地布局结构的确立

目前规划界普遍认为，在城市高速发展的情况下，城市环状布局模式只会不断加重城市中心的开发压力[314]。从目前实践来看，封闭环形绿带在空间调控上的效果也并不明显，例如北京市外围组团的发展并不都十分成功，中心城区反而越摊越大，这其中既有绿化隔离带建设滞后的原因，也有最初城市布局理念的偏差。同样有学者指出，上海地处平原地带，自然地貌较为单一，上海市 500m 环城绿带基本为单纯绿化建设用地，且空间布局为单一的环状，尽管有“绿楔”，但仍然是封闭围合的绿地布局。由于其布局的局限性，对城市发展格局的影响并不有效，在形态上反而促进了城市在外环道路内呈饼状充填的趋势[315]。目前上海的城市空间扩张仍然是以圈层摊大饼的方式进行，当扩张到 500m 环城绿带以后，由于绿带宽度较窄，建成区必然跳过绿带继续扩展，绿带遏制摊大饼的功能也就无从谈起；尽管在上海城市绿地系统规划中也有绿楔这种绿地模式，但是这种绿楔是和外围封闭环城绿带连为一体的，和那种真正可以和建成区空间互动的绿楔还是有区别的，其仍然无法有效改变上海市摊大饼的城市扩张模式。因此城市大环境绿地规划就应该改变目前这种以封闭环形为主的绿地结构布局，通过开放性的绿地结构布局引导城市空间以适合的形态向外发展。例如北京市第二道绿化隔离地区规划时就注意到了这个问题，采用了 9 条绿楔的控制模式，在保护大环境生态的同时，使城市获得一个充足的发展空间。但也有学者对北京市第二道绿化隔离地区的规划结构布局提出质疑，认为其仍然没有突破传统的“聚焦中心、八方均衡”的规划思路[316]。

城市扩展方式直接影响着城市大环境绿地空间结构，第六章已经总结了城市形态结构类型。在这里，根据城市的水平扩展方式，可以分为 5 种类型：集中板块式、连片放射式、连片线形式、分散组团式、主城 + 卫星城式。因为本书所讨论的是城市边缘区为核心的规划区绿色空间结构，而集中板块式和主城 + 卫星城式的市域绿色空间结构具有较多的相似性，所以本文将其二者合而为一，以便论述。

集中板块式城市大环境绿地空间结构：集中板块式结构的绿地空间结构多采用绿环式结构，周边卫星城镇与核心城市保持一定的距离。这种结构方式主要是由于城市在一定区域范围内集中发展，而通过在城市外围围绕核心城市规划绿环而限制城市呈圈层式不断地向外扩展蔓延。这是一种内敛式的相对静态的结构方式，城市的人口密度、建筑密度呈现由城市中心向外围梯度性的递减，而城乡绿色空间则呈现梯度性递增的变化（图 7-15）。我国的一些城市在城市总体布局规划中也划定了类似的绿带，如北京市、上海市。

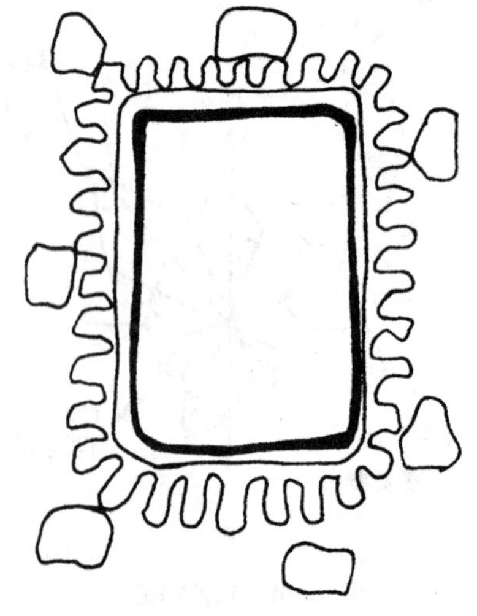

图 7-15 集中板块式城市大环境绿地空间结构示意图

连片线形式城市大环境绿地空间结构：针对带状城市富于生长活力的空间结构特征，城市大环境绿地空间结构一般采取条块式结构对城市的扩展加以引导和限制。条块式结构绿色空间是沿城市的发展轴形成贯穿城市的绿廊，而垂直于城市轴向的绿廊构成城市的隔离带，在城市轴线的侧面与城市相接，使城市群体保持侧向的开敞，绿地系统能发挥较大的效能并具有良好的可达性。它是一种开放性的结构，具有生长和流动性，绿轴贯穿整个城市，有利于能量流动的畅通。分割性的条块式廊道往往把城市分隔成几个组团，限制了城市的无限扩展，同时还加强了城市两侧自然要素的交流，有利于生态环境的改善。条块式城乡绿色空间直接渗透到城市中，比其他结构形式更容易与城市中的小块绿色开敞空间相结合，也有利于该结构的生存。条块式城乡绿色空间结构的形成主要有赖于城市发展轴的确立和垂直于城市发展轴的自然廊道的引入和形成（图 7-16）。如 1965 年巴黎的城市规划；深圳在绿色开敞空间的规划中，结合山海丘陵和带状地貌，“楔入”了三条南北贯通的组团隔离廊道。

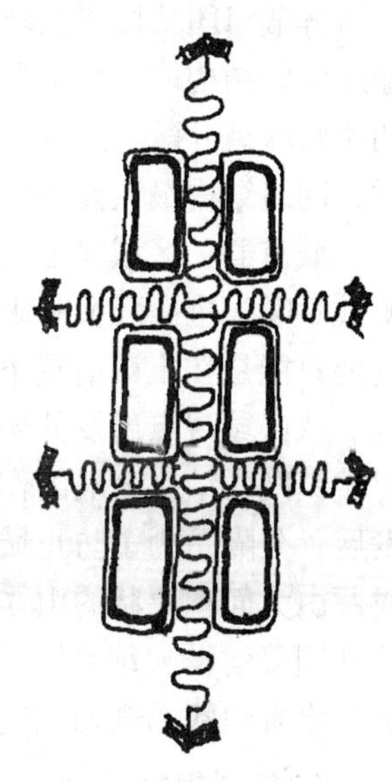

图 7-16　连片线形式城市大环境绿地空间结构示意图

连片放射式城市大环境绿地空间结构（图 7-17）：

①环形 + 楔形结构：环形 + 楔形结构刚好与连片放射式结构城市相互耦合、相互渗透。环形 + 楔形结构是在城市外围建设生态绿环的同时，在城市放射轴之间规划楔形绿色走廊。如莫斯科。环形 + 楔形结构方式主要有以下特点：绿廊限制城市在扩展轴之间无序地蔓延甚至粘连，而引导其沿轴向发展；楔形绿廊贯通了城市与外部自然环境的联系，成为城市通向自然的生态廊道，同时，它还拉近了城市与自然的距离，增加了居民的日常游憩环境；另外，绿环对各条楔形绿廊的联系增强了该结构的整体生态功能；相对于在城市外围设置绿环的方法，该方式具有较好的弹性和开放性，对未来城市的发展变化具有较强的适应能力。

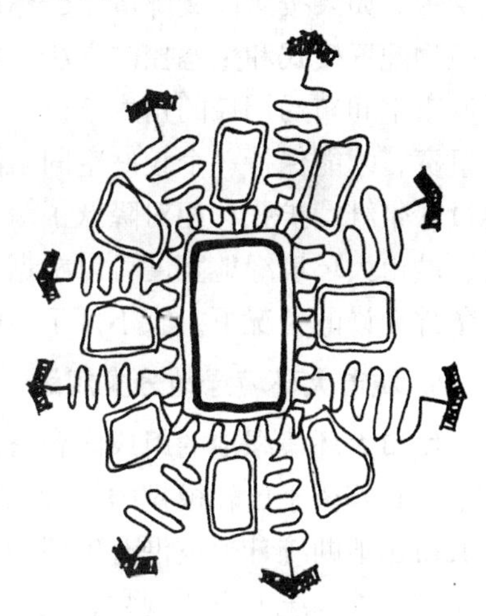

图 7-17　连片放射式城市大环境绿地空间结构示意图

在我国城市用地非常紧张的情况下，环形 + 楔形结构形成的难点在于绿环的贯通和楔形绿廊的保留。绿环建设常常是伴随着拆迁进行的，绿环的形成一方面需要城市建设严格按照城市总体规划进行实施；同时，绿环在功能上可结合居民的游憩需求建设成郊野公园、运动公园、高尔夫球场等，增加其利用效率。在环形 + 楔形结构的规划中，楔形绿廊的选择应以城市的自然条件为前提。而且，绿廊应具备相当的宽度和规模以保持自身的稳定，否则将成为城市发展的牺牲品。经过对几个成功范例城市如莫斯科、华盛顿、哥本哈根的分析，它们的楔形绿廊的宽度都远远大于城市扩展放射走廊的宽度。

②指状嵌合式结构：环形 + 楔形结构主要适用于地势平坦的平原城市，但对于呈放射状扩展的山地和滨水城市来说，因受地形条件的限制，在城市外围很难形成一个完整的绿环。指状嵌合式结构以楔形绿廊构成由外围自然环境向城市中心的渗透，既适应了城市的结构形式，也沟通了城市与自然的联系。指状嵌合式结构具有较强的渗透力，能将自然景观的优点引入城市，有益于人工和自然的调和。同时使城乡绿色空间和城市都具有更多的生长弹性。

分散组团式城市大环境绿地空间结构：针对分散组团式的城市的结构特征，城市大环境绿地空间结构取“绿心”与“绿带”相结合的绿色网络结构，“绿心”指组团之间大面积的块状绿色开敞空间，“绿带”主要指组团之间起隔离作用的绿色线形空间。从宏观的角度讲，网络结构最主要的功能是要防止城市各组团之间联结成片。

城市群：区域绿色网络结构：我国的城市群地区，因城镇之间的迅速扩展导致的土地资源被吞噬、生态环境被破坏的情况相当严重。在我国人多地少，用地紧张的条件下，城镇的发展只能是在集聚前提下的扩散，而不是连绵式的无序蔓延，即采取一种分散集团式的结构。从区域观点出发的城市群间的绿色空间是一种网络化的结构。绿色网络在城市群中起着对城镇既联结又分隔的作用，联结指的是加强城市之间的联系和能量流动，促进城市的带动发展；分隔是为了防止城镇间相连成片而引起环境恶化。绿色网络结构主要有两个部分组成：由大面积块状的山体、水体、林地、农田等形成“绿心”；沿道路、河流、铁路、各组团外围等建设“绿廊”。块状和带状绿色开敞空间的渗透和贯通共同构成绿色网络结构。我国苏锡常地区的规划在这方面做了有益的尝试。

5. 规划规模

在我国城市大环境绿地规划中，多以宽度500m作为一个基本的规模尺度标准。而在有关绿带宽度和绿地规模的讨论中，多以生态学的角度来考虑，比如景观生态学中的“廊道”理论等。如果按照前文廊道宽度标准的话，考虑到中国土地利用的实际情况，如果配以合适的植物配置模式和生态控制方法，那么500m的绿带宽度标准还是比较合适的。但是从绿带对城市空间布局调控的角度来讲，可能还不够。英国的绿带政策规定，绿带的宽度至少要几英里宽，才能保持一个较好空间阻隔作用和景观效果，而如果绿带过窄，建成区就会很容易跳过绿带继续扩张，相对降低了绿带对城市空间引导等更深层次的功能和意义。因此笔者认为，城市大环境绿地宽度可以根据各地实际情况，灵活设置，但必须有一定的规模和宽度，在条件允许的情况下，宜不低于500m，且宜宽则宽。

6. 城市大环境绿地分类规划

城市大环境绿地的组成内容既与城区内部绿地有所联系，也有所不同。以往城市大环境绿地一直停留于比较模糊的概念深度，既没有明确的用地界定，也没有实质性的规划内容，在城市用地的统计上也没有确切的归属。因此城市大环境绿地规划既要着眼于城市总体规划和城市绿地系统的整体规划，又要充分考虑与中心城区绿地和外围农村地区绿地的纵向关系。城市大环境绿地的动态性也对绿地规划提出了新的要求。随着城市建成区的扩张，目前位于城市大环境绿地不断融入城市内部，外围远郊绿地又会替代近郊绿地的作用，因此要安排好这种动态关系，即城市大环境绿地与城区绿地的协调和衔接问题。

这种衔接关系的建立首先就表现在绿地分类体系的构架上。这里沿用上面的市域绿地分类进行规划，分为景观游憩性绿地规划、生态防护性绿地规划、经济生产性绿地规划、水面与滨水绿地规划、未利用土地与垃圾填埋场恢复绿地规划。因为市域绿地分类本身就已经包含了城市规划区内的土地应用要素，而且这种分类体系也便于在城市扩展中与城市绿地分类衔接。这里要指出的是，一些学者提出的产业园类型，如果该产业是绿色植物生产性园区，本身就可以纳入经济生产性绿地规划；如果是科技园、工业园等产业园，则直接纳入土地类型中的建设用地进行核算。另外需要指出的是，若是城市规划区建设用地内的绿地，可以与城市内部绿地直接衔接，按城市绿地分类进行相关统计，并计入绿地总指标考核数目中。

7. 规划展望

（1）建立统一、稳定和明确的绿地规划政策

在目前通过市场手段来建设绿地的情况下，一个清晰稳定的规划政策显得更加重要。因此国家和地方有关部门有必要在总结实践经验的基础上，制定一套科学和长期稳定的城市边缘区绿地规划和建设管理的相关政策。

（2）加强对绿色产业的规划引导

绿色产业是城市边缘区绿地建设的主要形式之一，其用地的落实、项目的选择、投资的渠道、设计的水准、施工的质量、管理的水平、运营的模式等各个环节均会影响到各区县、乡镇产业结构的调整、经济的发展、劳动力的就业等各个方面。这就需要紧密结合当地的实际，根据生态建设和市场需求积极发展绿色产业，从而加快绿化整体目标的实现。

（3）生态、土地与耕地的问题

长期以来，保护耕地是我国的一项基本国策，城市大环境绿地规划的目的之一就是为了阻止城市扩张侵占过多的耕地。目前，我国城市大环境绿地必将以建设为主，要实现绿地的“从无到有”，必然征用一定数量的农田进行植树造林，迅速改变生态环境质量和景观面貌的做法也是可取的，但是必须掌握一个合理的度，不能因此而忽视对耕地的保护。从生态保护、生物多样性、乡村景观、社会经济发展等角度综合来着，耕地和传统农业生产都是城市边缘区社会生活和绿地不可缺少的重要组成部分。农林地自然保留区域才应该是城市边缘区“自然生态系统的”主体。

在城市绿地系统规划中不可能也不能回避市域生态问题和城区周边大环境的问题，城市从来就不是孤立存在的，城市规划不能就城区论城区，城市绿地系统规划也不能就绿地论绿地，只有在城乡一体的基础上，城市绿地系统才能形成完整的构架，这已经是业内基本的共识。区域视角下城市绿地系统规划就是在这一前提下，总结和分析了国内外区域绿地系统案例的经验和教训，结合我国市域绿地系统规划所面临的问题，对市域绿地系统和城市规划区城市大环境绿地规划理论进行了研究，指出区域绿地系统规划要从社会、经济、生态等多个角度综合去考虑问题。在明确规划范围、绿地分类、规划定位的基础上，构建合理的市域绿地系统和城市大环境绿地系统。

参考文献

[1] 李德华主编 . 城市规划原理 [M]（第三版）. 北京：中国建筑工业出版社，2001.

[2] 国家标准 GB/T50280—1998《城市规划基本术语标准》[S]. 1999.

[3] 周一星 . 城市地理学 [M]. 北京：中国建筑工业出版社，1985.

[4] 仇保兴 . 城市化进程中的城市规划变革 [M]. 上海：同济大学出版社，2005：44.

[5] 杨士弘等编著 . 城市生态环境学（第二版）[M]. 北京：科学出版社，2003.

[6] D. I. Scargill. The Form of Cities. 1979. St. Martin Place.

[7] 建设部关于印发《城市绿地系统规划编制纲要（试行）》的通知（建城 [2002] 240 号）.

[8] 关于印发创建"生态园林城市"实施意见的通知（建城 [2004] 98 号）

[9] Ebnezer Howard. 明日的田园城市 [M]. 金经元译 . 北京：商务印书馆 . 2000.

[10] 宗跃光编著 . 城市景观规划的理论和方法 [M]. 北京：中国科学技术出版社，1993：27.

[11] 沈玉麟 . 外国城市建设史 . 北京：中国建筑工业出版社，1989.

[12] 董宪军 . 生态城市论 [M]. 北京：中国社会科学出版社，2002：35.

[13] Ekistics，1965（10）：249.

[14] Building Entopia：232.

[15] 林广 . 霍华德及其《明日的花园城市》[J]. 历史教学问题，2000（6）：34 - 36.

[16] 洪英士 . 建设森林城市是厦门未来发展的战略目标 [J]. 厦门科技，2002（4）：9 - 14.

[17] 李显照，李婷，黎春燕等 ."森林城"模式研究 [J]. 中南林学院学报，2001（2）：103 - 107.

[18] 董宪军 . 生态城市论 [M]. 北京：中国社会科学出版社，2002：35.

[19] 国家卫生城市标准.

[20] 饶会林 . 城市经济理论与实践探索 [M]. 沈阳：东北财经大学出版社，1998：234.

[21] 建设部建城（1997）150 号文《园林城市评选标准》.

[22] 建设部建城（2000）106 号文：关于印发《创建国家园林城市实施方案》、《国家园林城市标准》的通知 .

[23] 王仁凯 . 论园林城市与城市设计 [J]. 城市发展研究，1998（6）：41 - 42.

[24] 鲍世行，顾孟潮 . 城市学与山水城市 [M]. 北京：中国建筑工业出版社，1994.

[25] 董宪军 . 生态城市论 [M]. 北京：中国社会科学出版社，2002：35.

[26] 王如松 . 高效・和谐 - 城市生态调控原则和方法 [M]. 长沙：湖南教育出版社，1988：268.

[27] Richard Register. Ecocity serkeley：Building Cities For a Healthy Future，North Atlantic Books，USA，1987.

[28] 黄肇义，杨东援 . 国内外生态城市理论研究综述 [J]. 城市规划，2001（1）：59 - 66.

[29] 黄光宇 . 生态城市概念及其规划设计方法研究 [J]. 城市规划，1997（6）：17 - 20.

[30] 石永林，王要武 . 建设可持续发展生态城市的研究 [J]. 中国软科学，2003（8）.

[31] 王如松 . 高效・和谐 - 城市生态调控原则和方法 [M]. 长沙：湖南教育出版社，1988：97 - 303.

[32] 黄光宇，陈勇 . 论城市生态化与生态城市城市 [J]. 环境与城市生态，1999（6）：25 - 31.

[33] 饶会林 . 积极建设现代园林城市 [J]. 探索与决策 . 2000（11）.

[34] 2004 年 9 月生态园林与城市可持续发展高层论坛《深圳宣言》.

[35] 芒福德（L. Mumford），宋俊岭译 . 城市的形式与功能，国外城市科学文选 [M]. 贵阳：贵州人民出版社.

[36] 罗马俱乐部．增长的极限—罗马俱乐部关于人类困境的报告．绿网，绿色书库．http：//www. green-web. org/zt/books.

[37] [美] 巴里·康芒纳．封闭的循环：自然、人和技术．绿网，绿色书库．http：//www. green-web. org/zt/books.

[38]《人类环境宣言》．瑞典斯德哥尔摩．1972.

[39] 人类住区温哥华宣言．1976.

[40] 宗跃光编著．城市景观规划的理论和方法 [M]．北京：中国科学技术出版社，1993：8.

[41] 殷京生编著．绿色城市 [M]．南京：东南大学出版社，2004：236.

[42] 沈清基编著．城市生态与城市环境 [M]．上海：同济大学出版社，1998：29 – 39.

[43] Nijkamp P，Vlengel J. In Search of Sustainable Transport Systems. In：Banister D，Capello R，Nijkamp P，ed. Transport and Communication Network in Europe：policy Evdution and Change.

[44] Carl Troll. 1971. Landscape ecology（geocology）and biogeocenology：a terminological study. Geoforum.（8）：43 – 46

[45] Forman RTT，codron M. 1986. Landscape ecology. New York：Wiley.

[46] 李团胜．景观生态学中的文化研究 [J]．生态学杂志，1997，16（2）：78 – 80.

[47] Naveh. Z. 1998. Culture and landscape conservation：A Landscape-ecological perspective. Ecology Today：An-Anthology of Contemporary Ecological Research. 19 – 48.

[48] 肖笃宁．论景观生态学的核心概念框架——景观生态学研究进展 [M]．长沙：湖南科学技术出版社．1999：8 – 14.

[49] Carl Troll. 景观生态学 [J]．林超译．地理译报，1983（1）：1 – 7.

[50] 贺红士，肖笃宁．景观生态———种综合整体思想的发展 [M]．应用生态学报，1990，1（3）：264 – 269.

[51] 陈昌笃．十年来的我国景观生态学和全球生态学 [J]．生态学杂志，1990，9（4）：38 – 40

[52] 刘建国主编．当代生态学博论 [M]．北京：中国科学技术出版社，1992：209 – 233.

[53] 肖笃宁，李秀珍．当代景观生态学的进展和展望 [J]．地理科学，1997，17（4）：256 – 363.

[54] 陈利顶，傅伯杰．景观连接度的生态学意义及其应用 [J]．生态学杂志，1996，15（4）：37 – 42.

[55] 肖笃宁，赵裔，孙中伟等．沈阳西郊景观格局变化的研究 [J]．应用生态学报，1990，1（1）：75 – 84.

[56] 傅伯杰．黄土区农业景观空间格局分析 [J]．生态学报，1995，15（2）：113 – 120.

[57] 常禹，苏文贵，高瑞平．沈阳市东部土地利用格局变化 [J]. 应用生态学报，1997，8（4）：421 – 425.

[58] 周华锋，傅伯杰．景观生态结构与生物多样性保护 [J]．地理科学．1998，18（5）：472 – 477.

[59] 唐礼俊．佘山风景区景观空间格局分析及其规划初探 [J]．地理学报，1998，53（5）：429 – 437.

[60] 李团胜．城市景观生态建设——以沈阳市为例，景观生态学研究进展 [M]．长沙：湖南科学技术出版社，1999：318 – 321.

[61] 肖笃宁主编．景观生态学研究进展 [M]．长沙：湖南科学技术出版社，1999：331 – 333

[62] Forman R. T. T. 1983. Corridors in landscape：their ecological structure and function. Ekologia（CSSR）. 1983（2）：375 – 378.

[63] 俞孔坚，李迪华，段铁武．生物多样性保护的景观规划途径 [J]．生物多样性，1998，6（3）：205 – 212.

[64] 李秀珍，肖笃宁．城市的景观生态学探讨 [J]．城市环境与城市生态，1995，8（2）：26 – 29.

[65] 董雅文．城市景观生态学 [M]．北京：商务印书馆．1993.

[66] 陈昌笃．中国的城市生态研究 [J]．生态学报，1990，10（1）：2 – 95.

[67] 肖笃宁，李秀珍．国外城市景观生态学发展的新方向［J］．城市环境与城市生态，1995，8（3）：29－32.
[68] 肖笃宁，石铁矛，阎宏伟．景观规划的特点与一般原则［J］．世界地理研究，1998，7（1）：90－97.
[69] 陈涛．试论生态规划［J］．城市环境与城市生态，1991，4（2）：131－135.
[70] 车生泉．城市绿地景观结构分析与生态规划——以上海市为例［M］．南京：东南大学出版社，2003.
[71] Willian M Marsh. Landscape planning environmental applications. New York：John wiley & sons Inc，1983.
[72] London Planning Advisory Committee. 1992. Open space planning in London. London：Artillery House.
[73] 齐康．城市环境规划设计与方法［M］．北京：中国建筑工业出版社，1997.
[74] Leonardo Benevolo，薛钟灵，余靖支等译．世界城市史［M］．北京：科学出版社，2000.
[75] 洪亮平编著．城市设计历程［M］．北京：中国建筑工业出版社，2002：68－69.
[76] 肖国清．美国城市园林的规划设计和建设［J］．城市规划，1991（5）：36－40.
[77] 林耕，夏青．创造生态型城市绿地系统［J］．建筑学报，1997（12）：37－39.
[78] 许浩编著．国外城市绿地系统规划［M］．北京：中国建筑工业出版社，2003：16.
[79] 陈爽，张皓．国外现代城市规划理论中的绿色思考［J］．规划师，2003（4）：71－74.
[80] Francoise Choay，translated by Marguerite Hugo and George R. Collins. The Modern City：Planning in the 19th Century. George Braziller，Inc. 1969.
[81] Koos Bosma and Helma Hellinga. Mastering the City. North-European City Planning 1900－2000. NAI Publishers，1997.
[82] Clarence Arthur Perry. The Neighborhood Unit in Regional Survey of New York and its Environs. Vol. 7 in：Committee on Regional Plan of New York and Its Environs. Neighborhood and Community Planning. Monograph One. 1929.
[83] Le Corbusier，translated by Fredrick Etchells. The City of Tomorrow and its planning. Dover Publications，Inc.，1987.
[84] Pickett STA. 城市化对森林植被、土壤和景观影响［J］．生态学报（ACTAECOL OGICA SINICA），1995，19（5）：654－658.
[85] 熊国平．论绿色文明与绿色空间［J］．江苏林业科技，1998（25）：99－101.
[86] Rudiger Wittig，Karl－Friedrich Schreiber. A quick method for assessing the importance of open spaces in town for urban nature conservation. Biological Conservation，1983（26）：57－64
[87] Daniel Joseph Nadenicek. Nature in the city：Horace Cleveland′s aesthetic. Landscape and Urban planning，1993（26）：2－15.
[88] Frank J Mazzotti，Carol S Morgenstern. A scientific framework for managing urban natural areas. Landscape and Urban Planning，1997（38）：171－181.
[89] Takashi Hirano，Makoto kiyota，Ichiro Aiga. Vegetation in Sakai city，Osaka，as a sink of air pollutants. Bull Univ Osaka Pref Ser B. 1996.（48）：55－63
[90] Crawley. Urban run off causes. effects and solutions. Landscape design Eatra，1998（9）：5－7.
[91] Paul Rookwood. Landscape planning for biodiversity. Landscape and urban Planning. 1995（31）：379－385
[92] Samuel K Riffell，Kevin J Gutzwiller. Plant－species richness in corridor intersections：is intersection shape influential Landscape Ecology，1996，11（3）：157－168
[93] Angelo Serpa，Andreas Muhar. Effects of plant size，texture and colour on spatial perception in public green areas-a cross-cultural study. Landscape and urban Planning，1996（36）：19－25.
[94] Timo Pukkala，Tuula Nuutinen，Jyrki Kangas. 1995. Integrating scenic and recreational amenities Into numerical forest planning. Landscape and Urban Planning.（32）：185－195.
[95] Angelo Serpa，Andreas Muhar. Effects of plant size，texture and colour on spatial perception in public green

areas-a cross-cultural study. Landscape and urban Planning, 1996 (36): 19 -25.

[96] Dave Dawson. Green corridors in London. London: London Ecology Unit. 1991.

[97] Noboru Masuda, Daishu Abe, Yashhiko Shimomura. Research for the block park design in inner city area of large cities, Bull Univ Osaka Pref Ser B, 1995 (47): 51 -58.

[98] Craig W. Johnson. Planning and designing for the multiple use role of habitats In urban suburban landscapes in the Great Basin. Landscape and Urban Planning. 1995 (32): 219 -225.

[99] Noboru Masuda, Daishu Abe, Yasuhiko Shimomura etc. Study on the changing of the 0pen space structure in the city of Osaka, Bull univ Osaka Pref Ser B, 1996 (48): 77 -85.

[100] David Toft. Green belt and the urban fringe. Built Environment. 1996, 21 (1): 54 -59.

[101] C-M Lee, M Fujita. Efficient configuration of a greenbelt: the oretical modelling of greenbelt amenity. Environment and Planning. A. 1997 (29): 1999 -2017.

[102] Catharinus F. Jaarsma. Approaches for the planning of rural road networks according to sustainable land use planning. Landscape and Urban Planning. 1997 (39): 47 -54.

[103] Jean Zmyslony, Daniel Gagnon. Residentiao management of urban front-yard landscape: A random process. Landscape and Urban Planning. 1998 (40): 295 -307.

[104] 王祥荣. 论生态城市建设的理论、途径与措施——以上海为例 [J]. 复旦大学学报 (自然科学版), 2001, (8): 349 -354.

[105] 朱庆华. 生态城市与城市绿化 [J]. 林业调查规划, 2002, 27 (2): 93 -97.

[106] 龙彬著. 风水与城市营建 [M]. 南昌: 江西科学技术出版社, 2005: 133 -143.

[107] 张晶. 城市绿地规划的理论方法与实践 [J]. 兰州学刊, 1999 (2).

[108] 贾建中. 城市绿地规划设计 [M]. 北京: 中国建筑工业出版社, 2001.

[109] 郑毅. 城市规划设计手册 [M]. 北京: 中国建筑工业出版社, 2001.

[110] 马世骏. 生态规律在环境管理中的作用 [J]. 环境科学学报, 1981, 1 (1).

[111] 马世骏, 王如松. 社会—经济—自然复合生态系统 [J]. 生态学报, 1984, 4 (1).

[112] 中国科学院可持续发展研究组. 2000 中国可持续发展战略研究报告. 北京: 科学出版社, 2000.

[113] 刘滨谊. 城市生态绿化系统规划初探——上海浦东新区环境绿地系统规划 [J]. 市规划汇刊, 1999 (6).

[114] 王如松, 周启星等. 城市生态调控方法 [M]. 北京: 气象出版社, 2001.

[115] 王如松. 系统化、自然化、经济化、人性化——城市人居环境规划方法的生态转型 [J]. 城市环境与城市生态, 2001, 14 (3).

[116] 吴良镛. 人居环境科学导论 [M]. 北京: 中国建筑工业出版社, 2001.

[117] 李敏. 城市绿地系统与人居环境规划 [M]. 北京: 中国建筑工业出版社, 1999.

[118] 姜林. 土地利用的生态规划 [J]. 城市环境与城市生态, 1992 (4): 26 -29.

[119] 索奎霖. 创造城市新的绿化体系: 生态系绿化法 [J]. 中国园林, 1994 (1): 30 -32.

[120] 黄凤茹. 城市景观和城市规划的新思路 [J]. 城市规划汇刊, 1998 (1): 52 -54, 58.

[121] 吴人韦. 培育生物多样性——城市绿地系统规划专题研究之一 [J]. 中国园林, 1998, 14 (4).

[122] 吴人韦. 塑造城市风貌——城市绿地系统规划专题研究之二 [J]. 中国园林, 1998, 14 (6).

[123] 吴人韦. 国外城市绿地的发展历程 [J]. 城市规划, 1998, 20 (6).

[124] 吴人韦. 城市绿地的分类 [J]. 中国园林, 1999, 15 (6).

[125] 吴人韦. 支持城市生态建设——城市绿地系统规划专题研究 [J]. 城市规划, 2000, 24 (4): 31 -33.

[126] 唐东芹等. 景观生态学与城市园林绿化关系的探讨 [J]. 中国园林, 1999 (3): 40 -43.

[127] 唐东芹, 钱虹妹, 杨学军. 生态园林观及其实施发展途径 [J]. 上海交通大学学报 (农业科学版),

2001，19（2）：130－134.
[128] 张庆费．城市绿地系统生物多样性保护的策略探讨［J］．城市环境与城市生态，1999，12（3）．
[129] 张庆费．城市生态绿化的概念和建设原则初探［J］．中国园林，2001（4）．
[130] 张庆费．城市绿色网络及其构建框架［J］．城市规划汇刊，2002（1）．
[131] 赵峰，徐波．城市绿地控制性规划初探［J］．中国园林，1998，14（3）．
[132] 王绍增，李敏．城市开敞空间规划的生态机理研究（上）［J］．中国园林，2001，17（4）．
[133] 王绍增，李敏．城市开敞空间规划的生态机理研究（下）［J］．中国园林，2001，17（5）．
[134] 余琪．现代城市开放空间系统的建构［J］．城市规划汇刊，1998（6）．
[135] 刘立立，刘滨谊．论以绿脉为先导的上海远期城市空间布局［J］．城市规划汇刊，1996（5）．
[136] 王浩，赵永艳．城市生态园林规划概念及思路［J］．南京林业大学学报，2000，24（5）．
[137] 苏俏云．以"人"为本规划城市园林绿地系统——论中国园林绿地建设［J］．华南师范大学学报（自然科学版），2000（4）：90－93.
[138] 徐波．谈城市绿地系统规划的基本定位［J］．城市规划，2002，26（11）：20－22.
[139] 贾俊．市域绿地系统规划编制的障碍性因素及对策［J］．规划师，2004，20（6）：56－58.
[140] 石崧，宁越敏．平衡大都市区空间结构的基础：都市区绿地系统［J］．国外城市规划，2005，20（6）：20－27.
[141] 刘滨谊，张国忠．中国城市绿地系统研究进展、理论基础及实践探索［J］．华中建筑，2005，23（3）．
[142] 王亚军，王浩，郁珊珊．城市绿地系统结构布局规划的功能性分析［J］．山东林业科技，2006（6）：77－79.
[143] 王保忠，王彩霞，李明阳．21世纪城市绿地研究新动向［J］．中国园林，2006（5）：50－52.
[144] 王丽荣．广州市绿地系统景观生态学分析［J］．城市环境与城市生态，1998，11（3）：26－29.
[145] 黄晓莺等．城市生态环境绿色量值群的研究［J］．中国园林，1998，14（1－6）．
[146] 陈自新，苏雪痕，刘少宗等．北京城市园林绿化生态效益的研究（1）－（5）［J］．中国园林，1998，14（1）－（5）．
[147] 张浩，王祥荣．城市绿地的三维生态特征及其生态功能［J］．中国环境科学，2001，21（2）．
[148] 胡珊．城市绿地综合效益评估方法探讨［J］．城市环境与城市生态，1994，7（1）．
[149] 魏斌，王景旭，张涛．城市绿地生态效果评价方法的改进［J］．城市环境与城市生态，1997，10（4）．
[150] 周廷刚，陈云浩，郭达志等．模糊综合法在城市绿地系统景观生态综合评价中的应用［J］．城市环境与城市生态，1999，12（4）．
[151] 周坚华．城市生存环境绿色量值群的研究（5）——绿化三维量及其应用研究［J］．中国园林，1998，14（5）．
[152] 刘滨谊，姜允芳．中国城市绿地系统规划评价指标体系的研究［J］．城市规划汇刊，2002（2）：27－29.
[153] 侯碧清．株洲市城市绿地系统景观生态综合评价［J］中南林业调查规划，2004，23（4）：12－13，22.
[154] 胡运骅．开创上海绿化新局面的实践与探索［J］．中国园林，2000，16（2）．
[155] 胡运骅．上海城市绿化的建设与发展［J］．现代城市研究，2001（3）．
[156] 杨文悦，陈伟廉．依据服务半径合理布局上海园林绿地［J］．中国园林，1999，15（2）．
[157] 陈伟廉，杨文悦．迈向生态城市的一大步——上海市中心城核心区绿地规划建设［J］．上海建设科技，1999（6）．
[158] 吴伟．生态理论对城市规划的影响［J］．城市规划汇刊，1992（2）：30－36

[159] 况平. 城市园林绿地系统规划中的适宜度分析 [J]. 中国园林, 1995, 11 (4): 47-50, 21.
[160] 董雅文. 城市生态的氧平衡研究——以南京市为例 [J]. 城市环境与城市生态, 1995, 8 (1): 15-18.
[161] 蔡雨亭等. 基于城市可持续发展的生态绿地建设——以仪征市为例 [J]. 城市环境与城市生态, 1997, 10 (4): 34-37.
[162] 王祥荣. 面向21世纪城市绿化发展的思路与对策——以上海为例 [J]. 城市环境与城市生态, 1999, 12 (1).
[163] 张浩, 王祥荣等. 上海与伦敦城市绿地的生态功能及管理对策比较研究 [J]. 城市环境与城市生态, 2000, 13 (2).
[164] 吴人韦. 支持城市生态建设——城市绿地系统规划专题研究 [J]. 城市规划, 2000, 24 (4): 31-33.
[165] 杨峥屏. 珠海市中心城区生态绿地系统规划研究 [J]. 城市规划, 2001 (1): 72-73.
[166] 杨峥屏, 蓝天. 构建海滨特色的城市公共空间系统——以珠海市公共健身游憩系统规划为例 [J]. 规划师, 2006 (3): 32-34.
[167] 汪殿蓓, 叶正, 陈飞鹏, 暨淑仪. 中山市城市绿地系统的生物多样性特色及新的发展思路 [J]. 城市环境与城市生态, 2002, 15 (6): 31-33.
[168] 刘慧林. 中山市的水系、绿地系统规划与可持续发展 [J]. 规划师, 2002, 18 (2): 53-56.
[169] 王浩, 徐雁南. 南京市绿地系统结构浅见 [J]. 中国园林, 2003 (10): 52-54.
[170] 尹仕美等. 以生态城市为导向的绿地系统规划 [J]. 辽宁林业科技, 2005 (4): 37-39.
[171] 朱鹏, 姚亦锋. 探讨景观生态学在城市绿地系统规划中的应用——以常州市新北区为例 [J]. 首都师范大学学报 (自然科学版), 2005, 26 (4): 90-94.
[172] 王浩, 谷康, 孙化蓉. 自然、社会、人文与绿地的共融——宿迁市绿地系统的特色体现 [J]. 南京林业大学学报 (人文社会科学版), 2005, 5 (4): 87-91.
[173] 王浩, 徐英. 城市绿地系统规划布局特色分析——以宿迁、临沂、盐城城市绿地系统规划为例 [J]. 中国园林, 2006 (06): 56-60.
[174] 束晨阳, 张清华. 新时期城市绿地系统规划探索——以蓬莱市城市绿地系统规划为例 [J]. 中国园林, 2006 (6): 9-13.
[175] 汪菊渊. 园林学, 中国大百科全书·建筑、园林、城市规划卷 (M). 中国大百科全书出版社, 1988.
[176] 中华人民共和国全国人民代表大会常务委员会. 城市规划法. 1989.
[177] 刘滨谊, 姜允芳. 论中国城市绿地系统规划的误区与时策 [J]. 城市规划, 2002 (2): 76-79.
[178] 赵峰, 徐波. 城市绿地控制性规划初探 [J]. 中国园林, 1998 (3): 13-16.
[179] 刘滨谊, 张国忠. 近十年中国城市绿地规划系统研究进展 [J]. 中国园林, 2005 (6).
[180] 吴晔皓. 生态建筑设计研究 [J]. 清华大学学报, 2002 (2): 16-21.
[181] 俞孔坚, 李迪华, 吉庆萍. 景观与城市的生态设计: 概念与原理 [J]. 中国园林, 2001 (6): 3-9.
[182] 沈清基. 城市生态与城市环境 [M]. 北京: 科学出版社, 1998.
[183] 何平, 彭重华. 城市绿地植物配置及其造景 [M]. 北京: 中国林业出版社, 2001: 160-168.
[184] 吴宇江. 世界造园体系及现代风景学科的发展 [J]. 华中建筑, 1994, 12 (1): 39-42.
[185] 陈纪凯. 适应性设计——一种实效的城市设计理论及其应用 [M]. 北京: 中国建筑工业出版社, 2005: 207-210.
[186] 陈秉钊著. 当代城市规划导论 [M]. 北京: 中国建筑工业出版社, 2003: 61.
[187] 洪亮平著. 城市设计历程 [M]. 北京: 中国建筑工业出版社, 2002: 118.

[188] 何静. 对构建特色城市的理论思考 [J]. 宁波教育学院, 2004 (9): 57-60.

[189] 王祥荣. 生态建设论——中外城市生态建设比较分析 [M]. 南京: 东南大学出版社, 2004.

[190] 杨志峰, 刘静铃, 孙涛等. 流域生态需水规律 [M]. 北京: 科学出版社, 2006: 31-41.

[191] 理查德·瑞吉斯, 王如松等译. 生态城市——建设与自然平衡的人居环境 [M]. 北京: 社会科学文献出版社, 2002: 19.

[192] V. W. Maclaren 著, 城市可持续性的评估与报告 [J]. 罗希译. 国外城市规划, 1997 (2).

[193] 杨冬辉. 城市空间扩展与环境约束体系 [J]. 规划师, 2001 (4).

[194] 胡序威. 区域与城市研究 [M]. 北京: 科学出版社, 1999.

[195] 卫珑. 我国城市化问题讨论综述 [J]. 经济纵横, 2002 (04): 55-59.

[196] 孙永正. 城市化内涵、进程和目标水准实证研究 [M]. 中国软科学, 2001 (012): 100-102.

[197] 黄光宇, 陈勇. 论城市生态化与生态城市 [J]. 城市环境与城市生态, 1999 (6): 28-31.

[198] 夏光. 环境政策创新 [M]. 北京: 中国环境科学出版社.

[199] 王富玉. 生态城市发展之路: 三亚建设生态城市的战略思考 [M]. 北京: 中国物资出版社, 2002.

[200] 张坤明, 温宗国, 杜斌, 宋国君等. 生态城市评价与指标体系 [M]. 北京: 化学工业出版社, 2003.

[201] 刘天齐, 孔繁德, 刘常海. 城市环境规划规范及方法指南 [M]. 北京: 中国环境科学出版社, 1992.

[202] 陶松龄. 城市问题与城市结构 [J]. 城市规划汇刊, 1990 (2): 1-7.

[203] 龙绍双. 论城市功能与结构的关系 [J]. 南方经济, 2001 (11): 49-52.

[204] 王如松, 吴琼宝. 北京景观生态建设的问题与模式 [J]. 城市规划汇刊, 2004 (5): 37-43.

[205] 肖笃宁, 钟林生. 景观分类与评价的生态原则 [J]. 应用生态学报, 1998 (2): 217-221.

[206] 薛建宇. 城市的可持续发展初探 [J]. 大连教育学院学报, 2003, 19 (2): 68-70.

[207] 王志彬. 建设可持续发展的中国生态城市 [J]. 中国勘察设计, 2002 (11): 49-50.

[208] 黄河. 城市生态现状与建设生态城市的若干思考 [J]. 内蒙古师范大学学报 (哲社版). 2004, 33 (5): 106-109.

[209] 龚兆先. 利用城中村自然优势完善城市生态景观体系 [J]. 城市问题, 2004 (2): 38.

[210] 傅伯杰, 陈利顶, 马克明等. 景观生态学原理及研究 [M]. 北京: 科学出版社, 2004: 103.

[211] 姚伦芳, 贺菊煌等. 中国经济增长与可持续发展——理论、模型与应用. 北京: 科学文献出版社. 1999: 167.

[212] 胡健颖, 冯泰. 实用统计学 [M]. 北京: 北京大学出版社, 1999: 16.

[213] 沈清基. 论城市规划的生态思维 [M]. 城市规划汇刊, 2000 (6): 7-12.

[214] 王如松, 周启星. 城市生态调控方法 [M]. 北京: 气象出版社, 2000: 15.

[215] 麦克哈格. 设计结合自然 [M]. 芮经纬译. 北京: 中国建筑工业出版社, 1992: 117.

[216] 杨冬辉. 城市空间扩展与土地自然演进——城市发展的自然演进规划研究 [M]. 南京: 东南大学出版社, 2006: 51-59.

[217] 陈云霞, 许有鹏, 李嘉峻. 城市河流的生态功能与生态化建设途径分析 [J]. 科技通报, 2006, 22 (3): 299-303.

[218] 朱达奎. 环境地质学 [M]. 北京: 高等教育出版社, 2000: 118.

[219] 宋庆辉, 杨志峰. 对我国城市河流综合管理的思考 [J]. 水利科学进展, 2002, 13 (3): 377-382.

[220] G Brierley, K Fryirs, D Outhet, et al. Application of the River Styles framework as a basis for river management in New South Wales, Australia [J]. Applied Geography, 2002, (22): 91-122.

[221] 张明, 曹梅英. 浅谈城市河流整治与生态环境保护 [J]. 中国水土保持, 2002, (9): 33-34.

[222] 麦克哈格. 设计结合自然［M］. 芮经纬译. 北京：中国建筑工业出版社，1992：126.
[223] 涂俊. 南京市降水化学成分特征及变化趋势［J］. 上海环境科学，1999（10）.
[224] 周淑贞. 气象学与气候学［M］. 北京：高等教育出版社，1997：187.
[225] 苏·克落基乌斯. 城市与地形［M］. 钱治国等译. 北京：中国建筑工业出版社，1982：45.
[226] 李振基，陈小麟等. 生态学［M］. 北京：科学出版社，2000：259.
[227] 徐肇忠. 城市环境规划［M］. 武汉：武汉测绘科技大学出版社，1999：37.
[228] J. O. 西蒙兹. 大地景观——环境规划指南. 程里尧译. 北京：中国建筑工业出版社，1990：121.
[229] 佘正荣. 生态智慧论［M］. 北京：中国社会科学出版社，1996：236.
[230] Timothy Beatley. The Ecology of Place Island Press，1999：101.
[231] 李树斌. 城市土地可持续利用——理论与评价［M］. 北京：中国科技大学出版社，1999：108.
[232] 张京祥. 城市土地集约使用条件下规划思维的变革［J］. 城市规划，1999（2）.
[233] 杨冬辉. 城市空间扩展与土地自然演进——城市发展的自然演进规划研究［M］. 东南大学出版社. 2006：170－193.
[234] 赵秀恒. 城市景观控制要素［J］. 时代建筑，1995（3）：21－23.
[235] 宛素春等编著. 城市空间形态解析［M］. 北京：科学技术出版社，2004：1－9.
[236] N. J. 格林伍德. 人类环境与自然系统［M］. 刘光之等译. 北京：化学工业出版社，1987.
[237] ［日］高原荣重. 城市绿地规划［M］. 杨增志等译. 北京：中国建筑工业出版社，1983：4－10.
[238] August Heckscher，Open space-the Life of American City［M］. New York：Harper & Row，1984.
[239] W·奥斯特罗夫斯基. 现代城市建设［M］. 北京：中国建筑工业出版社，1986.
[240] 高原荣重. 城市绿地规划［M］. 杨增志等译. 北京：中国建筑工业出版社，1983：5.
[241] 余琪. 现代城市开放空间的建构［J］. 城市规划汇刊，1998（6）：49－56.
[242] 林菁. 社会品质与美学品质的融合——丹麦的景观设计［J］. 中国园林，2002（3）：61－64.
[243] 刘滨谊. 美国自然风景园运动的发展［J］. 中国园林，2001（5）：89－91.
[244] J. O. Simonds. Landscape Architect-A manual of Site Planning and Design［M］. McGraw Hill Book Company，1983.
[245] 劳诚. 江淮明珠——合肥城市空间布局及建筑艺术特色［J］. 建筑学报，1998（8）：19－23.
[246] 赵振斌，万绪才，马荣华. 城市生态过程的重建［J］. 城市管理，2002（1）：33－34.
[247] 王向荣，林菁. 现代景观的价值取向［J］. 中国园林，2003（1）：4－11.
[248] 俞孔坚，庞伟. 理解设计：中山岐江公园工业旧址再利用［J］. 建筑学报，2002（8）：33－35.
[249] 向培伦. 碧翠镶金 山水相依——重庆市渝北区城市绿地系统规划设想［J］. 中国园林，2001（2）：36－38.
[250] 马克平. 试论生物多样性的概念［J］. 生物多样性，1993（1），20－22.
[251] 陈灵芝，王祖望. 人类活动对生态系统多样性的影响［M］. 杭州：浙江科学技术出版社，1999：1－28.
[252] 蒋志刚，马克平，韩兴国. 保护生物学［M］. 杭州：浙江科学技术出版社. 1997，1－47，198－204.
[253] 胡嘉滨，毕波，郭伟. 论我国生物多样性保护和可持续利用法律体系的重构［J］. 国土与自然资源研究，2002（2）：61－63.
[254] 杨士弘等编著. 城市生态环境学（第二版）［M］. 北京：科学出版社，2003：239.
[255] 邹德慈编. 城市规划导论. 北京：中国建筑工业出版社，2002（第六章）.
[256] 马锦义. 论城市绿地系统的组成和分类［J］. 北京：中国园林，2002（1）：23－26.
[257] 徐波，赵锋，李金路. 关于城市绿地及其分类的若干思考［J］. 中国园林，2000，16（5）：29－32.

[258] 中华人民共和国行业标准《园林术语标准》[M]. 北京：中国建筑工业出版社.
[259] 中国大百科全书（建筑、园林、城市规划分册）[M]. 北京：中国大百科全书出版社，1991.
[260] 全国城市规划执业制度管理委员会. 城市规划原理 [M]. 北京：中国建筑工业出版社，2000.
[261] 雅·普·列甫琴柯. 城市规划——技术经济之指标及计算（M）. 刘宗唐译. 北京：时代出版社，1953.
[262] 卢恩茨. 绿化建设（M）. 朱筠珍等译. 北京：建筑工程出版社，1956.
[263] 大维多维奇. 城市规划工程经济基础（M）. 程应铨译. 北京：高等教育出版社，1956.
[264] 中华人民共和国国家标准. 城市用地分类与规划建设用地标准 GBJ137-90. 1991.
[265] 刘青浩. 城市形态的生态机制 [J]. 城市规划，1995（2）：20-22.
[266] 张宇星. 城镇生态空间理论 [M]. 北京：中国建筑工业出版社，1998.
[267] 冯长春，杨志威. 欧美城市土地利用理论研究评述 [J]. 国外城市规划，1998（1）：2-9.
[268] 王祥荣. 生态园林与城市环境保护 [J]. 中国园林，1998（2）：14-16.
[269] 陈秉钊. 当代城市规划导论 [M]. 北京：中国建筑工业出版社，2003：72.
[270] 朱喜钢. 城市空间集中与分散论 [M]. 北京：中国建筑工业出版社，2002.
[271] 王浩. 城市生态园林与绿地系统规划 [M]. 北京：中国林业出版社，2003.
[272] 徐波. 城市绿地系统规划中市域问题的讨论 [J]. 中国园林，2005（3）：65-68.
[273] [日] 青山吉隆编. 图说城市区域规划 [M]. 罗敏，蒋恩，王雷译. 上海：同济大学出版社，2005：90-91.
[274] 张国强，金中泉. 论风景园林绿地系统（上）[J]. 中国园林，2001（4）：22-25.
[275] [美] 埃得蒙 N 培根. 城市设计 [M]. 黄富厢，朱琪译. 北京：中国建筑工业出版社，2003.
[276] 于志熙. 城市生态学 [M]. 北京：中国林业出版社，1992.
[277] 向培伦. 碧翠镶金 山水相依——重庆市渝北区城市绿地系统规划设想 [J]. 中国园林，2001（2）：36-38.
[278] 王浩，徐英. 城市绿地系统规划布局特色分析——以宿迁、临沂、盐城城市绿地系统规划为例[J]. 中国园林，2006（06）：56-60.
[279] 王亚军，王浩，郁珊珊. 城市绿地系统结构布局规划的功能性分析 [J]. 山东林业科技，2006（6）：77-79.
[280] 李延明，张济和. 北京城市绿化与热岛效应的关系研究 [J]. 古润泽. 中国园林，2004（1）：72-75.
[281] 杨学成，林云，邱巧玲. 城市开敞空间规划基本生态原理的应用实践——江门市城市绿地系统规划研究 [J]. 中国园林，2003（3）：69-72.
[282] 肖健飞. 论城市布局形态 [J]. 规划师，1995（4）：51-55.
[283] 武延海. 追寻城市的灵魂 [J]. 城市规划，1997（3）：25-28.
[284] 王浩主编. 城市生态园林与绿地系统规划 [M]. 北京：中国林业出版社，2003.
[285] 沈磊，赵国裕，姚瑛. 自然、历史、自我——多元化背景下塑造城市特色之问对 [J]. 城市规划，2006，30（3）：85-88.
[286] 黄兴国，石来德. 城市特色资源辨析与转化 [J]. 同济大学学报（社会科学版），2006，17（2）：31-38.
[287] 方睿. 城市化进程中城市特色与风貌的塑造 [J]. 安徽建筑工业学院学报（自然科学版），2006，14（3）：40-43.
[288] 徐明前著. 城市的文脉——上海中心城旧住区发展方式新论 [M]. 上海：学林出版社，2004：206-219.
[289] 潘家莹. 居民对公共绿地需求规律初探 [J]. 城市规划，1985（3）.

[290] 姜允芳. 城市绿地系统规划理论与方法 [M]. 北京：中国建筑工业出版社，2006：75-85.
[291] [英] P. 霍尔. 城市和区域规划 [M]. 邹德慈，金经元译. 北京：中国建筑工业出版社，1995：60-62.
[292] 吴良镛. 人居环境科学导论 [M]. 北京：中国建筑工业出版社，2001.
[293] 徐海贤，庄林德，肖烈柱. 国外大都市区空间结构及其规划研究进展 [J]. 现代城市研究，2002 (6)：34-38.
[294] 曹传新. 国外大都市圈规划调控实践及空间发展趋势——对我国大都市圈发展规划的借鉴与启示 [J]. 规划师，2002 (6)：83-87.
[295] 广东省环城绿带规划指引（试行）. 广东省建设厅. 2003.
[296] 吴国强等. 上海市环城绿带规划开发理念初探 [J]. 城市规划，2001 (4)：74-75.
[297] 鹿金东等. 上海市环城绿带建设实践初析 [J]. 中国园林，1999 (2)：46-48.
[298] 贾俊. 市域绿地系统规划编制的障碍性因素及对策. 规划师，2004 (6).
[299] 姜允芳著. 城市绿地系统规划理论与方法 [M]. 北京：中国建筑工业出版社，2006：92-95.
[300] 丁建中，彭补拙，梁长青. 土地利用总体规划与城市总体规划的协调与衔接 [J]. 城市问题，1999 (1).
[301] 夏南凯，王耀武等编著. 城市开发导论 [M]. 上海：同济大学出版社，2003：101.
[302] 杨山. 城市边缘区空间动态演变及机制研究 [J]. 地理学与国土研究，1998 (3)，19-23.
[303] 晋秀龙. 城市边缘区土地利用类型及空间扩展模式 [J]. 资源开发与市场，2000 (6)：351-353.
[304] 徐坚，周鸿. 城市边缘区（带）生态规划建设 [M]. 北京：中国建筑工业出版社，2005：7-16.
[305] 朱翔. 我国城市边缘地区可持续发展研究 [J]. 城市规划汇刊，1998 (6)：16-20.
[306] 陈佑启. 北京城乡交错地带土地利用问题与对策研究 [J]. 经济地理，1996 (4)：46-51.
[307] 李敏. 城市绿地系统与人居环境规划 [M]. 北京：中国建筑工业出版社，1999.
[308] 陈向远. 现代化城市需要建设城市大园林 [J]. 中国园林，2001，17 (5)：3-6.
[309] 陈自新. 城市大园林——现代城市园林发展的必由之路 [J]. 中国园林. 2001，17 (5)：7-11.
[310] 沈德熙等. 关于城市绿色开敞空间 [J]. 城市规划汇刊，1996 (6)：7-11，6.
[311] 吴弋等. 现代城市绿地系统规划特点——以宜兴市宜城城区绿地系统规划为例 [J]. 中国园林，2000，16 (3)：64-66.
[312] 吴志强. 百年现代城市规划中不变的精神和责任 [J]. 城市规划，1999 (1)：27-32.
[313] 王佐. 城市公共空间环境整治与经济的相关性研究 [J]. 城市规划汇刊，2000 (5)：63-67.
[314] 黄耿. 环形加放射的不足——试分析城市发展“圈层模式”的不利影响 [J]. 城市规划，2000 (3)：57-59.
[315] 骆悰. 上海市城市发展敏感区划分研究与时策 [J]. 城市规划汇刊，2000 (5)：19-22.
[316] 闵希莹，杨保军. 北京第二道绿化隔离带与城市空间布局 [J]. 城市规划，2003 (9)，17-21.